アーロン・スキャブランド　花田知恵訳
Aaron Skabelund

日本人と自衛隊

INGLORIOUS, ILLEGAL BASTARDS
Japan's Self-Defense Force during the Cold War

「戦わない軍隊」の歴史と
戦後日本のかたち

原書房

日本人と自衛隊

「戦わない軍隊」の歴史と戦後日本のかたち

目次

For my elders

謝辞

二〇年前に始まった本書の道のりを振り返ると、恐縮するばかりだ。二〇年以上にわたって、私の仕事は無数の人々との交流から恩恵を得てきた。誰もが惜しみなく、時間を割いて専門知識を与え、経験を語ってくれた。彼らの貢献に心から感謝している。

この本に結実した調査は二〇〇一年初め、私が自衛隊の前身、警察予備隊を研究していたときに始まった。コロンビア大学のフルーグフェルダー教授は理想的な師であり、人に伝染する知的好奇心をもった博識家で、激励と批判の両方ができる人だった。日本学研究においてコロンビア大学をほぼ無敵の殿堂に押し上げていたのは、まさに彼とキャロル・グラックとヘンリ・D・スミス二世の、歴史学者三人組だった。

しかし、本書の起源は、それよりはるか以前の経験と教育にさかのぼる。本書は私の両親にも捧げたい。ふたりは家の中を多くの蔵書で満たし、人間や世界に対する好奇心や興味を育んでくれた。ユタ州の小さな町の、テレビも（もちろんインターネットも）ない家で五人の兄、三人の姉妹とともに育った私は、赤いラレー自転車でスプリングヴィル公共図書館に通い、そこで長い時間、むさぼるように本を読んで過ごした。今日の私の教え子の多くと同じく、私は第二次世界大戦に特に関心をもっていた。したがって、あの戦争が遺したもの、その影響について考察する本は当然、関心の対象に入る。過去と現在に関する私の好奇心は、ブリガム・ヤング大学で国際政治、歴史、日本語を学ぶことによってさらに刺激された。その間、大学を二年間休学し、末日聖徒イエス・キリスト教会のミショナリーとして日本に派遣され関西に滞在した。また一夏を東京でホワイトカラーのサラリーマンとともにインターンで働いたことも、「語学指導を行う外国青年招致事業」で岐阜県の国際交流のコーディネーターとして働いた経験も刺激になった。そして、スタンフォード大学で、グレッグの指導教員だったピーター・ドウスと主に研究し、修士号を得たことも刺激になった。戦後日本における父性の概念の変容に関するピーターのために書いた論文で考察したいくつかの疑問がこの本に結びついた。

この本を書くために長年、各所からご支援をいただいたことに感謝している。二〇〇二年、アメリカ教育省からフェローシップという形で本格的に研究に着手する資金を受け取った。数か月、文献調査を行ったあと、人間と犬との関係についてコロンビア大学時代に書いた論文が出版される機会に恵まれ、トピックを変更した。この研究は最終的に、*Empire of Dogs: Canines, Japan, and the Making of the Modern Imperial World* (2011) として、本書と同じくコーネル大学出版から刊行された〔『犬の帝国　幕末ニッポンから現代まで』本橋徹也訳、岩波書店、二〇〇九年〕。そのあいだもずっと、私は自衛隊の研究を続けていた。ありがたいことに、本書の刊行までには長年にわたり様々な助成金を得られた。コロンビア大学フルブライト・ヘイズ海外博士論文研究奨学金、ウェザーヘッド・フェローズ・プログラム・トレーニング助成金、メリーランド大学歴史研究センター・マッケルディン図書館、二〇世紀日本研究賞、国防総省・国家安全保障教育プログラム・デイヴィッド・L・ボーレン奨学金、北海道大学法科大学院政治学専攻特別研究員、日本学術振興会・外国人特別研究員、ブリガム・ヤング大学デイヴィッド・M・ケネディ国際および地域研究センター・教員研究助成金、同大学・家族・課程・社会科学部・メアリー・ルー・フルトン若手研究者奨学金。

研究にとって資金は不可欠ではあるが、これを真に豊かなものにするのは、その過程で力を貸してくれる人々である。私がこの本に取りかかったとき、元ハーバード大学の博士課程の学生マリアンヌ・ショールは論文執筆のために日本で集め、シアトルの自宅に保管していた何箱もの文書を自身の論文は未完であったが、惜しみなく見せてくれた。もうひとり、初期に出会い、文書や書籍、個人の経験をシェアしてくれた、かけがえのない人物は、一九五〇年代と六〇年代に自衛隊の軍事顧問を務め、鋭い観察眼を持ったレナード・ハンフリーズである。レナードと彼の素晴らしい妻サリーは、カリフォルニア州ローダイの自宅に私を温かく迎えてくれた。彼はストックトンにあるパシフィック大学の日本史学の教授を退職したばかりだった。彼の紹介のおかげで、私はさらに何人か退役軍人や民間人の関係者に話を聞くことができた。カリフォルニア州とニュージャージー州で、米軍事顧問団のスタッフとして初期の自衛隊に関わったレイモンド・アカ、ボブ・ローベンズ、チャールズ・タウンゼントの方々にインタビューすることができた。

日本でも、数々のご厚意と惜しみない支援に恵まれた。フルブライト奨学金による研究の一年目は、一橋大学の吉田裕の後援を受けた。また、元雇用主の日商エレクトロニクスは、東京に滞在して調査する際、会社の寮を無料で提供してくれた。その後の三年間、私は札幌の北海道大学で松浦正孝と法学部の彼の同僚の後援を受けた。素晴らしい歴史学者である松浦先生は、私の研究にとってかけがえのない支援者であり、彼と彼の同僚は私に研究を発表するよう求め、重要な紹介介を行った。元名寄市長、桜庭康喜《さくらばやすき》に紹介してくれた山口二郎に特に感謝したい。桜庭はハンフリーズのように自宅に泊めてくれたうえ、辛抱強く私の質問に答えてくれた。法学部のもうひとりの歴史学者、眞壁仁からは長年、私の調査に多大なご協力をいただいた。北海道大学で佐藤守男と同僚になったことが、特に僥倖だった。一九五〇年に警察予備隊に入り、一九九二年に退職するまで自衛隊に勤めた佐藤は、帝国陸軍の諜報活動について大学院で研究していた。この研究はのちに書籍として発表された。彼は多くのインタビューや雑談を通して、戦後の軍隊の記憶を快く語ってくれた。二〇一五年、最初に彼にインタビューしてから一〇年後、佐藤は――おそらく私の本が完成しないかもしれないと疑って――自身の経験を織り込んだ警察予備隊に関する本を出版した。本書の完成までにこれほど長くかかったことについて、とりわけ悔やまれるのは、私に多くの時間を割いてくれた彼――そして、ほかの多くの人々――が本の刊行を見ずに亡くなってしまったことだ。二〇一九年夏に佐藤と最後に電話で話したとき、彼は本が完成間近だと知って喜んでいた。一年後、彼が八八歳でがんで死去したことを知った。

入倉正造《いりくらしょうぞう》を紹介してくれたのも佐藤だったと思う。入倉も一九五〇年に警察予備隊に入った人物で、札幌にある陸上自衛隊北部方面隊の広報部に長年勤めた。彼は最高の素晴らしい情報源であり、協力者だった。入倉は何度も私を自宅に招いて、経験を語り、文書を提供し、他のおぜいの元隊員や全国の市町村の役人、メディア関係者を紹介してくれた。秋国為八《あきくにためはち》、藤井茂《ふじいしげる》、古川久三男《ふるかわくみお》、勝秀成《かつひでなり》、久保井正行《くぼいまさゆき》、森道夫、西田秀男、佐藤ノボル、田中キサブロウ、柳田ミツハルの方々である。入倉が広報部の隊員に私を紹介してくれたおかげで信用され、事務所に一部ずつのみ保管されていた一九五八年以降の北部方面隊の機関紙〈あかしや〉を借りることができた。数百ページある二〇年分のすべてがコピーをとる価値がある、非常に貴重な資料であった。

それまで研究者が利用したことがなく、一部しか現存していない機関紙を貸していただけたことは私が受けた親切の一例に過ぎず、陸上自衛隊の札幌、名寄、旭川、宇都宮、東京、大阪、熊本、那覇で多くの方々にお世話になった。辛抱強く私の質問に答え、施設を案内し、書籍や新聞のコピーを（無料で）とらせてくれて、貴重な紹介をしてくれた。特に重要な例をあげると、那覇駐屯地の関係者は沖縄で退職した元幹部自衛官、山縣正明《やまがたまさあき》をはじめ、石嶺邦夫《いしみねくにお》を紹介してくれた。石嶺も元自衛官で、沖縄の自衛隊を長年支援し、私が沖縄に二度、調査に出かけた際、何度かお目にかかった。

もちろん、多くの研究者の仕事とご厚意に感謝している。沖縄県立芸術大学のトニー・ジェンキンズは沖縄での情報収集に欠かせない人だった。彼が紹介してくれたジャーナリストの國吉永啓《くによしながひろ》、学者の吉田健正《よしだけんせい》、元沖縄県知事の大田昌秀は、沖縄での自衛隊に対する反感について重要な視点を与えてくれた。トニーとグスタフ・アフォルフス大学のデイヴィッド・トバル・オーバーミラーは第五章の初期の原稿を読んで丁寧にコメントをくれた。カリフォルニア大学サンタバーバラ校のサビーネ・フリューシュトゥックは、本書の最初から最後まで支援してくれた。また、コロンビア大学の政治学の先輩で、防衛大学校で長年教鞭を執った彦谷貴子《ひこたにたかこ》には多くの貴重な人々を紹介していただき、第二章の初期の原稿を読んでいただいた。京都大学・日文献・軍事研究グループのメンバー、特に長年会長を務めた田中雅一が紹介してくれたフリューシュトゥック、彦谷が紹介してくれた防衛大の河野仁《かわのひとし》には大いに助けられた。防衛大学校を取り上げた第二章は、彦谷が元防衛大校長、西原正《にしはらまさし》と五百旗頭真《いおきべまこと》を紹介してくれなければ、さらに西原が初期の卒業生を紹介してくれなければ、書けなかっただろう。前川清《まえかわきよし》や志摩篤《しまあつし》、志方俊之《しかたとしゆき》、冨澤暉《とみざわひかる》、上田《うえだ》愛彦《なるひこ》、山崎眞《やまざきまこと》は皆、快く私に経験を語ってくれた。防衛大学校槇記念館の石井靖孫《いしいやすひろ》と梅澤正子《うめざわまさこ》は、貴重な文献や写真を探す手伝いをしてくれた。現在、法政大学教授で、当時防衛大学校で教えていた高橋和宏《たかはしかずひろ》のガイダンスはきわめて得難いものだった。二〇〇二年に最初のリサーチ・トリップで日本へ行ったとき、筑波大学の波多野澄雄は私に会う時間をとってくれた。一七年後の二〇一九年、本書のために最後のリサーチ・トリップで（再び）法政大学で高橋と会い、彼が筑波大学で波多野の教え子だったことを知った。私のリサーチはまさに一巡し、無数の人々の親切と知見に恩恵を受けた。

　研究の一部が出版されたことは、本書の研究を進めるためにありがたかった。初期の原稿の一部は以下の媒体で発表された。"Public Service/ Public Relations: The Mobilization of the Self-Defense Force for the Tokyo Olympic Games," in The East Asian Olympiads, 1934–2008: Building Bodies and Nations in Japan, Korea, and China, ed. Michael Baskett and William M. Tsutsui (Leiden, The Netherlands: Global Oriental, 2011), 63–76〔マイケル・バスケット、ウィリアム・M・ツツイ編『東

アジアのオリンピック、一九三四年から二〇〇八年――日本、韓国、中国における身体と国家の構築』「公共奉仕／広報――東京オリンピックにおける自衛隊の動員」」、田中雅一編『軍隊の文化人類学』（風響社、二〇一五年）「愛される自衛隊になるために――戦後日本社会への受容に向けて」、"Building Snow Statues, Building Communities: The Self-Defense Force and Hokkaido during the Early Cold War Decades," in Local History and War Memories in Hok- kaido, ed. Philip Seaton (London: Routledge, 2016), 198–214〔フィリップ・シートン編『北海道における地域の歴史と戦争の記憶』「雪像をつくり、コミュニティーをつくる――冷戦初期の自衛隊と北海道」〕。これらの書籍の編者に感謝したい。発表の機会が得られたことで、考察の幅が広がり、研究を進めるのに役立った。

研究発表後に受け取ったフィードバックもありがたかった。以下の会場で発表を行った。コロンビア大学の東アジア大学院生学会（二〇〇二年）、サンフランシスコ・アジア研究協会年次会（二〇〇六年）、北海道大学法学部政治学科研究セミナー（二〇〇六年）、ユタ大学アジア研究協会西部会議およびアジア研究協会南西部会議（二〇〇七年）、カンザス大学における「オリンピック選手の望み――東アジアにおける身体と国家の形成、東アジア研究センター」会議（二〇〇八年）、上智大学比較文化研究所「歴史としての戦後日本再訪」会議（二〇〇九年）、千葉県の国立日本歴史民俗博物館で開催された京都大学日文献・軍事研究グループ・シンポジウム（二〇一〇年）、ワシントンDCの日本大使館で開催された日本学術振興会学祭科学フォーラム（二〇一四年）、横須賀の防衛大学校公共政策学科（二〇一五年）。

多くの図書館や資料館の忍耐強いスタッフにもお世話になった。マッカーサー記念図書館、アメリカ国立公文書館、メリーランド大学ゴードン・W・プランジ・コレクション、アメリカ議会図書館、日本の国立国会図書館および国立公文書館、大宅壮一文庫、沖縄県公文書館および県立図書館、一橋大学附属図書館、北海道大学附属図書館、琉球大学附属図書館、札幌市立図書館、函館市立図書館、旭川市立図書館、名寄市立図書館と博物館、神戸市立図書館、神戸大学附属図書館、カーライルの陸軍軍事史研究所、ハワイ大学附属図書館、ジョージ・ワシントン大学附属図書館、アメリカ海軍兵学校図書館、ブリガム・ヤング大学ハロルド・B・リー図書館のスタッフに感謝したい。

ありがたいことに、私はこの一五年ほど、ブリガム・ヤング大学の歴史学部で教職に就いている。この間、複数の章を読んでくれた同学部の執筆グループの同僚と東アジア研究者仲間に感謝したい。カーク・ラーセン、ジョン・フェルト、ダイアン・デュアンをはじめ、二〇二一年に客員研究員として仲間に加わったタエジュ・キムにはこの本を最初から最後まで読んでコメントをくれたことに感謝している。また、大学の運営に携わる人々にもお礼を言いたい。特に学部長のショーン・ミラーとエリック・ダーステラーは本書を仕上げるのに必要な、貴重な時間と資金を確保するのを助けてくれた。また、学生のライリー・ハッチとミシェル・パペンフスには、それぞれ調査補助とインタビューの書き起こしをしてくれたこと、デヴィン・サンダースには注、参考文献リスト、索引づくりで、整然と詳細な作業をしてくれたことに感謝している。

私の本をモノグラフ・シリーズに含めてくれたコロンビア大学のウェザーヘッド東アジア研究所と、それを出版してくれたコーネル大学出版局には改めてお礼を申し上げる。アリアナ・キングはレビューを募集し、私の本を売り歩き、再び同出版局との契約に結びつけた素晴らしい人だ。再びロジャー・ヘイデンと彼の退職まで一緒に仕事ができたこと、その後、サラ・E・M・グロスマン、メアリー・ケイト・マーフィー、モニカ・アチェンをはじめとするニューヨーク州イタカの素晴らしいチームと仕事ができたことは幸いだった。コロンビア大学の大学セミナー、ブリガム・ヤング大学の家族・家庭・社会科学研究所、デイヴィッド・M・ケネディ国際研究センターからの充分な助成金に感謝している。本書はウェザーヘッド研究所とコーネル大学出版局が集めた匿名レビューのおかげで、はるかに良くなった。知的に豊かな方向へ私を押してくれた皆さん、ありがとう。

最後に、家族に礼を言いたい。スキャブランド家と義理のトダテ家はこの年月、あらゆる意味でサポートしてくれた。私の長兄グラントは複数の章を読んでくれた。息子のアリスターとモーリーはこの本が完成するまでに少年から大人に成長したが、札幌では北部方面隊の雪像の技を直《じか》に経験した。最近家族に加わったポチは、ときどき本の一章が読めるぐらいの長い散歩に連れ出してくれた。そして、地図を作成してくれた聖子は舞台裏ですべてを叶えてくれた。

本書のアジア人の名前は、アジア系アメリカ人や欧米を本拠地に英語で出版しているアジア人研究者を除き、姓名の順に記した。本書の〔原書の日本語文献から英語への〕翻訳は、特記した場合を除いて、すべて私の翻訳である。

序章　社会に認められること、溶け込むことを目指して

「私たちは〝私生児〟と呼ばれていました」――第二次世界大戦後の日本の軍隊、自衛隊について、元自衛官の佐藤守男はこう述べた。佐藤は自衛隊の前身である警察予備隊に創設時の一九五〇年に入隊し、一九九二年に退職するまで、三自衛隊で最大規模の陸上自衛隊に勤めた。彼は私との複数回にわたったインタビューや多くの雑談を通して、世間から自衛隊とその隊員がどのように見られてきたかを語った。非合法のいかがわしい異母弟、アメリカとの不正な関係から生まれ、恥ずべき存在として米軍に仕える傭兵、まともな国防も担えないのに金ばかり喰う税金泥棒、一般の人々が認めることも話題にすることも避けたがる社会の「落ちこぼれ」、「日陰者」であると。(1)

佐藤の言葉は誇張ではない。日本の評論家や解説者は戦後の軍隊の創設時から何十年も、この種の雑言を浴びせてきたし、外国のジャーナリストや外交官も同様の表現を用いてきた。(2) アメリカ人の研究者も辛辣だった。日本文学研究者のアイヴァン・モリスは一九七〇年に、世間の大半は自衛隊を「必要悪」と捉えていると論じている。(3) 政治学者で元米海軍将校のジェームズ・ア

ワーはその一〇年後、軍人とはもともと「尊敬される職業」ではないと、如才なく述べている。[4]

日本社会では、この見方は両極のイデオロギーを越えて広く浸透した長年のコンセンサスとなっている。政治的スペクトルの端にいる革新派は、自衛隊が違憲であり、「陸海空軍その他の戦力の保持」を禁じた憲法第九条違反であると主張した。[5] 左派は、自衛隊がアメリカによって創設された組織であり、アメリカとの破滅的な戦争に国を導いた旧軍の後継であるとして反発した。もう一方の端にいる右派は、自衛隊がアメリカ式に染まり、米軍に服従してずっとその影響下にあることが不満だった。右派はかつての名高い日本の戦士たち――武士や兵士――と比べて、自衛隊員を役立たずの情けない人間と見なした。作家三島由紀夫は、自衛隊員と交流したのち彼らに失望して自前の民間防衛隊を結成し、その後、自衛隊を「憲法の私生児」、「アメリカの傭兵」と罵《ののし》ったあげく、一九七〇年、自衛隊本部で割腹自殺を遂げた。[6]

自衛隊をこのように見ているのは右派、左派だけではない。中道派もあまり好意的ではなかった。世間一般の見方はどうかと言えば、長年日本を観察してきたジャーナリスト、フランク・ギブニーは、一九七一年に次のように述べている。「日本の自衛隊は公の恥にほかならない。日本人の大半は、複数に分裂して対立するよりも、強力な経済と結束した社会を優先すべきと考えている。なかには軍隊の必要性を理解している人もいるだろうが、多数派ではない」。[7] 実際、多くの一般人はこの戦後生まれの軍隊を、不名誉な、違法の私生児と見なしていた。

自衛隊は三つの厄介な関係に悩まされてきた――社会、前身の旧軍、米軍との関係である。一般社会のなかでも、左派は自衛隊を違法で違憲と見なし、右派は憲法によって無力化された軍隊と捉え、中道派は単に疑わしい存在と見なした。政治的スペクトルのどの位置にいようが、たいがいの日本人もまた、自衛隊を不名誉なものと捉えた――旧軍の後継であり旧軍と似ているが故に、あるいは旧軍とは似ていないが故に。そして、自衛隊を私生児と見なし、アメリカを「親」に持つ出自を恥じ、自軍（と祖国）がいつまでも外国の軍隊に依存し追従する立場であることを恥じた。日本における米軍のプレゼンスは、在日米軍基地と四万の米兵という形で今日も続いている。これに関して、日本の一般人は屈辱を感じるか、あるいは少なくとも困惑してはいるものの、米軍の庇護がなければ日本は安全ではないと考えているため、多くは渋々現状を受け入れている。

このように、軍隊の役割は言うまでもなく、その存在意義は第二次世界大戦後、著しく変わった。一九世紀末から一九四五年まで、わずかな例外を除いて日本国民の大半は、帝国陸海軍を崇敬し、敗北を嘆き悲しんでは勝利に歓喜した。しかしながら、壊滅的な敗戦、軍隊の保有を禁じた平和憲法、教育改革、平和主義的で特に反軍国主義的な気運の高まりといった要因が積み重なり、軍隊の必要性を認めてこれを支持する国民は減った。その結果、一九五〇年に再建され、数年かけて形が整えられ、よみがえった軍隊は一般社会から孤立し疎外された。隊員は物理的にも、象徴としても、政治的にも、文化的にも、以前より目立たない存在になった。自衛隊が大衆文化に登場するときは、一九七九年に映画化されたSF時代小説「戦国自衛隊」のように、隊員はタイムトラベルによって平和で退屈な現実の戦後世界から中世に移送され、そこで武将と戦った。現代にとどまる場合は、一九五四年に日本で初めて製作された「ゴジラ」映画を端緒に、繰り返しゴジラと戦った。[8] このように名誉ある地位を失った軍隊は、自衛隊だけではない。二〇世紀後半、世界中で軍隊の原理原則、考え方、組織に不満を抱く国民が増えた。研究者はこの対立を「軍と社会の分裂」と呼んでいる。[9] そして、この傾向が最も顕著で、長引いているのが日本だ。[10] 実際、日本の再建された軍事組織は「軍隊」とは呼ばれず、今も呼ばれていないし、そう呼ぶのはタブーでもある――名称以外は、どこから見ても軍隊であることは誰もが認識しているにもかかわらず。

憲法上、疑わしき存在であり、こうした政治的に込み入った事情により、戦後の軍隊の軍事的性質は最初から隠されてきた。一九五〇年の創設時には、警察予備隊と呼ばれ、一九五二年に保安隊となり、一九五四年に自衛隊と改組された。帝国海軍の流れをくみ、占領時代に機雷除去作業を担った沿岸警備隊に類する組織、海上警備隊も同じく、一九五四年に海上自衛隊となった。同年、政府は新たに航空自衛隊を設立した。これらの名称は単なる詭弁ではない。実際に憲法上の縛りがある。なによりも、憲法九条には「日本国民は、（略）国権の発動たる戦争と、武力による威嚇又は武力の行使は、国際紛争を解決する手段としては、これを永久に放棄する」、そして「国の交戦権はこれを認めない」と定められている。[11] この条文により、自衛隊は海外派遣も、集団的自衛権の行使――同盟国アメリカが攻撃された場合の軍事支援――もできなかった。日本政府は一九九〇年代になるまで、自衛隊を海外に派遣しなかった。派遣するにしても、国連平和維持活動に協力するため、という制限が設けられた。二〇〇三年から二〇〇六年、自衛隊は米軍主導の連合に加わりイラク派遣を実施したが、厳しい制約があったためにほとんど活動できなかった。二〇〇六年、防衛庁はついに内閣レベルの防衛省に昇格した。そして二〇一五年、集団的自衛権の行使を認めるために憲法解釈を変更する法案が採択された。

　戦後に生まれた軍隊には、当初から別の歯止めもかかっていた。憲法は戦争を放棄し、「陸海空軍その他の戦力」の保有を認めないと定めているが、これは日本が自衛権までも放棄するものではないと解釈され、法律上も政治的にも政府は防衛費を国内総生産《GDP》の一パーセント以内にとどめるとし、この方針を継続した。しかし一九七〇年代初期、日本が世界第二の経済大国に成長すると、GDP一パーセント枠内が守られていても、防衛費は世界有数の規模に増加した。政府は、核兵器はもちろん、航空母艦などの攻撃用兵器も保有しないという方針を維持したが、自衛隊は設立当初から攻撃に使用できる様々な兵器を有していた。[12] したがって自衛隊はずっと事実上の軍隊であり、本書では時折そう呼ぶことになる。とはいえ、私は多くの自衛隊員や国民が使っている呼称を使いたいと思う。なぜなら、彼らは軍隊というよりも防衛隊として自衛隊を受け入れているからだ。

　総兵力二五万の自衛隊は陸海空の三自衛隊があるが、本書は主に陸上自衛隊を取り上げる。警察予備隊として、保安隊として、のちに三自衛隊のうち最大で最も目にする機会が多い部隊として、陸上自衛隊が海上自衛隊や航空自衛隊と同じく、あるいはより一層、社会的認知を求めて、いかに奮闘してきたかを中心に考察する。[13] 戦後日本で繰り返される軍と社会の対立を乗り越え、広く社会に容認されることを求めて、陸上自衛隊および、それより規模は小さいが他の二つの自衛隊は、様々なアウトリーチや社会貢献（民生支援）を行ってきた。たとえば、駐屯地内外でのイベント、土木工事、農業支援、スポーツ大会の輸送支援や選手としての参加が挙げられるが、特に注目を集める活動に災害派遣がある。また陸上自衛隊は教育や訓練、機関紙を通じて、未来の指導者や一般隊員の育成に努めてきた。

こうした活動は時間をかけて国民の支持を得るのに役立った。しかし、これは社会を変えただけではなかった。陸上自衛隊ひいては自衛隊全体が、新たな優先事項と伝統を担うようになった。その結果、戦後のアイデンティティ、より正確に言えば、冷戦期の防衛アイデンティティの形成に役立ち、それが社会的にある程度共有され、支持されるようになったのである。このアイデンティティは、アメリカとその同盟国（日本など）の西側陣営、ソ連とその衛星国の東側陣営とのあいだの地政学的緊張が数十年間続いていた時代に形成された。これは「専守防衛」という冷戦期の安全保障に対する日本の方針から生まれ、これを強化するものだった。専守防衛は日本で特に影響力を持った指導者のひとり、吉田茂の戦略から生まれた。吉田は戦後の最初の一〇年間のほとんどを首相として采配を振るい、さらにその大半の期間、外務大臣を兼務した。吉田の方針は、「極端に低い防衛予算」に抑えることを可能にするアメリカとの（従属的）同盟関係、「攻撃的軍事行動をとらず、攻撃能力をもたない」約束、そして、ひたすら経済成長を最優先する前提にもとづいて成立していた。[14] 冷戦のほぼ全時代とその後の戦略モデルとして、吉田の方針は「吉田ドクトリン」と呼ばれ、本書が焦点をあてる軍と社会との進展する関係およびアイデンティティを形成した。

軍と社会の変化のこのプロセスを、私は「軍と社会の融和」と呼ぶ。その根拠は「軍事化」というよりも、この変化をよく捉えているからだ。軍事化という概念は場合によっては便利かもしれないが、これは主に学者が、軍事組織ならびに軍の価値観が社会に影響を与え、社会を変えるという一方的なプロセスを示す場合に用いてきた。この考え方の著名な学者のひとり、政治学者のシンシア・エンローは軍事化を次のように定義している。「人や物が徐々に、軍隊もしくは軍国主義的な思想によって支配されていく段階的なプロセスである。軍事化が個人や社会を変容させればさせるほど、個人や社会は軍隊の要求や軍国主義的な信念を重視するばかりでなく、それが正常だと思うようになる」。[15] 歴史学者も同様に軍事化という概念をたびたび用いてきた。マイケル・ガイヤーは「市民社会が暴力装置として組織化される」ときに軍事化が起こると述べ、マイケル・S・シェリーは、軍事化とは「戦争と国の安全保障が強い不安となり、国民生活の広い分野を形成する記憶やモデル、メタファーを提供するプロセスである」と言い表している。[16] つまり、軍事化議論の多くは、社会がどうなるかに焦点をあて、そのプロセスが軍事組織に与える影響については無視しがちである。そうした傾向の一因は、ヴェトナム戦争以来アメリカ（やその他の国）の学者が軍事組織とその価値観にますます懐疑的になり、それらが社会に与える影響を危惧し、軍事史をはじめ軍隊と戦争に関する学術的な研究が減退したためでもある。

研究者たちはこのプロセスを「正常化」、「合法化」など別の言葉で説明したが、この発想もまた、軍と民の相互作用がいかにして社会と軍隊の両方を変えたかではなく、民間社会を変容させたかという、等式の一方にしか注意を向けていない。対照的に、融和という言葉は成長過程にある部分同士が機能的で構造的なひとつのものを形成した結果を意味し、そこでは、融和と相互作用の過程の結果として両方とも変容している。[17] 融和とは、より正確には、この浸透作用に似た経過と結果を意味し、曖昧で予測不能な偶発的な展開により盛衰するものである。結果は必然的ではないが、国家は常に社会よりも大きな力を行使し、政治・経済・文化的に徐々にますます社会に溶け込み、その過程で自らも変わっていく。「融和」という言葉はまた、適切でもある。なぜなら、陸上自衛隊の広報が一般市民に対する姿勢として目標に掲げている「社会に溶け込む」という日本語に相当するからだ。「溶け込む」はちょうど「適合する」「適応する」をも意味するため、軍隊だけでなく一般社会も相互作用を通じて変わることをも示している。

日本の戦後の数十年間を言い表すのに軍事化という言葉が相応しくない別の理由は、再軍備を支持した多くの日本人が、再建された軍隊を軍隊ではなく、攻撃能力をもたない防衛隊として想定したからだ。こうして、自衛隊とその支持者は組織の正当性を主張し、ほとんどの市民はこれらを条件に受け入れた。確かに、保守派の一部は憲法を改正して、自衛隊を法的、社会的制約のない軍隊に変えたいと望んでいる。しかしこの同じ保守派の多くは、左派が徐々に受け入れていった専守防衛の憲法解釈を支持しているのだ。したがって、冷戦時代に日本社会全体が軍事化したとか、軍国主義化したと言うのは誇張であるだけでなく、実際に起こったことをほぼ完全に逆に捉えることでもある。

冷戦期の防衛アイデンティティ

陸上自衛隊が正当性を求め続けた結果、社会に受け入れられる過程で、自衛隊、隊員、社会全般のそれぞれのアイデンティティが変化した。幹部自衛官と一般隊員は、文民統制や武力行使を防衛に限った憲法を支持し、強い反共主義を含むリベラルな民主主義の価値観を抱いていた。隊員の存在意義は外国の軍事的脅威や自然災害から国民を守ること、そして、軍事・非軍事両面の様々な活動を通して国民の福利を守ることだった。これらの優先事項は、軍隊に属する意味の本質と、それを説明する言語の両方を変えた。この組織に属する者は「兵士」ではなく「隊員」であり、天皇ではなく国民に奉仕する。彼らは指導者たちから、科学的であれ、合理的であれ、覇気を——以前とは意味が変わった覇気を——持てと言われた。隊員は盲目的に忠実な兵士ではなく、訓練と教育を受けた、自由で平和を愛する紳士であることを求められた。これらの優先事項は自衛隊に根付き、自衛隊精神を形成し、旧軍や米軍との継続性や関係性に不安は残るが、隊員が誇りに思い、国民の多くが尊敬する伝統となった。自衛隊が軍隊ではなく防衛隊であるという考えは、自衛隊の軍事力にますます見合わなくなっていったが、戦後初期とその後の自衛隊のアイデンティティの柱にもなった。組織が自衛隊と呼ばれたからというだけでなく、組織の内外でも、国からも社会からも、自衛隊として受け入れられるようになった。

冷戦期、自衛隊員はほぼ全員、男性だった。自衛隊のアイデンティティの基礎になっていたのは、形を変えた愛国的な男らしさだった。この変容は避けられなかった。なぜなら、一九四五年まで若い男性にとって、男らしさの象徴であり、社会移動の主な手段であった兵役は、二〇世紀の残りの時代、もう当てにできなくなっていたからだ。大日本帝国時代、兵士や退役軍人、軍関連組織は社会の様々な面に行き渡っていた。しかし戦後、軍人の地位は急落し、何十年も沈滞したままだった。彼らが属していた帝国陸軍と帝国海軍は、アメリカの占領当局〔以下、ＧＨＱ〕により即刻解体された。数百万の兵士や水兵が復員し、彼ら――特に陸軍の退役軍人――は、故郷に帰ると、どこへ行っても軽蔑され、差別され、時には暴力を振るわれた。[18] ＧＨＱは、戦争責任をほぼ全面的に軍に課した。将校を公職から追放し、侵略戦争を計画し実行したとして、幹部将校の一団を裁判にかけた。軍人はもはや尊敬されず、恐れられず、役に立つとも生産性があるとも見なされなかった。政府はＧＨＱの指示に従い、退役軍人の恩給剝奪までした。これらの方針は占領下の二つの標語である民主化と非武装化のもとに進められた。この目標は一九四五年七月のポツダム宣言に初めて登場し、一九四七年のアメリカが起草した憲法の公布とともに完成し、そこには日本国民は「国権の発動たる戦争を永久に放棄」し、軍隊の存在自体を禁じると定められていた。[19]

新しい愛国的なアイデンティティを生み出すのは容易ではなかった。愛国心――特に陸上自衛隊にとって――は、過去と訣別しておらねばならず、反共主義に根ざしているとはいえ、表向きには思想的に中道でなければならなかった。一九五〇年六月に朝鮮戦争が勃発すると、ＧＨＱは占領政策を方向転換し、逆の流れが加速した。民主化と非軍事化に代わって、経済回復と、数年前に始まっていた冷戦の、アジアにおけるアメリカの目標支援が優先されたのだ。米軍部隊の半島急派により日本に生じた空白を埋めるために、ＧＨＱは日本政府高官と協議の上、今後軍隊に成長する可能性を秘めた組織を警察予備隊の名前で設立した。新世代の将校を訓練するため、三年後には保安大学校が開校した。一九五四年までには、三自衛隊ができていた。それでも、日本も日本人も、平和主義の国家、国民と見なされ、自らもそのように捉えていた。なんといっても、憲法で戦争と軍の保有を放棄しているのだから。「多くの日本人は民主主義には平和も含まれると考えていた」と歴史学者、ケネス・J・ルオフは述べ、「民主主義の定義は（略）間違いなく戦後日本特有のものである」と論じている。確かに、日本国憲法は「民主憲法ではなく、一般に平和憲法と呼ばれている」。[20] 日本の指導者たちは独立した外交政策や軍事力の再建よりも、経済の回復と成長を優先したが、それでも自衛隊は強力な軍隊に成長していった。文化的に、サラリーマン、別名「企業戦士」は、軍人やその代替である自衛隊員の影を薄くした。「企業戦士」という言葉が示すように、そのイメージは男らしさの理想像として武士や兵士のオーラを取り入れている。ところが、このような成り行きをひどく不愉快に思う人々もいた。三島由紀夫の言動や行動は、彼や他の人々――特に右翼、なかには左翼も――が、社会と日本人男性の去勢と見なすものへの反発から来ていた。それを象徴するのが、戦争に負けて平和になった国とその憲法で縛られた自衛隊およびその軟弱と言われる男性隊員であり、彼らは今や「兵士」ではなく「隊員」と呼ばれている。[21] 一九七〇年代末、三島の劇的な自死からほぼ一〇年後、保守派の文芸評論家、江藤淳は戦後の日本人男性から男らしさが失われたことを嘆き、日本人男性が「他所の国の男性のように戦う可能性に直面」しない限り、父親の威厳は取り戻せないだろうと述べている。[22]

自衛隊と隊員に対するこのような批判的な意見と戦うため、政治や自衛隊の指導者たちは、自衛隊内で愛国心と男らしさの感覚を生み育て、それを言葉と行動で国民に伝えようとした。吉田政権の幹部をはじめ、統合幕僚長林敬三《はやしけいぞう》、防衛大学校校長槇智雄《まきともお》、個々の部隊の指揮官に至るまで、自衛隊は旧軍と違って天皇と祖国に報じるのはなく、国民と国、民主的な憲法を守り、これに奉仕するものであると語って組織を支えた。さらに重要なのは、主に国民に好かれたいと願う動機から、文民の防衛庁と制服組の自衛隊の幹部が国民のために、国民に近づくために隊員を出動させたことだ。このような言動と行動を続けた結果、自衛隊に新しい目標、姿勢、任務が生まれたが、それが単に軍事的安全保障に該当しない分野にも手を広げられたのは、在日米軍の存在、つまりアメリカに軍事的安全保障を委ねることができたからだった。幹部自衛官や個々の防大生、一般隊員は新しいアイデンティティを構築し、それには人的災害や自然災害から国民を守ること、批判に耐えること、平和のために奉仕すること、教養を身につけ研鑽を積むことが含まれていた。

その過程で、自衛隊員——一九八〇年代まで少数の分離された看護部隊を除いて全員男性だった——は、防衛隊員としての男らしさの気質を構築した。駐屯地や訓練施設、防衛大学校をはじめとする養成機関は、ほぼ完全に男性の空間だった。そこでは、女性を引き立て役に使うことはなく、隊員たちは「男の中の男」になれと言われ、これは旧軍でもよく使われた表現だった。(23) 国の防衛に携わる多くの人員がデスクワークに就き、彼らも企業戦士と大差ないホワイトカラー労働者になっていたというのに、指導者たちはよく、隊員を戦後の男らしさの新しい原型であるサラリーマンと対比させた。これらの方針と談話形式の取り組みの中心になったのが、隊の指導者たちであり、彼らはたとえ侮辱されても、ほとんど褒められることがなくても、黙って民主主義と公益活動に専心する紳士たれと幹部候補生や隊員に説いた。この新しいアイデンティティを構築した人々は、自衛隊員が見習うべきモデルとして、戦争で完全に信頼を失墜した旧軍兵士の例と価値観を引き合いに出すことはほとんどなかった。隊員の手本として、武士や武士道をたまに持ち出すことはあっても、愚かな戦争とその惨敗を、武士が象徴する封建時代の残影に帰することになるため、注意が必要だった。その代わり、新しいモデルを見つけなければならなかった。地理的にソ連に近いために多くの陸上自衛隊員が配置されていた北海道では、この新しいアイデンティティ形成のために、あまり怖そうではない軍人、すなわち一九世紀後半に北の開拓地を守った農民兵士、屯田兵を手本とするよう奨励された。

自衛隊に賛成する右派、反対する左派、そのどちらでもない人々は、再建された軍隊について論じる際、一貫して別の比喩、いわゆる（不）可視性を持ち出した。佐藤守男が述べたように、彼らはよく隊員を「日陰者」と呼び、さらに比喩的に「社会の落ちこぼれ」、あるいは「他人を避ける人」、避けるべき人と呼んだ。政府や軍の幹部、メディアのコメンテーター、隊員自身でさえ、ひんぱんにこの言葉を用いた。たとえば、一九七〇年、防衛庁長官中曾根康弘——一九八〇年代には首相に就任——は「自衛隊は国民の目に触れないよう、暗い片隅に追いやられている」と不満を述べた。[24] 組織としても個々の構成員としても、自衛隊員は目に見えない存在と見なされている。ラルフ・エリソンの小説の主人公、見えない人間のように、肌の色のせいではなく、政治的な理由で「人々が」彼らを「見るのを拒む」からだ。[25] おそらく、この言葉が普及したためか、以降、同時代の評論家や学者は自衛隊と隊員が社会の内外でほとんど見えない存在であると記している。[26] しかし、実際には自衛隊ははっきり目に見えるものであるし、だからこそ、私は彼らの可視性と不可視性の両方を示すことができる（不）可視の人と括弧《かっこ》に入れて使いたいと思う。

自衛隊はその前身である旧軍や同時代の外国の軍隊よりも目立たないかもしれないが、政治家や防衛官僚、自衛隊の指揮官たちは、戦略上の理由で自衛隊をできるだけ可視化することに努めた。さらに、彼らはこのいわゆる不可視性を逆手にとって、これを自衛隊の好ましい特質に変えようと努力した。たとえば、吉田茂は一九五七年、防衛大一期生の卒業式の訓示で「君たちは自衛隊在職中、決して国民から感謝されたり、歓迎されたりすることなく自衛隊を終わるかもしれない……自衛隊が国民から歓迎されチヤホヤされる事態とは、外国から攻撃されて国家存亡のときとか、災害派遣のときとか、国民が困窮し国家が混乱に直面しているときだけなのだ」(27)と述べた。吉田は卒業生に対して、日陰者の人生に耐えてもらいたい、と結んだ。(28)結局、軍と社会の融和を達成するため、自衛隊は目に見えたり、目に見えなくなったりした。その結果、ある程度の不可視性の容認、他の政府機関と国民への服従が、自衛隊の冷戦期の防衛アイデンティティの明確な特徴となった。

敗戦を乗り越え、支持を求める

本書は、国の軍隊が社会の支持を取り戻し、過去に向き合い、同盟国の軍事組織と交流するあいだに、どのように変化していったかに焦点を当てているが、こうした変化が見られたのは日本に限った話ではない。多くの軍隊が――特に冷戦期に――同様の難題に取り組み、その過程で軍の性質も一般社会の性質も変わっていった。では、本書はなぜ日本に焦点を当てるのか？

自衛隊の歴史を取り上げれば、自然にかつて日本の同盟国であった枢軸、特にドイツとイタリアの場合と比較することになる。占領下の日本で旧軍を解体したように、連合国はドイツ国防軍（ヴェーアマハト）も解体した。西ドイツでは一九五五年にコンラート・アデナウアー首相の主導でドイツ連邦軍（ブンデスヴェーア）が設立されるまで、軍は再建されなかった。日本と同様に、朝鮮戦争に加えてヨーロッパで緊張が高まったことが、アメリカ政府首脳部が西ドイツの再軍備へと方針を転換する動機になった。[29] この流れはまずイタリアで始まり、イタリアは一九四九年にアメリカ主導の多国間の地域安全保障機構、すなわち北大西洋条約機構（ＮＡＴＯ）に加盟した。朝鮮戦争とヨーロッパで継続中の緊張により、アメリカは一九五〇年と五一年に、イタリア軍を急遽、再装備した。日本に警察予備隊が創設された時と同様に、イタリア軍と西ドイツ軍を再建する際、米軍事顧問が中心的な役割を担った。しかし、警察予備隊の設立には秘密主義、欺瞞、拙速さの印象がつきまとっていたのに対し、西ドイツの再軍備の正当性はもっとスムーズに認められた。なぜなら、少しずつ交渉を重ね、オープンに政治的議論を進めたからであり、しかもドイツ連邦軍はＮＡＴＯの枠組みの中で設立されたからである。その過程で、西ドイツ国民は戦時中のドイツの侵略行為を事実として受け入れ、近隣諸国とのあいだで戦後処理を完結することを求められた。日本ではそうはならなかった。[30] とはいえ、この二つのケースに類似点はあった。ドイツ国民の多くは相変わらずドイツ連邦軍とその兵士に対して警戒心を抱き、ドイツ連邦軍もまた、米軍のプレゼンスとそのパワーによって影が薄くなっていた。自衛隊のように、ドイツ連邦軍も社会の支持を増やそうと努力し、その結果、似通った反応を得ていた。ドイツ連邦軍は、兵士を「軍服を着た市民」(bürger in uniform)(31)と呼び、日本と同じように、再建された軍隊は都市部よりも地方でより大きな支持を得た。同様に、再びドイツが軍国主義化するのではないかという当初の懸念は、新しい軍が前身のヴェーアマハトほど強くも有能でもないかもしれないという不安に置き換わった。(32)そして、男らしさに関するドイツの悩みは、日本と同じように、戦後初期には広く浸透していた。(33)

同様の傾向は、二〇世紀後半、ほかでも見られた。フランスにおける軍と社会との関係は、三つの屈辱的な敗北によって傷ついていた。すなわち、歴史学者マルク・ブロックが「奇妙な敗北」と呼んだ一九四〇年のドイツの侵攻に対するあっけない敗北、そして植民地ヴェトナムとアルジェリアでの続けざまの敗北である。フランスの軍隊もまた社会と隔てられ、社会の信頼回復に奮闘した。(34)米軍もヴェトナムで敗北した後、同様の試練に直面した。ヴェトナム戦争と反戦運動は政府への不信感を高めただけでなく、一九七〇年代のアメリカで軍や軍事行動、軍事的価値観に疑念を抱く市民を増やした。全国的にも、ノースカロライナ州ファイエットヴィルのような基地の町でも、敗北は歴史学者キャサリン・ラッツが軍の「正当性の危機」と呼ぶものを生んだ。いまや完全に志願制となった新兵募集は目標を達成することが困難になり、徴兵担当者は「アメリカじゅうのハイスクールを訪ね歩いて生徒を勧誘するため、ペプシを宣伝するように軍隊を売り込まなくてはならない」し、テレビCMを制作して対象の視聴者に「最高の自分になれ……軍隊で」と呼びかけている。徴兵担当者はまた、放課後の交流会を開催したり、中等学校や初等学校まで訪問したりして、社会に近づく努力をした。(35) 敗戦はまた、「男らしさの危機」をも生んだが、映画『ランボー』などヒットした戦争映画が登場し、新しい紛争――一九九〇年の湾岸戦争――を契機に、学者スーザン・ジェフォーズが言う「アメリカの再男性化」と、軍の正当性の再建が始まった。(36)

物議を醸したうえ長期化したアフガニスタンとイラクでの戦争もまた、アメリカの軍隊に対して、軍と社会との関係に対して、厳しい目を向ける材料になった。ヴェトナム戦争以後、他の政府機関と比較した場合特に、組織としての軍隊に対する尊敬は回復していたが、軍――なかでも陸軍――は、相変わらず兵員の充足に苦労していた。二〇〇一年九月一一日の同時多発テロ後、米国防総省《ペンタゴン》は、愛国心に火をつけ、入隊を促すため、プロスポーツ・リーグに数千万ドルを投じて軍を讃える広報活動を実施した。(37) 軍を政治の道具とする政治家の試みもまた、軍と社会との関係を危険にさらした。たとえば、二〇二〇年、警官によるジョージ・フロイド殺害と制度的人種差別に対して抗議デモの波が起こると、ドナルド・トランプ大統領は鎮圧には連邦軍出動も辞さないと脅しにかかったため、そんな事態になれば軍と社会のあいだに新たな亀裂が生じると不安視された。二〇二一年八月、米軍に訓練されたアフガン政府軍がいとも簡単に崩壊し、米軍のアフガニスタン撤退に始まる混乱のさなか、カブール空港ではサイゴン陥落のような悲劇が再現され、これは軍と社会の隔たりをいっそう悪化させるかもしれない。

敗戦の痛手や論議を呼んだ戦争からの回復を目指していない時でも、国家の軍は社会との良好な関係を維持しようと努めてきた。少なくとも二〇世紀後半以降、先進国でも発展途上国でも、軍隊は災害救助や土木工事、農業支援などの社会貢献活動に参加し、広報活動を行ってきた。(38) 歴史学者マーク・R・グランドスタッフが述べたように、第二次世界大戦直後の米軍でさえ、栄誉ある勝者として終戦を迎えたにもかかわらず、「戦争中も平和な時も容認されるアメリカの機関」であると国民に納得してもらうために、「全国的な広報キャンペーン」を開始した。(39) 戦争中、民間人は強力な軍隊が民主主義と共存できるのだろうかと不安を感じていた。これに対処するため、歴史学者ベンジャミン・L・アルパーズが指摘したように、「アメリカの一般の文化の作り手側は、社会学者もハリウッドの映画製作者も軍人も政治家も……民主的な軍隊のイメージづくりを促進した」。(40) 戦争に勝っても、この不安が完全に消えることはなかった。戦後、平時にも大がかりな軍を維持することへの賛同を得るため、軍のアドヴァイザーたちは「社会のクズのような人間（下層階級）ではなく、善良で頼もしい民主的な市民（中流階級）で構成されるプロフェッショナルな軍隊のイメージづくり」を目指した。軍はまた、「〝地域社会との良好な関係《コミュニティ・リレーションズ》には見返りがある〟として、徴兵担当者に広報《PR》のエキスパートになる」よう奨励した。自衛隊でこれと同じ努力がなされていた冷戦期の日本と同様に、こうした活動は社会と軍の両方を変えた。一九五〇年代半ばまでには、このような戦略は、軍がより民主的なアメリカの組織となるのに貢献した、とグランドスタッフは述べている。(41)

　自衛隊は災害救援や他の民生支援活動に盛んに取り組むことで、戦後有数の経済的にも社会的にも生産性の高い軍になったと言えるだろう。ある意味、自衛隊は冷戦後ではなくそれ以前から、そして社会学者がその概念を思いつく、かなり以前から、ポストモダンの軍隊になっていた。冷戦期の自衛隊は、社会学者チャールズ・C・モスコスが定義したアメリカを中心とするポストモダンの軍隊の要素をすべて備えてはいなかったが、プロの兵士からなる小さな構造、人道支援に特徴付けられる主な活動、国民の無関心、メディアとの関わり合い、高い学位を有する軍人、いわゆる軍人学者《ソルジャー・スカラー》の理想像といった多くの要素を含んでいた。(42) 不可解なことに、二〇〇〇年にポストモダンの軍隊という概念を初めて紹介したモスコス編集の刊行物は、当時の自衛隊にも、冷戦期の自衛隊にも一切触れていない。しかし、一九五〇年代から一九八〇年代の自衛隊のポストモダン軍的な特徴は、冷戦後の自衛隊を含め、後年の軍隊と比べて突出している。

この比較検討を行えば、自ずと先の疑問に立ち返ることになる。なぜ日本に焦点を当てるのか？　自衛隊の歴史は米軍、ドイツ連邦軍、他の軍隊の歴史と似ているが、自衛隊とその隊員に向けられた疑念と反感は、他に比肩するものがないほど激しく、長期に及んだ。したがって、自衛隊が用いた戦略、そしてそれが社会と自衛隊の両方に与えた影響により、日本の戦後の軍隊は非常に意義深い研究事例となる。

なぜ、陸上自衛隊なのか？

では、なぜ特に陸上自衛隊に焦点を当てるのか？　なぜなら、本書で解説する陸上自衛隊と社会、旧軍、米軍との関係の歴史は、他の二自衛隊の歴史と多くの共通点があるからだ。そのため、本書ではおおまかに自衛隊全体として述べる。一般市民はたいていそれぞれ三つの自衛隊と自衛隊を区別してこなかったし（今もしていない）、陸上自衛隊を自衛隊とまとめて捉えている。アメリカ人のようにどの軍種について述べているかを特に気にしない。これは戦後の軍隊に親しみも関心もないせいかもしれない。とはいえ、主に陸上自衛隊を取り上げるのには、強い根拠がある。その論理的根拠は、陸上自衛隊と社会、旧軍、米軍との関係の観点から捉えると最もよく理解できるだろう。

まず、陸上自衛隊は三自衛隊の中で常に最大であり、一般社会との交流も最も盛んだ。二〇一六年の時点で、陸上自衛隊は一五万人の隊員を有し、自衛隊の総隊員数の五分の三を占める。(43)冷戦期のさなかの一九六四年、その割合はもっと高かった。陸自の隊員数は他の二自衛隊を合わせた数のおよそ五倍だった。(44)陸自は国中に一六〇の駐屯地と訓練施設を有し、五つの地域司令部を置いている。札幌に北部方面隊（北海道）の、仙台に東北方面隊（東北）の、東京に東部方面隊（関東）の、大阪に中部方面隊（関西、中国、四国）の、熊本に西部方面隊（九州、沖縄）の方面総監部が置かれている。その施設や活動、隊員は一般社会と近接している。(45)したがって、民間人は他の二自衛隊よりも陸上自衛隊と常日頃から接する機会が多い。海上および航空自衛隊は基地の数も少ないし、海と空という、その訓練や展開の場が一般社会から遠く離れているため、陸上自衛隊よりも民間人と触れる機会が少ない。長いあいだ海に出ている海自隊員とは違い、陸自隊員の多くは駐屯地の外の自宅から通勤する。陸上自衛隊の迷彩塗装の緑色の車両が公道を走っているのは昔からよく目にする光景であり、特に都市郊外や地方の駐屯地の近くでは珍しくもない。このような日常的な遭遇のほか、陸上自衛隊は災害派遣や「さっぽろ雪まつり」などのイベントへの協力、体験入隊など広報に結びつく社会奉仕を、他の二自衛隊よりもかなり多く行っている。

二番目に、帝国陸軍の後継と見なされる陸上自衛隊は、海上自衛隊よりも重く旧軍の罪を負わされた（言うまでもなく、一九五四年創設の航空自衛隊は旧軍とは無関係）。このような見方は根強く残った。歴史学者アレッシオ・パタラーノが説明するように、「〝良い海軍〟対〝悪い陸軍〟という図式」は、戦争が終わって占領が始まったとたん、一般人の記憶を支配するようになった。一九三七年の中国侵略、さかのぼって一九三一年の満州侵攻に始まる戦争の記憶を呼び起こした東京裁判は、特に陸軍に対する国民の批判的な見方を強めた。戦後期の傑出した政治家、吉田首相も海軍よりも陸軍に対して批判的だった。故郷に帰った復員軍人もまた、殺し合いの惨《むご》たらしさや敵兵への異常な残虐行為に満ちた戦争経験を語り、陸軍の負のイメージを定着させる一因となった。[46] このような旧軍の有害なイメージは冷戦中もその後も数十年間、継続した。一九七〇年代前半にようやく日本に帰ってきた二名の元兵士を含め、何年もかけて苦労して帰国した元兵士たちがこの見方を強化した。[47] そして敗戦から六〇年後の二〇〇六年、読売新聞がのちに一冊の本になる連載を開始し、これもまた戦争の主な責任を陸軍に課した。[48] 陸上自衛隊と帝国陸軍との結びつきは、海上自衛隊と帝国海軍との結びつきよりもはるかに希薄だったにもかかわらず、陸上自衛隊はその後継として、かなり胡散臭い目で見られた。

陸上自衛隊とは対照的に、パタラーノの見解によれば、戦後の「海軍は旧軍の過去を進んで受け入れた」。[49] 陸軍とは違い、海軍は完全には解体されなかった。それどころか、おそらく憲法九条違反の最初の事例と疑われるが、アメリカ海軍はただちに帝国海軍の元軍人を、機雷掃海を担う海上保安庁に入れ、最初は日本列島周辺で作業にあたらせ、一九五〇年に日本の元植民地で戦争が勃発すると朝鮮半島周辺海域でも同作業に出動させたのである。[50] そのため、海上自衛隊は施設、人員の両面でかなり広く帝国海軍と関係を保った。[51] 帝国海軍の戦争責任はより軽微であり、真珠湾攻撃を発案した山本五十六をはじめとする傑出した海軍大将たちはアメリカとの戦争に反対していた視野の広い国際人だったと国民が捉えていたため、海上自衛隊とメディアや文学界隈にいる彼らの支持者が、戦前の海軍のイメージ、ひいては戦後の後継者のイメージを修復するのは容易《たやす》かった。[52]

その結果として、陸上自衛隊が社会不安の焦点になった。政治学者ロバート・D・エルドリッジとポール・ミッドフォードは、陸軍は「文民統制と民主主義の新たな崩壊、あるいは新たな戦争を警戒する大衆とエリート層にとって不安の主な対象になった」と論じている。[53] 陸上自衛隊は、航空および海上自衛隊よりも物理的に一般社会の近くに存在し、社会と接触する機会も多いため、こうした事情が不安を増大させる一因にもなっている。

最後に、米軍が警察予備隊創設に果たした役割と、さらに重要なことに今も日本に駐留し続けていることが、陸上自衛隊の正当性に悪影響を及ぼしている。日本の陸軍は完全に解体されたあと、GHQによって警察予備隊という形で再建された。佐藤守男のコメントが示唆するように、アメリカの親から生まれたことは陸上自衛隊と自衛隊全般の評判を傷つけた。しかも日本中に巨大な米軍基地があり、多くの米兵が駐留している現実は、自衛隊の正当性に影を落とし、自衛隊と在日本が米軍とアメリカに従属している実情を際立たせている。このような見方は、自衛隊と在日米軍が交流を最小限に抑えていたにもかかわらず、長引いた。政治学者シーラ・スミスが説明したように、この連携の欠如は、冷戦時の他のアメリカの同盟とは違い、日米同盟が「軍事的互恵を前提としていないからである。日本は戦略的協定の一環として、アメリカを防衛する義務を負わない。憲法九条……は、自衛隊がアメリカに代わって武力を行使することはできないと狭義に解釈されている」。(54) さらに、他の同盟とは異なり、この日米間の条約は一九六〇年に改正されるまで、米軍が日本国内の安全保障に介入することを許可していた。条約はまた「日本が脅かされたり攻撃されたりした場合、米軍の支援を明示的に保証するよう修正された。その見返りとして、日本はアメリカに日本国内にある軍事基地と施設――〝極東〟におけるアメリカの戦略を支援する基地――の利用を(継続して)許可した」。(55) 陸上自衛隊は、名目上は外からの攻撃を防ぐ使命を負っているが、アメリカが在日米軍――特に日本に基地を持つ空軍――を通して、外国の攻撃から日本を守ることを保証しているため、陸上自衛隊は特に、存在する意味がほとんどないように思えた。米軍の存在がなくとも、ミッドフォードとエルドリッジが述べたように、「島国の陸軍というのは、決してうらやましい立場ではない」。(56) この陸軍は、表面上は国内の治安を維持するためでもあったが、政治指導者たちがそのような目的で自衛隊を動員することはなかったため、その方面でも使い道がないように思えた。

このような理由により、左派と右派が自衛隊をアメリカの傭兵とか税金泥棒とか、前身の水準に達していないとか愚弄《ぐろう》するとき、その矛先はたいてい陸上自衛隊に向けられた。当然のことながら、三島由紀夫が辛辣に非難したのは、彼が最も交流していた陸上自衛隊員だった。三島は彼らのことを帝国陸軍兵士と比べて見劣りする米軍の従属者と見なしたのである。

防衛隊の用語

どの軍隊も独特な専門用語を用いている。しかし、再建された日本の軍隊を創設し、導き、もしくは形を整えた人々がつくった用語は、自衛隊とその隊員を言い表すために内部で使用し、なおかつ社会でも通用する技術的、組織的、運用可能な専門用語の範疇を超えていた。同様に、他の組織の例に違わず、これらの用語は自衛隊そのもの、隊員、そのアイデンティティを形成した。用語とその意味に注目することは、戦後の軍隊とその特徴を理解するために不可欠である。これらの言葉には新しいものもあれば、米軍との交流で影響を受けたものもある。戦前も使われていたが、戦後に新たな意味を持った言葉もある。すべては自衛隊と社会との関わりに影響された。これらの言語に注意すると、これらの力学《ダイナミクス》および過去との連続性や断絶についての理解が深まる。

最も重要な語彙は、再建された軍事組織とその構成員を表す言葉だ。先に述べたように、一九四五年以前、軍事組織は軍か軍隊、日本軍あるいは国軍、官軍、帝国陸軍あるいは皇軍など様々に呼ばれていた。[57] 旧軍の構成員は、陸軍であろうが海軍であろうが一般に兵、兵隊、兵士、軍人と呼ばれていた。一九五〇年に戦後の軍隊が設立されたとき、軍やその構成員を指す言葉は変わり、その用語は時とともに徐々に軍事的な性質を帯びていったが、旧軍時代の用語とは明確に異なっている。指導者たちはそれぞれの戦後の組織を、警察予備隊、保安隊、自衛隊のように、軍ではなく「隊」と呼んだ。そしてそのメンバーは「兵士」ではなく「隊員」となった。こうして、二五〇年間の平和の時代に戦士から役人に変わった彼らの前身である徳川時代の武士のように、二〇世紀後半の平和の時代に兵士は隊員になった。同様に、一九四五年以降、戦争をした国の軍隊もいくつかあったが、社会学者ミシェル・L・マルタンがフランスのケースに当てはめて述べたように、軍務の組織的、技術的変化により、ほとんどの国で兵士は管理者《マネージャー》になった。(58)

しかし軍事用語のこれらの変化は戦後日本で特に顕著だった。警察予備隊、保安隊、自衛隊は警察用語に類する言葉を組織の部隊や個々の階級に当てはめ、兵器や車両には軍事的性質をぼかした名称をつけた。最も有名な例を挙げると、戦車は「特車」と呼ばれていた。階級や兵器の用語が変わったのは一九六一年になってからだが、それは政府の役人が、もう自衛隊には充分な支持が集まったので、誰もが虚構と知っている用語を使うのをやめる時がきたと判断したからだ。(59)こうした初期の語彙はごまかしの産物だった――GHQと日本政府の当局者は論争を避けたかった――が、それはある程度、警察予備隊の性格を反映し、保安隊と自衛隊が活動する憲法上ならびに社会上の制約を反映していた。確かに、警察予備隊は憲兵隊とか治安部隊と呼べるかもしれない。なぜなら、警察予備隊を創設した日米の当局者が念頭に置いていたのは、主に国内の治安維持だったからだ。しかし警察予備隊は多くの軍事的特徴を備えており、その同じ当局者の多くが同組織はやがて本格的な軍隊になるだろうと予想していたことは確かだ。とはいえ、戦後の軍隊とその部隊、兵器、車両、被雇用者を指す言葉はやがて、組織とその隊員のアイデンティティに影響を与えた。組織の幹部と隊員、一般市民がこれらの言葉を使うにつれ、組織のアイデンティティとその適切な役割についての考えが形成されていった。

一九五〇年以降、組織と隊員を指す言葉が変わったのとは対照的に、組織の幹部らは、精神という言葉を使い続けた。旧軍と国家のアイデンティティにとって――そして闘志を植え付ける訓練をする他のすべての軍にとって――基本的な観念は、旧軍の精神とは関連しつつ、それとは違う意味を戦後の軍隊に与えた。政治学者ルイス・オースティンによれば、精神は「近代化と相反する……民主的ではないし、普遍的でも個人主義的でも物質主義的でもない。それは忠誠心と規律正しさ、団結心、不屈の忍耐力が絡み合ったもので、日本文明における多くの歴史的業績の柱となってきた」。[60] 精神主義が軍事教育に行き渡っていた戦前は特にそうだった。軍部と右派の指導者たちは、一九三〇年代と四〇年代の戦時中、国民を奮い立たせるためにこれを用いた。その結びつきは非常に強く、精神教育は一般に軍事教育を指す言葉として使われるようになった。戦後再建された軍隊の指導者たちは引き続き精神について語り、精神教育を行ったが、精神の意味と目的は変わった。国家の霊的存在や武士道、科学技術および合理的な思考に勝る「精神」を重視していた戦前の軍隊の精神主義と狂信は、敗戦により信用されなくなった。そのため、歴史学者ジェニファー・M・ミラーが述べたように、GHQと日本政府の当局者が警察予備隊を創設して公職追放を逃れた将校たちを積極的に入隊させ始めたとき、彼らは新旧取り混ぜた精神のハイブリッド版を採り入れた。なぜなら、民主主義を強化しつつ共産主義と戦うためにそれが必要だったからだ。[61] この新しく作り替えられた精神は、自由民主主義と平和、そして国民に奉仕するために不可欠であると言われた。ストイックで、中道で、指揮命令系統と軍の文民統制に従順な精神だった。同様に、精神と似た言葉、「根性」も国と軍隊に明白な特性をもたせるために使われた。これらの言葉は戦前の含意にいまだ結びつけられ、それどころかその意味に満ちていたが、戦前の含意とは区別され、自衛隊とその隊員には肯定的に捉えられた。

精神の必要性に関するオープンな議論とは違い、戦後の軍隊内のジェンダーに関する議論はたびたび行われていたとはいえ、いつも控えめだった。これは戦前の軍でも同じだった。戦後の軍の指導者たちはめったに「男らしい」とか「男らしさ」という言葉を使わなかったが、警察予備隊の林敬三総隊総監は、最初の訓示でこの言葉を使った。もう一つの暗示的に使われる性別を反映した言葉は「紳士」だった。防衛大初代校長の槇智雄は、学生たちに士官にして紳士たれと語り、紳士という考えを強調した。槇の考える紳士とは、儒教と一九世紀半ばからの西洋との交流に影響を受けた、男性の修養と礼儀正しさに関する年来の考えに基づいていた。徳のある人、賢者を意味する儒教の「君子」は中国文明に古くから存在していた。また、日本の紳士は武士道、すなわち文武両道に秀でることを求められた武士の生き方に起源をたどれるだろう。一九世紀後半から、日本の「紳士」は、西洋のヴィクトリア朝の上品さと儒教の礼儀正しさ、武士の高潔さを混合した洗練された存在として登場した。公徳、高い身分に伴う義務《ノーブレス・オブリージュ》、社会的特権を体現する紳士は、国を文明化した世界へ導くことを期待された。[62] 槇が考える紳士——防大生はよく外来語の「ジェントルマン」を使用した——もまた、海軍兵学校の国際的な士官紳士やアメリカ陸軍士官学校の卒業生に影響を受けた。槇は特定の言葉を用いて「紳士」を表現することはめったになかったが、いつも防大生に美徳、慈愛に満ちたリーダーシップ、忠誠心、ストイシズム、教養、奉仕を体現するよう奨励していた。これらの防大生が士官になると、今度は彼らがこの価値観を自分たちが率いるそれぞれの部隊で兵士たちに伝えた。一般的に、ここ数十年間の（そして今も）自衛隊の男らしさは、圧倒的に異性愛を規準とするホモソーシャルな傾向がうかがえる。

自衛隊に勤める女性はごく少数であるうえ、冷戦期に男性の上官が彼女らに許可した任務は限られていたものの、彼女らもまた、自衛隊のアイデンティティ形成に一定の役割を果たした。隊員、妻、母親、娘、そして（潜在的な）恋愛対象としての彼女らの存在と描き方——現実でも想像上でも——は、隊員募集や士気高揚のために女性を持ち出すことも含めて、すべてこのアイデンティティ形成に関わった。この分野でも、自衛隊の社会、過去、米軍との関係が女性の実際の採用や象徴的な起用に影響を与えた。一九五〇年から五二年まで、制服の隊員は男性だけだった。隊内の女性は看護師に限られ、民間人として勤め、警察予備隊の制服は身につけなかった。これは旧軍における女性の役割と同じであったため、一九五二年に看護部隊を設ける一因となった。女性看護師が保安隊に隊員として統合され、その制服を着用し、社会学者の佐藤文香が述べたように「この戦後の組織は旧軍から脱却したという印象を与えるために……戦前の軍との連続性をカモフラージュした」(63)米軍が婦人陸軍部隊の一部で女性を事務職に使っていたことに影響され、一九六八年、陸上自衛隊はこれと似た部隊を創設し、「男性隊員が効率的に〝男らしい〟とされる仕事に従事できるようにした」。(64)まもなく航空自衛隊と海上自衛隊も、秘書に女性を積極的に採用するようになった。歴史学者サビーネ・フリューシュトゥックによれば、その後、三自衛隊ともに「〝女性にふさわしい〟仕事」を創設したが、この方針転換は、一つには自衛隊、特に陸上自衛隊が充分な数の男性を確保するのに苦労していたからであり、(65)そして一つには、佐藤によれば

「女性の雇用は自衛隊に対する世論を変えるのに役立つかもしれない」と当局者が期待したからである。[66] 同じ理由で、一九六〇年代以降、明るい印象を生み出そうとしていた自衛隊の隊員募集担当官たちは、隊内での女性の割合はほんのわずかだったにもかかわらず、たびたび女性隊員の映像を使った。一九九一年までには自衛隊の女性の数は三・四パーセントになっていたが、これは一九八六年の一・七パーセントの倍増である。この年、男女雇用機会均等法が施行され、建前上、女性も自衛隊でどんな職にも就けることになった。その結果、自衛隊はほぼすべての職を女性に開放し、一九九二年には防衛大にも女性の入学が認められ、女性が将校になる道が開かれた。[67] こうした改革が進んだのは、より多くの機会を求める女性たちの働きかけがあったからだが、それだけでなく国内外の自衛隊のイメージや隊員募集に関わる問題意識も後押しした。

本書の構成と貢献

（陸上）自衛隊が正当性を求め、ある程度国民の理解を得られる冷戦期の防衛アイデンティティを構築していく過程を分析するために、本書は自衛隊と社会、旧軍、米軍との関係を五つの章に分け、テーマ別に時系列に沿ってたどっていく。

第一章は、GHQと日本政府によって警察予備隊という曖昧な形で再建され、一九五〇年から一九五二年まで存続した軍事組織について考察する。警察予備隊の初期、日米の当局者は組織に関する問題ばかりに気を取られていたが、彼らが直面した課題やそれに対処した隊員たちの行動こそが、組織の形成に影響し、その土台となったことがわかる。災害救援を盛んに行い、国民との関係を改善するために国民の軍であることを強調し、国内の暴動鎮圧の動員には抵抗するなどの出来事に強く影響を受けた慣習と方針はすべて、戦後の軍隊が再編されたこの最初の二年に形を取り始めた。

第二章は戦後の軍隊を率いる新しい将校を育成するための軍学校の設立に焦点を当てる。警察予備隊と同じく、防衛（保安）大学校創設も日米の合同事業だった。吉田首相とその政権は防衛大の構想と成立、運営に中心的な役割を果たす一方、米軍から助言を受け、その関係は占領の終わる頃に始まり、その後も長く続いた。警察予備隊総監、保安庁第一幕僚長、陸上自衛隊参謀長、統合幕僚会議議長を歴任した林敬三と同じく、吉田によって防衛大校長に任命された槇智雄も、自由民主主義の理念ならびに旧軍の男らしさとは違う男らしいノーブレス・オブリージュに満ちた新しいアイデンティティをつくろうとした。防大生が指揮官の地位に就いて将校のあいだで大きな影響力を持つ前段階から、この防衛アイデンティティは林の言葉と溶け合い、隊内で強い影響を与えた。

自衛隊が正当性を求める過程、軍と社会の融和の力学、軍の防衛アイデンティティの形成を考察する方法として、第三章は北海道に置かれた陸上自衛隊の北部方面隊に焦点をあてる。北部方面隊は戦略的に非常に重要で、そのため冷戦期には不釣り合いな数の人員と基地を有していた。そこでは、他の土地と同じく、林が奨励した「愛される自衛隊」になるための方策の一環として、経済的見返りと民生支援が利用された。吉田、林、槇の発想や行動を参考に、自衛隊の指導者は北部方面隊のための新しい伝統と新しいアイデンティティを形成するため、一九世紀後半の農民兵士、屯田兵を見習えと隊員を励ました。この地域の軍隊に注目すると、一九五〇年代から六〇年代にかけての日本中の似たような展開の格好の事例研究となる。

第四章は自衛隊と日本にとって激動の一〇年だった一九六〇年代の東京に焦点を戻す。政治と軍の指導者にとって難しい選択を迫られた問題は、その時代、日本の政治的根幹を揺るがす大規模で時に暴力を伴う抗議デモの鎮圧に自衛隊を動員するか否か、だった。一九六〇年の日米安全保障条約に反対する大規模なデモ隊、そして六〇年代末の暴力的で過激な左派の抗議に対して、当局は自衛隊を動員しないと決断したが、それは主に、そんなことをしたら社会との関係が修復できないほど傷つくと危惧されたからだ。しかし同じ理由で、当局は一九六四年の東京オリンピックのロジスティクス支援に隊員を動員し、選手として参加させた。この章では災害派遣と並んで、国民が自衛隊を容認するのに大いに貢献したオリンピックを中心に取り上げている。また、この章では自衛隊本部での三島由紀夫の自決を考察する。三島の行動は、安保闘争とオリンピック、軍と社会の融和を推進するために設けられた自衛隊の体験入隊によって形成されたものだが、そのすべてが冷戦期の防衛アイデンティティに対する彼の拒否感に結びついた。

第五章は沖縄に目を向ける。沖縄は二七年間アメリカに占領統治され、巨大な軍事基地が築かれたあと、一九七二年、日本へ返還された。その際、三自衛隊は防衛を担うために、それぞれ沖縄に基地を設けた。かつては復帰を熱心に支持していた多くの沖縄県民は、その条件に憤慨した。米軍基地が存続するばかりでなく、さらに別の軍隊がやってくることに怒り、その存在を憲法九条違反と見なした。さらに悪いことに、沖縄県民は一九四五年の凄絶な沖縄戦で、島の人々を犠牲にし、意図的に殺害までした旧軍の後継として自衛隊を捉えた。このような連想から生まれた沖縄社会との関係は、敵意と不信感に傷つけられ、再建された軍隊が一九五〇年代に本土で直面した状況よりも難しかった。この章では、自衛隊、なかでも陸上自衛隊に対する反感とその対応を考察する。その理由は、彼らが正当性を求める過程で、馴染みのある、なおかつ再調整された手法を用いているからだ。自衛隊は沖縄では渋々受け入れられたが、社会に溶け込むのがとりわけ困難だったせいで、沖縄駐屯地の内でも外でも、防衛アイデンティティの確かな感覚を生み出すことがいっそう困難になった。

これらの変化は一九八〇年代以降も続いたが、本書は次の理由から八〇年代で締めくくっている。地政学的な文脈では、一九八〇年代の終わりが冷戦の終わりにあたる。社会との関係という意味では、本土では一九七〇年代、あるいはほぼ間違いなく一九六〇年代までに、沖縄では一九八〇年代までに、自衛隊は一定の支持を得ていた。その状況が変わるのは、世界と国内で相互作用する関係がさらなる容認と支持に結びついた、もっと最近の冷戦後だった。加えて、一九八〇年代は分水嶺の時期にあたった。元旧軍将校が引退し始め、新しい軍のアイデンティティを受け入れ、その形成に貢献した防衛大出身の新世代が上級指揮官の地位へ昇進し始め、そして一九八六年から陸上自衛隊の正規の隊員として女性が採用され始めた時代だった（一九九二年からは防衛大にも女性が幹部候補生として受け入れられた）。最後に、一九八〇年代までには、自衛隊と米軍は同盟軍のように行動し始め、初めて日米共同訓練を実施し、これは軍同士の平等な関係への一歩前進だった。

本書は、軍と社会の融和、ならびに冷戦期の防衛アイデンティティという概念を提示することに加え、戦後の時代をさらに広く理解し、特に戦後日本の歴史を理解する上でいくつかの貢献をしている。ひとつには、性質の矛盾するアイデンティティ、特に平時の民主主義における軍のアイデンティティを明らかにする。歴史学者たちは正当な理由があって、冷戦初期の数十年間、右派の国家主義者だけでなく、平和主義者と左派の活動の推移に注目してきた。また彼らは、吉田のような著名な保守派が戦前戦後を通して続いていることを強調してきた。他の保守派や自由民主主義の推移を研究することは、その時代の相対する政治的・社会的視点に質感と複雑さを加える。さらに、冷戦期の、アメリカや西欧諸国など他の民主国家の軍隊の複雑な地位と比較するときの基準点としても機能する。

二番目に、この質感と複雑さは、吉田以外の上層部、すなわち林や槇など指導者たちに注目することで得られる。これまで研究者たちは英語でも、それどころか日本語でも、この二人についてはほとんど何も著してこなかった。戦後の防衛エスタブリッシュメントの基礎を築く上で、それぞれが組織とイデオロギーの両面で発揮したリーダーシップは、歴史の輪郭を形作るためには個人が重要だということを思い出させてくれる。

エリートではない個人も重要だ。本書の三番目の貢献は、一般隊員や防大生の役割と声に注目した点である。なかには最高幹部に昇進した人もいたが、多くはそうならなかった。彼らの声はオーラル・ヒストリーのインタビュー——多くは著者が行った——や、幅広い分野の様々な資料から引き出したものだが、そこには元隊員や現役隊員と親交を重ねるあいだに入手した機関紙も含まれている。これらの情報は語り《ナラティヴ》を豊かにしただけではない。この一般隊員たちが自衛隊とそのアイデンティティの形成に率先して取り組んだことを示している。

三番目の貢献として、本書は自衛隊全体、特に陸上自衛隊とその隊員が、戦後日本を特徴付ける平和と民主主義の確立にいかに貢献したかについて論じている。隊員たちは、憲法上、疑わしいその正当性、胡散臭い外国の出自、いつまでも非合法であり続ける存在、帝国陸海軍の遺産、社会からの疎外にもめげず、あるいはそうであるが故に、貢献したのだ。他の平和的で自由民主主義的な体制と同様に、日本の体制にも常に瑕疵《かし》や矛盾、暗い裏面があり、今やますます脅かされ、改革が求められている。それでも私たちは、日本の体制の成功を無視するべきではないし、自衛隊の指導者や隊員がその安定にたびたび寄与したことを認めるべきである。彼らは政治に無関心ではなく、確かに反共主義ではあるが、積極的に政治に関わらなかったし、文民統制をくつがえそうともしなかった。彼らは攻撃隊ではなく防衛隊の役割に徹し、攻撃的行動をとったことは一度もない。彼らは国民のために行動した――奉仕すると誓った国民の幸福のために、様々な活動を通して経済的にも社会的にも貢献した。全体的に、自衛隊とその指導者たちは穏健な組織として行動し、冷戦時代に彼らが願ったほど愛されはしなかったが、最終的にはそれに相応しいある程度の尊敬を得たのである。

第一章　警察予備隊と米軍

一九五〇年九月一八日、一八歳の入倉正造は警察予備隊に入隊した翌日、東京から電車で一時間ほどの神奈川県の久里浜基地に入った。六月末の朝鮮戦争勃発を契機に、七月、警察予備隊が創設され、その一か月後の八月には隊員募集が始まっていた。一九四五年九月に日本が降伏文書に調印するまで、久里浜には海軍通信学校が置かれていた。また、米軍の本土上陸に備え、婦女子を含めた民間人が軍人とともに首都防衛を担う拠点となっていた。恐ろしい米軍がやってきたのは、その危惧されていた侵攻が初めてではない。一八五三年、マシュー・C・ペリー提督が軍艦三隻を伴って来航し、徳川幕府に開国を迫り、通商交渉のために上陸したのもここだった。終戦後、海軍通信学校は空き家になり、警察予備隊が来るまで、五年間、うち捨てられていた。入倉ら新隊員が到着して最初に与えられた仕事は、全国の警察予備隊基地で指導・訓練を行う米兵の指示に従って施設を住める状態にすることだった。(1)

一〇月下旬、隊員たちは武器の訓練を開始した。入倉は貸与されたライフル銃――米国製M-1ライフル――を初めて手にしたとき、このような銃がわずか五年前、同胞に突きつけられたの

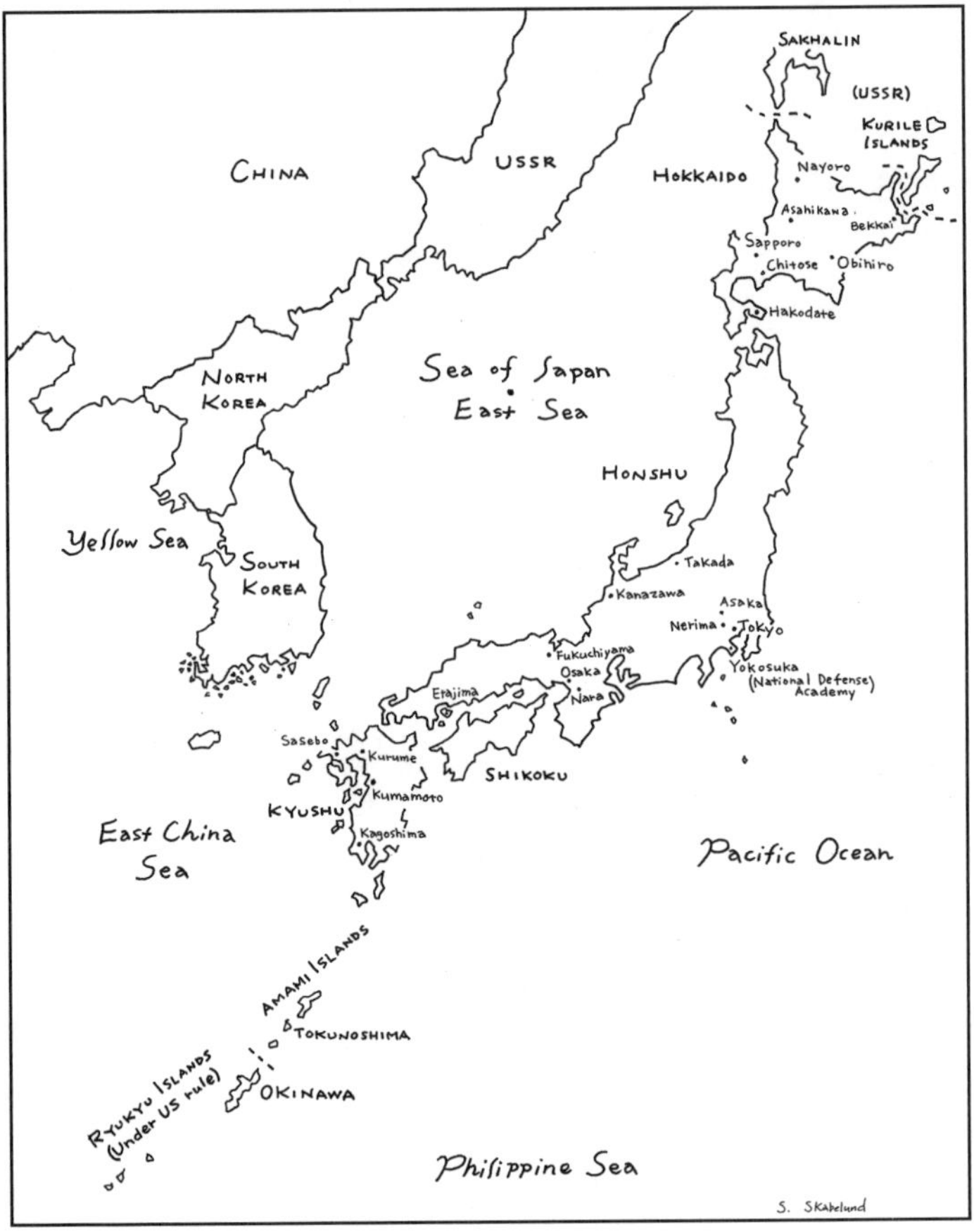

地図 1. 1950 年代から 1960 年代の日本。 セイコ・トダテ・スキャブランド作製。

かと、敗戦の屈辱を感じたことを覚えている。[2]二〇二〇年に彼が私に送ってくれた写真には、久里浜で米軍のジープの端に腰かけた彼自身が写っている(図1.1)。一九四五年八月一五日の終戦時、一三歳だった入倉は、戦時中、アメリカ人は鬼畜だと教えられていた。しかし彼の葛藤は、警察予備隊の半数以上を占める元旧軍兵士のそれと比べれば、まだましだったと思われる。

隊員の大半と同様に、入倉もまた、経済的な理由で入隊した。彼は家族の暮らしを支えたいと思っていた。多くの隊員と同じく、彼も警察予備隊が警察なのか軍事組織なのか、よくわからなかったが、少なくとも日本は自衛できなければならないと考えていた。脅威の源が海峡の向こうの戦争であろうが、国内の紛争であろうが、三年前に発布された新憲法は自衛を阻んではいないし、少なくとも禁止すべきではないと彼は考えていた。もし警察予備隊が軍隊ならば、彼は同僚のほとんどと同じく、無謀な行動で大敗北と占領をもたらした旧軍を手本にしようとは、まったく思わなかった。隊員たちは国防を担うという気概を持っていようが、基地の外で暴言を浴びせられたことを覚えている。彼らは基地の門を出たすぐのところに部屋を借りて、休日になるとそこで制服から私服に着替え、休日が終わるとまたそこで制服

【1.1】1950年末、久里浜キャンプで米軍のジープに腰かけてポーズをとる警察予備隊の新隊員、入倉正造。入倉氏の許諾を得て使用。著者所蔵。

に着替えていた。(3) 目立ちたくないという思いから始まったこの習慣は今日も続いているが、現在では冷やかしを避けるためというより、社会に溶け込むためである。

入倉の経験は、日本に再建された軍隊の最初の二年間を象徴している。その二年間こそ、社会、旧軍、特に米軍との関係が新しい軍隊とその隊員の性質に強い影響を及ぼした形成期であった。日本に駐留する連合国軍最高司令官ダグラス・マッカーサー将軍は、日本から韓国へ米軍を早急に派遣するにあたり、その穴を埋めるために「七万五〇〇〇人規模の警察予備隊を設立し、海上保安庁の強化を図るため八〇〇〇人増員せよ」と吉田に命じた。(4) マッカーサーの目下の懸念は国内の治安だったが、警察予備隊が新しい軍隊に成長する可能性は認識していた（海上保安庁は一九四八年に沿岸警備隊として設立された）。しかし、警察予備隊創設というマッカーサーの、そして吉田の構想は、他のアメリカ人や、早急に再軍備を求め、旧軍と似た軍隊を求めていた日本人のそれより控えめだった。(5) しかし、この組織が戦力の保持を禁じた憲法に違反するとの認識はあり、それ故、GHQはこれを警察予備隊と呼び、再活発化した検閲を通して、隊の性格に対する社会の議論を最小限にとどめようとした。

検閲にもかかわらず、この組織が憲法上疑わしい存在であること、外国によって生み出されたこと、その外国の軍が引き続き駐留していることから、米軍の非合法の従属組織というイメージが形成された。久里浜基地の米軍の指揮官たちの提案通り、米兵が警察予備隊の形成に主導的役割を担った。占領下で急いで設立されたことを鑑《かんが》みれば、これは当然であろう。政府とGHQの承認のもと、最も権力ある背広組と制服組の職務に多くの元内務省・警察幹部が抜擢されたため、彼らもこの性格の形成に影響を与えた。GHQと日本政府は一九五一年末まで、旧軍将校の入隊を一切認めなかった。しかし一九五二年の占領終結後には、警察予備隊の将校団の一五パーセントを旧軍出身者が占めていた。[6] これら元憲兵隊員や元陸軍将校のなかには、アメリカの権力を妬み、怪しみ、アメリカに服従する立場に苛立つ者もいた。占領が終わって日本が主権を取り戻すと、再建された軍隊も自治権を得た。しかし、独立したとはいえ、政府も軍も米国と米軍に従うことに変わりはなかった。依然として米軍は日本中に基地を維持し、日本は安全保障をアメリカに依存していた。この二国間の安全保障関係は軍事的な組織構造、人員、個人のレベルにまで及んでいた。米軍のプレゼンスと日米安全保障条約の内容により、この二国はパートナーとはいえ不平等な関係だった。憲法九条の狭義の解釈が集団的自衛を妨げていたため、二つの軍は三〇年間、共同訓練をほとんど行わなかった。[7] 在日米軍がアジア全域にアメリカのパワーを示していたのに対し、自衛隊は憲法と世論に縛られ、何十年も保たれる特性が染みついた。すなわち、国内の脅威は気がかりだが、国民に対する武力行使には消極的で、表面上は外国の侵略から国を守ることになっているが、圧倒的な米軍の存在と核の傘に守られているため、社会から正当性を認められるのが難しいという特性である。米軍や社会との交流、旧軍の遺産を含むこれらのダイナミクスはすべて、占領中と占領後の時代に、戦後の軍隊とその隊員の、優先事項およびアイデンティティの形成に影響した。

本章は、再建された軍隊の草創期にあたる警察予備隊創設のプロセス、下士官と旧軍将校の両方の隊員募集の実態、そして米軍兵士、社会、戦前の軍との関係に焦点を当てる。これまで研究者たちは、戦後の軍隊のどの時代よりも、警察予備隊の時代に注目し、その際、政治と外交の話に重点を置いてきた。(8) 本章が取り上げるのは、どちらかというと社会史である。戦後初期の背広組と制服組の両方の指導者たちは、新しい防衛軍を再建するという難題に取り組み、そのプロセスは対立する利益や不確実性、偶発性に満ちていたにもかかわらず、あるいはそれ故に、警察予備隊の二年間は、新しい軍のアイデンティティが生まれる土台になった。このアイデンティティには、不可視性と可視性――目立たず、議論を呼ばない存在であり続けることと、警察予備隊の存在の正当化を試みること――という二つの性格のせめぎ合いも含まれていた。また本章は、一般の新隊員の経験を紹介し、軍と社会との関係に重点を置いている。この関係の安定と秩序は予備隊創設の起動力となった。まず、マッカーサーの指令と、警察予備隊設立にあたっての一連の矛盾する動機を取り上げる。これらを見ていくと、政治と外交の背景がわかるだろう。

警察か、軍隊か？

金日成《キムイルソン》が一九五〇年六月二五日に三八度線を越えて北朝鮮軍を送り出してから二週間足らずの七月八日、マッカーサーは吉田に警察予備隊の創設を指示する書簡を送っている。北朝鮮軍の部隊は迅速に突き進み、越境後三日でソウルを占領し、劣勢に立たされた前面の韓国軍を次々と圧倒して南へ進撃を続けた。マッカーサーにとって実行可能な唯一の選択は、占領下の日本に駐留する第八軍の四個師団、総兵力八万名を韓国へ急派することだった。米軍が日本を発てば、国内に治安維持の真空が生まれるため、マッカーサーは日本人の治安部隊の創設を命じたのだ。彼の書簡は警察予備隊（英語ではNational Police Reserve、NPR）設置の起点に過ぎなかった。この慌ただしい始まりにもかかわらず、警察予備隊の創設には、互いに異なる、時には競合し、時には協力し合う様々な政治的思惑が絡み合った。(9)

マッカーサーは、吉田に宛てた書簡では朝鮮戦争には一言も触れず、その決断に至った理由を警察の「増強」を求める日本政府への返答であると匂わせていた点は注目に値する。(10) しかし、彼の一番の関心事は米軍が出発したあとにできる穴を埋めることだった。この書簡を書いたときには考えていなかったとしても、マッカーサーは警察予備隊を「いずれ軍隊に成長する組織」と考えるようになったと思われる。なぜなら、手紙を出してから一週間以内に、彼の側近であるコートニー・ホイットニー少将が内閣官房長官岡崎勝男に会って書簡の趣旨を伝えているからだ。(11)この新しい隊は通常の警察とは異なるが、内乱や外敵の攻撃に対処する組織である、とホイットニーは説明した。警察予備隊はカービン銃で武装し、行く行くは大砲や戦車も配備されるだろう。(12) 五日後、GHQは日本政府に「新設する隊は国会に諮ることなく、ポツダム政令によって創設し、内閣が直轄し、通常の警察組織とは別にする」と告げた。(13) 最初からこれを「警察の予備」と呼ぶことで、GHQは政治的に容認できないこと——わずか四年前に自らが作った憲法に抵触すること——を避けたのである。しかし、マッカーサーは、警察予備隊が市民暴動に対応したり、外国の攻撃から国を防衛したりするための小規模の軍隊に成長すると予想していたようだ。(14) その頃までには、マッカーサーは大統領になることを諦めていたが、日本が再軍備すればこの国に平和憲法を授けたという自身のレガシーが傷つき、GHQの信用は損なわれ、日本の民主主義を危うくするのではないかと数年前から案じていた。[15]

マッカーサーが葛藤を抱えていたのと同様に、ＧＨＱの他の参謀も警察予備隊をどのような組織にすべきかで意見が分かれていた。彼らのほとんどは朝鮮半島での紛争を踏まえ、日本には単なる警察組織以上の軍事組織が必要であると考えていた。しかし、彼らもまた、マッカーサーや世論に抑えられていたのだ。ＧＨＱは、警察予備隊の性格や指導者をどうするかについても、意見がまとまっていなかった。なかには、戦後まもなく公職追放された旧軍将校に警察予備隊の指揮を委ねてはならないと考える者もいた。警察予備隊の指揮官には、内務省か警察局から誰かを引き抜いて据えたいという意見だった。しかし、過激な反共主義者チャールズ・Ａ・ウィロビー少将のように、別の考えを持つ者もいた。彼は警察予備隊を旧軍と似た組織にして、そのトップに旧軍将校を就けたいと考えていた。彼や彼と同意見の人々はこの望みを叶えるため、元将校たちと手を結んだ。しかし八月までには、旧軍の参謀将校で東条英機の秘書官を務めた服部卓四郎を指揮官に推す彼らの案はマッカーサーに却下され、吉田は胸をなで下ろした。[16]

吉田首相は当初、警察予備隊の性格についてよく理解していなかったが、まもなくいつもの彼らしく、自分に都合良く事を運ぶ方法を思いついた。実際、交渉の達人である吉田は「負けた国としては、世界の大国間の関係の変化を逆手にとり、敗戦の被害を抑えて平和を勝ち取ることができる」と考えていた。[17] それからの数年間、彼は繰り返しこの目標を達成したが、のちに「吉田ドクトリン」と呼ばれる、地政学上の独立よりも経済を優先した彼の政策は国民精神を犠牲にした。吉田はマッカーサーに指示され、さらにホイットニーから書簡の内容の説明を受けたあとの七月一三日、イギリス大使に、マッカーサー指令には「当然、非常に感謝しており、この新しい組織はロンドンのメトロポリタン警察を手本に」したいと語っている。[18] 二日後、彼は国会で、他の民主国家の警察組織並みにこの警察組織を強化する許可をマッカーサー元帥から得た、と述べた。[19] 憲兵隊のような警察予備隊を軍隊に変えるアメリカの思惑をはっきりと理解したあとでさえ、これは警察組織であり、今後もそれは変わらないと言い続けた。ＧＨＱからの提案による、この戦略の最初期の例のひとつが、国会での議論を経ずに制定された八月上旬の警察予備隊令（政令）である。吉田は、政治的議論を最小限に抑え、批判をかわすため、警察予備隊は警察組織に過ぎず、日本が再軍備することはないと繰り返し述べ、それが明らかに嘘だとわかると、今度は「戦力なき軍隊」であると主張した。[20] これはナイーブな見解というより、政治的に計算された吉田独特の表現だった。彼は国内の治安維持力の強化には賛成だが、歴史学者ジェニファー・ミラーが述べたように、「軍国主義の勢い、思想、人間がよみがえること」を危惧したのである。[21]

新たに任命された警察予備隊の背広組と制服組の指導者たちは、そのほとんどが一九四五年以前、内務省警察局の官僚だったが、彼らには彼らなりの動機があった。内海倫《うつみひとし》や後藤田正晴《ごとうだまさはる》など警察官僚は、ＧＨＱとやり取りする間に、自分たちが指揮するのは、通常の警察組織ではなく、やがて軍隊になる組織なのだと気づいた。内海、後藤田らはこれには反対だったが、ＧＨＱに逆らっても無駄だとわかっていた。彼らは警察予備隊の組織づくりにある程度の裁量権を維持したいと願っていたものの、これら元内務省官僚も、軍隊には古参の陸軍将校が必要だと理解し、乗っ取られるおそれさえなければそれでよいと納得した。しかし、彼らは警察予備隊を旧軍と似た組織にすることには反対し、「新憲法のもとの日本に相応しい組織」にしたいと思っていた。[22]内海のような官僚は、占領を屈辱と感じ、自分たちの国を再建したいという熱い思いに駆られ、占領政策の「曖昧なもの」に対して不満を覚えていた。[23]ＧＨＱは心から日本のためを思っているのだろうか、アメリカは本当に日本を守る気があるのだろうかと彼らは疑った。なかには、占領が終わるとき、米軍事顧問に日本を出て行ってくれと要請した者もいる。[24]

ジョン・フォスター・ダレス国務長官をはじめとするワシントンの高級官僚の多くは、日本に再軍備を求め、冷戦に貢献してもらいたいと考えていた。ダレスは、すでに朝鮮戦争勃発前から再軍備を求めていた。一九五〇年代末、ダレスは吉田と占領終結について協議しながら、早急に再軍備に取りかかるよう迫った。しかし吉田は世論の反対や迅速な再軍備にかかる費用を口実に、ダレスの要求を巧みに退けた。[25]

迅速な再軍備には国民の多くが抗議の声をあげたに違いないが、吉田はその声を誇張したのだ。朝鮮戦争前に始まり、戦争勃発後も続いていた左派のリーダーらに対する公職や民間セクターからの追放・弾圧、いわゆるレッド・パージのさなか、左派は守りに入っていた。世論も賛否に分かれていた。戦争の苦しみが未だ生々しく痛みを伴って思い出され、多くの市民は憲法九条を支持し、再軍備には懐疑的で、日本は再軍備しないという吉田の言葉を真に受けてはいなかった。しかし隣国の戦争により、日本は少なくとも自衛する能力は持つべきとする意見に賛成する人が増えた。それでもなお、レッド・パージに端を発する議論の欠如と、強化された検閲、政府

の策謀により、国民は混乱した。(26)

最終的に、警察予備隊の性格を決定づけたのは実際の隊員と入隊志望者だった。入倉のように、警察予備隊に応募して入隊した人々の大多数は経済的理由でそうした。この隊の性格が警察というより軍隊に近いと気づいて辞めていった者もいた。相当な額の退職金が得られる二年の契約満了を待って辞めていった者もいた。当時の経済的苦境を考えると、警察予備隊は充分な人数を採用するのに苦労はしなかったが、隊につなぎ止めておくことが課題だった。入隊の動機は相変わらず、イデオロギーではなく経済的な問題だったからだ。このようなダイナミクスが警察予備隊の指導者の言い回しや、隊の方針と活動に影響を与えた。

指導者不足を解消するために政府が最終的に頼った旧軍将校も、警察予備隊の形成に影響した。これらの元将校たちは一枚岩の集団ではなかった。ほぼ全員が服部卓四郎とは意見が違った。公職追放された五万三〇〇〇人を超える旧軍将校――「尉官以上の将校全員、大尉のおよそ半数、戦時の士官学校を含め、日本の軍人学校の卒業生全員」――の多くは、警察予備隊に入りたがった。(27) ほとんどの一般隊員と同様、多くは経済的理由で入隊を希望した。なぜなら、公職追放によって彼らとその家族の生活が厳しかったからだ。国家主義的思想は彼らのほうが一般隊員よりも強かっただろうが、多くは占領軍の民主主義的な改革を支持していた。また、彼らの個人的な自負心とプロ意識も入隊の動機になった。多くは、軍人としての手腕と指導能力を発揮する機会があると確認してから入隊を決めた。(28)

これらの様々な利害関係者の思惑が警察予備隊の創設と形成に反映された。複雑な憲法上の制約、地政学的な課題、競合する集団と個人などの要素が混ざり合い、策略、詭弁、不確実性が生まれた。このプロセスの矛盾は、隊員募集の文言と、応募した若い男性の経験に表れている。

「平和日本はあなたを求めている」

警察予備隊の曖昧な性格は、一九五〇年八月九日に始まったその隊員募集活動にはっきりと表れている。求人の文言と組織の構造は、明瞭ではなく混乱を醸し出すばかりだった。警察予備隊を、警察の治安維持組織と表現し、その任務を主に担っていたのが国家地方警察——本部でも地方でも——だったため、警察予備隊とは単に警察組織の延長であるという印象を与えた。しかし募集要綱の内容から、本格的な軍事組織の基盤となる有望な人材を選び出そうとしていた意図がうかがえる。

この募集活動でとりわけ目立つ特徴は、慌ただしさである。それは日本を出て行く米軍の代替となる強い治安機関を急遽つくる必要があったからだ。政府はマッカーサー書簡からわずか一か月後に隊員募集を発表した。四日後の八月一三日、政府は応募受付を開始し、応募締め切りはその二日後だった。八月一七日に試験が行われ、合格者は一週間後には訓練を始めていた。GHQは日本政府に、一〇月一二日までには警察予備隊を稼働できる状態にするよう申し渡していた。

ポスターの作成配布、新聞広告、屋外広告(駅構内列車および電車内)、ラジオ放送、ニュース、スポット・アナウンス、警察予備隊幹部の放送、映画、スライド、リーフレットなどありとあらゆる媒体と手段を使って隊員募集の広報が行われた。(29) 政府は「通常のニュース番組や日に三回のスポット・アナウンス」のほか、一〇を超えるラジオの番組――「婦人の時間」、「コドモの新聞」、「昼の憩い」など――で「念入りに作り込んだ一連の情報」を流した。募集する側は、国中に八〇万枚を超えるチラシを配布した。[30] 興味を持った男性は地元の警察署から応募するように言われ、この隊が警察のような組織であることが示唆された。もちろん、組織の名前からしてそうだ。七月二七日、この隊は正式に警察予備隊と定められた。これは、マッカーサー書簡にあったnational police reserve（国家警察予備隊）を翻訳したものだ。[31] この名称は「国家警察の予備の隊」と読める。八月初めに政府当局が、警察予備隊は独立した組織であり「軍隊のような力」を持つと発表したあとでさえ、その名は依然として警察の――あるいは少なくとも準軍事組織の――治安維持機関でしかないという印象を与えていた。[32]

隊員募集の資料からは、警察予備隊が憲法に違反し、国の平和なアイデンティティに反するのではないかという不安を巧みに和らげようとした痕跡がうかがえる。ある隊員募集ポスターには「目立つ赤、金、青、白」の大きな文字で「平和日本はあなたを求めている」と記され、一〇万枚以上が国中に掲示された。この無名のデザイナーは、昇る赤い太陽とそこから放射される金色の光線に重ねて、翼を広げた大きな白い鳩をあしらっている。この図案、特に金色の光線は、警察と軍隊のどちらの記章にしてもおかしくないし、警察予備隊はのちにこれと似た肩章と帽章をつくっている。鳩の下には大きな文字で「警察予備隊員募集」とあり、その下には応募資格、手当、雇用期間、試験、募集期日などの詳細が書かれていた。この詳細の上に「薄い文字」で、「七万五〇〇〇名」とあった。[33] ポスターの文言を「平和」で始め、平和のシンボルの鳩を中央に置いたこの図案は、警察予備隊が憲法九条違反ではないかという疑念を和らげようとした意図がうかがえる。同時に、昇る太陽の前に鳩を置くことで、平和と国を結びつける愛国心を呼び起こしている。

とはいえ、募集担当者は、多くの若者がイデオロギーよりも現実的な事柄を優先することに気づいていた。応募を検討していたこれらの若者が決断する要因はおそらく、ポスターの一番下に書かれていた詳細だった。そこには、月給五〇〇〇円、二年勤続後の退職手当六万円と記載されていた。これにより、警察予備隊は非常に魅力的な勤め先になっていた。月給三〇〇〇円でも当時の公務員にしては高給と見なされていた。(34) それに、警察予備隊に勤めている間は衣食住がすべて無料で提供される。興味がある人は警察署か交番、市町村役場で応募用紙を入手するようにと書かれていた。(35)

警察予備隊の組織構造と制服もまた、この隊が新たな警察組織にすぎないという印象を与えた。しかし新聞記者のなかには、これを疑った者もいた。七月中旬、政府の発表で、警察予備隊には階級が一三あり、それぞれ警察機関と同じ呼称になっていたが、左寄りの朝日新聞は、それぞれの階級に相当する旧軍の階級を併記した一覧表を掲載した。たとえば、警察司長は尉官に相当するといった具合に。(36) その同じ記事では、予備隊の制服のデザインを紹介し、その制服を着た人物のイラストは兵士というよりも警察官に近かった。当局は、数種類の制服を紹介できたはずだ。興味深いことに、彼らが公開に選んだのは儀式用の正装で、それは警察官の通常の制服に最も近かった。それでもなお、新聞のイメージが醸し出す男らしい力強さと理想的な規律正しさは明瞭だった。長身で肩幅が広く、シャツの袖や両胸のポケットを通して筋骨たくましい体が見て取れる。その人物は、姿勢を正して気をつけをしている。国内と海の向こうのあまり遠くない朝鮮半島での動乱のさなか、人々はそのような姿に安心感を抱いたかもしれない。その人物は警察と関係がある――暴力と無政府主義の脅威と戦う組織の人間であると。

制服のデザイナーがさらに警察予備隊と警察を結びつけた。同新聞記事に、デザイナーは海老《えび》根駿堂《ねしゅんどう》とあった。海老根は、一九四八年一月に起こった帝銀事件の被告、平沢貞道の人相書きを描いた絵師だった。平沢は厚生省の技官を装って東京の銀行の支店を訪れ、近所に赤痢が発生したので、この解毒剤を飲むようにと銀行員らに勧めたと言われている。青酸カリ入りのその液体を飲んで一二人が死亡した。容疑者は一六万円を奪って逃走。警察は七か月後、平沢を逮捕した。警察の絵師、海老根が描いた似顔絵は平沢逮捕に役立ち、犯罪解決の一助を担った彼の画才は称賛された。一九五〇年八月初旬、その数週間前に平沢に死刑判決が下され、人々はこの事件を思い出していた。(37) 政府が売り込む警察予備隊の制服のデザイナーに海老根を選んだことは、警察予備隊が警察機構であるという印象を与えるためではないかもしれないが、おそらく、そう思わせることに役立っただろう。

隊員募集を知って非常に多くの男性が応募した。八月一三日に受付が始まると、関心を持った志願者が地元の徴募事務所に押し寄せ、多くの警察署は四〇万人分の応募用紙の割り当てをあっという間に使い果たした。(38) 毎日新聞によると、「一番乗りとばかりに……（略）……東京ではお巡りさんの起きっぱなを襲うという熱心な志願者もあった」。同紙は次のように報じた――「都市、郡部とも、志願者は下士官出身者が目立っていた。都市では失業者は案外少なく、職業はコック、役人、工員、店員など色とりどりで、なかには芸術大学美術学部油絵科の学生や（福井県の）永平寺専門僧堂出身の坊さんなどの変わり種もあり、郡部では織物業者、農家などの二、三男が沢山かけつけて来ている」。(39) 政府のデータが、この報告はおおむね正しいと裏付けている。

応募者の三分の一以上は農業や林業に従事し、一三パーセントが無職だった。最多の「その他」に続き、「無職」が二番目に多く、僅差で「工員」が続く。高等教育を受けた者は三分の一くらい応募資格の年齢は二〇歳から三五歳までとされていたにもかかわらず、二万五〇〇〇人の一八歳と一九歳が応募し、その四分の一が採用された。応募者の八〇パーセントは独身男性だった。(40) これらの応募者のうち、半数以上が旧軍の兵士だった。そのうち、兵卒が二七パーセント、下士官が一八パーセント、下級士官が四パーセントを占めていた。合格者の各グループの割合はおおよそ応募者の割合と一致していたが、元下士官と士官の合格率は若干高かった。(41)

最終的に、七万五〇〇〇の枠に二〇万という途方もない数の男性が応募した。GHQの金融政策顧問ジョゼフ・ドッジの助言に従って一九四九年に政府が開始した財政緊縮政策や厳しい不況を含め、まだ続いていた戦後の混乱を考えると、ほとんどが経済的理由で応募したに違いない。本書の序章で、不名誉な呼び名を回顧した元自衛官、佐藤守男も多くの点で典型的な例だった。佐藤は当時一八歳、京都の高校を卒業し、名古屋にある三菱の工場に就職したが、長時間労働で体を壊した。職員寮の一室で隊員募集のポスターを見かけたのは、そんな時だった。彼は国の治安組織に好奇心で飛びついたわけではない。もっと稼いで実家への送金を増やしたい一心で入隊を決めたのだ。(42) 最大の動機が経済的理由であったことを示す統計データは残っていないが、当時の新聞記事や回想録、オーラル・ヒストリーのインタビューに記録された証言の数々から、おそらくそれが事実であったと推察できる。

そうは言っても、なかには国を守りたい一心で応募した者もいれば、経済的理由をそうした高潔な志にすり替えて応募した者もいたのかもしれない。勇猛果敢な男らしさで知られる九州は、人口比では日本の総人口の一〇パーセントを占めるに過ぎないが、応募者の三分の一近くを九州男児が占めていた。しかし、それは軍事的価値観が染みついた土地柄だからというよりも、貧困が蔓延していたからだと思われる。長いあいだ、警察予備隊・保安隊・自衛隊の一般隊員に九州の農村や小さな町の低所得者層の若者が占める割合は非常に高かった。北海道や東北地方、山口県についても、九州よりは割合は少ないが同様のことが言える。(43) アメリカ南部でも同様の力学《ダイナミクス》が見られ、南部は昔から人口規模の割に多くの新兵を軍に供給してきた。(44) ほかの地域と比べ、九州は高い人口密度に対して耕作可能な土地が少ないため、小さな農家が一般的で、貧困層が多かった。歴史学者佐々木知行《ささきともゆき》が述べたように、九州の若い男性にとって、警察予備隊に応募するのは経済的ではなく文化的な理由からであると己の決断を正当化することは、社会的に容認されやすかったのかもしれない。佐々木によれば、「イデオロギー」は、このように「実状を偽装するために」利用されることがよくある。(45)

多くの応募者には警察予備隊が警察なのか軍隊なのかよくわからなかったが、一部――特に旧軍兵士や軍学校出身者――は募集要項を見て、これは軍事組織になりそうだ、もしくはそうなるだろうと推察した。森繁弘《もりしげひろ》はそのひとりだ。彼は終戦時、陸軍航空士官学校の生徒で、彼の父は陸軍の技術将校だった。一九四九年、森は警察官になった。しかし、翌年、警察予備隊員募集の広報を見たとき、彼は上司に「私はもともと軍隊にいたんだから、警察にいるよりも警察予備隊のほうがより軍隊らしいから、移ります」と説明した。(46)

しかし、警察予備隊の性格は他の多くの志願者にとっては不明瞭だった。この曖昧さ、警察予備隊に対する米軍の強い影響力、その他の要因により、多くの隊員が辞めていき、残った者は葛藤を抱えることになる。警察予備隊創設にアメリカが及ぼした多大な影響を調べ、隊員たちがこのダイナミクスをはじめ、訓練や基地生活など他の面にどう対応したかを細かく見ていくと、冷戦期の防衛アイデンティティの土台がどのように築かれていったかがよくわかる。

「あたかも米国で編成した軍隊のような」

応募者のうち、身体検査や身元調査など一連の選考を通過した者は、登録所となる国家地方警察の五か所の管区警察学校のいずれかで警察予備隊に正式に入隊した。それから事務手続き、健康チェック、オリエンテーションで四日間を過ごし、訓練を開始するため、新しく二八か所に設けられた基地《キャンプ》のひとつに移動した。(47) キャンプは、久里浜のように、旧軍の施設か他の政府機関の施設、あるいは第八軍が出発して空《から》になった米軍基地だった。アメリカは警察予備隊に、朝鮮半島から部隊が戻ってくるまで、あるいはアメリカ本国から代わりの部隊がやってくるまで、基

地の使用を許可した。(48)
新隊員はどこへ送られようが、ひとつ、共通点があった。米軍将校の指揮下に置かれたことである。隊員たちはキャンプに到着してアメリカ人の少佐に「私が指揮官だ」と挨拶されたことを覚えている。(49) やがて警察予備隊の指導者に日本人が増えていくと、米軍の役目は減っていったが、米軍兵士は警察予備隊の運営だけでなく、そのアイデンティティの形成に中心的な役割を果たした。実際、「アメリカの政策立案者や軍の幹部は、単に軍事力の拡大という観点から安全保障を考えていなかった……彼らはまた、物理的に、思想的に、精神的に〝健全な〟民主主義を構築するのに必要とされている、責任感のある、意識の高い市民や指導者を（警察予備隊が）生み出すと期待していた……彼らはアメリカの指導の下に築かれた日本の防衛力が共産主義に対抗する軍事的、政治的、精神的な力を日本にもたらすことを、ますます期待した」(50)

日本人の指導者不足のため、警察予備隊の本部でも、訓練キャンプでも、米兵があらゆる段階で指導的な役目を担うことになった。マッカーサーが吉田に書簡を送ったその日、GHQは警察予備隊創設に向けて準備を始めている。数日のうちに、民事局は民事局別室を設け、民事局長のウィットフィールド・P・シェパード少将が隊員募集や装備、告知、訓練などの膨大な業務を監督した。(51) シェパードは、フランク・コワルスキー大佐を最高補佐役に選んだ。一九三〇年に陸軍士官学校《ウエスト・ポイント》を卒業したコワルスキーは、一九四四年からヨーロッパに従軍し、数年間アメリカ本国で勤務したのち、一九四八年に占領下の日本に赴任した。そして一九五〇年春、異動でシェパードのもとで働くことになった。朝鮮戦争が勃発すると、コワルスキーは半島で戦闘部隊を指揮する任務を希望した。しかしシェパードによって幕僚長に抜擢され、コワルスキーの回顧録によれば、シェパードは「日本の軍隊の基礎」をつくる秘密の計画を彼に打ち明けた。(52)

それからの二年間、コワルスキーをはじめとする民事局別室の将校は、日本の背広組と制服組のメンバーと連携を図りながら、新しい治安機関を主導していった。コワルスキーは警察予備隊の基本計画を策定し実行する役割を担い、方針や兵站を監督し、吉田が選び、彼自身や他のGHQ参謀が承認した幹部将校と協働した。初年度、彼の下には四〇〇名のスタッフがいた。一九五二年四月までには、民事局別室は最大規模に拡大し、三二二名の将校、五九九人の下士官、五四人の民間人の、計九七五名になっていた。(53)コワルスキーは警察予備隊を「小さなアメリカ軍」と呼んでいたが、これはおおげさに言っていただけで、軍と呼べるものではなかった。(54)

コワルスキーのような米軍将校が、より民主的な組織をつくるにあたって新しい隊の指導者に及ぼした影響は、コワルスキーと警察予備隊の制服組のトップ、林敬三総隊総監とのやり取りからうかがえる。コワルスキーは韓国滞在中に、韓国軍の少佐が新兵を激しく平手打ちするのを目撃し、アメリカ人の軍事顧問から、これは「日本占領下の朝鮮半島の人々が日本軍から習ったやり方」だと知らされ、日本の新しい軍ではこのような振る舞いを一切禁止しようと思った。日本に帰ってまもなくコワルスキーは、警察予備隊の大尉が市電で彼に席を譲らなかった民間人に殴る蹴るの暴行を加えたという新聞記事を読んだ。衝撃を受けた彼は林をオフィスに呼び出した。林はコワルスキーの質問に答え、警察予備隊で調査すると述べた。一週間後、林は報告に訪れ、調査の結果、新聞の報道は事実と判明し、大尉を減給二週間に処すと告げた。コワルスキーは憤慨した。「日本の軍は民主的な人々の、今後成長する軍になるのか、それとも、新組織の将校が民間人や兵士を殴ったり、蹴ったり、小突いたりするのを許すのか？」と詰問した。林が、件の大尉は有力な家の出であると反論すると、コワルスキーは「彼の家や彼自身のほうが予備隊よりも重要なのか？　彼は個々の市民の尊厳よりも重要なのか？　その大尉とやらは私には将校とも紳士とも思えない」と言った。三日後、林は再び報告に来て、大尉を解雇したと告げた。(55) この事件は、コワルスキーのようなＧＨＱ参謀が林をはじめ予備隊幹部に及ぼした影響を浮き彫りにし、社会と旧軍の遺産との関係の観点から、彼らがいかにして予備隊のアイデンティティの再定義に努めていたかを示している。

米軍兵士はまた、全国の警察予備隊キャンプで指揮官として強い影響を与えた。かつての士官候補生の全員が公職追放され、入隊を認められなかったため、ＧＨＱの参謀は警察予備隊の新隊員を指導し訓練する人材として米軍兵士に頼らざるを得なかった。これらの米兵は軍事顧問団に所属し、隊を監督した。しかし、朝鮮戦争で緊急に指揮官が必要になったため、将校の確保は難しかった。

この指導者不足から、コワルスキーとその同僚たちは、新隊員一〇〇〇人ごとに、少なくとも将校ひとり、通常は少佐だが足りなければ下士官、軍曹を割り当てることにし、一キャンプに下士官二名までとした。新隊員の第一陣がキャンプに到着するまでに、その任務に充てる下士官を見つけることは容易ではなかった。最初の一〇〇〇名の新隊員が、あるキャンプに到着する前日、コワルスキーは自分の副官の中佐を派遣しようかと考えた。その時、ある少佐が彼のオフィスに現れた。数か月前のコワルスキー同様、その少佐も朝鮮半島に派遣される日を待ち望んでいた。しかしコワルスキーは彼を警察予備隊キャンプの指揮官に任命した。「軍できみがこれまで経験したことがないほど責任の重い、面白い仕事を引き受けてもらう」とコワルスキーは彼に言った。「新しい日本の軍隊のパパになるんだ。新日本軍で最初の日本の歩兵大隊を組織し、施設を整え、指揮し、装備し、訓練する。しかも、訓練する相手が警察隊の一部ではないことを日本人の誰にも気づかれないようにやってもらいたい」。コワルスキーは、新隊員には将校や下士官はいないが、なかには旧軍で下士官だった者が混じっているかもしれない、と付け加えた。コワルスキーのこの指示は、アメリカ人が警察予備隊の本部でも訓練キャンプでも権限を持ったことを示している。(56)

このような状況から、コワルスキーが別の折りに述べた「アメリカ人はこれらの兵士たちを私兵のように管理した」という言葉は誇張ではなさそうだ。(57) 彼の言葉遣い、特に「パパ」という言葉は、少佐が日本の新兵を監督する上の立場であることを示し、再建された防衛軍がアメリカの私生児であるという批判や、マッカーサーの悪名高い「日本の文明はまだ一二歳の子供程度」といった侮辱発言に込められた優越感を示唆している。(58) 後年、コワルスキーは回想録をものし、そこに再現された文言は実際に使われた言葉と完全に一致しないが、根底にあった当時の態度を確かに捉えている。コワルスキーが警察予備隊を監督していた時もアメリカに帰国した後も、彼に日本の政治的、社会的情勢を伝え続けた予備隊の民間人の日本人通訳は、同様の表現を用いて、コワルスキーを警察予備隊の「養父」と呼んだ。(59) 残念ながら、公文書にはアメリカ人のキャンプ指揮官の見解はほとんど記されていないが、それらのキャンプにいた日本人の隊員の証言や記録によれば、アメリカ人の指揮官が監督下にある隊員に対して相当な権力を行使し、そういう態度で隊員と接していたことがわかる。(60)

米軍が警察予備隊に多大な影響を与えた証拠はほかにもある。GHQの政治顧問、ウィリアム・シーボルドは、新しい日本軍について「あたかも米国で編成した軍隊のように見えた。訓練キャンプを訪問したとき、私は最初、米軍基地へまぎれ込んだのではないかと思ったほどだ。鉄砲から作業服にいたるまで、全部GIのものばかりだった」と述懐している。(61) 米軍から支給された制服や装備、武器に頼ることが通例になっていたからだ。アメリカの影響はほかにも及んだ。キャンプの写真には英語と日本語の両方で「キッチン」「食堂」「トレーニングルーム」と書かれているのが写っている。「建物の五〇フィート以内での喫煙禁止」と書かれた建物はおそらく弾薬庫だろう。(62) アメリカ人のキャンプ指揮官はほとんど日本語を話さなかったため、すべての指令と訓練は英語で行われ、たいてい日系アメリカ人兵士が日本語に通訳した。民事局別室は米軍の基本的な訓練カリキュラムを翻訳してキャンプに届けた。ときには個々の隊員が訓練資料を翻訳することもあった。(63) 特殊な訓練はアメリカ陸軍の基本的な実践マニュアルに基づいて行われた。GHQの民事局はマニュアルを急いで翻訳し、印刷し、配布しようと奮闘する一方、警察予備隊の軍事的性格を覆い隠すのに手間がかかり、作業が遅れた。アメリカ側は「敵、戦闘、攻撃、大砲、ヘルメット、歩兵、兵士、戦車など、物騒な用語を省き」、できるだけ「〃警察用語〃」で代替したが、それは絶対に必要だった。(64) 陸上自衛隊は一九五六年まで、米軍の基本マニュアルをそのまま採用したものを改訂せずに使い続けていたし、米軍から与えられた「戦車や装甲車両やその他の車両の運転手は、長年、座席にクッションを重ねて置いたり、ペダルを伸長したりして使っていた」。(65)

米軍の典型的な新兵訓練を踏襲し、一三週間、六二四時間の訓練が始まると、日本人の指導者が登場し始めた。アメリカ人のキャンプ指揮官が選ぶか、隊員らが投票で選んだ人物が指導者になった。このプロセスを歴史学者、楠綾子《くすのきあやこ》は「全体的に無計画で、(下士官の)多少の経験があるか、あるいは英語の得意な者が選ばれる傾向にあった」としている。しかし指導者不足は本部でも各管区隊でも依然として問題だった。これに気づいたGHQと政府の当局者は、予備隊の上級幹部二〇〇名を政府の他の機関からの異動で補い、中間幹部の八〇〇名を新隊員で埋めることに同意し、今回は追放された旧軍将校のうち、選考をくぐり抜けた四五歳未満の者の入隊を許可することにした。(66)

旧軍将校たちが警察予備隊に入隊すると、アメリカの反共主義の影響で、日本に軍国主義と軍人魂が復活するのではという懸念の見直しが始まった。一九五一年、GHQと林をはじめとする日本の当局者は、旧軍将校の「軍国主義への〝傾倒〟」に対する見解を再考した。そして、予備隊の「戦術的、精神的に足りないもの」を憂慮し、かつては狂信的な「愛国主義」と見なしていたものを「捉え直し」、そこに反共主義との共通点を見いだして旧軍将校の活気や精神を高く評価した。(67)

冷戦期の反共主義の文脈は「強力な結束力」にもなり、たとえば西ドイツは、アメリカの支援を受けて一九五〇年代に軍を再建した。(68) 日本では、旧軍将校の予備隊入隊にかつて反対していたコワルスキーが彼らを讃えるようになり、その理由を「彼らは新しい軍に軍事的能力、強い性質、愛国心をもたらし、そして上手くいけば過去の過ちへの理解を深められる」からだとのちに述べている。[69]コワルスキーは彼らの「軍人精神」を歓迎するようになった。「精神、心、魂、精神教育、なんと呼んでもいいが、それが戦う力の本質である。それがなければ、兵士はその給与に値しないし、軍隊はその予算に値しない」。[70]コワルスキーが精神を再評価したことは、旧軍と密接に結びついたこの軍人精神の核が冷戦の文脈でいかにして再解釈され、作り直され、広く受け入れられていったかを適切に説明している。

一九五一年に米軍将校に代わって日本人が基地の指揮官を務めるようになると、米軍将校たちは次第に軍事顧問の地位に退いていったが、その移行プロセスはゆっくりで、中断しがちだった。一九五一年初頭、民事局別室は「彼らの務めは本質的には顧問（である）」と隊員に通達を出した。[71]それでもアメリカ人の顧問たちは、新しく決められた役割以上の影響力を行使し続けた。上層部が発した複雑なメッセージはあまり役に立たなかった。その一方で、一九五一年六月に警察予備隊・第四管区隊九州本部が日本のキャンプ指揮官や管区長に宛てたメモには、「警察予備隊の活動の成功は、顧問団との協力と連携にかかっている」として、必要ならば、彼らと「毎日会議を開く」よう奨励している。[72]その一方で、一〇月、民事局別室は日本中の各管区隊に「米軍事顧問は警察予備隊の指揮官ではない」との通達を送っている。[73]このようなメッセージにもかかわらず、あるいはそれ故に、一九五一年一一月に警察予備隊に入隊した旧軍将校古川久三男は、顧問たちが過度に大きな権力を持っていたことを覚えている。[74]一九五二年初頭、あと数か月で占領が終わる段になっても、特別に大きな役割を担い続ける顧問たちは、日本の当局にとって問題であり、アメリカ側もそれを認識していた。GHQのメモは、警察予備隊担当大臣の如才ないコメントを報告している――「現在、(予備隊には)六〇〇名を超える米軍将校がおり、彼らは日本の指導者たちに非常に親切ではあるが、同時に、日本人のほうは彼らの権力に服従させられていると強く感じている」。大臣はこれらの懸念を表明したうえで、政府の希望として、占領終結後も顧問たちには引き続き「日本の軍事組織と密接な」協力関係を維持してもらいたいと伝えている。(75)

不完全な復活――警察予備隊訓練キャンプでの生活

警察予備隊での経験はどっちつかずのよくわからないものだった。その原因のひとつは警察予備隊の性格の曖昧さにあった。新隊員たちが徴兵検査場を出て訓練キャンプに着いてみると、警察に入ったつもりだった隊員の多くは、その組織構造も自分たちが受ける訓練も、警察よりは軍隊に近いことに気づいた。警察予備隊の任務に定められたとおり、隊員たちは暴動を鎮圧する方法を教えられたが、治安維持というより戦闘に似た野外演習に移ると、「拳銃や他の小火器」よりも強力な武器が使われた。(76)

隊員のおよそ半数にとって、警察予備隊は初めて経験する厳しい軍隊のようなものだった。軍隊経験がある隊員にとっては、未経験者よりは馴染み深いものだったが、米兵の横柄な態度には同様に困惑し、もしかするといっそう複雑な心境になったかもしれない。ひとつには、キャンプ指揮官がつい五年前まで彼らの敵であったからだ。今や、占領下ならではの、日米の緊密で極めて不平等な関係が個人にも及んでいた。彼らはそれを毎日直《じか》に経験した。米軍の銃を持ち、米軍式の軍服を着て――本章の冒頭で紹介した入倉のような若い隊員には彼ら用に仕立てられた制服が支給された――米軍の下士官に指導されることに対して、いくぶん忸怩《じくじ》たるものがあった。自衛隊初の正史にも、「この時代、アメリカ人のキャンプ指揮官たちが実際に人事権を握り、管理運営の諸問題に決定権を持っていた。ときどき、キャンプによっては相互理解の欠如により、曖昧なものになった」と認めている。(77)

隊員たちはまた、社会の大半から不審に思われ、想像とは違って一九四五年以前の旧軍兵士のように尊敬されないことに気づいた。隊員のなかには、一般社会とアメリカと旧軍に関わるこれらの矛盾に耐えられないと感じる者もいた。(78) しかし軍隊経験者を含め、制服を着ることで自信を取り戻した者もいたかもしれない。武器を手に取り、男の自尊心を満たした者も少なからずいただろう。かつて米軍が占拠していた建物や兵舎を取り戻し、解放されたと感じた者もいたかもしれない。しかしながら、自国が占領下にあり、己の軍が米軍に従属する地位にあると思い知らされることは、このような救われた思いを削《そ》いだかもしれない。

キャンプが元米軍基地であろうが、戦後ずっと空き家だった旧軍施設であろうが、隊員たちはたびたびカルチャーショックを受けた。後者に割り当てられた隊員たちは過酷な状況にさらされた。旧軍の施設は修繕が必要で、秋冬は室内でも寒かった。隊員たちは兵舎などの建物を住める状態にするために、最初の数週間を大工仕事に費やした。佐藤幸男という名の隊員が書いた六ページの絵日記に似た記録には、新潟県の高田キャンプで彼の部隊が過ごした最初の数週間の様々な場面が描かれている。彼らは列車で到着し、駅から高田の市中を行進してキャンプ（築数一〇〇年の城の敷地にあった）に着いた。まず段ベッドを組み立てるなどして兵舎や訓練場を整え、それから暴動鎮圧訓練に入った。[79] 場合によっては、さらに原始的なキャンプもあった。北海道の美唄《びばい》で育ち、予備隊に入るまで炭鉱で働いていた藤井茂は、函館に駐屯しているあいだ、一年間ほど厩舎で寝起きした。[80]

米兵が朝鮮半島に出発して空いた米軍キャンプに配属された隊員は、よりよい住環境だったが、曖昧さは避けられなかった。久里浜のようなキャンプに配属された隊員たちとは違い、建物を修繕する必要はなかった。しかし、彼らは何週間も暇を持て余した。なぜなら、広島近郊の江田島訓練学校を除き、訓練しようにも装備も武器も何もなかったからだ。[81] 佐藤守男――三菱を辞めて警察予備隊に入った若者――は午前中、キャンプの周りを行進し、午後はたいてい野球かソフトボールをして過ごしたことを覚えている。グラウンドは美しく芝生が敷かれ、佐藤はまるでアメリカにいるようだと思った。試合は楽しく、仲間意識やチームワークが育まれたという。[82] このような効果こそ、米軍の指揮官が求めていたものかもしれない。歴史学者、サユリ・ガスリー・シミズが主張するように、占領当局は「かつての敵国を民主化する道具として、ベース・ボールを推奨した」。[83] あるいは、軍事訓練に必要な装備が届くまで、隊員の暇つぶしに最適だった、というだけの話かもしれない。いずれにしても隊員たちは警察予備隊で多くのことを初めて体験した。入倉は、入隊するまでコーヒーもコカ・コーラも飲んだことがなかった。[84] 多くの隊員たちは洋式便所を使ったことがなかった。自分たちの短い足には高すぎる便座や小便器を使うこと、浴槽ではなくシャワーを使うことに身体的、心理的不快感を覚える隊員もいた——さらに悪いことに、シャワーとトイレが仕切りもなく同じ部屋にあるのだった。[85] 藤井は千葉の訓練キャンプで初めて洋式便所を目にし、使い方が皆目わからなかったため、便座の上に乗ってしゃがんだことを覚えている。[86] 数十年後、彼や彼の同僚はこれらのことを笑い話として振り返るが、当時は決まり悪いだけでなく、屈辱さえ感じた。ベッドで寝るのが苦手で、椅子に座ってくつろぐ生活に慣れるのに苦労したことを思い出した元隊員もいる。[87] アメリカ式に順応するためには、警察予備隊の隊員のほうが体を慣れさせる必要があった。

これらのカルチャーショックは、日米の生活習慣の違いだけではなく、民間と軍隊の生活の違いにも起因していた。戦前の徴兵制による旧軍兵士は多くが地方（農村）出身で、西洋の陸海軍の方式に強く影響を受けた軍の慣行に合わせるのに苦労した。[88] これは必ずしも、旧軍の元兵士のほうが米軍基地の兵舎に簡単に適応できたという意味ではない。農村出身者や低層出身者にとって馴染みのある訓練もあったかもしれないが、それらは旧軍での経験と同じではなかった。

隊員の制服の問題も、警察予備隊が主権を取り戻した国の機関であるという感覚を鈍らせた。国内の衣料および靴製造業は警察予備隊の突然の大量注文に対応できず、多くの隊員は最初、米軍の制服制帽、時には旧軍のカーキ色の夏服、安物の白のテニスシューズを取り混ぜた異様な格好をしていた。かつての敵の制服制帽を身につけることは、多くの隊員にとってショックだったようだが、元隊員のなかには、制服は日本製で、靴だけがアメリカ製だったと記憶している者もいる。[89] 旧帝国海軍に終戦間際の短期間だけ所属していた湯元勇三は述懐する——ちゃんとした制服が届くまで「米軍の兵隊のあのジャンパーを小さくして日本人の体に合わせたのをくれたんです。クツは、やはり米軍の兵隊のもの——これは女の兵隊がはく編み上げグツだったですよ。最初はものすごくでっかいのが来て、はいてみたらぶかぶかで、こんなもんもらったって使いものにならないって、みんなでぶうぶう言ってたら、そのうち小さいのが届いたらしく交換してくれました」。(90) ある写真は、新隊員たちが半長靴（ブーツ）の山のなかから自分の足に合うものを探している様子を捉えている（図1.2）。湯元が言う「女性がはくような」ブーツという言葉は示唆に富んでいる。本当に女性用だったかどうかはわからないが、男物の靴が大きすぎるから女物をあてがわれた隊員たちは去勢されたように感じただろうと、彼のコメントは示唆している。(91) そう感じたのは湯元ひとりではなかった。高田キャンプ入りを描いた佐藤幸男の絵も、アメリカ製の巨大なブーツを見たときの驚きが描かれ、困り顔の隊員が自分の上半身よりも大きなブーツを抱え、その巨大なブーツのつま先に鳥が止まっている。人間も鳥もブーツに目をみはり、彼らの上には疑問符が書かれ、困惑ぶりを表している。(92) 隊員たちにとって、米軍の最小サイズの制服制帽を身につけることは、日米の兵士の肉体的な差を思い知らされる経験になったことだろう。この差は思い過ごしではない。平均して、米兵は「一九五〇年代初期、日本人の隊員より三〇センチ高く、二三キロ重かった」(93)

隊員たちはまた、言葉と軍の慣例の違いにも気づかされた。湯元は、号令が米軍言葉の直訳だったことを覚えている。多くの隊員にとって、これらの号令は旧軍で馴染んでいた言葉とは違い、奇妙に聞こえた。教練の際、頭を右へ四五度向ける米軍の号令は「アイズ、ライトeyes right」

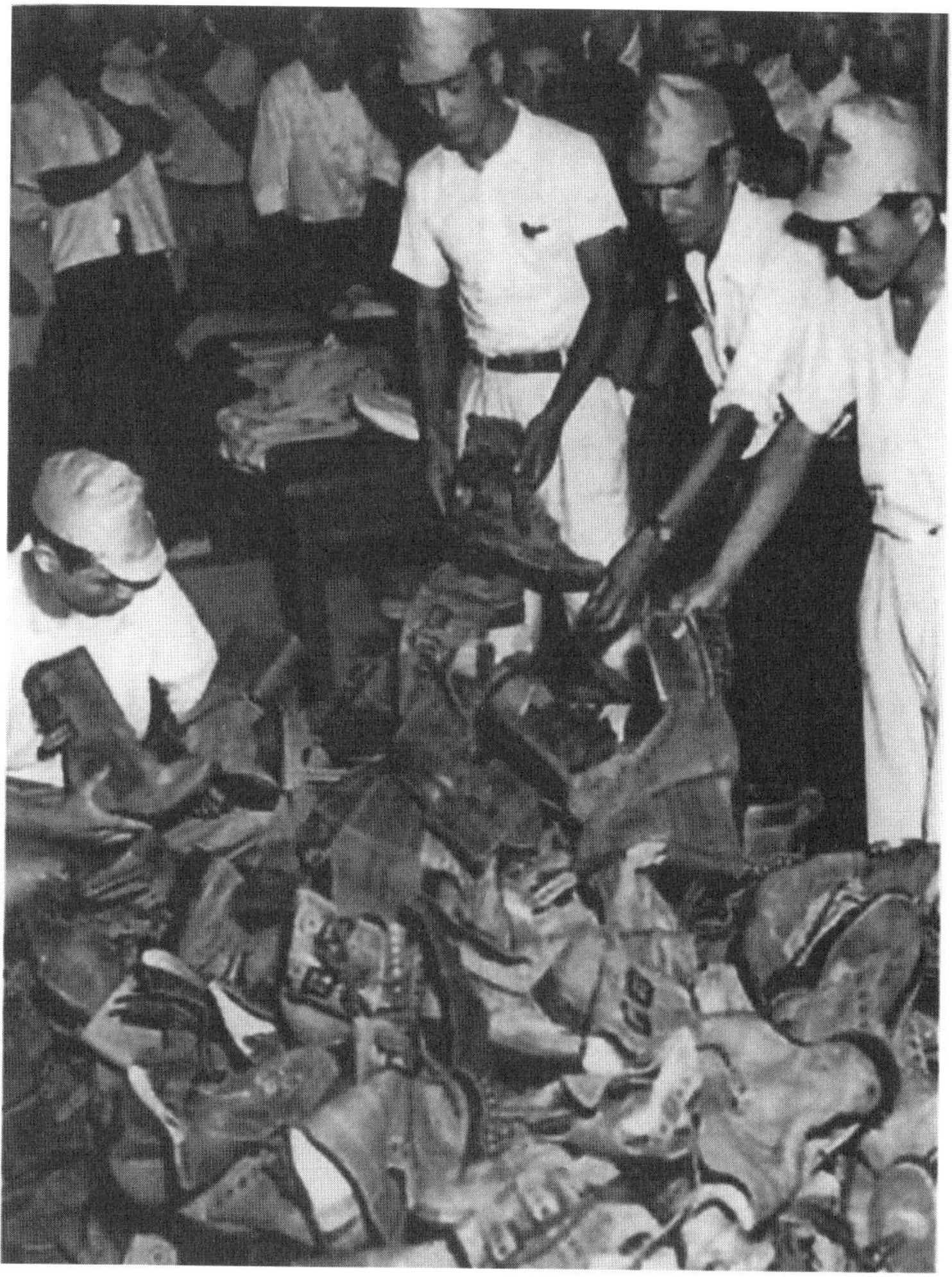

【1.2】警察予備隊の隊員が自分の足に合う靴を探している。1950年8月。朝雲新聞の許諾を得て使用。

といった。この号令は、旧来の日本の「頭《カシラ》、右」ではなく、直訳の「眼《マナコ》、右」となった。(94) この奇妙な号令により、隊員のなかには頭を動かさず、目玉だけ右に寄せて流し目のようにする者もいた。言葉が違うだけでなく、教範もすべて米軍スタイルで行われた。(95)

警察予備隊の従属的な地位のために用語がいびつになった一方、軍隊を警察に見せかけようとする意図から、本格的な軍隊が使う強力な武器におかしな呼称がついた。一九五〇年一〇月当初、予備隊は一八歳の入倉に支給されたカービン銃の類いを使って訓練していた。翌年には、訓練に一〇五ミリ砲と一五五ミリ砲、焼夷弾、戦車が使われていた。GHQにより、日本の産業界は武器の製造を一切禁止されていたため、予備隊は武器の供給を全面的に米軍に頼っていた。しかし、そのような武器を普通の名前で呼ぶことはできなかった。GHQは、砲を「特殊な道具」、戦車を「特車」などと呼ぶよう、予備隊に指示した。この種のごまかし用語は何十年も引き継がれたが、一九六〇年代前半には「言葉で軍事的な性格を覆い隠す」これらの用語は、置き換えられ始めた。(96)

隊員たちはおおむね、アメリカ人のキャンプ指揮官を好いてはいたが、米軍将校の支配下にあることを屈辱と感じる隊員も一部いた。一、二名の指揮官が一〇〇〇名もの新隊員を指導するため、そして指揮官はほとんど日本語を話せなかったため、隊員たちは指揮官たちとあまり交流しなかった。北海道出身の元炭鉱夫、藤井はアメリカ人に指導されることに腹を立てたが、日本は戦争に負けたのだから、それもしかたがないことだとも思っていた。射撃訓練でM－1カービン銃を撃ったとき、旧軍の銃では一回に三発しか発射できなかったのが、八発も連射できたので、これでは負けるはずだと思った。[97] 他の隊員は基地の指揮官や軍事顧問に対して彼ほどの複雑な思いは抱いていなかった。三菱の元機械工、佐藤守男は訓練教本を翻訳する作業に関わっていたため、基地で誰よりも指揮官と交流する機会があった。彼は指揮官を「紳士」で、職業軍人の鑑だったと記憶している。[98] 軍事顧問と交流したり、彼らの習慣を垣間見たりした際にもカルチャーショックを受けた。入倉は、軍人の妻が毎朝、ビュイックで夫を基地まで送ってくるのを見て、非常に驚いたことを覚えている。[99]

日系アメリカ人が主に務めた通訳との関係はもっと複雑だった。入倉は日系二世の通訳がその仲介的な地位と語学力により、訓練や基地生活において指揮官よりも大きな力を持っていたことを覚えている。彼らは組織としての警察予備隊を好意的に捉えていたが、日本人を嫌っていたのか、わざと隊員をいじめる者もいた。[100] 同様に、かつてアメリカ人の軍事顧問の運転手を務めた日本の民間人は、通訳たちが警察予備隊を見下していたことを覚えている。日系二世のK軍曹が、警察予備隊の炊事班から許可なく包丁を持ちだそうとし、日本人の隊員（一等警察士）が借用書を書いてほしいと頼むと、腹を立てた。Kは「演習場の運営、武器貸与業務は一体誰がやっていると思っているんだ。包丁の一本や二本わずか一〇分ぐらい借りるのに何が借用書だ」と言って件の隊員の頬を殴った。[101] これらの記憶は歴史学者、東栄一郎《あずまえいいちろう》の分析と一致する。東の説によると、占領下の日本における「（日系）二世の通訳の立場は、植民地におけるミドルマンの立場と似ており」、ときには「抑圧される側から抑圧する側」に移って矛盾した態度をとり、ときには「共通の祖先をもつが故に、ほかのアメリカ人よりも負けた日本人を激しく軽蔑」するという

「過剰補償」（劣等感の克服を過剰に行うこと）、あるいは「超・脱同一化」（同一化を過剰に拒むこと）に至った。(102) 元運転手が述べたように、彼らのなかには朝鮮戦争の前線から日本へ移送された者もおり、心的外傷後ストレス障害《PTSD》を発症したために、そのような傾向がより過激になったのかもしれない。(103)

訓練キャンプや基地の外では、隊員たちはたびたび一般社会の冷たい反応に驚いた。外出すると、「税金泥棒」と罵られ、高い給料を指して「六万円が歩いているぞ」とからかわれた。隊員たちは、金につられて入隊したのだとか、退職金目当てで留まっているのだとか悪口を言われた。(104)

左派と右派の両方の批評家が、警察予備隊は公費の無駄遣いであると非難した。メディアも警察予備隊に批判的だったが、朝鮮戦争勃発後に強化された検閲により、反対意見はある程度抑えられた。(105) GHQの検閲が最も警戒したのは、メディアが警察予備隊を「新しい日本軍」と説明することだったようで、「機関銃」の言及を含む記事や、「旧軍の再生をうかがわせる表現や用語」を使った記事を禁止した。加えて、「みすぼらしい施設や装備品」の描写や写真、「米軍の施設や装備品を含め、（隊員が）米軍兵士と一緒にいる」記事や写真の掲載を禁止した。(106) 歴史学者の益《ます》田《だ》肇《はじめ》は、「政治家や役人」の多くが「直接的な軍事攻撃」よりも「国内の『赤の脅威』」を警戒していたため、メディアで論戦が起こっても「もっぱら国内の治安をめぐる議論」にとどまった、と述べている。(107) 警察予備隊についてオープンで柔軟な政治的議論がなされなかったため、警察予備隊は短期的にも長期的にも正当性を欠くことになった。

当然、これらの矛盾、曖昧さ、不確実性に加え、給与の遅配や故郷から遠く離れた土地での勤務など、経済的かつ個人的な不満もあって、退職に傾いていった。最初の一年で、一万人近く（隊員の七人に一人）が辞めていった。その八〇パーセントは自主退職だった。記録によると、「懲戒解雇、死亡、病気、共産主義分子排除が残りの二〇パーセントを占めた」。ＧＨＱは、解雇者の多くと退職者の大半は「（警察予備隊が）実は軍隊なのに警察組織を装っていたことに起因する」と結論づけた。合格後にそのことに気づいた応募者のなかには、隊に正式登録する前に辞退する者もあれば、訓練が始まってから辞めていく者、「寒さが厳しい季節になる」と辞めていく者がいた。一九五一年の春、警察予備隊は退職を抑制するため、三万名弱の隊員を故郷に近い基地に配置換えしたが、これが一定の効果を生んだようだ。[108]

共産主義者たちは、警察予備隊の多くの曖昧な点を批判して隊員の不満を煽り、退職者を増やそうとした。彼らは、予備隊が憲法違反にあたると主張した。それが軍隊であるとも述べ、隊員は旧日本軍兵士のようにひどい扱いを受けているのに、旧軍兵士に寄せられていた敬意は払われていないと断じた。共産主義者のビラは、米軍事顧問の主導的立場を際立たせ、隊員を奴隷、傭兵と呼んだ。共産主義者の働きかけが隊員の退職にどれほど結びついたのか知る術はないが、予備隊の曖昧さのために、多くの隊員がこの種のメッセージに影響されやすくなっていたことは間違いない。予備隊が朝鮮半島へ派遣されるという噂も警戒心を起こさせた。[109] このような噂は完全に見当外れなものではなかった。日本人が朝鮮戦争に軍事的に関与すれば、ポツダム宣言受諾を破ることになるうえ、日米当局者が予備隊の派兵を検討した形跡も一切ないが、両国の政治家のなかには、日本人の志願兵が朝鮮半島で戦うのを許可すべきだと主張する者もいたのである。しかも、すでに述べたように、米軍は半島周辺での機雷掃海作業を海上警備隊に命じ、一九五〇年九月の仁川上陸作戦では日本人乗組員が操作する上陸用舟艇を使って、米軍と韓国軍の兵士を上陸させた。[110] この乗組員——ほとんどは旧帝国海軍の水兵で、引き続き海上自衛隊員になる——の動員により、戦中と戦後の海軍のあいだに連続性が保たれた。一方、警察予備隊と陸上自衛隊は断絶と不一致で特徴づけられた。

警察予備隊と陸上自衛隊に残って職業人生を過ごした隊員でさえ、のちにこれらの不一致に悩まされる。序章で紹介した佐藤守男のコメントを思い出してもらいたい。彼は、ただ人々が警察予備隊を「アメリカの私生児」と呼んでいたと述べただけではない。彼自身も批判者の辛辣な表現を使っていた。入倉はそれほどではなかったが、長年自衛隊の広報担当官を務めた佐藤は、警察予備隊と陸上自衛隊の従属的地位について不快感を表した。[111] 一九八〇年にインタビューを受けた湯元は、警察予備隊での経験を表すのに「中途半端」という言葉を繰り返した。勤めを転々とした自分を中途半端と言い、その言葉を警察予備隊にも当てはめた。「警察でもないし軍隊でもないし、その中途半端さに嫌気がさしていたんですね」。[112] その後、彼はまた、警察か軍隊か、どっちつかずのその性格を同様に言い表している。「それがなんとも中途半端で、私ら旧軍隊の経験のある者にとっては、どっちでもいいから、警察なら警察、軍隊なら軍隊とはっきりしてくれって感じでした。中隊長あたりは『これは軍隊じゃない。警察だから』という。そういいながら、日常生活の実際は軍隊のそれ。だいたいが米軍のサージェントがくっついていて、すべてその指示にしたがっていたんですからな。なんともはっきりしなかったですよ」[113]

警察予備隊に入隊を許された旧軍将校の経験にも、曖昧さがつきまとった。一九五一年四月、旧軍将校の入隊を頑として認めなかったマッカーサーに代わって、マシュー・リッジウェイ将軍が後任に就くと、旧軍将校の入隊を認める方向へ変わった。それまで、予備隊は指導者不足のため、訓練を米兵に頼らざるを得なかった。多くの旧軍将校は、予備隊の募集要項とともに公職追放処分解除の通知を受け取り、それはまるで入隊が追放を解く条件だとほのめかしているように思われた。一九五一年六月、予備隊は三〇〇名ほどの元少尉を受け入れた。続いて一〇月には、四〇〇名の元中尉を受け入れた。(114) 公職追放により、彼らの多くが田舎に引っ込み、憎まれ、蔑まれ、貧困にあえいでいたため、権威ある軍の地位への復帰は名誉と威厳を取り戻す機会と映っただろう。しかし、彼らが率いる隊員同様、予備隊に加わった旧陸軍の将校たちは期待が外れたことに気づいた。少なくとも最初、ほとんどの元将校は予備隊を「主に外国のためにつくられた傭兵組織であり、断じて国の誇りと力の源ではない」と考えた。(115) この否定的な見方は徐々に消えていったが、予備隊と隊員が社会から疎外され続け、予備隊と日本がアメリカの惨めな従属物であり続けるあいだ、隊の曖昧さは長く残った。一九四五年に陸軍士官学校を卒業し、一九五一年六月に例の三〇〇名の元少尉のひとりとして入隊した久保井正行は同様のことを述べている。旧軍と陸上自衛隊の経歴を非常に誇りにしている久保井は、予備隊に入って懸命に務めていれば、いずれアメリカ人は国に帰るだろうと思っていたと振り返る。しかし、政治家と国民世論のせいでそれが実現しなかったのだと苦々しく述べた。(116)

警察予備隊のアイデンティティと任務を定義する

　こうした矛盾や曖昧さを抱えたまま、政府と警察予備隊の当局者は、隊のあり方や方向性に関して混乱が生じていたにもかかわらず、隊のアイデンティティ形成を目指した。言うまでもなく、予備隊と米軍、旧軍、社会との関係がこれらの形成に影響した。このプロセスの最も重要な人物が予備隊の制服組のトップ、林敬三である。図1.3の写真には、一九五二年、保安隊の式典で吉田茂首相の隣に立つ林が写っている。

　吉田が警察予備隊の総隊総監に林を任命したとき、有望には違いないがこのように優れた指導者になるかどうかは不透明だった。予備隊の背広組と制服組の多くの幹部同様、林も内務省の官僚だった。軍隊経験はなく、それを言えば、警察に勤めた経験もなかった。服部卓四郎など旧軍将校が予備隊の指揮官になることを望んでいたウィロビーが部長を務めるGHQ参謀第二部で諜報部門に所属していたある将校は、林を身の程知らずの「不適格者」と非難した。[117] もちろん、参謀第二部はこの人選に異議を唱えた。しかし、林は相当な経歴の持ち主だった。旧陸軍の林弥《や》三吉《さきち》中将を父にもち、戦後、三九歳で〔鳥取県〕知事に選ばれ、吉田に予備隊の制服組トップに任命されるまで宮内庁次長を務めていた。また、参謀第二部の将校の見解とは裏腹に、林は「非の打ちどころがない人物」だったようだ。[118] 警察予備隊に続いて保安隊を率い、その後、初代統合幕僚長として一九六四年まで全自衛隊を指揮し、後任の誰よりも五倍も長く務めた。突出して長期間、トップにとどまった分、彼の思想は強く反映された。再建された防衛軍の長として、林は隊と隊員をできるだけ国民に近づけ、旧軍だけでなく米軍とも距離を置こうと努めた。

林が一貫して優先したのは、社会から信頼され、尊敬を得ることだった。彼は一九五〇年一〇月の任命後の最初の訓話で、警察予備隊は「国民の予備隊」であると述べている。[119] 一九五四年、彼はこれを「国民のための自衛隊」、「国民の自衛隊」と言い換えている。この言葉には、社会に訴えかけて予備隊／自衛隊に対する見方を変えようとする意図、同時に隊員たちに訴えかけて社会の支持を得られる組織にしようと励ます意図が込められている。予備隊内部で隊員に配布される週報に記載された訓話の冒頭で、林は隊員に「国民全体の為に平和と秩序を維持し、国民全体の福祉を保証する」という誓いを改めて伝えている。また、予備隊の根本的理念を「愛国心、愛民族心に求めたい」としている。「平易に言えば、我々の父母、兄弟姉妹、妻、子、この人達が平和に生活し、生長して行くことを同胞としてねがう同胞愛の精神に求めたい。予備隊は国民の予備隊であることを決して忘

【1.3】警察予備隊の後継である保安隊の設立式典に臨む吉田茂首相（壇上、前列中央、黒いスーツ）と、制服姿の林敬三幕僚長（吉田の左隣）――1952 年 10 月 15 日、東京。文民の長官増原恵吉は吉田の右隣。朝日新聞社の許諾を得て使用。

れてはならない」。[120]

うよう奨励している。[121]林は隊員に基地の中でも外でも、制服でも私服でも、常に礼儀正しく振る舞

林は男らしさについても述べている。国民に信頼され、敬愛されるような立派な振る舞い、「男らしい行動」が大切だと説いている。[122]その振る舞いにはテーブルマナーや手紙の書き方など、礼儀正しさを身につけることも含まれる。隊員はどれだけ貧しい家の出であろうが、学歴が低かろうが、(防衛)戦術を習得するばかりでなく、常識の涵養《かんよう》に努め、紳士でなければならない。[123]再建された軍の草創期に林が繰り返し隊員に語ったこれらのメッセージは、やがて隊のレガシーとなる。[124]

林のメッセージの中身は明瞭だが、それがどのように隊員に伝わったかは、よくわからない。特に幹部が日々の組織的な問題処理に追われていた、警察予備隊、保安隊、陸上自衛隊の形成期に、どのように受け止められたかは、さらにわからない。警察予備隊が存在した二年間、林の理念を効果的に広めることは、途方もない難題であっただろうし、隊にはそれを遂行する手段もなかっただろう。警察予備隊が保安隊になったとき、全隊員は林の訓話や精神修養の目的を記したハンドブックの携帯を義務づけられ、自衛隊もこれらの理念や行動を徹底させるために類似の手段を用いた。他の軍隊や他の組織全般と同様に、自衛隊も新隊員訓練プログラムや継続中の教育を通して、隊員にこうした理念を植え付けようとした。一九五八年、北海道の北部方面隊で、林のような自衛隊上層部と一般隊員との意思疎通をはかる責任者となった入倉は、一九五〇年代末まで、陸上自衛隊が隊員に新しいアイデンティティを浸透させるための資源を本格的に投入でき

るとは考えていなかった。彼の推測では、林の理念が期待通りの効果を出し始めたのは資源の本格投入が始まってからだったが、隊員がどう受け止めたかについては、確証を得るのは難しいと彼も認めている。(125)

林のメッセージが浸透するまでには時間がかかったが、林は隊のトップを務めた一五年間を通して、軍のアイデンティティと愛国主義の意味の再定義を試みた。彼は、吉田の構想通り、警察予備隊（保安隊、自衛隊）を「組織、人員の両面で旧軍と切り離し、アメリカの支援を得て『民主的な軍隊』にしようと奮闘した」。(126) 彼は、再建された軍隊の忠誠を誓う対象が、天皇に代わって国民および、選挙で選ばれた政治家が代表する国家になるよう望んだ。(127) 旧軍の指導者とは違い、林は隊員が見習うべき模範として、命知らずの武士や、天皇崇拝に突き動かされた兵士を高く評価しなかった。こうして、戦後の軍隊のアイデンティティは、日本の国土とその国民に対する愛の精神に根ざすことになった。

国内の治安と災害救援

マッカーサーが警察予備隊を設立した主な動機は国内の治安のためだったが、国民が予備隊に不信感を持ち、予備隊が治安維持活動に乗り出せば、社会との希薄な関係が修復不可能なまでに壊れると懸念されたため、当局者は隊の動員に消極的だった。そのため、吉田をはじめとする政権幹部は世論に配慮し、警察予備隊の規定の任務には含まれていない、国内騒乱とは別の問題——自然災害——に対応させた。このようにして、旧軍との差別化をはかるとともに、社会と国民の福祉に配慮することが、新しい任務と伝統、新しいアイデンティティの形成に寄与した。災害派遣はまた、意図したとおり、予備隊の可視化を高めた。

すでに述べたように、警察予備隊の創設時、主な決定権者たちは予備隊の主要任務のひとつを国内の治安維持とすることで合意した。予備隊を憲兵組織にするか、あるいは本格的な軍隊にするかについて、彼らのスタンスがどうであれ、日米の上層部は、マッカーサー書簡の通り、国内の脅威に際して「警察力を強化」する組織が必要との考えで一致した。[128] 保守派は、警察機構の中央集権化を防ぐために施行された一九四七年の警察法が、共産主義者の運動を抑えるのに不充分だと以前から不安を抱いてきた。一九五〇年初頭、日本共産党は労働運動に対してアメリカの圧力がかかり、モスクワからの批判にさらされると、政治組織の中で平和裏に変革を求める運動をやめ、デモやストライキ、労働現場での破壊活動を開始し、この不安を煽った。対するGHQは、一九五〇年六月の朝鮮戦争勃発の数週間前、共産党員と見なされた人々を公職と民間セクターから追放した。その反動で、活動家たちはさらに暴力的で過激な手段をとるようになる。[129] これらの事態が起こる前から、GHQは治安維持に占領軍を動員してきたが、アメリカの役人は再動員が必要になるかもしれないと案じた。米軍が朝鮮半島へ向けて出発すると、日米両方の指導者は、国内の脅威に対応できる力が警察にあるだろうかと危惧した。[130]

警察予備隊の司令部は、隊の任務は訓練と教化を通じ、配置された場所で治安を維持することだと強調した。このような演習は、歴史家トマス・フレンチが指摘したように、予備隊の一三週間の訓練のうち最初の二課程の大部分を占めた。最初の課程で「警備任務、他の国内治安維持任務と合わせ、これらの要素は全課程の三分の一以上を占めた」。(131) 国内の治安維持もまた、予備隊レトリックだった。隊員たちは毎朝、「国内の平和と秩序を保ち、国民の福祉を守る」という予備隊の宣誓を唱和した。(132) また、隊の役割を強調する予備隊歌「治安の護り」を斉唱した。(133)

「治安の護り」

一、颯爽と　光をあびて
勢《きお》い起つ　われらは　祖国の楯ぞ
炎の息吹　鉄の意志
盛りあげて　いざや進まん
力　力　力は若き
警察予備隊　治安の護り

二、あらし雲　巻き起つ峯も
何かある　断じて我等は超えん
正義の使命　双肩に
たくましき　歩調はひびく
務《つとめ》　務　務は尊《たか》き

警察予備隊　治安の護り
三、清新の　理想と仰ぐ
この旗に　誓いてわれらは往かん
栄えある命　若き眉
あたらしき　日本を担う
誉《ほまれ》　誉　誉と勇む
警察予備隊　治安の護り(134)

歌詞は抽象的で、「治安」を脅かすものとは、国内、国外のどちらにも解釈できるが、タイトル「治安の護り」に込められたように、脅威は主に国内にあると示唆している。最後に、当局が警察予備隊の大半を工業都市の近く、つまり共産党支持者が多い地域に集中させた事実は、GHQと日本政府の最大の懸念が、少なくとも当初は、国内の脅威であったことを裏付けている。(135)驚いたことに、一九五一年と五二年の共産主義の盛り上がりにもかかわらず、占領終了までに当局者が予備隊を動員するような大きな暴動は起こらなかった。

こうした訓練、レトリック、配置にもかかわらず、当局は警察予備隊を国内の治安維持に動員することには消極的だった。この消極性は、旧軍とは違うことを知ってもらいたいからではなく、過去の過ちを繰り返す不安からくるのでもなく、予備隊と社会との関係をそこなう懸念から生じていたと思われる。旧軍は国内の治安維持活動に、五度、動員されている。そのうち有名なのが、食料価格の高騰に対して広範囲で暴動が起こった一九一八年の米騒動と、一九二三年の関東大震災である。[136] 前者の動員は、一九二〇年代初期、「軍隊を国民から遠ざける新たな要因」となったが、[137] 三〇年前のこの事件のせいで、予備隊の指導者たちが国内の治安に隊を動員するのをためらったとは思えない。

占領が終わり、日本政府が国内の安全を担うことになったとたん、暴力的な事件が起こり、当局は警察予備隊を動員したが、それは苦渋の決断であり、しかも限定的だった。一九五一年秋の対日平和条約（サンフランシスコ平和条約）の締結と、日本共産党の武装闘争の呼びかけにより緊張が高まるなか、同条約は一九五二年四月二八日に発効した。その三日後のメーデー——一九世紀末から社会主義者と共産主義者が万国の労働者を讃える日——には、およそ四〇万人の左派が明治神宮外苑に集まった。これは全国三三〇か所で開かれた総勢一〇〇万人規模の集会のひとつだった。デモ参加者は労働者の権利を主張し、再軍備と再軍事化、戦争、米軍基地、沖縄の占領継続に抗議した（条約の発効日、四月二八日を、沖縄では「屈辱の日」と呼んだ）。その後、集会参加者のうち、およそ一万人が五キロほど離れた、集会禁止区域にある皇居前広場に向かった。そこで、警告もなく警察隊がデモ隊に向かって催涙ガスや拳銃で攻撃を開始し、流血の事態に発展する。デモ隊が周辺の通りに逃げ込み、騒乱が拡大した。デモ隊は駐車中の車をひっくり返したり、燃やしたりしたあげく、そこに居合わせた米兵三名を濠に突き落とした。米兵らは別の日本人に救出された。この騒動で、デモ隊の二名が死亡し、警官隊とデモ隊、合わせて二〇〇〇人以上が負傷した。[138] この事件で警戒感を強めた吉田は、五月三日に予定されていた平和条約発効記念と憲法施行五周年の記念式典に警察予備隊の動員を命じた。[139]

吉田の指令は正式な法的手続きを踏んでおらず、曖昧でもあったため、どのように実行するかは他に委ねられた。林を含め、背広組と制服組の幹部たちは動員するかどうか迷った。結局、幹部たちは第一普通科連隊から五〇〇名の隊員を式典に送り出すことにした。彼らはおおぜいの警官隊の後ろに控えた。幹部からの指示で、隊員たちは弾を抜いたカービン銃とライフル銃を持っていた。別の部隊は装塡済みの――とはいえ、そのほとんどが殺傷力の低い曳光弾だが――軽機関銃を持って明治神宮近くに待機し、緊急事態に備えるよう命じられた。幸いにも、式典は何事もなく終わったが、予備隊動員へのためらいや、その限定的な方法が、予備隊を国内の治安維持のために動員することへの「強い抵抗感」を際立たせることになった。[140] この抵抗感は予備隊と社会との関係の不安から増加し、継続し、当局が保安隊、やがては自衛隊の出動をためらうことにつながる。特に、一九六〇年の日米安全保障条約の更新に反対する大規模デモへの対応については第四章で取り上げる。

吉田はまた、警察予備隊と社会との関係に配慮して、災害派遣を指示した。吉田は回想録でそれについて認めている。

> いわば右からも左からも、白い眼で見られていた。私はそうした風潮が、大切な青年隊員諸君の感情を傷つけ、士気の高揚に害のあることを憂えて、何とかして、一般国民の間に、自

衛隊に対する敬愛の念を涵養したいと思った。

そこで国民が自衛隊を心から支持し、これに信頼するように仕向けるにはどうしたらよいかと考え、まず地方民の利益に沿うようにすることが肝要だと思った。たとえば、大水が出た、暴風が吹いた、大火事が起こったといったような際には、自衛隊が出動する……（略）……そのようにして地方の生活なり産業なりに密接な関連を持つようにする。そうすることによって、自衛隊は国民のためになるもの、頼もしいものと思わせるようにしたい、とそう考えてそのように指示した。(141)

実際、警察予備隊の災害派遣がどれほど世論に影響を与えたかはわからないが、吉田が回想録を執筆していた一九六〇年からすでに、社会に良い影響を与えていたことは間違いない。

災害被災地に、軍隊の人員と装備を送ることは前例がないわけではなかった。歴史家の吉田律人《よしだりつと》によると、一九〇四年から〇五年の日露戦争のあと、帝国陸軍は災害派遣を国内の治安維持活動の一環と見ていた。(142) 旧軍は一九一四年の桜島噴火や一九二三年の関東大震災など、様々な自然災害に対応してきた。地震の規模、民間人指導者の不在――首相の加藤友三郎はその八日前に病死し、新政権は地震の前日に組閣――により、軍隊が直ちに相当な資源を投入することとなった。一週間ののちに、三万五〇〇〇人の兵士が治安維持だけでなく、救援活動、都市基盤の建て直しに動員された。この数はやがて五万二〇〇〇人に達した。正規軍の五分の一近くにのぼる数だ。陸軍の工兵が再び街灯を点し、瓦礫を取り除いて道路を通行可能にし、四五の橋を修理または再建した。[143] 彼らは首都に何週間も留まった。被災者を助けたいという利他的な動機からだったが、裏の動機もあった。陸軍は一九一八年の米騒動の鎮圧に出動して以降、広く、あからさまに軽蔑の対象となり、「尊敬の念を取り戻すために意図して作業に励んだ」。その努力は報われ、「陸軍の評判は首都だけでなく国中で、著しく好転した」。[144] 陸軍は小さな危機にも対応した。近隣地区出身の兵士を多く抱える地方の司令官は、農作業の繁忙期に兵士に数日の帰宅を許可することもあった。しかし、陸軍の幹部は災害派遣を軍の任務の中心とは見なさず、国内の治安維持に資する場合に限り、これを認めていた。たいてい、それは災害派遣をする余裕がある場合に限られた。高度に組織化された軍の在郷軍人会と青年会がそれぞれの構成員を災害時に出動させていたため、正規の軍隊の出番はあまりなかった。[145] しかし、その姿勢にも違いがあった。旧軍は国民に奉仕するのではなく、国と天皇に奉仕するもので、たいてい国民を見下していた。一九一〇年代末と一九二〇年代初めの数年間を除いて、軍は国民から強く支持され、軍幹部は安心していられた。一九五〇年代、軍事的価値観、軍隊、軍人への反感ははるかに強烈になり、そのため、戦後の軍隊は吉田の指示に従って積極的に災害派遣を行った。

警察予備隊は存続したその二年間に、六回、災害派遣を行っている。最初の出動は京都府北西部にある福知山市の一九五一年の洪水だった。一九世紀末から陸軍基地が置かれていた福知山は農業中心の町で、予備隊の基地を最初に誘致した自治体のひとつでもあった。おそらくそういった歴史から、市長はためらわず救援を要請し、地元の連隊司令もためらわず隊員を派遣した。その際、最終的には首相に至る上層部の承認を待たずに派遣したため、これは軍隊の文民統制違反だった。福知山の住民は、他の土地の被災者同様、救援に感謝した（図1.4）。にもかかわらず、予備隊本部は司令を懲戒した。この事案を機に、予備隊幹部は救援要請に際して、文民統制を守ることにさらに慎重になったが、災害派遣は国民に称賛されたため、戦後の軍隊の四つの主な任務のひとつとなり、一九五四年の自衛隊法では「防衛および治安維持活動と同等に位置づけられた」。(146) 災害派遣はまた、旧軍とは違った意味で、自衛隊の、特に陸上自衛隊の誇り高い伝統となった。吉田は社会との関係改善のために予備隊に災害派遣を勧めたとき、これほどの成果が得られるとは予想していなかっただろう。

【1.4】1951年10月の台風により災害派遣要請を受けて山口県に到着した警察予備隊を歓迎する地元の人々。朝雲新聞社の許諾を得て使用。

一九五二年八月九日、米軍事顧問ジョエル・J・ディルワース中尉は、群馬県前橋近郊の警察予備隊基地を訪れ、短いスピーチをした。ディルワースの訪問は占領終了から数か月後、そして予備隊が保安隊に変わる二か月前にあたり、再軍備に向けてまた一歩踏み出したときだった。また、予備隊創設から二年、一九五〇年に隊員募集を始めた日から丸二年だった。そのため、ディルワースは予備隊に誕生の祝辞を述べに来たのだ。彼は日本語は多少話せるのかもしれないが、読むことは無理なようで、ローマ字で書かれた日本語のスピーチ原稿を読み上げた。誰かの手を借りてスピーチを用意したとしても、そこには彼の思想が表れていただろう。多くのアメリカ人、そして当時の（そして以後の）一部の日本人と同様に、ディルワースは戦後の軍隊、ひいては日本を子供と見なすような表現を使った。はじめに、彼は予備隊が「驚くべき速さで成長し」たのは、若くて活力がみなぎっているからであり、日本政府とアメリカ当局を代表する名もなき、多くの「親から良いものを与えられた」からであると述べた。ディルワースは続けて、子供は「家族全員のためになり」、子供が「家を守るようになる」と、家族は子供を「誇りに思い」、「尊敬する」ようになるだろうと述べた。この文言は、予備隊と国民の複雑な関係、そして国民の好意と賛同を得ようとする隊の努力を指しているのは間違いない。最後に、隊の軍事顧問として、ディルワースは次のように締めくくっている。「(私は) 手助けはしましたが、これはあなた方の努力の結果です。友人として、言います。誕生日おめでとう」[147]

警察予備隊という形での防衛軍の創設と新しいアイデンティティの形成は、複雑な要因が絡まり合った結果だった。共産主義者の韓国侵攻により、マッカーサーが米軍を半島へ急派したために、占領下日本に治安上の空白が生じた。事態の緊急性に加え、公職追放により日本の軍隊には指導者がいなかったため、新しい軍隊の設置と訓練は米軍が指導することになり、本部をはじめ急いで国中に設けられたキャンプに至るまで米軍主導で行われた。しかし、アメリカ人はすべてにおいて采配を振るったわけではない。吉田首相、新たに任命された背広組と制服組の人員、平均的な新隊員、公職追放が解かれ予備隊入隊が認められた旧軍将校など、これらの全員が新しい組織とアイデンティティの形成に寄与したのである。利害が一致する、あるいは対立するおおぜいの関係者、軍事的価値観と一般社会との隔絶、日米間の力の不均衡、旧軍のレガシーなどを鑑みると、戦後の軍隊のこの形成期が、組織全体にとっても個々の隊員にとっても、矛盾に満ちていたのは少しも驚きではない。

警察予備隊が保安隊に、そして自衛隊へと変わっていっても、これらの矛盾は残り続け、隊と社会との、旧軍との、米軍との複雑な関係に埋め込まれたままだった。特に、最初の二つのダイナミクス——社会および旧軍との関係——は何も変わらなかったが、占領が終わると、隊と米軍との交流は非常に少なくなった。二国は同盟国とはいえ、共同訓練はめったに実施せず、ほとんど連携しなかった。その関係は不均衡で不平等だった。占領終了により、地政学的レベルで、そして二国の個人および組織の軍事的関係において、従属的な独立が達成された。

この不均衡を示すひとつの例は、米軍事顧問のプレゼンスが継続したことだ。ディルワースが前橋基地を訪問するまでには、コワルスキーのような米軍の上級将校や米軍のキャンプ司令官は警察予備隊内での指導的役割を終え、多くは日本を去っていた。民事局別室は一九五二年四月、占領終了にともなって解散していた。しかし、数百名の米軍事顧問と支援要員はさらに二〇年近く日本に居続けた。彼らは冷戦時代、世界中のアメリカの同盟国で指示を与える顧問団ネットワークの一部だった。占領が終わると、政府や予備隊の幹部の一部は、米軍の軍事顧問はもう必要ないと考えた。しかしアメリカ当局は、予備隊が逆戻りして、旧軍のようになるのではないかと案じた。林は各基地にいる旧軍将校のパワーとバランスをとるために米軍事顧問の残留を望んだが、他の幹部はすべての基地に米軍事顧問が居続ければ、日本が独立を果たしていないような印象を与えるのではと考えた。[148] 吉田が、軍隊の大幅増強を求めるアメリカの圧力をかわしつつ景気刺激に利用した一九五四年の日米防衛援助協定（ＭＳＡ）により、アメリカの軍事顧問機関はまた変わった。予備隊を指導していた民事局別室の軍事顧問団の後継である在日保安顧問団（ＳＡＧＪ）は軍事援助顧問団（ＭＡＡＧ）となり、予備隊の「組織、装備、訓練、維持」に支援と助言を続けた。一九五〇年代、六〇年代の大半を通じて、ＭＡＡＧの三軍――陸・海・空軍――の人員総数は将校、兵卒、アメリカ人民間人、日本人を含め、数百人を数えたが、一九五四年の六五〇人から、一九六四年には一三一人に減っていた。[149] ＭＡＡＧの顧問は隊員の教育と訓練に協力し、報告書を提出し、大幅に人員を削減され（「一か所につき八二名から一六名へ」）、一九六九年に相互防衛援助事務所（ＭＤＡＯ）に変わるまで、軍事・外交に関連する様々なイベントや記念式典に出席した。[150] 一九六一年までには、およそ一〇万人の隊員が米軍の教育を受け、三万人が在日米軍基地内で訓練を受けた。[151]

あまり知られていないが、この長期に及んだ援助には、数十万人の自衛隊員をアメリカで訓練することも含まれていた。一九五〇年から一九六八年のあいだに、一万五〇〇〇人の隊員が留学した。[152] 防衛庁の概算によると、一九七一年までには、現役幹部自衛官の七〇パーセント以上がアメリカの軍事施設か教育機関で訓練や講習を終えた。[153]

もっとはっきり目に見える形としては、占領が終わっても数十万の米軍将兵が日本中の基地に駐留し続けた。彼らは今日も居続けているが、沖縄を除いて数は減っている。在日米軍と自衛隊駐屯地が隣接している場合もあるが、両者の交流は最小限にとどめられ、最高幹部レベルでもほとんどない。二つの軍隊が三〇年以上、共同訓練を実施しなかったことは、特に注目に値する。当局者はある程度、調整はするが、役割分担は厳密に守っている。米軍は日本列島と沖縄を日本以外の地域に部隊を派遣する基地として利用し、朝鮮半島やヴェトナムで戦争をし、自衛隊は名目上、日本の防衛を担う。政治学者佐道明弘《さどうあきひろ》が述べるように、特に陸上自衛隊と米軍との交流はないに等しい。なぜなら、自衛隊の主な任務は「間接的な侵略……と国内の治安の対処」と明記されているため、「(日米の)共同行動の必要性に関してはほとんど認識」されず、連携さえ極めてまれだった。[154] 二つの軍隊の関係は、一九七八年に正式な協議が始まると、以前と比べて緊密になり協力的になった。一九八〇年代、日米共同訓練が始まったが、戦争に対応する「非常事態対応プランを統合するには至らなかった」。[155] 二つの軍隊がさらに緊密に協働するようになったのは、冷戦が終わったあとだった。

この形成期に、ディルワースを含め米軍事顧問は幹部養成学校の創設にも寄与した。警察予備隊同様、この士官学校も米軍の影響を受け、旧軍の負の遺産と戦い、社会との緊張した関係のなかを進んだ。この軍人学校が次章のテーマである。新しい将校団の育成は、再建された組織を「国民の隊」にしようと訴えた林の理念とともに、冷戦初期にそのアイデンティティを定義し直した。

第二章　防衛大学校創設と過去との訣別

新しい士官学校として保安大学校（一九五四年に防衛大学校と改名）が開校してから半年後の一九五三年九月、主だった教職員を集めて臨時会議が開かれていた。教官を務めていた米軍事顧問も出席したのかどうかはわからない。会議では一小隊、全三〇名の処分が検討されていた〔防衛大の全学生は連隊規模の「学生隊」に属し、四個大隊に分かれ、各大隊は四個中隊、各中隊は三個小隊で構成される〕。聞くところによると、夏休み間近の七月、休みが明けてもたぶん学校には戻らないと、ある学生が仲間に打ち明けた。級友たちは小さな送別会を企画し、密かに酒を持ち込み、ある晩遅く、寮の一室に集まった。彼らが夏休み明けに学校に戻ってみると、そのときの飲酒に気づいた当直の学生が学校側に報告していたことがわかった。放校処分を覚悟した志摩《しま》篤《あつし》をはじめ、当小隊のメンバーは会議が行われているあいだに荷物をまとめ始めた。旧海軍出身の教官たちは放校処分を求めた。海軍では酩酊による過去の事故を教訓に、艦内での飲酒は厳禁とされ、無許可の飲酒は明白な違反だった。旧陸軍出身の教官たちは寛大な処分を求めた。陸軍は兵舎内での飲酒については、はるかに緩やかだった。もしこの事件を厳しく追及し、学生たちに目を閉じて送別会に参加した者は挙手しろと言ったら、小隊の全員が手を挙げるだろうとも述べた。学生たちはこの度の違反の深刻さを理解しておらず、正直で、彼らの動機は純粋なものだったとして庇った。オックスフォード大学に留学し、慶應義塾大学で三〇年間教鞭を執った民間人の校長、槇智雄《まきともお》は両方の意見を聞いた。最終的に、槇は学生たちを許すことにした。(1) その理由は、寛大な処分を求める声が多数を占めていたからであり、槇が民主主義を提唱していたからでもある。あるいは、彼が規則よりも心を重視したからかもしれない。

この出来事は戦後の将校教育の再建に焦点を当てた本章のいくつかのテーマを説明している。最も重要なことは、この出来事が新世代の将校を養成するにあたって、吉田首相の指針に従う槇の哲学を際立たせている点だ。その哲学は、高い水準と厳格な規律に対して、自由民主主義的な思想と紳士の慈愛でバランスをとっている。最後の二つの要素は、旧軍精神との訣別——完全にではないにしても——だった。二つの別の要素がこの出来事と軍事アカデミーにおける他の展開に影響を及ぼした。すなわち、米軍との関わり合い、社会との関係である。自衛隊のケースと同じく、これらの力学《ダイナミクス》——旧軍、米軍、社会——の相互作用が保安大学校の方針や慣行を方向づけ、最終的には防衛大とその卒業生が形成に寄与する冷戦期の防衛アイデンティティが生まれた。

保安大学校にとって、旧軍の遺産が最大の重荷になっていた。吉田は旧陸海軍の幹部学校出身の将校とは異なる、新世代の将校を育成する大学校を求めた。槇は吉田の構想に沿うため、学生たちには将校になるだけでなく、民主主義を尊重し慈愛に満ちた紳士になれと説いた。槇は旧軍特有の不合理な精神論ではなく、学問に力を入れたカリキュラムを組み、一般的なリベラル教育

に力を入れた。(2)

吉田は、新しい士官学校には、旧軍のそれとは違い、あらゆる社会経済的階層の若者を受け入れる平等主義が望ましいと考えた。学生は教育、教練、衣食住を無料で得られるうえ、少額の手当も支給されるが、卒業時に軍人以外の道を進むことも許された。(3) 軍隊の文化では服従、規律、序列、階級制は不可避の要素だったが、槇は民主的な考えと慣習が行き渡った学校にしたいと思った。志摩と級友たちは重大な規則違反を犯したが、槇は厳しく叱責することもなく、ましてや旧軍なら士官学校でもどの軍隊でも当たり前に行われていた体罰を加えることもしなかった。(4) とはいえ、過去との連続性は消えなかった。防衛大では旧軍将校が教授陣や役員に加わり、旧軍の慣習や伝統の一部がしぶとく生き残った。しかし、防衛大の際立つ性格は過去との訣別だった。この変革を主に推進したのは吉田と、彼から防衛大の指揮を任された槇だった。槇は校長に就任してから一九六五年に退官するまで一二年にわたって変革を指揮し、その任期は林敬三が自衛隊を指揮した期間に匹敵する。林同様、槇も防衛大学校、ひいては自衛隊全体に今日まで残るレガシーを残した。

米軍は警察予備隊創設には深く関わったが、保安大学校創設にはそれほど関与せず、主な補佐役に徹した。GHQは新しい士官学校の計画に手を貸し、吉田や槇は帝国陸海軍の幹部養成学校とは違った学校にするため、アメリカの軍事アカデミー、なかでも陸軍士官学校《ウエスト・ポイント》をモデルとした。(5) 防衛大へのアメリカの影響は占領が終わっても長く続いた。戦後の軍隊に助言や技術的支援を提供していた数百名の米軍事顧問団の一部は、一九六三年まで防衛大に常勤し、槇や他の役員や教官、学生とひんぱんに交流した。[6]

防衛大と社会との関係は、軍と社会との関係と同様に複雑だった。港湾都市である横須賀には長年、帝国海軍基地が置かれ、戦後は国内有数の米海軍基地があった。その横須賀に設立された防衛大は、地元にはおおむね歓迎されたが、学生と地域住民との交流は（現在でも）ほとんどない。[7] 一般社会との関係については、防衛大——全国各地の基地に配属された二五万の兵力を有する広域にまたがる軍事組織、すなわち自衛隊の一部として——は、自衛隊の中で最もわかりやすい、目立つ存在である。全体としての自衛隊と同様に、防衛大は左派からも右派からも、時には同じ理由で正当性を認められなかった。平和主義者は防衛大の創設を再軍備の新たな証拠であり、先の軍国主義への回帰であり、憲法九条違反であると主張した。右派は防衛大の文民統制やリベラルアーツ教育偏重のカリキュラム、教練より教養が重視されている点、学生の課外活動などをやり玉に挙げて、旧軍の士官学校のレベルに達していないと批判した。米軍事顧問は表に出ないようにしていたが、左派右派ともに米軍の防衛大への関与を嗅《か》ぎ取っていた。[8] 防衛大が首都に近いこと、倍率の高いエリートの教育機関であるという評判——日本の他の難関大学に合格する学力のある突出して優秀な若者が引き寄せられた——そして、毎年首相が卒業式に出席する唯一の大学という事実が、当然、防衛大の可視性を強調した。他の一般自衛隊員とは違い、防大生は自衛隊の未来の指導者だった。その結果、防衛大とその学生は外でも内でも、常に厳しい目で見られながら大きな期待を背負っていた。

旧軍、米軍、社会との関係から、再構築された民主的で男らしい軍隊のアイデンティティが形成され、冷戦期に幹部自衛官となった卒業生たちがこれを自衛隊に広めた。非難する人々、なかでも防衛大の外部の（まれに内部の）保守派はこのアイデンティティに反発し、非難した。しかし、槇がつくりあげた伝統と彼の影響が根付き、そして多くの学生が彼の思想を受け入れていたため、そのような攻撃からある程度防衛大を守るイデオロギー上の防波堤ができていた。校長には（指定されているわけではないが）常に民間人を起用し、人文主義的なリベラルアーツ教育に力を入れてきたことは、特に重要な緩衝材となってきた。これらの慣行は、吉田に始まる防衛大構想の産物であり、戦争の反動とアメリカの影響に特徴づけられ、槇の長い在職期間によって定着した。

士官学校設立の構想

新しい士官学校を設立する準備は、政府が警察予備隊を創設してから一年と経たずに始まった。今回、先に提案したのは日本側だったが、計画は日本政府とGHQの共同で進められた。日本側は警察予備隊の時よりは自由に物事を決められた。そうなったのは主に、この準備プロセスが警察予備隊創設よりも一年あと、すなわち占領の最後の年に始まり、占領終了後もさらに一年かかったからだ。そして、またしても吉田が、再軍備を求めるアメリカの要請を巧みにかわしたからでもある。警察予備隊の時は、吉田と日本政府は朝鮮戦争勃発で急遽対応を迫られ、マッカーサーの指令を理由に隊を創設した。軍士官学校の再建では、吉田が主導権を握った。それでも、GHQが日本政府に助言するという形で、そしてアメリカの軍事アカデミーをモデルにするという形で、アメリカは多大な影響を及ぼした。時にはそれが予想外の結果をもたらした。アメリカの影響は旧軍の士官学校との訣別に寄与したと思われるかもしれないが、時には米軍事顧問のほうが改革に反対することもあった。

軍事アカデミー設立計画は、最高権威である吉田から始まったようだ。警察予備隊に優秀な指導者を送り込むため、吉田は旧軍の大尉、少佐、中佐の追放解除を承認し、一九五一年半ばから幹部として採用し始め、さらに士官学校を再建すれば、ただちに指導者不足の問題解消とはならないとしても、長期的にはこれを解消するために必要だと考えた。また、吉田は、新しく士官学校をつくれば、日本に早急の再軍備を求めるダレス米国務長官の要望にも応えられると考えた。[9] 軍事アカデミー創設について記録された最初の会話は、警察予備隊の文民のトップ、増原恵吉《ますはらけいきち》本部長官の発言である。彼は一九五一年五月一七日、貞明《ていめい》皇后（大正天皇の皇后、九条節子《くじょうさだこ》）の大喪《たいそう》の儀の折り、控え室で「一時間ほど」吉田と一緒になり、「その全時間を割いて、士官学校の構想について指示があった」と、のちに語っている。[10] 明らかに、吉田はこの問題についてすでに考えていたのだ。

吉田の重要課題のひとつは、新しい軍事アカデミーを帝国陸海軍の士官学校と差別化することだった。歴史学者ジョン・ダワーが述べたように、「吉田は戦時中の経験から、軍部に好感を持てなかった」。[11] 吉田は帝国建設に向かう国の勢力と敵対していたわけではないが、軍主導でそうすることに反対だった。彼の見方では、陸軍参謀が不必要に英米と対立したのであり、本来ならば日本の指導者たちが上手く立ち回って国の戦略的・地政学的目標を達成できたはずだった。

吉田の軍部への不信感は、個人的なものでもあった。彼は戦争を早く終わらせるための策謀に関わったとして一九四五年、憲兵隊に逮捕され、一〇週間投獄された。(12) 吉田は、戦前の過ちを繰り返さないために、新世代の軍指導者を養成しなければならないと思った。彼は回想録に記している。「そもそも部隊幹部の養成ということは、旧陸海軍時代にも重要な問題であって、そのために特殊の教育機関が幾種もあったことは誰もが知るとおりだが、その教育方針には大きな欠陥があった。そこで戦後の部隊は、単に技術的の面においてのみならず、民主的防衛部隊として、広く内外に亙《わた》る常識の面においても、高い教養を持つ部隊でなければならない」。(13) 民主主義の枠組みで機能し、広い視野を持ち、理性ある行動をする将校を養成すること――吉田はこれらの優先事項を必須と考えた。

吉田は数名の元旧軍将校を含め、顧問の意見を聞き、自身の構想を肉付けした。彼のイギリス大使時代にロンドンで大使館付き武官を務め、首相になった彼に防衛問題の助言をしていた辰巳《たつみ》栄一《えいいち》や、警察予備隊に入った数名の旧軍将校たちが構想実現に向かって動き始めた。一九五一年夏、彼らはウィリアム・P・エニス将軍指揮下のGHQと、これについて簡単に話し合った。提案書は「真に民主的な軍隊の基本原則を教えるとともに、米軍の装備を中心とした軍事学を教えること」を強調していた。(14) 歴史学者高橋和宏《たかはしかずひろ》が見つけたこの文書は、研究者たちの想定よりも、かなり前から具体的な議論がなされていたこと、そしてGHQが早い段階で深く関わっていたことを示している。(15)

一九五一年九月、平和条約と安全保障条約が締結され、いよいよ軍事アカデミー設立に関する日本政府とGHQ界隈との議論に拍車がかかった。議論は秋から冬まで続いた。その頃、内海倫と後藤田正晴――第一章で触れた、警察予備隊の中途半端な性格に当惑していた元警察官僚で予備隊幹部に登用されていた二人――が具体的な構想を任された。内海は次の優先順位を考えたことを覚えている。第一に、新しい学校は旧士官学校、旧兵学校の再現であってはならない。第二に、「科学的な教養、科学的な知識、科学的な考え方を持つ幹部でないといけない。神がかったような考え方とか、精神的なこと一方ではいけない」。第三に、卒業生には別の道を選ぶ自由が与えられ、必ずしも軍隊に入らなくてもよい。[16] これらの条件は、旧軍への反発を表している。旧軍は科学技術や軍事学よりも精神主義を重んじることで知られ、指導者たちが他の職業を見下していたため、卒業生はおのずと軍人になった。[17] このリストを作ったあと、内海と後藤田はGHQの意見を聞いた。米軍の中佐二名――その一人はおそらく、朝鮮半島からGHQに転属になったばかりのジョージ・B・ピケット・ジュニア――が彼らの話を聞いて、非常に興味を持ったが、実現は難しいだろうと感想を述べた。[18]

この会合や一九五一年末から五二年初めに行われた他の会合の際、別の米軍将校が日本人の相手に、当時の提案について、相反する様々な意見を述べたようだ。問題の一つは士官学校の校長の地位だった。二月、辰巳はアール・D・ジョンソン米陸軍次官補と二度、会った。辰巳は最初の会合で、前年夏にまとめられた「日本の防衛隊の幹部養成校計画」の英語訳を渡した。[19] 辰巳は校長を軍人ではなく民間人にすると強調した。これに対してジョンソンは、ウエスト・ポイントの校長は軍人だが、理事会のメンバーは全員民間人だと述べた。彼の反応は、校長に民間人を起用するのはかまわないとほのめかしているように思える。しかし同時期、米軍事顧問団のトップ、ルロイ・ワトソン陸軍准将が、校長は制服組の将校であるべきだと述べている。[20] 日本側でも、特に元旧軍将校たちが、この意見に賛成していた。[21] 進歩的な軍事アカデミーの構想に、日本の保守派とアメリカの軍人の一部がそろって反対したことは、再軍備に慎重だった吉田を共同で責めたときの状況と似ている。

日本の当局とアメリカ側との意見の対立に至った別の問題は、単一の士官学校で陸軍と海軍の両方の幹部を養成するか、それともそれぞれに士官学校が必要になるか、だった。アメリカと同じように、帝国陸軍と海軍は一九四五年まで、それぞれ士官学校を運営していた。吉田にとって、陸軍と海軍の将校になる学生を一つの学校で養成することは、なによりも重要だった。ピケット陸軍中佐は、吉田首相が戦時中「我が陸軍と海軍は敵と戦う時間と同じくらい言い争いに費やしていた」と述べたことを覚えていた。[22] 最終的に、士官学校は毎年四〇〇名の学生を受け入れることに決まった（一九五五年に航空自衛隊が創設され、五三〇名に増やされた）。一年を終えて初めて学生たちは将来、どの軍種に進むかを決め、四年間を通じてどの軍種を選ぼうが共に生活し、勉強し、訓練する。卒業後、陸海空の各幹部候補生学校で学び、その後、幹部自衛官に任命される。政府高官との会合で、ジョンソン将軍は単一大学校という案に賛成しているようだった。会合の覚え書きには、「(彼は) もしアメリカに二つの士官学校という伝統がなかったなら、一般課程は一つの学校にして、専門課程はそれぞれの軍種に分けた学校をつくっていたかもしれないと述べた」とあった。[23] だが、別の米軍人はそうは思わなかった。内海は、別の米軍事顧問が「私どもの説明をちょっと馬鹿にし」、まるで「サーカス」のようだと言ったことを覚えている。「そのとき一つだけそのような例がインドにあると言われた」。[24] 独立したばかりの貧しい国インドを先例にあげたことは、明らかに褒めて言ったのではない。これらの米軍事顧問はおそらく一九四三年と一九四四年にアメリカの統合参謀本部が、軍部間の充分で有効な協働の妨げとなっていた「陸軍対海軍の（フットボール）試合を幹部候補生がいつまでも続けている」のを辞めさせるために、ウエスト・ポイントとアナポリスの統合を考えていたことを知らなかったらしい。[25] 陸海軍の統合士官学校に反対した米軍事顧問もいたが、元旧軍将校たちはその案に反対しなかった。旧陸軍士官学校幹事を務め、のちに林が助言を求めた宮野正年《みやのまさとし》元少将は陸海一本案を強力に支持した。[26] おそらく彼は、軍部間の対抗意識の弊害を経験して知っていたのだろう。

何か月も議論を重ねたあと、一九五二年三月、警察予備隊本部内に準備室が設けられ、士官学校創設の準備が本格的に始まった。ピケット中佐に加え、ディルワース中佐（第一章で触れた、警察予備隊基地でスピーチをした人物）と海軍将校一名が警察予備隊の幹部数名とともにアメリカの士官学校や日本の大学、旧軍士官学校のカリキュラムを調査し始めた。ウエスト・ポイントは特に、見習うべきモデルとして吉田が推していた。[27] 準備室の面々はカリキュラムの性質、専門の科目、採用すべき教官について討議した。最終的に、カリキュラム構成が決まり、東京工業大学のように科学と工学に重点が置かれた。一九六四年のある報告によると、米軍事顧問は戦闘や軍事訓練に費やす時間も課目も少ないことに言及し、「軍学校というよりは工業学校」と評した。[28]
社会科学専攻課程が設けられたのは一九七四年になってからだが、カリキュラムは最初から、専門の軍事課目よりも、一般教養、人文科学、リベラルアーツ教育に重点が置かれていた。興味深いことに、これらの内容は戦時中、アメリカの統合参謀本部が士官学校に勧め、採用されたものと似ていた。(29)

吉田が特に苦心したのは、初代校長の人選だった。最初は小泉信三《こいずみしんぞう》を考えた。反マルキストの戦後リベラル派で一九三三年から一九四七年まで慶應義塾大学の学長を務めた人物だ。小泉は当時、宮内庁で皇太子明仁《あきひと》親王の教育係を務めていたため、辞退した。(30) 東京大空襲で顔に重度の火傷を負っていたことも理由のひとつかもしれない。小泉は自分の代わりに槇を任命するよう吉田に勧めた。槇は慶應義塾大学とオックスフォード大学を卒業し、一九三三年に小泉が慶應大学の学長に就任して槇を理事に任命するまで、同大学で政治学を教えていた。小泉同様、槇も反マルキストのリベラル派だった。この経歴と英国留学経験を吉田は気に入った。吉田は一九二〇年代から三〇年代にかけて外交官として英国に駐在し、そのうち一九三六年から三八年まで大使を務めて、英国びいきで有名だった。記者の質問に対し、吉田は槇を選んだ理由を彼の「英国経験」が旧軍の兵士とは違う兵士を育成する役に立つからだと明言した。(31) 一九五二年八月、槇は校長に任命されるとすぐに、開校準備の指揮を執った。

槇の喫緊の課題のひとつは、教授陣の採用だった。ピケット中佐によると、「専門の資格があって教授職に応募する人はおおぜいいた」が、「共産主義や急進主義に賛同する教授が多く、これが大きな問題になった」。元旧軍将校は過激な思想（通常、政治的スペクトルの別の端）の持ち主でない限り、軍事学の講師として採用可能と見なされた。(32) 槇は、元帝国陸軍大佐の二名、松谷誠《まつたにせい》と高山信武《たかやましのぶ》を幹事（副校長に準ずる）に任命した。彼らが幹事に入ったことで、民間人校長の防衛大に不満を持っていた一部の旧軍将校は、少しは胸のすく思いがしたことだろう。

最後に、学校をどこに置くかという問題があった。吉田はこの件にも強いこだわりがあった。優秀な教師を採用し、学生を「変転極まりなき国際関係その他の変化に、常に接触を保たしめ」るには、東京付近に置かねばならないと考えたのである。(33) 学校の立地に関する考えにも、吉田が戦前の先例には従いたくないという気持ちが表れていた。帝国海軍兵学校は、広島近郊の呉にあった。帝国陸軍士官学校は一般社会と物理的に距離を置くため、一九三七年に東京の市ヶ谷から、南西へ四〇キロほどの神奈川県の座間に移された。(34) 一九五三年四月の開校までに、槇は恒久的に使用する敷地を確保できなかったため、新学校は久里浜基地内に臨時に設けられた。第一章で述べたように、かつて海軍通信学校が置かれ、一九五〇年九月に入倉正造が入隊した横須賀の警察予備隊基地である。元学生は一九五三年に入学したとき、木造の倉庫がぼろぼろのままだったことを覚えている。(35) 開校に向けた他の準備と同じく、物理的インフラも突貫工事だった。ある米軍事顧問は当時を振り返り、開校式の最中もまだ作業員が兵舎の屋根を葺き替える工事をしていたが、「消灯時間までには完了していた」と述べている。(36)

槇イズム――軍人の務めを再定義する

第一期生が久里浜の保安大学校に到着したとき、彼らは槇の出迎えを受けた。彼が与えた影響は計り知れない。槇の思想は軍の指導者、性格、価値を再定義し、あまりにも影響が強く、彼の存命中ではないにしても没後まもなく「槇イズム」と呼ばれるようになる。校長を務めた十数年間に五〇〇〇人の卒業生を送り出し、自衛隊の将校団に数の割に多大な影響を及ぼし続けた。この新しいアイデンティティの形成は槇ひとりの功績ではない。吉田、小泉、林も貢献した。しかし槇が最大の貢献者であった。吉田は彼に権限を与え、吉田自身が述べたように「軍人自身もその分を弁《わきま》えて、政治に深入りをしないようにすることが肝要であって、それには広い視野と豊かな常識とが必要である」と考え、[37]学生をそのように養育するよう槇に指示した。槇はこれを実行するため、自身の育ちと慶應義塾およびオックスフォード大学での経験で育まれた世界観を当てはめた。

槇の教育と職務経験は彼を理想的な校長にしていた。仙台で両親ともに武士の家系の長男として生まれ、家と学校で、伝統的かつ近代的な、東洋と西洋の、リベラルと国家主義の、自由と規律正しさを尊重する教育を受けた。槇は日本の一九世紀の知識人、福沢諭吉が設立した慶應義塾大学で経済学の学位を得て一九一四年に卒業した。[38]福沢は慶應義塾の「塾訓」を「独立自尊」とした。歴史学者ジャスティン・アウケマの説によれば、この理念は「個人の自由と国の自由との象徴的な関係を想定していた。片方では国家は個人の自由を保証し守り、もう片方では個人は国家の自由を守っていた」。これらの原則に基づき、二〇世紀初めの慶應の教師は、学生たちに「忠実なる国民として、個人の自由を保証する国家と軍隊に奉仕するよう奨励した」[39]

槇は慶應大学卒業後、第一次世界大戦中の一九一六年にオックスフォード大学に入学した。そこで寮生活、スポーツの伝統、深い知的研究に没頭した。それらは彼にとって馴染みがあったと思われる。福沢は「慶應を創設する際、イギリスのパブリックスクールに類する学校をモデルとしながら、才能ある武士の教育機関となっていた新儒教系の昌平黌《しょうへいこう》のような、上流社会の教育の伝統を継承する学校を構想」[40]していたからだ。また、槇はオックスフォード大学の学徒動員を目の当たりにした。愛国的な入隊志願が急増した結果、オックスフォード大学の男子学生の割合は著しく減り、一九一五年から一九一八年にかけて、六六パーセントから八八パーセント減っていた。大学は戦傷兵の治療施設にもなり、彼は戦争の大量殺戮の結果と、戦争が与える絶望も目撃した。[41]それでも、オックスフォード大学で得た知的影響は慶應でのそれと同じだった。彼は、ヴィクトリア朝後期のリベラルな保守派で政治学者のアーネスト・バーカーに師事した。バーカーは立憲主義、寛容、市民と政治の自由といった古典的なリベラルアーツの価値観と「ナショナリズムの価値……および『国民性』の存在」の両方を受容していた。[42]槇の指導教員だったバーカーは彼に個別指導を行った。[43]これが槇の政治哲学および運営方針に影響を与えた。

一九二〇年にオックスフォード大学を卒業し、一九二一年に慶應に戻った槇は、教師、作家、理事としての仕事にこれらの思想を採り入れた。彼は政治哲学とイギリス憲法史を教え、一九三〇年に『西洋政治制度史』を著した。教室ではよくイギリスの大学文化の習慣や礼儀正しい振る舞いを称賛し、服装でそれを体現した。一九二七年、彼はオックスフォードでの経験から着想を得たことと、教育は教室以外の場所でも行うべきという信念から、山梨県は山中湖畔の小高い丘に合宿施設、山中山荘をつくった。[44]

一九三三年に小泉信三が慶應の学長になると、槇は理事として貴重な経験を積んだ。それからの数十年、彼は横浜の日吉キャンパスの建設や複数の新学部の設立を指揮した。[45] この間、彼は国家総力戦の影響を目撃し、今度はそれを積極的に支えた。一九四三年、政府が大学生の徴兵猶予を撤廃して徴兵年齢を引き下げると、慶應大生も徴兵されるようになった。そして、一九四五年、米軍の空襲は慶應のキャンパスにも及び、その頃までには本土侵略に備えて帝国海軍の本部が置かれていた日吉キャンパスも被害を受けた。慶應の学長、小泉は「一国の人民は……国の自由独立を守る（べき）」という福沢諭吉の思想を引用して戦争支持を明言し、学生に軍隊へ入るよう奨励した。[46] 槇もこのように学生に勧めたかどうかはわからない。彼は小泉とは違い、慶應の学生新聞〈三田新聞〉にもどこにも、そのような発言をしなかったようだ。[47] しかし、槇が受けたリベラル保守の影響、小泉との近さ、戦中戦後の彼のイデオロギーに関するこれまでに判明している事実に鑑みれば、槇は戦時中、小泉と同じように考えていたと判断するのが合理的である。いずれにしても、小泉が学長を退いた一九四七年、槇も慶應を去った。三年後、小泉は吉田に保安大学校長として槇を推挙した。[48]

歴史学者の田中宏巳《たなかひろみ》によると、校長に就任した槇は、みずから新しい道徳を創出するような無謀なことはしなかったし、戦時中の旧道徳を復興することもせず、ただ当時のイデオロギーから不純物を取り除き、それを幹部教育の根幹とした。[49] 戦後初期の時代、民主主義ほど重要な思想はなかった。槇は吉田に言われた「今日は民主主義の時代である」という言葉を幾度となく思い出し、学生たちにこれを伝えようとした。[50] 民主主義はＧＨＱの二つの目標の一つだった。民主主義は国民に受け入れられた。冷戦が始まってＧＨＱが方針転換し、日本の民主的改革よりも経済復興を優先したときも、占領が終わって日本が主権を取り戻し、政府が改革の一部を後退させたときでさえ、民主主義は圧倒的に支持された。GHQのもう一つの目標は非軍事化だった。もちろん、これも警察予備隊の創設と、保安隊、自衛隊の「忍び寄る再軍備」でひっくり返った。[51]もそれでも、憲法九条に祀られた平和主義は、少なくとも自主防衛すべきという矛盾した考えと抱き合わせではあったが、広く国民の支持を得た。吉田が早急に再軍備を求める米国に抗う一方、槇は戦時中の軍による行き過ぎが繰り返されないように、指針となる原則を未来の将校団に教え込もうとしていた。第一期生を迎える一か月前の新聞のインタビューで、槇はこう述べている。「戦争技術者などを養成するつもりはない。将来どの社会に出しても一流の人を作るのが目的だ。できる限り自由のうちに高い人格を養い、高度の技術教育を身につけるようにしたい」。[52]再軍備と軍事化に一歩近づく事業とも思える保安大学校創設に尽力しながら、槇は軍の文民統制を含め民主主義の原則に忠実だった。彼自身が文民統制の典型だった——軍事アカデミーを監督する民間人。彼は学生たちに、民主主義を信奉し、民主主義を守るためには、民主主義を理解しなければならないと説いた。保安隊が憲法上認められるのかどうかといった質問は避けたが、槇は市民が国の平和と主権を守ろうとするのは自然だと主張した。愛国心とはその国の心——見えるものと見えないものの両方——を大切にし、進んでそれを守ろうとすることだと語った。[53]

この新しい形の愛国主義は、リベラルで民主的だが、槇が慶應やオックスフォードで出会った考えと同じく保守的だった。最初の入校式の講話から明らかなように、槇は吉田と同じく、国の明るい未来を思い描く誇り高い愛国者だった。「われわれはその生を受けたこの国とその民族に無限の愛着と大きな誇りを持つのであります。わが祖先はここに住みかつ励み、われわれに多くの遺産を残してくれたのであります。その伝統、文化、勤勉、不屈の魂と、数えれば限りなく挙げることができましょう。長い間にはいずれの国にも消長があり、興隆衰退のあることは免れません。しかしその興るや必ずそこには理由があり、また衰うるやその原因も必ずあるのでありま す。われわれは最近誠に悲惨な多くの労苦を重ねて参りました。しかしすべての希望を失い、その誇りを捨てるには余りにも強い自負の心の残るを如何ともなし難いのであります。われわれは心を新たにし、国の興隆する原因を探究して、ひたすらこの途に励みたいのであります」。[54] この講話には槇のリベラルで保守的な、国家主義的でリアリストの衝動が表れている。この時代、彼や彼と同じ考えの社会学者たちは、国内外の知識人の影響力を基盤としたまとまりのある国家共同体を再建しようとしていたのである。[55]

槇は愛国主義と民主主義を提唱しつつも、軍の幹部となる学生たちに、自由は規律によって抑制されるべきであると説いた。彼が規律と服従を繰り返し訴えたのは、帝国陸軍の極端な「絶対的服従」の強要と、これとは矛盾するが、一九三〇年代の「軍の不服従文化」の両方に対する反発だった。[56] 彼は幾度も説いた——「規律は理性ある服従の習性であるといわれている。諸君の規律服従が一日も早く、単に受動的なる時期を去って、協力となり、自信となることを願うものである。意見は自由である。しかし、国民の意志により一度決定したときは、その定めに従うという民主主義の精神は、国民の諸君に対する信頼の第一歩である」。[57] 槇が主張するには、服従と規律は、民主主義や自由と矛盾するものではなく、これらの価値観によって和らげられ、民主主義と自由を成立させているものである。

槇が再形成した軍のアイデンティティには、国内外から、そして過去と現在から様々な影響を受けた男らしさの概念が含まれていた。武士の家系という彼の育ちは、人格形成期に受けた教育により、さらに強化された。慶應とオックスフォードの両大学で学んだ経験は、性格、教養、礼儀、市民道徳、ノーブレス・オブリージュの意識をさらに強めた。同様に、米軍事顧問団に共通し、槇が一九五六年の訪問時に見聞したウエスト・ポイントとアナポリスの習慣もひとつの役割を果たした。訪問を終えた槇はアメリカの士官学校で目にした「男らしさ」「男の務め」「公共の精神」を賞賛した。(58) 戦前の日本の教養を重んじた理想の男らしさもまた、重要だった。すなわち、慶應義塾のような戦前の日本のエリート大学が行っていた幅広いリベラル教育で身につく教養である。(59) 福沢諭吉自身が「幅広い教養と意欲のある指導者という保守的な社会の理想像に強く傾倒していた」。(60) 同様の考え方は帝国海軍にも浸透していた。槇は保安大学校長に任命され、開校に向けて準備をしていたとき、井上成美《いのうえしげよし》元海軍大将を訪ねている。井上はナチス・ドイツとファシスト・イタリアとの日独伊三国同盟に反対するなど穏健派だったため海軍内でも孤立し、ついに一九四二年、艦隊司令長官の任を解かれて海軍兵学校長へ転属となり、そのまま終戦を迎えた。井上は戦時中に海軍や陸軍を牛耳るようになった将校とは違う幹部を養成するよう、槇に勧め、彼自身も海軍兵学校では「ジェントルマンをつくるつもりで教育した」と語った。(61) 井上は、高等教育を受け、教養のある、国際人の世界主義的思考という海軍将校の強力な長年の伝統を象徴する人物だった。槇がのちに提唱するこの軍人としての男性のアイデンティティは、日清戦争と日露戦争に勝利したあと将校、特に陸軍将校のあいだに生まれ、一九二〇年代末から三〇年代にかけての暗殺やクーデター未遂で最高潮に達した一連の軍人の男らしさとは対照的であり、それに対する批判を表していた。日清戦争後のこの不幸な流れから、若い将校には教育と教養を軽んじ、戦術に関する本しか読まず、合理的で科学的な思考をやめて精神に従い、立ち居振る舞いが見苦しく乱暴なうえ、不服従で、暴力的で、反抗的になる傾向が見られた。[62] こうした態度は、先の徳川時代の原始的で屈託のない男らしさに由来するが、それは一九世紀後半の西洋化された紳士像に対する明治時代の排外主義者の反発が下地にあった。[63] 価値ある男は兵士であるとするそのような戦前の考えを、井上同様、槇は退けた。その代わり、学生たちにまず保安大／防衛大で紳士になり、そのあと幹部養成学校で将校になれと説いた。

これは、強靱な肉体は重要ではないという意味ではない。ここでもまた、慶應義塾、オックスフォード、海外の士官学校が槇に影響を及ぼしたと思われる。慶應でもオックスフォードでも、紳士らしさと公共精神は、ほどほどに抑制された男の勇気と剛胆さとセットで考えられていた。槇はヴィクトリア朝時代と明治時代後期の、陸上競技を高く評価した肉体的な男らしさを重視し、スポーツ競技を人材育成、集団の忠誠心、軍事教練にとって必要な要素と捉えた。このような影響は両方の大学で浸透しており、そこでは学生たちは騎士や武士の過去を美化して思い描いていた。歴史学者ドナルド・T・ローデンが示したように、スポーツに熱心に参加することは、日本のエリートの国立高等学校や慶應のような大学では男らしさのしるしだった。[64] 同様に、歴史学者ポール・R・デスランデスが一八五〇年から一九二〇年のオックスフォードとケンブリッジ大学に関する研究書で述べたように、「スポーツが得意で、スポーツについて語ることができれば、必要とされている教育レベルや文化、地位に達していると見なされた」。[65] 槇はラグビーに興じた過去を懐かしみ、そこから学んだことを防衛大に応用した。この嗜好が米軍事顧問の指導や一九五六年の海外の軍事アカデミー視察で補強されたのは間違いない。たとえば、旅程によると槇は、米国海軍士官学校を一日半で慌ただしく訪問した際、「非公式の陸上競技の練習を見学」している。[66] 彼は講話の中で、国防、人格形成、身体の鍛錬、精神力強化にとって、スポーツの価値は計り知れないと語っている。[67] 彼はイギリス人やアメリカ人がフェアプレイに見いだす価値観を讃えた。戦後の士官学校がスポーツを重視したのは戦前の士官学校と対照的だ。概して帝国陸軍士官学校でも帝国海軍兵学校でも、武道や徒手体操を除き、学生にスポーツをさせなかった。[68] 戦後の学校はそうではなく、学生はスポーツに参加するよう求められ、特にチーム・スポーツが奨励された。[69]

槇が残したもう一つのレガシーは一九五四年に移転した、現在の小原台キャンパスである。久里浜と同じく小原台も横須賀にあるが、その立地は航空写真（図2.1）が示すように実に壮観である。高さ八〇メートルの崖の上にあり、東京湾が見渡せる。晴れた日には別の方角に、はるか彼方の富士山も望める。この点では、防衛大は周辺より高いところ、つまり「台」がつく場所に士官学校を設置した旧軍の先例を踏襲している。[70] 乏しい資金と限られた国民の支持にもかかわらず、槇はこの敷地を獲得した。もとは三浦半島の横須賀の反対側、葉山にあった米軍基地、キャンプ・マクギルの海に面した土地に学校をつくりたいと考えていた。米軍側がまだ基地を返す用

【2.1】 空撮による1955年の防衛大学校・小原台キャンパス。 手前に見えるのが横須賀中心部からの主な道路。 曲がりくねって崖の上に通じ、 新設のキャンパスへは写真の右側から入る。はるか遠くに太平洋が見える。 久保田博幸撮影、 防衛大学校資料館所蔵。 槇桂と防衛大の許諾を得て使用。

意ができていないと日本政府に告げたため、槇は小原台に目を向けた。しかしそこはある開発業者が米海軍や横須賀市の後援を受けて、ゴルフ場、ホテル、劇場、クラブ、会議場などを備えた一大リゾート建設計画を進めていた。近くの横須賀港は一九五二年に米海軍第七艦隊の母港となり、多くの米兵が駐留していたのだ。(71) しかし、槇は横須賀市の協力を得て、土地を政府に売却するよう地主の説得に成功した。保安大の米軍事顧問の計らいで、米海軍設営部隊が協力し、新キャンパスの訓練場、アスレチック・フィールドのために一六〇エーカーの整地作業が行われた。しかし一九五五年四月に第三期生を迎え入れたときもまだ建物や設備、道路は完成していなかった。[72] ある第一期生は卒業式で、小原台のために祈るように言われ、米国海軍が祈りに応えてくれるのだろうかと思ったことを覚えている。[73] 久里浜のオンボロの旧軍施設からの移転、小原台の土地獲得にあたっての槇の主導的役割、米軍の協力はすべて、戦後の士官学校の初期に見られた特徴の一部をよく表している。

新しい士官学校のあらゆる面が過去との訣別を示していたわけではない。戦前の士官学校と同じく、戦後の士官学校も男性ばかりの空間であり、診療所や食堂、施設内の売店にいる少数の女性は皆、学生よりかなり年上だった（防衛大が女子学生を受け入れるのは一九九二年から）。すでに述べたように、将校は教養ある国際的な紳士であらねばならないという槇の考え方は、昔からあり、特に帝国海軍に浸透していた。同様に、国は個人を守り、個人は国民国家を守るために国に奉仕しなければならないし、戦って死ぬ覚悟がなければならないとする彼の自由民主主義的な信念もまた、戦前のイデオロギーの進歩形との連続性を表していた。防衛大の役員や教官などの人員は、新しい士官学校を戦前の幹部学校に結びつけもした。人材不足により、槇は軍事学の講師に元旧軍将校を採用せざるを得なかったのだ。さらに、上級役員に元将校を登用した。言うまでもなく、これらの教官や役員のなかには、槇の理念や方針に対して完全に賛同していなかった者もいただろう。それどころか、ジャーナリスト前田哲男が述べたように、過去との「あらゆる関係を断つ試みを生き延びた保守的な（旧軍）主義者が少なからずいた」。前田は特に、東条英機の秘書官を務め、槇の下で保安大の初代幹事に任命された元旧軍大佐、松谷誠の例を挙げている。松谷は「どうみても新しい教育理念を体現する人格とはいいかねた」と前田は記している。[74] 対照的に、防衛大第一期生の佐久間一《さくままこと》など、初期の卒業生のなかには、松谷や他の旧軍将校たちが槇の考え方や方式を受け入れていたと証言する者もいる。[75] 松谷自身も、一九八〇年代初期のある記事に、戦前派の自分とは違って槇は戦後の若い世代の心理状態をよく理解していたと讃えている。[76] 前田の判断は厳しすぎるかもしれないが、防衛大の役員や軍事学の講師になった元旧軍将校の全員が、幹部教育に関する槇の理念を支持していたとは考えられない。次に論じるように、教室内での学生と教官との緊張関係、カリキュラムをめぐる槇と一部の教官の考え方の違いがそれを示している。

「男の中の男になれ」――防大生の経験

防衛大の形成には吉田、槇、他の役員、米軍事顧問、教授、教官ばかりでなく学生自身も関与した。紳士たる将校のアイデンティティを受け入れ、国民の平和と幸せを守るために新しい民主的な防衛軍をつくる役割を担ったのは、彼らだった。この理念は、槇の講話や教室での講義を通してだけでなく、よりオープンで、リベラルで、民主的な、上級生と下級生が育み、共有する新しい軍事アカデミーの文化を通して浸透した。卒業後、この新しい団結精神への学生の貢献は、卒業生がこの精神を自衛隊に広めたり、一部は卒業後に軍事学の講師として防衛大に戻ったりして続けられ、最終的に旧軍将校と完全に入れ替わった。[77] 学生たちは卒業後、数年以内に三自衛隊の部隊の指揮官となり、一九八〇年代までには防大出身者が自衛隊の最高幹部に就任し始めていた。防大出身者は自衛隊の将校団では比較的少数だったが、昇進は早く、その影響力は数の割に大きかった。これから見ていくように、初期の防大出身者の多くは、現役中も退官後も、槇の理念とレガシーを最も強く提唱した人々だった。

防大生は様々な階層から採用された。そうなる仕組みになっていた。吉田は戦前の士官学校のエリート主義を新学校に望まなかった。[78] データ不足のため、この目標の達成度を検証するのは難しいが、防衛大が戦前の士官学校よりもはるかに広い社会階層から学生を迎え入れたことは様々な資料からうかがえる。初期の学生の背景について入手可能な情報は、オーラル・ヒストリーの証言、当時の新聞雑誌の記事、防衛大の学校新聞〈小原台〉に載ったわずかな統計だけだ。防衛大入学は非常に競争率が高く、たとえば一九五三年の合格（採用）率は、三二人に一人だった。当然、合格者は高い学力を持っていた。その年の合格者は出身家庭にも偏りがなかった。ある記事によると、会社員二八パーセント、公務員二六パーセント、農業一七パーセント、小規模自営業一五パーセントだった。[79] 初期の学生の何人かは、多くの防大生が軍人の子弟だったと語った。彼らは戦死した将兵の子弟で、軍人を身近に感じていたと思われる。ある第一期生は、同期生の三分の一がこのカテゴリーに入っていたと推定している。[80] 残念ながら、この見解を裏付けるデータは存在していない。同様に、初期の学生は、旧植民地からの引揚者も多かったと語っている。[81] この両方のグループ——軍人の子弟と引揚者の子弟——はともに、新しく設立された軍隊に入りたいと願う思想的傾向があったのかもしれない。しかし、そればかりではないだろう。経済的に苦しい学生は、学費が無料で衣食住も無償で提供される防衛大を利用すれば、経済的に無理をせずに大学教育が受けられるのだから。

一九五三年に入校した学生の平均年齢は二一歳だった。翌年以降、平均年齢は下がっていく。なぜなら高校生の現役合格者や、一浪、二浪の合格者が増えていくからだ。浪人とは名前の通り――前近代の、主人のいない武士――もはや集団に属さず、この場合、学校に所属していない人々を指す。一九五三年には、二四歳の新入生もいた。また、別の大学の学生もいた。第一期生のリーダーとなるためにリクルートされた保安隊員が数名いた。[82] この保安隊員には中学しか出ていない者もいた。彼らは大学での勉学に苦戦したらしく、そのほとんどか、全員が一年以内に部隊に戻ったようだ。[83] そして、残りの新入生は当然、高校を卒業したばかりの学生と浪人である。

一般隊員の場合と同じく、一九五〇年代とそれ以降、学生のうち、不均衡なほど多くが、九州の都市や農村、小さな町の出身だった。一期生から五期生までは、合格者の三分の一が九州出身だった（最初の二年は定員四〇〇名。航空自衛隊創設により、その後の一九五〇年代は定員五〇〇名）。[84] 興味深いことに、この合格者の割合は、一九五〇年代から一九七〇年代後半までの警察予備隊、保安隊、自衛隊の一般隊員に九州出身者が占める割合（二九・七パーセント）と同じである。[85] 九州の人口は日本の総人口の一四パーセントに過ぎないが、防大生と自衛隊員の三分の一近くを占めていることは注目に値する。[86] 九州以外では、大学や大学予備校が集中するため若者の割合が多い関東地方と四国だけが人口に比べて入隊が多い。両地方とも、入隊率はわずかに高いだけだが、九州では入隊率は二倍を超える。第一章で述べたように、歴史学者佐々木知行は、一九五〇年代の自衛隊に入る若者が不均衡に九州出身者に多いのは、文化的要因――武士や軍人が尊敬され、帝国陸海軍も同様に高く評価し、非常に男らしい「九州男児」を誇る土地柄——というより経済的要因にある。佐々木によれば、都市部と地方の不均衡な発展、九州の大半が農業中心であること、自衛隊・防衛大を志望する農家の人の多さが、九州とその他の地方とのあいだの「地理的相違を理解するためのカギ」である。[87] 確かに、子供を大学に行かせる経済的余裕のない家庭の聡明な若者にとって、防衛大は魅力ある選択肢だった。

とはいえ、文化も一つの要因となっていたようだ。確かに、経済的理由に加え、防衛大志望には国を誇る気持ちも寄与したと思われる。もし学費と生活費が無料でなければ、大学進学を考えなかった者もいただろう。鹿児島出身の第三期生、西元徹也《にしもとてつや》の場合、家が極貧だったため、防衛大に入って初めて腹一杯食べられた。[88] 西元の家は、軍人でも引揚者でもないが、九州の貧しさ故に旧軍兵士に占める九州出身者の割合が高くなり、それにともない必然的に公職追放者や戦死者、引揚者の息子が多くなったことも一因と言える。また、これは九州出身の隊員が多い理由の説明にもなっているが、それが唯一の要因だとするならば、東北や北海道など他の経済的に貧しい地方の出身者がもっと多いはずだ。したがって、経済的な理由だけでは充分な説明とは言えない。文化は、様々なレベルで、重要である。

アイデンティティ、出身家庭、個人の事情により、九州であろうがどこであろうが、一部の若者が防衛大に応募した。防衛大第二期生、志方俊之《しかたとしゆき》の場合、軍人だった父は終戦から数年後にソヴィエトの収容所で亡くなり、彼はすでに経済的理由で防衛大を志望していたが、その頃、父が彼に宛てた最後の手紙を母から見せられ、そこにはもし軍が再建されたら入隊してほしいと書かれていた。これで彼が決心したのは間違いない。(89) 東京出身の第一期生、上田愛彦《うえだなるひこ》は、第一章で述べた一九五二年のメーデーの際、皇居前広場で警官隊とデモ隊の衝突を目撃し、国を守るために防衛大を志望した。上田や志方とは違って、防衛大を軍事アカデミーとは考えずに入校した者も一部いる。兵器訓練が始まった途端、自分たちが何に関わっているかを知って辞めていった者が五、六人いたと上田は記憶している。(90) 退校処分を覚悟した志摩のような学生は、そこがどういう場所かはっきり認識していた。彼は鹿児島で出会った保安隊員の制服に魅了された。父親が公務員だった志摩には、経済的問題はなかった。彼は愛国心と薩摩隼人《さつまはやと》の気質で志望したのだと語った。(91)

防衛大を志望した者は家族や教師、友人から賛成されたり、反対されたりした。だいたい父親は母親よりも賛成するほうが多かったようだ。高校教師は「教え子を戦場に送るな」のスローガンを掲げる日本教職員組合（日教組）に入っている者が多く、(92) 反対した。教師たちはときどき——常にではないが——採用（合格）が決まってから支持した。第一期生、鈴木昭雄が札幌西高校の担任のところへ受験に必要な書類をもらいに行くと、「旧軍のように軍国主義でまた国を破壊する気か」と言われた。(93) 西元が好きだった教師の一人、鹿児島の貧しい家庭出身の女性教師は、反対の意をもっと控えめに言った。ほかにも志望するところはあるのにとほのめかした。(94) 一九五〇年代の政治的に分裂した環境下では、個人レベルでは多くの人が衝突を避けたが、防衛大を志望するには勇気が必要だった。

合格して入校してみると、学校での日常生活は他の大学とほとんど変わらなかったが、はるかに厳しく統制されていた。旧軍の士官学校やオックスフォード大学、日本の一部の大学のように、全寮制だった。仮校舎の久里浜ではおよそ一〇〇人の学生が一つの部屋で寝起きしていた。[95] 小原台に移転してからは、段ベッドを置いた八人部屋に各学年から二名が入り（すべての学年が初めて小原台にそろった一九五六年以降）、軍種で分けることはしなかった。朝は六時にレコード録音の起床ラッパが拡声器から鳴り響いて始まった。学生たちは急いでベッドを整え、作業ズボンとブーツを履き、作業帽をかぶり、上半身裸で点呼のために校庭に集合した。その後、屋内に戻って共有部分を掃除。一時間後に朝食。元学生の冨澤暉《とみざわひかる》は「食事は栄養はあったが、うまいとおもったことはなかった」と回顧している。朝食後、いっとき各部屋に戻り、その後、朝礼のために再び集合し、君が代に合わせて掲揚される国旗に敬礼。朝礼には、学生全員が集まる合同朝礼もあれば、少数の集団で行うものなど色々な種類があった。残りは他の大学と同様に、教室で過ごす。戦前やアメリカの軍事アカデミーと比べて、防衛大は訓練に費やす時間は短く、軍事学の講義は少なかった。夜は自習、入浴、酒保（売店）へ行くなどして過ごした。消灯は二二時。[96] これが月曜から金曜までと土曜の午前中までの生活だった。土曜の午後はほとんどクラブ活動に充てた。日曜日は外出が許可された。二年生からは、土曜の午後から日曜の夜までの外泊が許可された。[97]

初期の多くの学生は、槇先生からとてつもなく大きな影響を受けたと語る。特に第一期生にこその感慨が強いが、それ以降の学生も同様の気持ちを表している。槇のとりなしで自分の小隊が救われた志摩の経験は例外的だったかもしれないが、槇を敬愛する彼の気持ちは例外的ではない。

彼は私とのインタビューの席に、七〇年近く前の槇に叱責された時の録音を持参し、今もこれをお守りとして大切にしていると言った。彼の自衛隊勤務の基礎をつくったのは槇だと語った。(98) 別の元防大生、吉川圭祐《よしかわけいすけ》は入校式の槇の訓示で強く印象に残った二つのことをメモして大切に保管している。彼は日本人の研究者とのインタビューでメモを読み上げ、有用な国家の一員となり、教養高き社会の一員となり、民主主義に対して的確な知識を持ち、規律や服従の精神に重大な関心を持つよう言われたことを紹介した。(99) 槇は訓話——年に二、三回あり、後年には教室でも行われるようになる——だけでなく、服装や立ち居振る舞いでも、慶應時代と同様に、学生たちに強い印象を与えた。防衛大の卒業生で一九八九年に海上幕僚長に就任した佐久間は、槇が「ジェントルマン」で、いつも一分の隙もない身だしなみだったことを覚えている。(100)

また初期の卒業生は、吉田の言葉を小泉や林の言葉と同様に覚えている。(101) 吉田は首相として定期的に防衛大を訪れ、首相の職を退いた後、さらにひんぱんに訪れていた。吉田の言葉は、学生たちが槇から言われていたことを裏付けていた。槇は博識で、洗練され、厳しいが、父親のような存在で、民主主義、愛国心、男らしさに関する彼の考えは、人生の成長期にあった学生たちにしっかりと受け止められた。学校の祝賀会で槇校長を囲む学生たちの仕草や表情から、そうした関係をある程度読み取れるだろう。(図2.2)

初期の学生の多くは、新しいタイプの軍の構築は自分たちの肩にかかっていると強く意識し、それをやり遂げるのだという思いを抱いていた。槇が旧軍を直接批判することはなかったが、学生たちは槇の思い描く紳士将校と、過去の敗戦将校を対比させるようになった。元学生、石津節正《いしづさだまさ》

【2.2】1961 年 3 月、第5期生の卒業とともに開かれた謝恩会で、学生たちに囲まれる防衛大学校校長槇智雄。私がはっきり見分けられる学生は、後に陸将補となる木村ヨシヒロ。彼は写真の右端で槇の方を向いている。久保田博幸撮影、防衛大学校資料館所蔵。槇桂と防衛大の許諾を得て使用。

は、槇が旧軍将校像とは「まったく異なる兵士像」を学生たちに教えようとしていたことを覚えている。(102)学生たちは、軍事学の指導教員を含め、時には露骨に旧軍を軽蔑した。志摩はそのような感情が表出した事件を覚えている。九州にある陸上自衛隊久留米駐屯地での演習中、ある教官が防大生や防衛大学校、槇を愚弄した。学生たちは自らが批判されるだけならまだしも、槇が蔑まれるのは許せないと憤慨し、ストライキに入り、槇への侮辱に対して教官に謝罪を求めた。(103)

しかし、学生たちの態度は過去との完全な訣別ではなかった。初期の学生たちが若者として経験した戦時中の苦難や戦後教育の影響で、彼らは旧軍を批判するようになったかもしれないが、防大生は新しい将校団を復活させるにあたって、歴史をさかのぼり、武士の人物像や精神にインスピレーションを求めた。それを自然の驚異にも求めた。これらの矛盾する考えは、第一期生の前川清が作詞し、一九五七年の卒業式で歌われた「防衛大学校学生隊歌」の歌詞からうかがえる。

一、妖雲破る黎明の
光に燃ゆる不二たかし
悪夢に哭きし民族の
今新しく建たんとき
黒潮めぐり波荒き
ここ東海の巖かげに
俊英われら育ち行く

二、山脈青く白雲の
流れる果てに道遠し
使命は如何に重くとも
玉なす汗に青春の
いのちを賭けし若人の

胸に逆巻く八百潮や
志吹気も熱くいざ行かん

三、彩雲なびく小原台
海山はるか見わたして
空に峻びゆる我校舎
祖国の山河守る為
体を鍛え智を磨き
己が力をのばし行く
若きますらをここに有り

四、木風《こがらし》すさぶ冬の夜も
瞳に映る星冴えて
想いは高き春秋の
平和の楯と天地《あめつち》に
祈れる姿影清く
士魂は露に秘めども
ああ誰か知るわが愁い（104）

祖国を誇りつつ、「悪夢」の戦争を悔いるという相対する感情に混じって、「俊英」というアイデンティティが明瞭である。歌の中で、学生は祖国を守るために戦争の技と文化を学ぶ――「体を鍛え、智を磨き」――武士に自らを重ね合わせている。

歌詞が示唆しているように、この新しいアイデンティティの要素は、軍人の男らしさを捉え直した概念だった。学生たちは、まず何よりも教養豊かな紳士になれという槙の教えに従った。リベラルアーツ教育を受けて個人の修養に励み、地味で利他的な公務員の職に専心し、昇進しながら自衛隊の改革に徐々に長期的に取り組むという槙の努力目標を受け入れた。学生たちはこの世界観を旧軍将校の「単純さ」と対比させた。教官の中には旧軍のそれを見習うように勧める者もいたのだ。しかしそれには従わず、名声を求めれば国に大惨事をもたらすので名声を求めてはいけないという槙の忠告に従おうとした。つまりこれは、政治に関わること――それは法律で禁じられているし、国がまた戦争をする――これは避けるべき事態であり、国が天災に見舞われた――これは自衛隊が対応を託されていることである。[105] ある防大生は、儒教を引用した小泉の忠告、「任重くして道遠し」を繰り返して決意を新たにしたという。[106] 卒業生の何人かは、すぐに自衛隊に貢献できなくてもよいとする槙の助言を思い出した。防大生は旧軍将校とは違い、すぐに部隊の指揮官として戦闘に加わる訓練を受けなかった。むしろ、やがて国を守る軍の指揮官となる将来に備えて訓練を受けていた。志方が振り返ったように、学生は「男の中の男、紳士の中の紳士にならねばならず」、そしてもちろん、彼や他の防大生が繰り返したように「紳士であり将校」でなければならなかった。[107]

この再定義された軍人の男らしさは様々な国、時代、世界に生まれた考えが混ざり合ったものだった。特に重要なのは、学生たちが戦争と占領の生々しい記憶を持っていたことだろう。さらに、学生らは槇の慶應とオックスフォードでの経験や西洋の軍事アカデミー視察の収穫の受け手でもあった。卒業生の何人かは、慶應大学教授、池田潔の影響にも言及している。池田は一九二〇年代、パブリックスクールのリーズ校とケンブリッジ大学で八年過ごし、その留学生活を綴った『自由と規律　イギリスの学校生活』は一九四九年に発売されるとベストセラーになった。池田は、民主的な自由は市民の義務と規律を伴うことが重要だと述べている。学生は、教授たちから槇の思想の理解を深める本を読めと勧められたと言う。[108] 槇同様、池田もイギリスのスポーツとスポーツマンシップを大いに推奨し、学生が自由と規律の関係を理解する手段としてこれほど有効なものはないと提唱していた。[109]

確かに、スポーツに熱心に取り組むことは、学生たちが槇の理想を取り入れ、それに基づいて新しい学校の伝統をつくるための、またひとつの方法でもあった。学生たちはオクスブリッジの学生も感動すると思われるほどスポーツに励み、ウエスト・ポイントやアナポリス出身の米軍事顧問を感心させた。そのため顧問たちは防衛大のスポーツを支援した。ある顧問は、一九五五年、競技場の整地の手配に加え、近くの米陸軍座間基地に配属されていた将校、ウィリー・N・スギハラと協力して、その年にできた防衛大のアメリカン・フットボール・チームのために装具を提供した。[110] 防衛大ならびに警察予備隊に関わる米軍事顧問や米軍による支援は、第一章で述べたように、チームスポーツを通して日本に民主主義を根付かせようとする占領時代の方針の継続であろう。(111)このような支援があり、学生がフットボールや他のチームスポーツを好きになったおかげで、防衛大は競技会を行うようになった。チームワークを重視する日本特有のスポーツ、棒倒しもそのひとつで、図2.3の写真は、おそらく一九六〇年代初期に撮影されたものだ。この競技は今日も続けられている。(112)

【2.3】開校記念祭の行事、「棒倒し」に挑む防大生。後ろに見えるのは、ダンスや他の出し物のために設置されたステージ。日付記載なし。原版はカラー写真。久保田博幸撮影、防衛大学校資料館所蔵。槙桂と防衛大学校の許諾を得て使用。

防衛大の米軍事顧問

米軍が継続して防衛大に与えた影響は、もちろんフットボールだけではない。創設から一〇年以上、米軍将校が槇の顧問を務めた。彼らは（一九五四年まで）保安顧問団（ＳＡＧ）に属し、それ以降、占領後も二〇年近く自衛隊と防衛大に助言を与えた続けた軍事援助顧問団（ＭＡＡＧ）の数百名の顧問の一部だった。顧問の事務所は久里浜と小原台の両方にあり、この近さ故に彼らは迅速に定期的に槇や他の幹部と会うことができた。このような普段からの交流や、顧問が担う役割が、米軍の防衛大への影響を、創設時とは比べものにならないくらいに広げた。(113)

防衛大に配属された顧問は皆、ウエスト・ポイントかアナポリス出身で、彼らは米軍の将校養成プログラムを、経験に基づいて語ることができた。ほとんどは中佐か少佐で、それぞれ一年から三年、防衛大に常勤した。一九五三年に開校したとき、顧問を務めていた八名の将校——陸軍将校七名と海軍将校一名——は二名に減らされた。それからの一〇年間、防衛大には一名か二名の顧問が配属され、補給係、総務係、通訳を含むスタッフが補佐した。(114)

顧問の役割は多岐に及んだ。米軍との仲介役を務め、役員や教授陣、学生が在日米軍基地やアメリカの軍事基地を訪問したり、アメリカ人が防衛大を訪問したりする際の手配をした。たとえば、初期の顧問のひとり、ディルワース中佐は、アメリカ陸軍極東軍司令官ジョン・Ｅ・ハル将軍が一九五四年に保安大を訪問する際の段取りもした。訪問に先立ってディルワースが書いた草案は興味深い。追記として、彼はハルに「保安大学校と将来の陸海空軍とを結びつけるような言葉は避けたほうがよろしいかと存じます。今のところ、保安隊と沿岸警備隊〔保安庁の警備隊〕のための幹部学校とされておりますので」。[115] この用心深さは、一九五四年の時点でさえ、しかも軍事界隈でさえ、双方ともに保安〔自衛〕隊は軍隊ではないし、今後もそうはならないというフィクションにこだわっていたことを物語っている。槇はまた、保安大で軍事学の教官を務めていた元旧軍将校と連絡を取り合うよう、顧問団に求めている。特に、ディルワースは槇が「保安大にいる元軍人たちに（文民統制を）理解させる方法について、彼の助言を盛んに」求めたことを覚えている。[116]

防衛大学校と改称された同校の次の顧問は、槇が一九五六年前半に二か月をかけて行った米・英・仏の軍事アカデミー視察ツアーのコーディネーターを務めた。槇は次のように書いている。「(アーチボルド・D・)フィスケン少佐は防衛大学校の創設に関して非常に熱心な助力者であり、あらゆる意見忠告を惜しまなかった人である。ウエスト・ポイントの陸軍士官学校出身で、しかもその教育の熱烈な支持者、終日終夜でも同校のすばらしさを語って倦《う》むことを知らなかった」。[117] この視察旅行で槇はウエスト・ポイントに最も感動したようだ。槇はアメリカの陸軍と海軍の士官学校のほかにも、モントレーの陸軍語学学校やパサデナのカリフォルニア工科大学、デンヴァーのロウリー空軍基地に設けられた空軍士官学校の仮校舎、コロラド・スプリングスに建設中の新校舎、パルデュー大学、国防総省《ペンタゴン》、ハーバード大学を訪れた。その後、三〇年ぶりにイギリスを訪問し、ダートマスの海軍兵学校、クランウェルの空軍士官学校、サンドハーストの陸軍士官学校を視察し、そしてもちろんオックスフォード大学を訪れた。フランスでは、三つの士官学校と、理工科学校《エコール・ポリテクニク》を視察した。[118] これらの視察で彼が学んだことは、学内での講話や学校新聞〈小原台〉の記事で学生たちに伝えられた。[119]

次の軍事顧問、フランシス・E・クレイマー中佐は、防衛大の教育と訓練の調整役を務め、課外活動でも貢献したと彼自身が述べている。特に、クレイマーは「武器の正しい使用法から、社交ダンスの重要性まで」様々な事柄について助言した。社交ダンスに関しては、後述するが、いろいろと物議を醸した。クレイマーは「役員と教官の会議で、米軍のドクトリンや慣習、礼儀、軍事アカデミーにおける幹部教育と訓練方法、修養、特にウエスト・ポイントの倫理規定について質問された」ことを覚えている。それだけでなく、彼は学生たちの英会話の練習に付き合った。また「非常に大きな、意外な頼み事のために」彼のオフィスにやってきた何人かの四期生に対応した。以前、米海軍の支援で整地が行われていたものの、防衛大にはまだ「均《なら》されて凸凹のない、競技に適したグラウンド」がなかったのだ。クレイマーの手配で再び海軍設営隊がブルドーザーや地均し機、ダンプカーとともにやってきてグラウンドが整備された（図2.4）。[120]

クレイマーのもう一つの関与は、未来の将校に愛国心を吹き込むという槇の方針と合致した。クレイマーは日本に家族とともに到着すると、米軍基地内の官舎を辞退し、防衛大の教授や軍人教官、とりわけ学生をもっと気楽に招待できる場所に住まいを求めた。近くの鎌倉の彼の住まいをひんぱんに訪れた学生は、「反軍感情」が広まる時代に「軍人という人気のない職に進む」ことへの不安を打ち明けた。クレイマーは「攻撃された場合、自分の家族ひいては国を守る権利の正当性」を主張し、「そのような状況下では軍人は名誉ある職業である」し、「任務に励んでいれば、

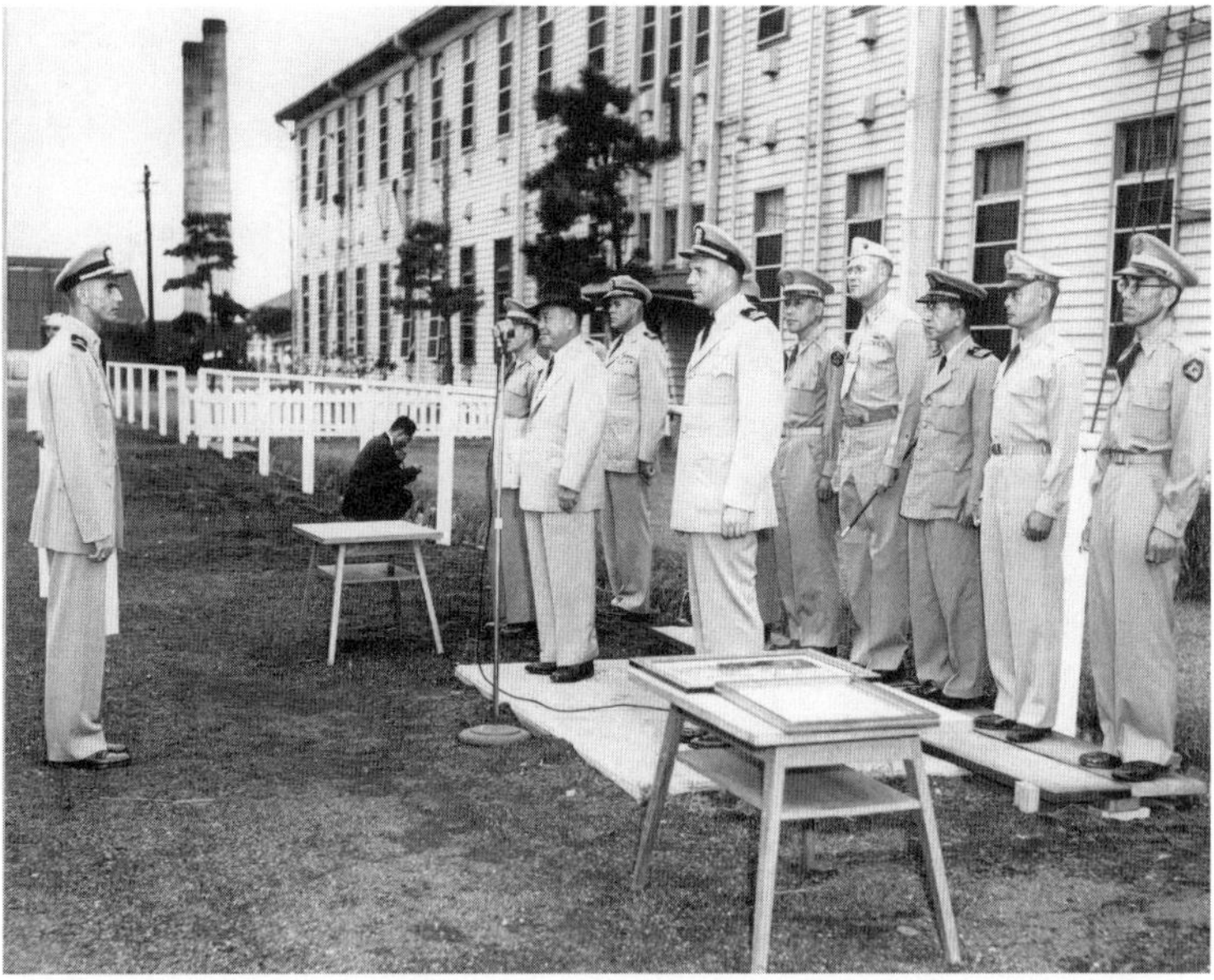

【2.4】黒い帽子をかぶった槇校長が、「新しい軍事アカデミーの訓練場建設」（写真裏の文言の引用）を終えた米国海軍設営隊に感謝している。居並ぶ自衛官と米軍将校のなかで、後列左から2番目が、軍事援助顧問団の上級顧問 A.D. フィシュケン少佐。1955 年 9 月 26 日。米海軍公式写真、防衛大学校資料館所蔵。同校の許諾を得て使用。

国と国民を守る人として認められ、尊敬されるだろうと、学生たちを励ました」。その文脈で、彼はウエスト・ポイントのモットー、「義務、名誉、祖国」を説明した。[121] このような会話が、防衛大の学生綱領の誕生に影響を与えたかもしれない。一九六五年に定められた学生綱領は、ウエスト・ポイントのモットーのように、三つの言葉――「廉恥、真勇、礼節」――からなっていた。武士道精神の影響もあるかもしれない。学生綱領が定められたあとに防衛大に入った太田文雄は、文言は山岡鉄舟にヒントを得ていたと主張する。明治維新で有名になった武士、山岡は「礼節、勇気、名誉」を重んじた。[122] クレイマーは、防衛大の慣習にも影響を与えた。彼は学生たちが普通の行進時に（事実上の）国旗、日の丸を掲げないことに気づいた。クレイマーは次のように述べている。「国のシンボルである国旗を掲げることは、学生に日本の暮らしに自分たちは必要だという自信を取り戻させ、それにより自尊心を高め、彼らの職業選択につきまとう不安を和らげるのではと考えた」。クレイマーは槇に「時機が来たと判断したら、行進時、学生の旗手に日章旗と防衛大旗の両方を持たせるよう勧めた（略）槇も同じことを考えていたらしく、その後まもなく、観閲行進で旗手が二つの旗を誇らしげに掲げて進んでいくのを見た」[123]

米軍事顧問はそれからさらに四年間、防衛大に派遣されていたが、一九六三年に軍事援助顧問団がもはやその任務は必要ないと判断し、撤収した。最後の軍事顧問、ウィリアム・J・ブレイク中佐は次のように回顧している。「私はどちらかというと大使のような存在になっていた（略）防大生と他国の幹部候補生の交換留学プログラムを通して国際協力の精神を推進するといった業務だ。私の妻や子供たちも学生の課外活動に協力し、行事に参加したり、英会話の練習の相手をしたりした。週末には、学生（とそのガールフレンド）を自宅に招いて楽しいひとときを過ごした」。一九六三年、ブレイクは東京にある軍事援助顧問団の本部に転属になった。(124)

米軍事顧問が防衛大に常勤していた時代、その存在と役割により、アメリカの士官学校、なかでもウエスト・ポイントの影響が色濃く反映された。槇や他の役員、教授陣との緊密な関係だけでなく、学生との交流により、軍事顧問は自衛隊と米軍との結びつきを強めた。元防大生のなかには、軍事顧問とはほとんど交流せず、公式行事で見かけるだけだったと振り返る者もいる。そのひとり、硬派の志方は、日本が政治的にも軍事的にも真の独立国でアメリカの属国でないならば、防衛大に米軍事顧問がいてはならないはずだと考えたことを覚えている。(125)彼らの存在と特権的地位は、志方から見て、日米間、およびそれぞれの軍のあいだの不均衡で不平等な関係を表すものだった。この関係は、米軍事顧問が小原台から引き上げたあとも、ずっと続いた。防衛大と周辺の横須賀との関係、一般社会との関係同様に、米軍との交流が防衛大と自衛隊を形作った。

横須賀と防衛大学校

横須賀は「軍都」としての歴史が長いせいか、新しい軍事アカデミーとの関係は、活発ではないが、おおむね良好だった。一九世紀末から帝国海軍基地があり、一九五三年までには、その巨大な港に米海軍第七艦隊と海上警備隊を受け入れていた。すでに国内外の軍事関連施設と人員に溢れていたこの港湾都市に防衛大学校が加わっても、軍と社会との関係に特に大きな変化はなかった。地元行政は久里浜に軍事アカデミーが開校するのを歓迎し、槇の構想を支持して未開発の広大な小原台の土地が政府に売却されるよう奔走した。学生がキャンパスを離れるのは週末に限られていたため――よく町へ映画を観に行った――市民はあまり彼らと接触しなかったが、なんの問題もなかったようだ。

横須賀は昔から海軍の町だった。江戸（現東京）湾の入り口、三浦半島の要衝にあり、おのずと海上防衛施設を設けるのに最適な場所になっていた。江戸時代、将軍は江戸の警備を強化するために半島を支配し続けた。江戸湾に入る船は例外なくここで停泊して浦賀奉行の取り調べを受けることと定められ、のちに海岸に砲台が置かれた。こうした対策にもかかわらず、一八五三年、久里浜近くにペリー提督が上陸し、これが引き金となってその後数十年間、政治、経済、社会が激しく揺さぶられる時代が来る。一八六六年、徳川将軍は横須賀に鋳造場と造船所を設け、権力維持に努めた。二年後、幕府が倒れると、明治政府はそれらの施設を接収し、東日本の全海域を管轄する横須賀鎮守府を置いた。(126) 二〇世紀初めまでには、帝国海軍は横須賀を日本有数の海軍工廠に変えていた。興味深いことに、第二次世界大戦末期、米軍機は横須賀をほとんど空襲せず、数回の戦術的爆撃を行っただけだった。戦争が終わると、米海軍が港を接収し、一九五二年から現在に至るまで第七艦隊の司令部が置かれている。横須賀は軍都であったため不況や自然災害に強く――たとえば、一九二三年の関東大震災から迅速に復興できた(127)――そして、戦時中に市街地の絨毯爆撃を免れたため住民は防衛大を含め、市内に広がる大規模な軍事関連施設を肯定的に捉える傾向にあったといえる。(128)

防大生は、市中で不愉快な目に遭うことはほとんどなかったが、たまに「税金泥棒」とか「嫁の来手《きて》がないぞ」などと罵声を浴びせられたり、映画館で席につくと隣の人が席を移動したりといったことはあった。(129) 休みが短いため、学生たちはあまり遠くへは行けなかったが、横須賀よりも横浜のほうが人気があった。自衛隊員と同じく、防大生も着替え専用の部屋を共同で借りて、休日に出かけるときそこで制服から私服に着替えた。防大生の経済的、社会的影響は比較的小さかったが、地元の商業界は学生が落とす金を歓迎し、住民の一部は毎年恒例の学園祭に参加した。(130)

学生は大学校の門を出て坂を下り、横須賀の町に出たら、礼儀正しく振る舞うように重々言われた。もちろん、そこには紳士たれという檄のメッセージが込められていた。一九五七年の学校新聞〈小原台〉にもこの種の戒めが書かれている。当記事は、防衛大と防大生について何を知っているか、どんな印象を持っているかを横須賀市民に尋ねたアンケート結果をまとめていた。「市民は防衛大を冷静な目で見ており、防大生はだいたい評判が良い」と結論づけている。この記事を書いた人物は、ただアンケート結果を伝えるだけでなく、その結果を利用して「学生が改善すべき多くの点を示し」ている。一部の市民がなぜ防大生に悪い印象を持つか、その理由に「言葉遣いが悪い(命令するような口調、方言、下品な言葉)、飲酒上の態度、映画館内で脱帽しない人や煙草を吸う人がいる、服装端正を欠く」などが列挙されている。記事は、学生に印象を良くするために何をすべきかを示している――「防衛大に恥をかかせることはするな」。具体的には「乗降車の場合は節度有る行動を。女性との交際では明朗に。酒に飲まれるな。道路一杯に広がって歩くな」と書かれていた。アンケートの答えには、防大生の社交ダンスのレッスンの機会を増やしてはどうかという住民の意見もあった。防大生は最近、社交ダンス・クラブをつくり、毎週日曜日、横須賀に出て練習していたのだ。(131) まさにこの問題――学生がダンスすること――が、まもなく国会で取り沙汰される。この国会での議論は、左派と右派の批評家の観点で捉えた、防衛大と社会との関係、そしてメディアとの関係の一例を示している。

「いったい、その学生たちに何を教えているのだ?」

自衛隊のなかで、防衛大学校ほどメディアの注目を集めた機関はないだろう。マスコミは設立時と初期の防衛大をかなり広く報道した。新聞社は著名な作家や知識人に依頼し、防衛大と防大生の記事を書かせた。自衛隊に関するマスコミの記事と同じく、多くの記事は防衛大に批判的で、特に政治的スペクトルの両端にいる書き手が酷評し、再軍備について意見が真っ二つに割れた一九五〇年代には、中立であることは難しかった。

防衛大を訪れた著名な知識人の何人かは自分たちの経験に基づき、戦後初期に成人した若者全体を評した。一九五三年四月の開校から数か月後、朝日新聞社は防衛大(当時は保安大学校)の記事を書かせるために、赤裸々な半自伝的長編小説『仮面の告白』(一九四九年)のヒットで既に名が知れていた三島由紀夫を送り出している。三島はこのとき、まだ右翼のイデオローグではなかった。彼がそうなるのは、一九六〇年の日米安全保障条約更新に対する反対運動(これについては第四章で取り上げる)以降である。三島は当時二八歳で、学生のなかには彼とあまり歳が違わない者もいた。元防大生の前川清は、久里浜キャンパスを訪れたこの作家の案内役を務めたことを覚えている。(132) 三島は槇と話し、「恰幅のいい、にこやかな老紳士で（略）世評のうるさいこの大学には適任の校長である」と記している。三島が米軍の干渉について槇に懸念を伝えると、米軍事顧問はアドヴァイザーに過ぎず、居てもらってありがたい、と槇は応じている。記事には、三島が校名を揶揄する記述もあり、「保安大学」ではなく「安全大学」だったら、左翼の風当たりも弱かろうに、と書いている。常にファッションに敏感な三島は、学生の制服にも触れ、海軍兵学校式制服やアメリカ式作業衣が「ばかに目立つばかり」と感想を述べている。しかし基本的に三島は、この記事のタイトル「現代青年の矛盾を反映」が示す通り、若者全般について考え、「精神的、経済的さまざまな原因に押され」ながら、何が正しいか、青年期特有の悩みに頭を悩ませるのは、現在の青年すべての運命であろうと、結んでいる。(133) 三島は、防大生も他の大学生と特に変わりがないと述べた。

その学年末に保安大学校を訪れた別の有名な知識人、二人も同様に思った。ノンフィクション作家の大宅壮一《おおやそういち》と東京大学の心理学者でコメンテーターの宮城音彌《みやぎおとや》は、匿名の学生たちと座談会を行い、それぞれ短いエッセイを雑誌に寄稿した。(134) 大宅は学生たちが一般の風潮と同じく、ジャン＝ポール・サルトルやシモーヌ・ド・ボーヴォワールなど実存主義者の著作の翻訳書を読んでいると聞いて、「ベストセラーばかりだな……」と感想を述べ、校内の書店で一番売れている雑誌が、左寄りの『世界』だと知って驚いた。大宅から見て、彼らの読書傾向が示すとおり、他の大学生とほとんど変わりなく、政治体制とアメリカの影響には批判的だが、それらの意見を主張するために特に何かするわけではないと感じた。(135) 同様に、宮城も「祖国防衛」を叫んで天皇を礼賛する学生が意外にもごく少数であると知り、彼らが普通の大学生よりも勉学に熱心な「再軍備を超越した学究の徒」[136]であるという印象を持った。大宅も宮城も、保安大は学費がかからないので、家が貧しくとも聡明で向学心のある若者が大学教育を受ける機会になっていると述べている。三島と同じく、この二人も保安大生を同じ年頃の普通の若者と様々な点で比較し、繰り返し褒めている。[137]三島、大宅、宮城は最初、保安大に対して懐疑的な姿勢で取材に臨み、そして思いがけず良い印象を得た――これは、一九五〇年代前半、メディアが保安大を扱うときの典型だったようだ。

もっと右寄り、もしくは左寄りの人々は、保安大・防衛大に対してより厳しい目を向けた。一九五八年、日本の深いイデオロギー対立で両端にいる二人の人物が似たような理由で防衛大を批判している。双方とも、自衛隊の正当性と同じく、なぜ防衛大の正当性が疑われるかを論じ、防衛大と旧軍との関係、米軍との関係をその根拠にあげた。これらの事例が示すように、批判者は、防大生や自衛隊員が女性を自分たちの引き立て役にしているとして、彼らの男らしさに疑問を投げかけた。槇や防大生がこの批判にどう対応したかを見ていくと、槇が学生たちに教え込もうとした精神が浸透していたことがわかる。

右翼からの批判は、当然、旧軍人から寄せられた。その一人、辻政信は二〇世紀のとりわけ注目すべき狂信的な人物である。彼は陸軍大佐の身でありながら、太平洋戦争開戦時の東南アジアへの電撃的侵攻作戦の立案に重要な役割を果たした。また、シンガポール華僑粛清事件やバターン死の行進などの虐殺に関わったとされる。[138]戦争が終わると、辻は戦犯訴追を逃れるために身を潜め、タイからビルマを通って中華民国へと移動した。一九四八年、密かに日本に帰国して潜伏。諜報の専門家、反共産主義者という人物評が奏功し、マッカーサーの諜報主任であるウィロビー中佐と、GHQの復員局に勤めていた旧軍将校に守られ、一九五〇年に戦犯指定を解かれた。(139) 服部卓四郎など他の旧軍将校（第一章で言及）とは違って、辻は警察予備隊に入ろうとはせず、政治家を目指した。戦時中の活動を描いた手記が何冊もベストセラーになり、それで得た金と名声で地方に支持基盤を築いた。(140) 一九五二年に国会議員に選ばれ、共産主義とアメリカとの安保同盟に強く反対し、アメリカ人に魂を売ったとして日本政府を猛烈に非難した。辻は再軍備と中立を推進する「自衛同盟」を結成し、旧軍の後継に相応しい軍隊をつくろうではないかと訴えた。(141) 辻は自衛隊がそれに該当する軍隊とは考えていなかったようだ。彼の一九五八年の防衛大批判は、それを裏付けているし、岸信介首相など他の保守派との敵対関係を示している。自責の念がない他の旧軍将校と同じく、辻は再建された軍の幹部と、より穏健な保守派の政治同盟をあざ笑った。(142) とりわけ、再興された士官学校を民間人が率いることに嫌悪し、そのカリキュラムでは国防を担う将校を養成できるわけがないと考えていた。しかし、とどのつまり、防大生が社交ダンスに興じていることこそ、彼が自衛隊を最も強く、おおっぴらに非難する動機になったと思われる。

社交ダンスが辻のような右翼を不快にしたのは驚きでも何でもない。他の社会と同様に、西洋式のダンスは一八〇〇年代後半以降の日本で、繰り返し引火点となってきた。(143) たとえば、政府の批判者は、明治政府の首脳部がケバケバしい洋風建築である鹿鳴館で、一八八七年に開催した仮装舞踏会をさげすんだ。伊藤博文首相とその「踊る内閣」も参加したこのイベントを「日本の威厳を犠牲にしてまで外国人に取り入ろうとする屈辱的な試み」と批判した。[144] 同様に、一九二〇年代――急激に文化的変化が起こったもうひとつの時代――西洋の社交ダンスは批判の的になり、たとえば谷崎潤一郎の『痴人の愛』では危険をはらむものとして描かれている。[145] このような批判や反西洋主義の保守派の隆盛にもかかわらず、社交ダンスは一九三〇年代の戦争の時代に突入しても、人気を保ち続けた。とうとう、政府は容認できなくなり、一九四〇年一一月一日、ダンスホールとジャズ演奏を禁止した。[146] これら社会的、文化的激動の時代――一八八〇年代、一九二〇年代、一九三〇年代、一九五〇年代――ダンスだけでなく非常に多くのことが問題視された。

旧軍将校は、防衛大と関わりのない者も、そこで軍事学の講師を務めていた者も、一様に防大生の社交ダンスには眉をひそめた。彼らにしてみれば、それは幹部教育システムに重大な欠陥があるというしるしだった。西洋では、ダンスフロアで優雅に女性をリードすることは、紳士と将校の証だった。対照的に戦前の日本軍将校は、海外の大使館に赴任した武官を除き、まず間違いなくダンスをしなかった。もちろん、大学生を含め若者たちは西洋式のダンスを受け入れた。彼らは社交ダンスを民主主義と結びつけ、自分たちの大学に社交ダンス同好会をつくった。防大生も同好会をつくりたいと思った。[147] 一九五六年に槇が西洋の軍学校視察から戻ったあと、学生たちはウエスト・ポイントの学生の社交ダンスを讃える槇の報告を引き合いに、学校側に同好会の結成を願い出た。当然、槇はこれを許可した。慶應義塾の男子学生に上品な若い女性との「交際術」を身につけるよう勧めた福沢と同じく、槇は「適切なエスコート、服装、会話のマナー」は大切だと考えていた。(148)オックスフォード大で、彼は「女性」とともに「舞踏会、晩餐会、ワイン・パーティ、ピクニック、お茶会」に参加しただろうが、これは大学で「紳士を育てる」ための「重要な要素」であった。(149)

防大生は小原台キャンパスに最近植えられたアカシアの木にちなんで、社交ダンス同好会を「アカシア会」と名付け、槇はその名誉会長を引き受けた。横浜にある最寄りのダンスホールは評判が良くなかったため、アカシア会は毎週日曜日、横須賀の市民会館に講師を招いて習うことにした。その年の暮れ、同好会は近くの逗子のホテルで初めてのダンスパーティを開催し、その後も二年、これを続けた。まもなく参加者は一〇〇名近くに増えた。一九五七年三月、学校新聞〈小原台〉は「学校の持つ特殊性と、ダンスというものに対する世間での見方」を考慮し、社会から批判が寄せられるのを恐れる学校側と同好会会長は極めて厳しく「馬鹿らしいほど神経を使っている」と書いている。さらに記事は、パーティの前など一人ひとりに「婦人に対するエチケット」というプリントを配り、槇校長から正しい「パーティの心がまえ」の話を聞いた。学校側の用心には理由があった。いつの間にか「不純な雰囲気」が生まれ、「アバンチュール」を求める女性が出入りしているとの報告が寄せられていた。こうした報告を踏まえ、同好会は誰でも入れる「自由で明るい雰囲気」を保ちながら、規則を厳しくしていった。(150)

しかし、辻政信のような反動主義者は、いかなるダンスも許せなかった。辻は一九五七年一二月、東京駅近くのステーション・ホテルのホールで開かれた年末のダンスパーティに乱入した。

どうやら何も知らない防大生が（多くの若い女性の中からよりによって）辻の娘をダンスに招待したらしい。それで開催場所などの詳細が辻の知るところとなり、当日怒鳴り込んだというわけだ。槇夫妻はまだ到着しておらず、防衛大の幹事、竹下正彦が応対した。竹下は元陸軍中佐で、戦争末期、日本の降伏を阻止する軍事クーデター計画に関わったが、結局は参加しなかった。しかし、こうした竹下の経歴も辻には効かなかった。[151]「将来、士官になる学生たちにいったい何を教えているのだ？」と問いただした。[152] そして、参加者を「軟弱な女たらし」と罵ったらしい。[153] 槇はその場に居なかったと言われているが、元防大生の石津の記憶では、槇はそこに居合わせ、まったく動じなかった。辻は槇に「国会で問い詰めてやる」と言い捨てて、帰って行った。[154]

数か月後の三月七日、辻は国会〔内閣委員会〕で槇を問い詰める機会を得た。津島壽一《つしまじゅいち》防衛庁長官に防衛体制に関する一連の質問をしたあと、防衛大の問題に移った。防衛大の目的と校舎の建設費、維持費について尋ね、それからダンス問題を取り上げた。国会の公式議事録によると、やり取りは次のように始まっている。

辻委員　大学の校長の槇先生、ちょっとこちらにおいで下さい。

校長にお伺いしますが、防衛大学の中にアカシア会というものがあって、ダンス部をつくっておられるのじゃありませんか。ダンスは自衛隊の幹部に必須の社会人の教養という意味でおつくりになっておるのかどうか。それを承りたい。

槇説明員　ただいまのご質問に対してお答えいたしますが、これは防衛大学校内におきまして、学生の少数の者がやっていることでございます。だが防衛大学校といたしましては、やはり婦人との交際というものも教育のうちの大事な部分を占めると思っております。(155)

辻は駅でパーティに向かう学生たちを「偶然見かけ」、彼らについて行って「薄暗いダンスホール」に入り、そこで約二〇〇名もの学生が「腕から肩を露出した若い女性」と踊っているのを見た。ただ踊っていただけでなく、とても上手に踊っていたと辻が述べると、他の議員から笑い声があがった。そして辻は、このダンスの能力は観閲式で見た防大生の行進と比べて落差がありすぎるし、あの行進は陸上自衛隊の一般隊員の教練に劣ると思ったと語った。そのあと辻は、いかにも陰険に、自分はダンスのよしあしについて議論するつもりはなく、ただ防大生とは違って、学費や生活費のために親が懸命に働いて仕送りし、自らもアルバイトをして工面している他の大学生にしてみれば、これは不公平ではないかと訴えた。このようなダンスに資金を出すことは税金の無駄遣いではないのか、と辻は問うた。防大生も「税金泥棒ではないか」と言わんばかりに。(156)

槇はまったく怯《ひる》まなかった。将来幹部になる学生にとって、ダンスでも人生の伴侶でも、良い相手を選ぶ方法を知ることは重要であると述べた。ダンスパーティの趣旨については、同好会は学生のパートナーを見つけるために地元の婦人会や東京に実家がある学生の友人や姉妹の協力を得ていた。槇はウエスト・ポイントを訪れたとき、アメリカの軍学校が学生のパートナーを見つけるために、当時はまだ女子大だったヴァッサーなど、近くの大学と提携していたことを知った。[157] 社交ダンスは防大生に悪い影響を与えていないし、それどころか将校のたしなみを習得する助けになっていると力説した。[158]

辻の攻撃はさらに熱を帯び、個人攻撃に及んだ。防衛大の教育や教練の質をあげつらい、諸外国の士官学校の水準に及ばないと責め、幹部教育に大切な心構えを教えているのかと詰問し、アメリカの軍学校の真似だと糾弾し、「世界のどこに私立大学の教授を士官学校の校長にしておるところがありますか」と槇を侮辱するなど、非難の弾幕攻撃を展開した。津島防衛庁長官はこれらの批判に、東京でのダンスパーティは行き過ぎだったかもしれないが、ダンスそのものが悪いというわけではないと、譲歩と正当化の組み合わせで対応した。岸首相から、防衛大の設置の趣旨にかなうような教育方針をとるべきとの言質を得て、ようやく辻は別の問題に移った。[159] 長々と続く質疑応答のあいだに辻の大げさな質問にうんざりしたのか、社会党議員が防衛大を援護するという珍事が起きた。件の議員は「大いにやらせろ、かまわんじゃないか」とヤジを飛ばしたと伝えられている。[160] そして、防大生たちはその通りにした。とはいえ東京駅近くではなく、もっと目立たない場所で（図2.5）。[161]

辻の批判は特異かもしれないが、これは防衛大そのものや広く自衛隊に対する右翼の不満を浮き彫りにした。旧軍将校を含む筋金入りの右翼は防衛大と自衛隊の文民統制を嫌悪していた。彼らは防衛大も自衛隊も、ひ弱で訓練不足、旧軍の貧相な影に過ぎないと見なしていた。両方とも米軍の私生児であり、米軍に恩義を受けていると非難し、旧軍の精神主義の復活を待ち焦がれていた。[162]

【2.5】1961 年 12 月、 防衛大学校が主催したダンスパーティ。 久保田博幸撮影、 防衛大学校資料館所蔵。 槇桂と防衛大学校の許諾を得て使用。

辻が国会で防衛大と防大生を追及してから数か月後、政治的スペクトルのもう一方の端にいる論者が攻撃を開始したが、それは防衛大に反対する左翼の意見を象徴していた。その論者とは、当時二三歳で東京大学の学生だった大江健三郎である。彼はその年の初めに発表した短編小説で一躍有名になり、一か月後に芥川賞を受賞する（一九九四年にはノーベル文学賞を受賞）。六月二五日、大江は毎日新聞のコラム「優楽帳」に「女優と防衛大生」のタイトルで寄稿している。この記事は、女優有馬稲子が防衛大を訪れ、防大生や槙にインタビューしたラジオ番組「有馬稲子防衛大学へ行く」を紹介する写真に反応したものだった。(163) 大江のコラム全文は次の通り。

数日まえの新聞に、有馬稲子と彼女をとりまいている防衛大生の写真をふくむ小さい記事がのっていた。彼女は防衛大生にきわめて好意をもち、彼らについて考えなおしたと語っていたものだった。

彼女が、日本の再軍備について賛成なのなら、ぼくはいうべき言葉をもたない。しかし、彼女に会ってたしかめたところでは、彼女が防衛大生に対して好意的な言葉を発表した事実は絶対にないそうである。

あの写真入りの記事が、たとえば農村の青年にあたえる影響について考えれば、問題はたんに新聞記者のコマーシャリズム意識の是非だけにとどまらない。あの記事を書いた記者は他人の名において政治的責任のある行為をおこなったのである。

日本の現実を、あらゆる日本人の生活を、じりじりひたしていこうとしている〝静かな再軍備〟に抵抗するためには、ぼくらはもっと注意深く発言し、報道しなければならないだろう。どんなに小さなふるまいも政治的な次元にくみこまれると、無限に拡大される危険をはらんでいるのだ。

ここで十分に政治的な立場を意識してこれをいうのだが、ぼくは防衛大学生をぼくらの世代の若い日本人の一つの弱み、一つの恥辱だと思っている。そして、ぼくは、防衛大学の志願者がすっかりなくなる方向へ働きかけたいと考えている。(164)

大江の文章の最後の段落、特に「防衛大学生をぼくらの世代の一つの弱み、一つの恥辱」という部分が注目を集めた。

大江の批判に対して、毎日新聞には読者から多くの投書が寄せられた。新聞はいくつか投書を掲載し、防衛大六期生の山口進は、大江が言う非武装化と防衛大廃止は非現実的だと訴えた。(165)数週間後、毎日新聞は「誇りと恥辱」というタイトルで長い記事を載せ、寄せられた投書を分析し、数名の知識人からコメントをとり、大江に投書やコメントに対する反論の機会を与えている。記事には、投書の七割強が大江の意見に反対するもので、編集部はこれに驚いたと書かれている。投書の多くは若者からで――防大生によって恥辱とされたはずの世代――しかも記名だった。この件でインタビューを受けた知識人のほぼすべてが大江の記事を批判していた。その一人は、五年前に防衛大を訪れた作家大宅壮一である。大宅は以前の印象通り、防大生の多くはイデオロギーを持って入ったのではなく、経済的事情でそうしたのだと述べ、大江を「快適なアパートに住みながら、清掃を担う管理人を軽蔑する」類いのエリート主義者だと言った。対する大江は山口進の主張と大宅の見解に反論し、山口のように経済的理由で防衛大に入ったとしても、その選択に責任を負っていることを自覚すべきだと述べた。彼らの選択の結果は、いずれ国全体にのしかかってくるだろう、と結んでいる。(166)

左翼のほとんどは、感情をこれほど露骨に、辛辣に、直接的に表現する——ある集団をまとめて「恥辱」と呼ぶ——ことはしなかったが、大江の意見は、おそらく左翼の多くが自衛隊や防衛大に抱いていた思いを代表していた。左翼は再軍事化を危惧していた。再軍事化は偽装された準軍事組織である警察予備隊の設立に始まっていた。名称を多少変え、人員を増やし、アメリカ製の兵器を装備したあと、この組織は論駁《ろんばく》の余地なく軍隊になっていた。同様に、一部の人々から普通の大学を偽装していると思われていた防衛大も、左翼が違憲と見なす組織に未来の指導者を提供するため、とりわけ優秀な学生をめぐって他の大学と競い合っていた。槇はリベラルで民間人とはいえ、国の再武装と再軍事化においては共犯関係だった。右翼同様、大江のような左翼は、防衛大と防大生を旧軍とは似ていなくとも旧軍のようなものと捉えていた。右翼の見方とは違い、いずれそうなると彼らは危惧していた。左翼は、右翼同様、防衛大と自衛隊へのアメリカの影響を嫌っていたが、大江はコラムでそれについては触れていない。(167) 大江の攻撃は辻のそれよりも個人的で、防衛大とその目的だけでなく防大生をも侮辱していた。

政治的スペクトルの両端にいる辻と大江だが、両者とも女性を引き合いに、そして防大生の女性との交際を引き合いに、防大生の男らしさを攻撃した。保守派の辻は、防大生が若い女性とダンスすること事態がスキャンダラスであると感じ、薄暗いホールで腕をむき出しにした若い女性と踊ることは恥の上塗りだと考えた。大江は、小津安二郎監督の最近の映画に何度も主演している有馬稲子のような魅力的な有名女優が防大生に好感を持つと考えるだけで許しがたく、信じがたく、彼女に会ってそうではないことを確かめたくらいだ。大江は、女性の防大生への恋愛感情がイデオロギーに勝ることも、彼のイデオロギー上の敵がそのような恋愛対象に値することも考えられなかった。思想は正反対の二人だが辻も大江も、違憲組織を象徴する防大生が女性に好感を持たれることを政治的な危機と捉えた。

一方、防大生は自分たちの男らしさを疑う大江に対抗して比喩的に女性を利用した。ある防大生、小長谷《こながや》聡《さとし》は防衛大の公式応援歌となる「防大逍遥歌」を作詞した。(168) あの件があって歌詞を書こうと思ったと彼は述懐している。ていたとも語っている。また彼は、防大生が行進中に歌える自分たちの歌を求めていたとも語っている。当時は旧軍時代の軍歌しかなかったのだ。多くの行進曲や他の応援歌はどれも男らしさを強調し、男性集団が大声で歌うものだが、小長谷の歌詞は花や富士山、海など自然に言及する。平和の願いを表している。そして最後は、ギリシア神話の女神アンドロメダが「西に舞う」で締めくくられる。そこに込めたメッセージは、海の怪物から美しい女神を救った英雄ペルセウスのようになれと学生たちを鼓舞するものだと小長谷は述べている。(169)

これとは別に、槇や個々の防大生がこれらの侮辱にどう応えたかを見ると、槇の思想がいかに生かされたかがわかる。槇は辻と対決しても動じなかったと述べた石津の証言が、多くを物語っている（槇はまだダンスパーティ会場に到着しておらず、辻と言い争ったとされる当の幹事ではないが)。他の元防大生は、国会で見た彼らの指導者である、穏やかで理性的な紳士と、信頼を失った旧軍の男らしさを象徴する錯乱した元将校との著しい相違に言及している。防大生はこれを、いかに振る舞うべきかの手本と捉えた。しかし、同世代で人気作家である大江の批判は、多くの学生にとって非常に不愉快だったようだ。しかも同世代の女性から侮辱された最近の出来事とよく似ていたため、いっそう腹立たしかったかもしれない。志摩が述懐するように、メーデーの抗議活動のさなか、由緒あるお茶の水大学をはじめとする東京の大学から女子大生が横須賀まで来て、防衛大の門の前でプラカードを掲げ、「防大生とは結婚しない」と宣言したのだ。(170) 防大生、山口進は毎日新聞への投書という形で行動を起こしたが、学校側はその件で彼を叱責した。ほとんどの防大生は平静を保ち、耐え忍び、反論しなかった。冨澤暉――父の有爲男《ういお》は一九三六年に芥川賞を受賞した作家――は、別の防大生が大江のコラムに反論する投書を書いたものの教授に言われて送るのをやめたことを覚えている。冨澤はこの件やほかの件でも、防大生は槇や林の訓話を思い出して「救われた」と考えている。校長は防衛大の訓辞で、ドイツの作家フリードリヒ・シラーの一七八七年の戯曲『ドン・カルロス』の「大いなる精神は静かに忍耐する」を引用した。(171) 槇が防大生の中に育てようとしていたのは、このような男らしさだった。大江の攻撃は防大生の集団的記憶の一部になったが、これも辻の攻撃も当時の〈小原台〉の紙面に載らなかった。(172) 志方が述べるように、防大生の姿勢は「恥辱と呼ばれてもかまわない」だった。(173) 防大生が卒業し、一般隊員を導く指揮官になると、彼らは静かな決意という姿勢を部下たちに浸透させようと努めた。

槇の自衛隊への影響

防衛大校長を長く務めた槇が自衛隊に及ぼした影響は、自衛隊の根幹を成す価値観や指導に表れている。思想面では、槇と林の考えがともに自衛隊の道徳規範《エートス》として正しく伝えられ、神聖なものとして尊ばれている。旧軍の過去を踏まえ、自衛隊に入った旧軍将校の過去を彷彿とさせる暴力事件を教訓に、新しい服務規則がつくられた。一般隊員に関しては、防衛大の卒業生たちが及ぼした影響はもっとゆっくりと浸透した。というのも、彼らが自衛隊内で昇進し、最高幹部になるまでには相応の時間がかかったからだ。しかし、彼らは幹部になると自衛隊を立て直し、将校団や一般隊員に槇の思想を広めることに貢献した。

槇と林の影響はおそらく一九六一年に制定された自衛隊員の倫理規則に最も明快に表れている。「自衛官の心がまえ」と呼ばれるこの規則は、今日も基本教育の主要なテキストとして用いられ、明らかに自衛隊の性格と使命を再定義した成果である。軍人勅諭（一八八二年）と教育勅語（一八九〇年）は、自衛隊で教本として一度も使われず、準拠されなかったが、メディアは「自衛官の心がまえ」をそれらの事実上の代替であると説明した。[174]帝国の臣民と兵士に、天皇への忠誠と武士道を強いた戦前の二つの基本的テキストとは違い、「心がまえ」は天皇や武士の道にはまったく触れていない。「心がまえ」には、愛国心や国防は日本の「自由と平和」を愛する心にもとづき、「民主主義を基調とする」と書かれている。自衛官の精神の基調は「自己を高め、人を愛し、民族と祖国を思う心」となった。この新しい指針の核となる価値観――忠誠、責任、規律、団結——は、軍人勅諭で尊ばれた資質とよく似ているが、この価値観は天皇と神国に奉仕することではなく、国民を守り、民主主義を守ることに結びつけられている。「心がまえ」は、家族、社会人、国民としての隊員の「義務」は個々の良心から生まれるものであり、「規律と命令に厳密に従う」ことによって均衡を保たなければならないとしている。さらに続けて、隊員は暗愚や狂信を退け、「政治活動」に関与してはならないと書かれている。自衛隊の指導者たちは明らかに、旧軍の過ちや行き過ぎを避けたいと思ったのだ。最後に、隊員が従うべき五つの「基本原則」として「使命の自覚、個人の充実、責任の遂行、規律の厳守、団結の強化」が列挙されている。(175)そこに書かれていることは、防衛大で槇が学生に教え、林が自衛隊で提唱してきたテーマと同じだ。槇は直接的には規則の制定に関わってはいないようだが、彼の影響と、「心がまえ」の策定委員会に入っていた林の影響は明らかである。(176)

これらの価値観とは対照的に、旧軍出身者は自衛隊内部でも、世間でも疑いの目で見られた。いくつかの事例がそれを裏付けているが、そのうち最も有名な事件は「広島、死の行軍」〔Hiroshima Death March。日本では「(自衛隊) 死の行軍事件」「青竹事件」〕と呼ばれるが、「バターン死の行進」とは比較にならない。事件は一九五七年二月に起きた。陸上自衛隊の司令が二四時間の行軍を強制し、その間、小隊長が隊員を青竹で打って「激励し」、歩かせ続けたという〔その結果、隊員二名が死亡〕。演習を命じた師団長は元内務省官僚だったが、行軍中に暴力を振るったのは旧軍将校だったため、背広組の多い防衛庁がこの事件で最も厳しく追及したのは彼らだった。(177)この事件や他の事件により、戦前の価値観や将校はたびたび非難され、新しい戦後の理念と指導者とは対照的だった。

新しい理念と指導者を代表する防衛大の卒業生は、槇の思想の影響をさらに広げた。「一九六一年、三自衛隊で大尉、海軍中尉、空軍中尉以上に相当する幹部自衛官のポストのほとんどは帝国陸海軍出身者が占めていた。一九六八年までには、旧軍将校がそれらポストに占める割合は一五パーセント以下に減っていた。一九八二年までには、三自衛隊の幹部自衛官、四万二〇〇〇名のうち、旧陸海軍人は一二七名しか残っていなかった」。[178] 旧軍将校が減るにつれ、防衛大出身者が増えた。一九六七年までには、一〇期生が卒業し、およそ二〇〇〇人の防大生が任官し、防衛大出身者は陸上自衛隊の幹部自衛官二万人のうち、一〇パーセントを占めていた。[179] 同様の増加は海上自衛隊でも、航空自衛隊でも見られた。一九六〇年代までには、これらの卒業生の多くがすでに部隊を指揮しており、槇イズムの思想を部下に伝えていた。恥辱と呼ばれてもかまわないと述べていた志方は、施設科で小学校の校庭の整地工事をしたとき、左翼の教師が、あの人たちは「人殺し」だから近づいてはならないと子供たちにマイクで呼びかけていたことを覚えている。そういう時代だったと志方は言い、若い隊員に槇イズムを伝え、冷静であれ、紳士であれと教えたことを良かったと思っている。[180] 一九六〇年代末、陸上自衛隊の幹部自衛官の八〇パーセントは防衛大出身ではなかった。一九五〇年代前半に任官した元警察官や自衛隊で昇進してきた元兵卒、久留米にある陸上自衛隊幹部候補生学校に入った他の大学の出身者などだった（海上自衛隊の幹部候補生学校は広島に近い江田島にあり、航空自衛隊のそれは奈良にある）。一九六〇年代末、陸上自衛隊に占める防衛大出身者の割合は、アメリカ陸軍におけるウエスト・ポイント出身者の割合とほぼ同じだった。(181)しかし、防衛大出身者の影響はアメリカのケースよりもはるかに大きいと思われ、彼らが陸海空の自衛隊の最高幹部になっていった一九八〇年代後半から一九九〇年代までには、ますますそうなっていった。一九八〇年代には、三自衛隊の幹部の七〇パーセントを槇校長時代に防衛大で学んだ卒業生が占めていた。(182)その影響は一九九〇年代にさらに顕著になった。防衛大を放校になりかけた志摩篤が一九九〇年、防大卒業生として初めて陸上幕僚長に就任し、以来、このポストはすべて防大卒業生が務めている。(183)卒業生の回想や彼らが槇のレガシーを守っていることから明らかなように、非常に多くの元防大生が最高幹部のポストを占めているため、今日も槇イズムの影響力は広がっている。

防衛大の初期を見ていくと、戦後再建された軍の主な制度がわかり、旧軍、米軍、社会との相互作用が、再建された軍のアイデンティティ形成にいかに関与したかが理解できる。士官学校をどのように再建するかについて、吉田の構想のほとんどは、旧軍の行き過ぎへの反動からきていた。槇はその改革を推進するための学校をつくることに邁進し、学生たちには民主主義を理解し遵守するよう教え、広い視野と合理的で科学的な思考、豊かな人間性の涵養《かんよう》に努めた。学生は将校になるとともに、紳士になることも求められた。子供の頃に戦争を経験し、占領時代に十代だった学生たちは、防衛大文化の創造に貢献し、槇の思想を下級生に伝え、自衛隊で広めた。防衛大創設の前後、ウエスト・ポイントやアナポリス出身の米軍事顧問たちは、槇がアメリカの軍事アカデミーをモデルに小原台に士官学校をつくるのに協力した。横須賀の住民は市に軍関連施設がまたひとつ加わるのを歓迎したが、防大生と地元との交流は少なく、防大生と世間との関係はさらに複雑だった。メディアや左右の批評家は、安全保障問題で防衛大が目に見える存在であることから、防衛大に大いに注目した。槇のレガシーは防衛大でも自衛隊の中でも生き続けているため、彼の退官から半世紀以上にわたる展開を分析することは、章の締めくくりとして理にかなっている。

一九六五年に槇が校長を辞してから、彼の影響は干満があった。校長として最後の頃、彼の支持者たちが槇のレガシーを保つために動いた。一九六五年、防衛大は槇の訓話をまとめた『防衛の務め』を刊行し、これは彼の思想を新しい世代の防大生や世間一般に広めるのに役立った。それまで、槇の演説や文章は、〈小原台〉を含め、ほとんど発表されてこなかった。防大九期生の山崎《やまざき》眞《まこと》は一九六五年の卒業直前にこの本を手に入れ、槇の思想をより深く理解できたと振り返る。[184] この本は一九六八年と一九七一年に再販されたが、それから四〇年以上、再販されなかった。一九七〇年、槇の死去から二年後、卒業生が槇の胸像を寄付し、これはキャンパスの中央に置かれている。人文科学と社会科学の授業は常にカリキュラムの中心だったが、三代目校長猪木《いのき》正道《まさみち》の時代の一九七四年に人文科学の新しい学位が設けられた。猪木は槇同様、大学教授で政治学者、自由主義と社会民主主義を唱えた人物だった。[185] 一九七〇年の三島によるクーデター未遂と自殺事件に関して、猪木は、当時の防衛庁長官中曾根康弘から、公的見解とするための原稿を依頼された。猪木は、「自衛官の心がまえ」にあるとおり、自衛官の主たる任務は国民を守ることだと改めて強調した。[186] 一九七八年に猪木が退官したあと、槇の影響は薄れたようだった。次の二代の校長は、官僚から選ばれた。防衛大ではカリキュラムの変更はほとんどなかったが、冷戦が終わり、一九九〇年代半ばに社会党が自衛隊を合憲と認めたあと、小原台の槇イズムは影が薄くなったように思えた。(187)

二一世紀の最初の一〇年、安全保障や自衛隊の未来、歴史認識の問題で政治的議論が激化すると、台頭してきた歴史修正主義者や国家主義の右翼の攻撃から、防衛大と自衛隊を守るために、防衛大の新任校長や、槇のもとで学び、自衛隊を退官した卒業生たちが槇の自由民主主義的な思想を引き合いに出し始めた。特に、二〇〇六年八月、小泉純一郎首相により校長に任命された五百旗頭真は、これらの挑発と闘うために、繰り返し槇の言葉を引用した。神戸大学教授で国際関係学を専門とする五百旗頭は論戦には慣れていた。小泉に任命されてから一か月と経たないうちに、五百旗頭はイラク戦争を支持した首相を批判し、アメリカのブッシュ大統領の求めに応じた人道復興支援の自衛隊派遣に反対した。五百旗頭は小泉の靖国神社参拝にも反対だった。靖国には戦死者が祀られ、そこには東京裁判で有罪となった軍人と政府高官、一四名が合祀されている(188)(まったく動じない小泉は、五百旗頭の新聞のコラムを小泉内閣メールマガジンに転載する許可を彼に求めている。その内容は靖国参拝を除いて、小泉外交を高く評価したものだった)。(189)二年後、同じコラムで五百旗頭は田母神俊雄《たもがみとしお》を解任した政府の処分を支持した。田母神は一九七一年に防衛大を卒業し、当時、航空自衛隊幕僚長を務めていたが、日本がアメリカに対して戦争を始めたのは正しかったとか、日本の帝国主義は植民地を豊かにしたと主張し、東京裁判を批判した論文を極右の雑誌に発表したのだった。ほかにも、航空自衛隊は武士道を含め、旧軍の伝統を取り入れるべきだと繰り返し、航空自衛隊の制約をゆるめるために憲法九条を改正すべきであるとも訴えていた。(190) 五百旗頭は、田母神の論文は文民統制への深刻な脅威であると述べ、旧軍とは違って、国民と政府への「服従の誇りをもつ」自衛官を育てた槇の功績を読者に紹介した。(191) 五百旗頭のコラムは物議を醸し、右派を激怒させた。彼らは五百旗頭を反日分子と呼び、彼の辞任を求めた。極右は防衛大の門の前に黒い街宣車を乗り付けて大音量で抗議し、一部の卒業生を含む田母神のシンパは防衛大OBに圧力をかけ、大阪で予定されていた五百旗頭の講演を中止に追い込んだ。(192) しかしほとんどの卒業生は、五百旗頭に味方し、彼らも防衛大と自衛隊を守った槇の思い出を引き合いにした。たとえば、志方は田母神の主張は槇の考えと正反対だと感じ、もし田母神が防衛大に学んでいたとき槇か猪木が校長だったら、あのような過激な思想に簡単には染まらなかっただろうと思った。(193)

槇の記憶を保存する五百旗頭の試みは、右翼への反論に槇を引用するだけではなかった。彼は田母神を取り上げたコラムで、「たまたま先日」防大資料館内に槇記念室を開設したと書いた。(194) 開設のタイミングは偶然かもしれないが、五百旗頭や同じく大学教授から防大校長になった前任の西原正《にしはらまさし》が、槇の民主的な思想を新しい世代の防大生にも伝えたいと願い、それが形になったものだ。まさにその時代、右翼によって民主的な思想がますます脅かされていたのだから。(195) 実際、五百旗頭は槇記念室の公式パンフレットに、「……槇先生は……防大の精神的伝統を築かれました……精神の拠点は槇先生がもたらされたものです。二一世紀を迎えて、自衛隊は国内外の多様な任務に赴く時代となりました。そうであればなお、そのリーダーは精神の拠点に立ち帰り、ここで想を得て新たな出航にたち向かってもらいたいと思います」と書いている。[196] 翌年、二〇〇九年、五百旗頭は一九七一年以来初めて『防衛の務め』の再版を実現する。「自衛隊の精神的拠点」と新しく効果的な副題をつけられた新版には、旧版にはなかった槇の訓話を追加し、五百旗頭の序文を収載している。こうした努力のおかげで、今では槇の書いたものが防大生や一般人に届きやすくなっている。さらに二〇一二年、防衛大学校創立六〇周年にあたり、当時の校長国分良成《こくぶんりょうせい》――槇と同じく慶應で政治学を教えていた――は「建学の碑」の除幕式を行った。台座に「ノーブレス・オブリージュ」の文言が刻まれた新しい槇の胸像を中央に置き、両脇の大理石碑のひとつに「学生綱領」――廉恥、真勇、礼節――もう一つには、第一期生が作詞作曲した学生歌が刻字されている。「建学の碑」は槇校長時代に防衛大に学んだ卒業生の寄付で建てられ、一九五〇年代から六〇年代前半までの防衛大の初期に、槇と防大生がつくり出した価値観とアイデンティティを讃えている。[197]

第三章　「愛される自衛隊」になるために——北海道を中心に

札幌は雪まつりで有名だ。見物客は一九五〇年代前半からこのイベントに集まるようになり、今では毎年二〇〇万人が訪れる。陸上自衛隊北部方面隊はその初期から、祭りの成功に貢献してきた。一九五三年には大通公園の会場で音楽隊による野外演奏が実施された。二年後、自衛隊は音楽を提供するだけでなく、最も重要な役割、すなわち雪像制作を担うようになった。一九五八年につくられた城（図3.1）をはじめとする巨大な雪像である。(1) 一九五〇年に祭りが始まったとき、雪像は中高生がつくっていたが、主催者はまもなく自衛隊に協力を求めた。生徒たちの親から、雪像づくりにかまけて勉強がおろそかになると苦情があり、十代の若者が裸像を彫刻するのはいかがなものかという声も寄せられたからである。(2) それ以降、陸上自衛隊の隊員が大通公園での作業の大半を担った。一九六三年、自衛隊の協力はさらに広がり、市南部の真駒内《まこまない》駐屯地で雪像をつくり始めた。二年後にはこの駐屯地も公式会場になっていた。一九六〇年代後半までには、トラック数千台分の雪を運び込み、十数個の巨大な雪像と数十個の中小の雪像を制作するために、自衛隊は毎年延べ一万日分の労働を提供していた。(3) 在札幌アメリカ領事館員マーティ

【3.1】1958 年、さっぽろ雪まつりのために大通公園につくられた白雪城の前に立つ陸上自衛隊の隊員たち。この城は北部方面隊第 101 通信大隊が製作した。破風の数と形から、大阪城をモデルにした思われるが、その名称のほか、1950 年代末に国中で多くの城が再建されたことから類推すると、一般的な傾向を表しているだけかもしれない。隊員たちの左側に写っている看板には「北の護り」とあり、北部方面隊を指している。北部方面隊の許諾を得て使用。

ン・ヘフリンは、一九七一年に次のように報告している。

毎年一月初めになると、北海道の高い山から採った新雪を山盛りに積んだ自衛隊のトラックが何台も連なって札幌市内に入ってくる。大通公園に積荷を降ろすと、また山へ行って雪を積んで戻り、これを何度も繰り返す。公園では、自衛隊の大部隊がショベルやブルドーザーで雪を高く、高く積み上げ、一方でそれを形に整えていく隊員がいる。一月末までには、十数個の巨大な雪像や、それより小さな数十個の雪像が公園を美しく飾っている。さらに、札幌市内にある第一一師団の敷地でも十数個の雪像ができあがっている。四日間、おおぜいの観光客がこの有名な「さっぽろ雪まつり」を訪れ、その模様は〈ナショナル・ジオグラフィック〉の一九六八年一二月号で大きく取り上げられた。

先の一月、延べ一万八〇〇〇人の自衛隊員が雪像づくりに携わった。自衛隊のトラックが五五〇〇台分の雪を運び、儀仗隊と音楽隊が祭りを盛り上げた。自衛隊の協力なくしては、札幌最大のこの地域イベントは実行不可能である。人口一〇〇万人のこの都市には雪像制作に必要な作業員や車両をかき集められるだけの力がない。たとえそれができたとしても、それらに支払う資金がない。そこで自衛隊が必要な作業を担うわけだが、手柄は民間人のリーダーのものになり、見返りのほとんどは商人のものになる。(4)

これが毎年、大通公園で見られる光景である。二〇〇五年までは真駒内駐屯地でも同様の光景が見られたが、二〇〇一年九月一一日の同時多発テロと、それに続く自衛隊のイラク派遣を機に安全保障上の問題が浮上し、駐屯地での開催はなくなった。北部方面隊は毎年数千時間分の労働を提供しながら、祭りの主催者に請求するのは雪を運ぶのに必要なガソリン代だけだ。さっぽろ雪まつりへの協力は、警察予備隊設立以降、北海道のほか全国で陸上自衛隊が行ってきた公共奉仕——その代表的なものが災害派遣——の一環である。(5)

北部方面隊の雪まつり協力は、軍と社会の融和の物語を示す一例であり、自衛隊が社会の容認を得るために長年続けてきた求愛行動のひとつである。何人かの研究者が述べているように、これらの民生支援と広報活動は二一世紀に入っても、かなり洗練された形で続けられている。(6) 自衛隊はそのアウトリーチ活動を民生支援や訓練と位置づけて正当化してきたが、自衛隊の上層部があっさり認めるように、これらの活動には、隊員の士気を高めるとともに世間の理解を深めるという狙いもあった。林敬三をはじめとする上層部が一九五〇年代、六〇年代を通じてしきりに語っていたように、彼らは「愛される自衛隊」を目指したのだ。(7)

本章は冷戦が始まってからの数十年間、民生支援活動と広報活動に焦点を当て、全国的に陸上自衛隊と社会との関係がどう進展したかについて、事例研究として北海道を取り上げる。北海道を選んだのは、必ずしも北海道が代表例だからではない。それどころか、北海道はむしろ、いくつかの理由で特殊である。第一に、北海道は日本にとって冷戦の主敵であるソヴィエト連邦に近いことから、戦略的に重要と見なされていた。二番目に、その戦略的重要性から、北海道には他の地域よりも多くの陸上自衛隊駐屯地と隊員を抱えることになった。マッカーサーが米軍を朝鮮半島へ急派すると、ＧＨＱは採用したばかりの警察予備隊員およそ六〇〇〇人を北海道へ送り込んだ。一九五〇年代半ばまでには、陸自隊員の三〇パーセントが北海道に常駐する三個歩兵師団（第二、第五、第一一）と一個機甲師団（第七）の数十か所の駐屯地に配置され、それら駐屯地の総面積は全自衛隊駐屯地の四〇パーセントを占めていた。(8) 北海道における陸上自衛隊の大量配備は冷戦のあいだ継続し、冷戦が終わってもわずかに減っただけだった。三番目に、警察予備隊創設後、特に一九五四年以降、北海道には米軍がほとんどいなかった。もともと北海道に駐留していた米軍は朝鮮半島へ派遣されるなどして出て行ったからだ。(9) 小規模の米空軍部隊が一九七一年まで千歳に残っていた。(10) 他の多くの地域とは違って米軍不在のため、北海道では陸上自衛隊がいっそう目立った。したがって本章では、米軍の存在というより相対的不在、そしてそれが自衛隊と社会との関係に与えた意味を基本的なテーマとして見ていく。最後に、他の地域と比べ、北海道は戦後初期の数十年間、左翼の牙城となっていた。そして、最大野党である日本社会党に代表される左翼は、それよりはるかに少数の日本共産党とともに、自衛隊を違憲と見なしていた。旧軍の基地が置かれ、社会の中に軍への親しみが生まれていた「軍都」を除き、軍隊とその人員、その価値観への嫌悪は北海道のほとんどの地域で長く続いた。こうした状況は都市札幌にも農村部にも当てはまり、特に農村部では日本の他の地域よりも激しかった。もし陸上自衛隊が北海道で地域社会に溶け込むことができたなら、他の地域でも同様にできるだろう。北海道はいろいろな点で特殊かもしれないが、戦略的に重要で、駐屯地が多く、左寄りのこの地域の相互関係を見ていくことで、軍と社会との関係が明らかになり、だからこそ、どこにあろうが軍隊とその構成員がいかに社会との融和を求めていったか、地域社会の事情がいかに軍と社会との溝を埋める取り組みを助け、促進したかを理解するための事例として北海道は最適である。

北部方面隊の活動は、世間の自衛隊に対する見方を変えた。北海道の人々は一九五〇年代と六〇年代、自衛隊をいとも容易く簡単に受け入れたのである。この受容には経済的依存から生じた部分もあるが、北部方面隊の民生支援やアウトリーチが奏功したことに加えて、地域社会の隣人となり一員になった隊員とその家族が社会と交流し、その結果生まれた親近感も貢献していると言えよう。これらの展開は日本の他の地域での類似の傾向を映し出している。早くも一九六一年に、在札幌アメリカ領事が報告している。「北海道の地域社会は積極的に自衛隊員を受け入れている。そうなったのは、彼らの協力活動や自然災害時の援助、電柱敷設や校庭整地といった支援活動のほか、自衛隊員による地域の娯楽行事への参加も影響している」(11)

同様に、これらの活動を通して自衛隊とその隊員は変わっていった。彼らが提供する支援や求められる高い水準は、新しい軍の伝統や専門性だけでなく、北部方面隊で顕著な男らしさのアイデンティティまでもを形成した。その男らしさとは冷戦期の防衛隊員の一般的なイメージのひとつだった。自衛隊が雪像づくりや予想外の自然災害から市民を救出する活動を「主たる任務」——国防——のための訓練と位置づけて正当化すると、部隊も隊員もこの奉仕活動や自分たちが開発したスキルを誇るようになった。自衛隊がイメージ改善を目指し、雪像制作の体験談を全国紙や内部の機関誌に寄稿するなどして奉仕活動を推進するとしても、そしておそらくそれ故に、これらの隊員や同僚の他の隊員たちは、民生支援やその過程で身につけた専門性に充実感を覚えた。(12) 同様に、自衛隊員は地域住民との結婚や交際のほか、訓練を正当化し推奨される類いの様々な活動を通して地域社会と絡み合った。北海道でもどこでも、これらの交流は自衛隊と社会を強く結びつけたため、戦略上の優先順位が変わったからといって、自衛隊が駐屯地を閉鎖することも、規模を縮小することも、さっぽろ雪まつりなどのイベントから撤退することも、そう簡単にはできなくなった。

戦後初期、どの地域であろうが軍隊が社会に好かれるのは簡単ではなかった。帝国陸軍の基地があった都市では、陸上自衛隊は旧軍が社会とのあいだに築いたネットワークでまだ残っていたものを利用することができた。しかし自衛隊は社会に溶け込むことはできず、旧軍ほどの政治力や経済力を発揮できなかった。敗戦と占領下の改革と世論がこれらの可能性を著しく妨げ、法的に制限し、あるいは違法化した。たとえば、国会で常に一パーセント以下に抑えられている防衛予算は、帝国日本や冷戦期のアメリカで見られた軍産複合体の出現を阻んでいる。あるいは、さらに重要なのは、無謀な戦争と敗戦の責任は陸軍の陰謀にあるとされたため、旧軍にまつわる否定的な連想が障害となり、帝国陸軍が担っていた地位や役割を自衛隊が継承できないという事実も無視できない。しかも、旧陸軍基地の多くは都市の中心部の城郭城趾を含め、街中《まちなか》にあり、戦後消滅して学校や公園に変えられ、ときには米軍が占有していた。したがって、戦後の軍隊は人口密集地の郊外に新設された基地に置かれ、物理的に社会から切り離された。そのため、陸上自衛隊は新たな方法を考え出して、草の根の社会支援態勢をつくり、目に見える肯定的な印象を生み出す必要があった。その時代を捉えた北海道の研究が示すように、それこそまさに自衛隊が地域社会の経済に貢献し、民生支援とアウトリーチを通して、愛される隊員を目指して行ってきたことだ。

独立の解剖学——陸上自衛隊駐屯地の共同体

一九六〇年一一月、警察予備隊設立一〇周年記念式典において北部方面総監岸本重一《きしもとしげかず》は、陸上自衛隊こそ「北海道開発の先駆者」であると誇った。この開拓者の役割の証拠として、自衛隊員の流入が北海道の人口を増やしていると語った。その結果、産業、交通、文化の面でかつてないほど繁栄したと、彼は主張した。(13) 岸本の主張は自画自賛に聞こえるが、陸上自衛隊は確かに地域の社会経済的発展に大きく貢献していた。とはいえ、軍事基地を抱える自治体の例に違わず、陸上自衛隊の北海道発展への貢献には負の面もあった。中央政府への依存度を高め、他の機会を逃すことになった。

防衛と開発の最前線としての北海道には、長くて複雑な歴史がある。手つかずの天然資源を手に入れるためと、ロシアによる侵攻に警戒するため、徳川幕府と明治政府は、かつて「蝦夷《えぞ》」と呼ばれたこの島を、一八六九年、北海道と改名し、国内植民地に変えた。早くも一八世紀から、徳川幕府は日本人が外地と捉えていたこの土地を「北方の直轄地」に変え始めた。(14) 明治政府はこの政策を引き継ぎ、資源を利用するために開拓使を置いた。五年後、開拓使は、敗れた徳川方で本州、四国、九州に住む武士を雇い始め、農民兵士（屯田兵）として北海道に定住させた。政府は屯田兵に、片手に鋤を、もう一方の手に銃を持って、開拓のために新しい土地を耕しながら、帝国日本の対ロシア前線を防衛するよう求めた。それからの数年間、七〇〇〇人を超える屯田兵がおよそ四〇の入植地を築くのに貢献した。[15] 一八八六年、明治政府は北海道庁を創設し、国内のどの地域よりも北海道を直接的に統治した。実際、アメリカ占領時代の一九四七年に地方自治法が施行されてようやく、北海道は都道府県の地位を得たのである。しかし、強い地方自治は長くは続かなかった。

一九五〇年、GHQの当初の反対を押し切って、日本政府はソ連の脅威に対する防衛を口実に、そして経済回復の重要課題である開発を理由に、北海道開発庁という形で中央政府の支配を再開した。開発庁は大規模なインフラ事業を取り仕切り、札幌の道庁の職員よりも東京の官僚の意見を優先し、地方自治を妨害した。開発庁は島の天然資源を奪い、防衛力を強化し、本州・四国・九州の人口圧迫を緩和するため、大日本帝国時代の植民地開発政策を踏襲した。[16]

警察予備隊は一九五〇年末に北海道にやってきて防衛と開発の担い手になった。部隊は、全国各地で米軍が去って空いた基地に入ったが、施設は足りなかった。終戦直後、疎開していた人や海外からの引揚者が旧軍の兵舎に仮住まいし、飢えをしのぐために演習場で野菜を育てていた。GHQによる教育改革が実施され、政府は旧軍施設の多くを大学のキャンパスに変えた。かつて基地があった城の敷地を市民の公園に変えたところもあった。朝鮮戦争勃発を機に警察予備隊が設立されると、地域経済の活性化を求める政治家や実業家たちは、地元に基地を誘致するため、東京の政府関係者にロビー活動を開始した。国中で行われたこの活動は、明治時代に地方が軍の基地を誘致しようとした動きと同じだ。たとえば、金沢の当局者は、帝国陸軍基地があった場所

――戦後、「平和町」と改名――に警察予備隊を呼ぶことに熱心なあまり、金沢大学に寄付したばかりの土地を没収し、隊員募集活動に反対する人々の声を押しつぶした。歴史学者松下孝昭《まつしたたかあき》が指摘するように、日本は「軍国主義国家から戦争放棄を理念とする平和国家へと一八〇度の転換」を遂げたが、戦前戦後で唯一変わったのは、地域社会にこうした反対派勢力が台頭したことだけのように思える。(17)

新設の基地は地域経済に即効性と継続性のある効果をもたらすので、再軍備に反対する地元の人々は再建された軍隊そのものには反対しても、基地の誘致に抗議することは難しかった。自分たちの政治的信念と地元のニーズをすり合わせるにはどうすればいいのだろう。北海道北部の内陸にある名寄町は早速そのジレンマに直面した。一九五一年、中央政府が警察予備隊の名寄駐屯について調査中とわかると、地元の商工会議所はそれまで旧軍基地さえ置かれたことのない町の役所に誘致するよう働きかけ、その活動費として二〇〇万円を拠出した。当時の町長池田幸太郎《いけだこうたろう》の回想録によると、彼は警察予備隊の幹部に会うために上京する前夜、反対運動のビラを貼っていた社会党の議員佐々木鉄雄《ささきてつお》に出くわした。池田が佐々木に「予備隊誘致に反対なのか」と訊くと、佐々木は「オレだって名寄の町民だ。町の発展に繋がることに反対するわけがないじゃないか。何と書いてあるかよく見てくれ。予備隊誘致反対とは書いてないだろう。再軍備反対と書いてあるんだよ」と答えたという。(18)このような圧力があったことを考えると、名寄の有権者が数十年後の一九八六年に初めて社会党の市長、桜庭康喜《さくらばやすき》を選んだのは驚きではない。有権者が桜庭を選んだのは彼が党役員と訣別し、警察予備隊を承認したからだった。市長となった桜庭はさらに踏み込んだ。名寄駐屯地の現在の隊員数を維持するだけでなく、増員するよう毎年防衛庁に要望したのである。冷戦が終われば、北海道の戦略的価値も低くなり、望み薄であることは彼も承知していた。(19)

基地を抱えれば経済的な恩恵が得られるとわかっていても、多くの住民は再建された軍隊を喜んで迎えはしなかった。帝国陸軍第七師団が駐屯し、戦前の軍との強い結びつきで知られる「軍都」旭川でさえ、一九五三年に保安隊の部隊がやってきたとき、市民は非常に複雑な気持ちで迎えた。(20) 多くの人々は、再軍備、基地、兵士を必要悪と捉えていた。基地のインフラがすでにあったため、旭川の警察予備隊誘致活動はスムーズに進んだが、部隊がやってきたのは保安隊と改称されてからだった。旭川は、かつての帝国陸軍基地が学校や公園に変えられずに残っていた数少ない町のひとつだった。それから一〇年後の一九六二年、旭川には陸上自衛隊の第二師団司令部が置かれる。警察予備隊は早速好景気をもたらしたが、名寄駐屯地の幹部や隊員たちは、多くの住民が市から数キロのところに設置された駐屯地を渋々受け入れたことに気づいていた。市民の中には、公然と憤りを表明する人もいた。率先して声を上げたのは若者たちだった。一九五二年、高校の近くに予定されていた警察予備隊の施設と隊員向けの歓楽街の建設中止を求める嘆願書に市の高校生の半数以上が署名したのだ。(21) このほかのジレンマの表出には、再建された軍隊を歓迎しながら、自衛隊（と日本）の米軍との同盟に反対し、米ソの冷戦対立に関わってはならないと市民が抗議したケースが挙げられる。一九五四年、北部方面隊が名寄近くの士別で演習を行ったとき、町に掲げられた横断幕にその感情がうかがえる。そこには「歓迎　日本中立軍」と書か

れていた。(22)

徐々にこの種のジレンマは薄れ、抗議も減っていった。左翼——たとえば、市職員の組合の若きリーダーで、一九六〇年代に政界に進出した未来の名寄市長、桜庭——は相変わらず原則として自衛隊に反対し、一九七〇年代前半、地対空ミサイル「ホーク」などの新兵器を地元の基地に配備することに反対していた。しかし、左翼系の人々が基地や隊員を直接批判するのは事実上不可能だった。その頃までには、名寄に限らずどこの基地の町でも、自衛隊員はその社会経済的構造に組み込まれていたからだ。町や市の人口のかなりの割合を現役自衛官や退職自衛官とその家族が占めるようになっていたため、基地や隊員を批判すれば、隣人の悪口を言うことになりかねない。自衛隊員がハイブリッド——兵士であり住民でもある——であるという実状は、彼らが属する組織の批判や、彼らが象徴すると思われるイデオロギーの批判を未然に防いだ。特に名寄のような住民同士が強く結びついた小さな町や、札幌の南部にある真駒内のような基地に隣接した町ではその傾向が強かった。(23) このような展開は、個人のレベルでの軍と社会の融和をよく表している。

典型的な植民地関係のように、基地の町との交流にはある程度の持ちつ持たれつの関係が必須だったが、主な力は国の手中にあった。軍事組織が基地や飛行場、港の土地を確保するためには地元の役所の協力が欠かせない。名寄のような地方政府は基地から得られる経済的利益を切望するあまり、民間の地主から土地を手に入れ、基本的なインフラを改良してから無料で軍に提供した。地方の役人は陳情やごますりのために、東京へ何度も「朝貢」訪問を行ったと、桜庭は記している。[24] 防衛庁の高級官僚が要望に応える場合は、戦略上のメリットのためだけでなく、北海道開発庁とも相談して北海道の人口を増やし、開発計画を進めるためでもあった。一九五〇年代初期に最初の各基地を開設したあと、さらにどこに基地を設けるかについてはこの裏事情がより濃厚に反映された。最も目立つ例は、一九八八年に再建された美唄駐屯地である。美唄は道央に位置し、札幌と旭川を結んだ線のほぼ真ん中にある。美唄には戦略上の価値はまったくないが、一九七〇年代以降、石炭産業の衰退により、経済的打撃を受けていた。[25]

防衛庁と北海道開発庁の官僚は美唄の大物政治家と手を組み、自衛隊員を呼び込んだ。隊員のほとんどは北海道以外の土地の出身で、戦後の国内植民地化を推し進める役割を担った。たとえば、北部方面隊の幹部は、部下の隊員に北海道の女性市民と結婚を前提にした交際を奨励した。つまり、役人が現役兵士と地元女性の結婚を推進したのだ。結婚相手の女性をなかなか見つけられない兵士を上官が心配するのは前例がないわけではなかった。一九二〇年代初め、帝国軍の人気がいっとき下がると将校は、部下の結婚の見込みを心配した。[26] 政府の役人は民間の結婚仲介者と協力して、傷痍《しょうい》軍人の結婚相手を探した。[27] しかし、軍が地方政府やその他の集団と協力して、軍人一般のこのような問題に対処したことは前例がない。これは戦後初期の数十年間、軍の価値観と軍人が特に激しく嫌われていたことを物語っている。

自衛隊員の結婚仲介が北海道で本格的に始まったのは、一九五九年に自由民主党の町村金五《まちむらきんご》が知事に当選し、一九四七年から続いていた社会党の知事の時代が終わったときだった（一九八三年に復活）。自衛隊、道庁、地域の結婚仲介所が協力して、お見合いを段取りしたり、もっと気楽に参加できるパーティなどを開催したりして隊員と女性を引き合わせた。陸上自衛隊は通常、本州や四国、九州出身の隊員を二、三年間北海道に駐屯させた。数十年にわたって、北海道の隊員の三分の一は九州出身者が占めていた。陸自の最も階級の低い隊員である陸士は一回か二回契約を更新でき、曹〔下士官〕に昇進したら自衛隊に残ることができた。隊員が地元の女性と結婚すれば、指揮官は隊員の北海道勤務を延長できるし、北海道の人口の増加にも貢献できる。北部方面隊にとって同様に重要なのは、隊員と地元女性との結婚や、その家族との親族関係により、地域社会が自衛隊と結びつき、地元での自衛隊批判が弱まるにちがいないと隊の上層部が信じていたことだ。[28] 隊員の個人的な問題にこのように干渉することは、士気を高め、個々の隊員の男性性の意識を高める目的もあった。結婚を勧めることはそもそも簡単にはいかないし、兵士という存在に対するイデオロギー的な反発により、さらに困難な仕事になっていた。[29] このような結婚は、軍と社会の融和のうち最も個人的なレベルであった。

陸上自衛隊の北海道開発への協力には、退職する隊員の再就職を考えることも含まれていた。一九五〇年代半ば、防衛庁は北海道開発庁と協働して、退職する隊員とその家族を道北と道東の新規開拓村に送り込んで定住させた。この計画は野心的で、無謀でさえあった。一九五六年に退職する隊員を三〇〇名募り、最初の移住集団とする計画だった。[30] 明治初期の開拓使を復活させるにあたり、今度もまた本州の人口過密を危惧していた政府は、北海道移住と農地開拓を合わせて推進した。中央政府の官僚は、これら除隊者が一九世紀の屯田兵を手本に、長い冬と短い耕作可能期間を克服して生計を立てていくよう期待した。政府は経済的支援と農業実習を行い、地元の陸上自衛隊施設科に開拓地までの道路をつくらせた。しかし、問題はアクセスではなかった。申込者が当初の目標人数に達しなかったのだ。地元の女性と結婚した数名を含め、わずかな除隊者しか集まらなかった。(31) 数年のうちに農場での生活は破綻し、集落は消滅した。(32)

防衛庁と北海道開発庁はまた、除隊者を地元企業に紹介して定住を促した。一九六三年、町村知事は四〇〇人を超える雇用者と提携し、その一年前に設立された全国組織の支部として北海道自衛隊除隊者雇用協議会を設立した。(33) どの当事者もこの提携の恩恵を受けた。自衛隊は除隊者の就職先を確保できた。道と開発庁は能力のある人材を確保でき、人口を増やすことができた。雇用者は除隊前の隊員に働きかけないという条件で、除隊予定者を紹介してもらうことができた。除隊者が社会の中で増えるにつれ、自衛隊への世間の支持も増えた。このような取り組みは一九六〇年代、国中で行われた。(34)

一九五〇年代半ばから設立され始めた自衛隊の政治とビジネスに協力する団体も、世間の自衛隊支持を増やす試みのひとつだった。防衛庁とその協力者が最初につくった団体が自衛隊協力会と防衛協会である。この二つの団体の設立の目的は、国防と隊員募集活動を支えることだった。一九五四年に制定された自衛隊法により、すべての自治体に地域の自衛隊員募集活動に協力する義務が生じた。実際には、地方自治体は募集について広報し、興味を持った人を誰でも自衛隊に紹介することになった。加えて、一部の地方自治体はこの連携の事務処理作業も担った。一九六八年までには、自衛隊の支持者は全国の市町村に一〇〇〇近くの支部を設立し、その会員数は五〇万人に迫っていた。(35) これらの支持者団体の下部組織に婦人部や少年部があった。

一九六四年、札幌につくられた日本初の自衛隊協力少年部は「愛国心、愛民族心」の高揚を目指した。[36] その七年前の一九五七年には、「隊員の福祉を考える」支援組織、自衛隊父兄会がつくられ、その「地方支部は隊員の見合い結婚に協力し、親族が遠くの駐屯地を訪問するときの手配を行い、隊員の声を録音して故郷のラジオ局で流し、退職する隊員の再就職を支援し、隊員の家族の個人的問題に手を貸した」。あるアメリカ大使館員は一九六〇年に、父兄会が「民間人と自衛隊の橋渡しをする重要な役割を担っている」と報告している。[37]

防衛庁と自衛隊は除隊者団体の設立にも協力し、同団体は社会の自衛隊支持を増やすのに貢献した。警察予備隊や保安隊の除隊者の団体は、すでに一九五三年からつくられていた。やがてそれらの団体がひとつにまとまり、一九五九年に隊友会が発足した。第一章で言及した警察予備隊の矛盾を抱えた隊員、入倉正造は一九五八年に札幌に転属になり、北部方面隊の広報宣伝部に入った。防衛庁が北海道の協力会創設を優先して、東京大学出身の佐々木正展《ささきまさのぶ》を自衛隊地方協力本部に送り込んだことを覚えている。[38] 佐々木はほとんどの時間を地元の実業家や政治家、地域社会のリーダーとの交流に費やし、毎晩のように彼らと酒を飲んでいたため、いつも酒臭かったと入倉は当時を振り返っている。[39] 当然、このような努力は国中で行われ、軍と社会の関係次第で程度は様々だった。あるアメリカ大使館付陸軍武官は、隊友会が「自衛隊と様々な民間のコミュニティーを近づける有効な手段になる」と報告している。[40]

自衛隊はまた、「国防の必要性」を国民に周知することを目的とした旧軍兵士の団体からも支援を受けた。郷友連盟をはじめとするこれらの団体は、自衛隊の指揮官がアマチュアだと非難したり、志願制に反対したりした。このような批判があるうえ、自衛隊の除隊者が旧軍ともその価値観とも距離を置くことを望んだため、戦前と戦後の軍隊の退役軍人あいだに親しみが生まれるのは難しかった。この緊張関係は今も続いており、二〇〇二年に私が郷友連盟の会長にインタビューしたときにも、はっきりうかがえた。隊友会とは違い、郷友連盟や他の旧軍将校の団体——特に、偕行社と水交社（それぞれ帝国陸軍と帝国海軍の親睦団体）——は政府の補助金を受け取らない方針であるため、政治に関わることができる。[41] 一九六〇年、日本学者アイヴァン・モリスは、当時の右翼の政治活動を詳述した研究書を刊行し、そのなかで隊友会は「降伏前の元兵士の関連団体のように回顧的ではまったくない」と論じている。[42] 彼の主張は、それら戦前と戦後の退役軍人団体の方向性を的確に捉えている。

確かに、自衛隊関連団体の性格と影響力は旧軍関連の団体のそれとは異なるが、これらの団体のイメージと活動の一部は似ている。帝国日本では、これらの団体は社会学者河野仁や歴史学者リチャード・スメサーストがそれぞれ論じた「総動員機関」や「戦前日本で軍国主義を支えた社会基盤」を形成した。[43] 戦前から戦後への連続性はあるが、一部の人や価値観を除いて、時代は変わった。自衛隊の支援団体の主な構成員は、地元の自民党議員や町内会の役員のほか、自衛隊の契約や援助、施設利用に依存している企業経営者やスポーツ団体の指導者が占めていた。アメリカ大使館の職員が述べたように、彼らが与える影響は大きかったが、彼らの先人ほどの影響力は持たなかった。政治学者ピーター・J・カッツェンスタインが記したように、戦後の自衛隊支援団体は組織としては充実していたが、その支援は限られていた。[44]

一九七〇年代、政府は軍と社会との関係を強化する政策を追加した。高度経済成長の一〇年のあいだに、多くの自治体は自衛隊依存を減らしていたため、防衛庁は基地を抱える自治体と自衛隊との結びつきを強めるために、直接的な経済援助を開始した。一九七四年、防衛庁は自衛隊や米軍基地を抱える地域に委託あるいは自由裁量の補償金を分配した。支払いの名目は、軍の活動に付随する騒音やその他の被害に対する迷惑料だった。さらに防衛庁は地元の支持も増やしたがっていた。航空自衛隊基地を抱える千歳や、陸上自衛隊の実弾射撃訓練が実施される別海などの北海道の自治体は、主に公共施設の改善に使う巨額の補償金を得た。名寄の駐屯地には小規模の射撃訓練場しかなかったので、二〇世紀最後の数十年間に市が受け取った迷惑料は市の年間予算のおよそ一パーセントに過ぎなかった。しかし、駐屯地があるために名寄市が受ける経済への間接的な恩恵は、消費活動や、人口に基づいて算出される中央政府の補助金を合わせると予算の二〇パーセントに近かった。そもそもこの政策を打ち出した防衛庁の狙いは、基地反対の気運が生まれるのを抑え、基地に最も密接に結びつく地元の支持を増やすことだった。[45] これらの報酬は、地元の公共事業や他の財政投入から利益を得ていた地元の政治家や大企業の、以前からある自衛隊支持を確実にした。この報酬の重要性はあまりにも大きく、カッツェンスタインやノブオ・オカワラは、これらの資金が「独自のタイプの政治を生み出す地域福祉共同体」をつくったと論じている。[46] そして地域は経済的依存をやめられなくなった。この軍と社会の融和が進むあいだ、社会の一部は他よりも多くの恩恵を受け、そして社会に深く浸透した軍の防衛アイデンティティはその階層に受け入れられた。もちろん、金がものを言うわけだが、冷戦初期の数十年間、それとは別の社会層を対象としたソフトな別の戦略により、この融和と受容は勢いづいた。

「防衛基盤の育成」——自衛隊のアウトリーチ

一九六〇年代の自衛隊教養資料には「広報は自衛隊の戦術行動の一つであり、心理戦の理論技術が適用される」と書かれている。(47) この断定的記述から、自衛隊が世間から愛されるにはどうしたらいいか、幹部らが真剣に考えていたことがわかる。特に指揮官たちは、万が一、また戦争にでもなれば、地上部隊は一般市民の支援と協力を必要とするであろうし、狭い範囲の脆弱な支持基盤では心許ないと考えていた。とりわけ一九六〇年代に好景気に恵まれると自衛隊を志望する人が減り、募集担当者が毎年目標数を達成できなくなったことも頭痛の種だった。そのうえ、自衛隊は合憲か違憲かを争う裁判を左翼が何件も起こしていた。裁判の多くは、近所に自衛隊がいるのが気にいらないとか、自衛隊の存在についてイデオロギー的敵意を持つ一握りの市民が起こしたものだった。裁判報道により、自衛隊の合憲性が疑われていることが一般に知れ渡った。アメリカの当局者によると、さらなる懸念は、一般市民は自衛隊が「ずっとここにいる」ことは受け入れたが、自衛隊に「ほとんど関心がない」ことだった。(48) これらの国内の敵と闘うために、自衛隊は防衛庁の指揮の下、アウトリーチ活動を戦略的に展開した。その目的は軍と社会の融和に役立つ「防衛基盤の育成」だった。

一九五〇年代後半の防衛庁の広報活動は、第二次世界大戦後にアメリカが確立した広報の手法を採用したものだ。社会学者のオーリス・ジャノヴィッツは、アメリカの民軍関係を取り上げたその先駆的な研究書『職業軍人』〔原題 *The Professional Soldier* (1960)〕で、アメリカ軍の中に生まれた「新しい広報」と彼が名付けたものについて説明している。どの軍種も「内部の告知活動」と外部の「広報活動」の両方に従事させる数百名の専門の「広報担当官」を雇い、「広報は特別な軍務になった」と彼は記している。「新しい広報では、軍事組織のすべての人員を非公式のスポークスマンに変える必要がある。兵士の振る舞いやマナーが、世間が抱く軍のイメージの基本となることを、軍のマネージャーたちは知っているからだ」とジャノヴィッツは論じる。また、軍事基地の一般公開は支持され、世間との「温かい関係」を育むために「兵士の妻まで動員された」とも記している。[49] 次に取り上げるように、自衛隊は一九五〇年代後半からこれらの戦略の多くを模倣し始めた。[50]

自衛隊とその隊員は、投票以外の政治的活動を法律で禁じられているため、一般市民に理解され、興味をもってもらうためには政治的主張以外の方法を見つけなければならなかった。一九五〇年代にアメリカ軍の将校として陸上自衛隊の顧問を務め、退役後、大日本帝国軍を研究する歴史学者になったレナード・A・ハンフリーズは、一九七五年に次のように記している。「自衛隊は(その設立以来)できるだけ目立たないようにしてきた。人数も多く、かなり巨額の予算を持っているにもかかわらず、政府官僚機構におけるその無害で完全に非政治的な役割を従順に受け入れてきた」。[51] ハンフリーズの意見は真実であり、また真実ではない。隊員はある程度、戦略的問題にもとづく議論をすることはできるが、政治と安全保障のあいだのラインは非常に細く、特に戦後初期の数十年間、これは隊員にとって難しい領域だった。政治は、民間人の味方に、なかでも自由民主党の政治家に任せておくのが最も無難だ。その代わり、自衛隊幹部は目に見える明るいイメージをつくり、直接市民と交流する方法を探ることに集中した。非常に慎重にではあるが、自衛隊が注目される機会を増やした。その方法は大きく分けて二つある。第一に、本来の防衛の領域以外でも、自衛隊が社会にとって不可欠だという印象を浸透させるため、国防とはほとんど、あるいはまったく関係のない活動を開始した。第二に、自衛隊のリーダーは自衛隊の防衛の役割を強調し、その役割を果たせるだけの能力を備えていると訴えた。この二つの戦略が目指すのは、支持者からも批判者からも日陰の軍隊と呼ばれていた自衛隊の可視性と注目度を増やすことだった。

自衛隊の非軍事的な活動で最も目立つ活動といえば、間違いなく災害派遣である。第一章で述べたように、吉田首相は警察予備隊に対して積極的に災害救援を行い、国民の「敬愛と支持」を集めるよう指示したが、まさにその指示通りに、戦後再建された軍隊は社会の容認を得ることを目的として災害救援に従事したものの、隊自らが宣伝目的でこの活動を大声で自慢することは憚《はばか》られた。自衛隊にとって幸いなことに、災害派遣は雄弁で、自然災害は断然、報道価値があった。すでに述べたように、警察予備隊も保安隊も、台風や洪水の被災者を助けるために幾度も出動した。

一九五二年、警察予備隊が保安隊に改編され、一九五四年に陸上自衛隊に再改編されると、災害派遣は自衛隊の既定の任務になった。一九五四年の自衛隊法は「都道府県知事その他政令で定める者は、天災地変その他の災害に際して、人命又は財産の保護のため必要があると認める場合には、部隊等の派遣を長官又はその指定する者に要請することができる」(52)が、緊急を要する場合は、要請を待たずとも部隊を派遣することができる[53]と定めている。最初、陸上自衛隊は率先して出動し、都道府県知事らは災害のたびに救援を求めるようになっていた。指揮官たちは、自衛隊法をできるかぎり広く解釈し、大規模災害だけでなく、人命や財産を脅かすものを広く捉えた様々な場面で出動できるようにした。自衛隊が安易に出動しすぎると言って左翼が抗議することもあり、そのため、すべての手続きが完了するまで指揮官が出動をためらうこともあった。[54]

それでも、愛される組織を目指して自衛隊は災害派遣を広義に捉えた。陸上自衛隊は遭難した登山者の捜索救助や、離島などの遠隔地から救急患者を航空機で病院へ運ぶ〔急患輸送〕などの任務を行っているが、多くの諸外国ではこれらの任務は警察や他の政府機関の管轄になっている。一九五一年から一九六〇年まで、自衛隊は火災関連の緊急事態に四七六回出動し、水害関連の事態に二二九回、その他の事態に三五三回出動した。そのうち、最多の北海道の出動は二〇八回を数え、二番目に多い県のおよそ四倍である。[55] 一九五五年、名寄の郊外に常駐していた陸自の隊員は、自分たちの駐屯地も浸水していたにもかかわらず、住民の救出に出動した。一九六〇年六月にはポリオに感染した子供を防災ヘリで旭川の病院へ運び、別の駐屯地の部隊が炭鉱の町、夕張でポリオの流行を抑えるためにＤＤＴを散布した。[56] 陸自は特に農村部で貴重な役割を担った。病院がない過疎地へ定期的に医官を派遣し、そこの住民が健康診断や他の医療を受けられるようにした。たとえば、自衛隊の医官は一九六六年、北海道にある二六の町村で二三〇〇人の診療に携わっている。[57]

その結果、災害救出活動は、自衛隊が社会的責任と感じる任務の中心になった。そのような活動に従事することは、以前から日本を観察していた者から見れば驚きだった。占領期とその後の数年間、日本に勤務したジェームズ・H・バックは「言語と地域研究の研究者になり、一九四〇年以来、米軍将校として初めて日本の部隊（陸上自衛隊第一二普通科連隊）に所属した」。彼は一九六五年「西日本で台風シーズンの三か月近く、軍人が転用されることに」驚いた。「私から見れば、これは主な任務の訓練とはかけ離れた異常な転用だった。しかし、日本人から見たら、この活動は適切であり、間違いなく、その特定の地域で自衛隊の好感度を大幅に上げることに貢献した」と記している。さらに「イデオロギー上の位置づけに関しては……（自衛隊は）その前身とは根本的に異なっている。規定された任務と法的地位についても同様だ。自衛隊が戦後日本の社会の中心的価値観を反映すると同時に、それらを強化していることは、あらゆる兆候が示している」(58)と結んでいる。バックの主張はそのまま、軍と社会の融和のプロセスから生まれた陸上自衛隊の、冷戦期における防衛アイデンティティの形成の説明になっている。

　最初の一〇年間に自衛隊が災害派遣を通してどれくらい変貌したか、旧軍とは違う役割を担ってどの程度差別化を図ったかは、一九五九年九月の伊勢湾台風の時のやり取りが物語っている。知事の要請を受けて地元の旅団が即座に出動した。増援が必要だとわかると、防衛庁長官赤城《あかぎ》宗《むね》徳《のり》は一万人の追加派遣を命じた。ところが元旧軍将校だった陸上幕僚監部の一人が「災害派遣は（陸上自衛隊の）主たる任務に含まれない」と言って異議を唱えた。それに対し、警察官から転身して一九五〇年に警察予備隊に入隊した幕僚副長大森寛《おおもりかん》が「自衛隊の務めは直接的、間接的侵略から国や国民を守るばかりではない。災害時に国民の生命を守ることも自衛隊の重要な任務である」と反論した。[59] 災害派遣の一〇年は、自衛隊の任務をどう定義するかについて明らかに影響を与えた。活動を通して隊員は使命感と専門性を習得し、緊急事態に出動できる態勢を整え、それにより災害派遣が自衛隊のアイデンティティに含まれるという感覚が強まった。結局、伊勢湾台風は過去最大規模の出動となった。史上初めて、災害対応のために陸自とともに海自、空自も派遣され、米軍も救援に駆けつけたのである。[60]

災害対応で陸上自衛隊への依存が高まると、一部の指揮官にとって不甲斐ないことに、市民は自衛隊の災害派遣をその軍事力よりも高く評価していることが世論調査で判明した。多くの人々は、アメリカの核の傘により日本の安全はおおむね保証されていると考えていた。たとえば、北海道の住民でソ連の侵攻を本気で恐れている人はもうほとんどいなかった。そこで、国防のために自衛隊は必要だろうかと彼らは考えるようになった。それでも、指揮官たちは自衛隊の専門性を生かせる機会を歓迎し、賞賛されることを喜んだ。だが、時には要請に反発した。たとえば、一九六四年二月、帯広に本部を持つ第五師団は、特別の場合を除いて、今後は出動要請をお断りする、と声明を出した。どうやら、地元の病院が交通事故があると献血のために隊員の出動を要請していたらしい。「電話一本でラーメンでもとりよせるような」要請の仕方に隊員から不満の声があがり、帯広にいまだ血液バンクがないのは自衛隊に頼めばいいという安易な気持ちからだという意見も出た。[61]

陸上自衛隊の土木工事も大いに期待された。自然災害への対応とは違い、このような活動は旧軍でも前例がなかった。もちろん旧軍にも工兵部隊はあったが、仕事はもっぱらインフラの構築であり、建物や道路、水路など、副産物として公共に資することがあったとしても、本来の目的は軍が利用するためだった。[62] 戦後の軍隊はそうではなかった。自衛隊の土木工事の多くは、自衛隊の物理的インフラの改良と一切関係なく行われた。陸上自衛隊の幹部は、アメリカ陸軍工兵司令部とその巨大な公共事業を手本にはしなかったようだ。自衛隊はそれより小さな、もっと差し迫った要望に応え、地域社会との良好な関係を築くきっかけになればと願っていた。一九五三年から一九五九年までに、自衛隊は国中で一一九三の土木関連活動に従事した。[63] 道路や橋の建設や修復、整地、除雪作業、通信線敷設を担い、陸上自衛隊が正式に一九五八年に発足させた地区施設隊は、知事と国民のお気に入りになった。防衛庁の概算によると、一九五三年から一九五九年まで、一二〇〇件のこのようなプロジェクトに「自衛隊は延べ八〇〇万人日分の労働を提供した」。[64] さっぽろ雪まつりでは、自衛隊の会計担当は、労賃を一円も請求せず、物品と燃料の実費を請求しただけだった。[65]

北部方面隊は北海道開発庁や道庁、地方自治体と協調して、このような事業にたびたび加わった。一九五七年度の七四の主な道路建設のうち三四は北部方面隊の施設部隊が行った。[66] 北海道は公共事業を完了するために北部方面隊に大きく依存し、国全体で自衛隊が従事した事業のうち、かなりの部分を北海道が占めている。[67] 北海道開発庁の事業が主要都市と結びついていたのに対し、北部方面隊の事業は大小問わず、特定の市町村や地域住民に恩恵をもたらしていた。[68] 自衛隊の貢献は特に地方自治体で評価された。なかでも道民は除雪作業のための陸上自衛隊の機械化に感謝した。一九五三年に保安隊が初めてブルドーザーを配備したとき、名寄町の役人や住民の多くは大いに喜んだ。(69) それから三〇年間、陸上自衛隊と北海道開発庁は名寄の道路の除雪作業を分担した。第一一師団の施設大隊の元隊長久保井正行は九州出身でその職業人生の大半と引退後を北海道で過ごしたが（第一章にも登場）、出動要請の数に圧倒され、次から次へと処理に追われたことを覚えている。(70) 一九五〇年代と六〇年代、自衛隊は官民問わず、ブルドーザーや地ならし機、クレーンを所有する数少ない組織のひとつだったため、建設事業に協力しても民間企業と競合することはめったになかった。特に北海道のような辺境の地ではそうだった。北部方面隊は一九七〇年代初めに札幌の民間建設会社が参入し始めたとき、その種の仕事を引き受けるのをやめたが、名寄のような僻地《へきち》では二一世紀になっても相変わらず引き受けている。(71)

陸上自衛隊は農業支援も行ってきた。好景気で農村から都市に人口が流出し、特に北海道や東北の農家が人手不足に陥ると、自衛隊は田植えや稲刈り、ビーツや他の作物の栽培や収穫を手伝うために数千人の隊員を派遣した。すでに述べたように、旧軍の地方の指揮官は地元の農家の田植えや稲刈りを手伝わせるために、定期的に兵士を派遣していたが、その活動は一九六〇年代の陸上自衛隊の活動と比べると、見劣りがする。最初、陸上自衛隊はそのような作業に自ら志願した隊員と勧誘に応じた隊員だけを派遣していた——一九六五年の時点で五万人。しかし翌年には要請が急増し、個人の意思にかかわらず、部隊の全員を派遣せざるを得なくなった。(72) 隊員には農家の次男三男が多く、農村の要請に理解を示し、そうした活動に賛同していたようだ。実際、隊員らは職を求めて都会に出て行った若者の穴を埋めるわけだが、彼ら自身もその若者の一人かもしれなかった。自衛隊の指揮官は農業支援を「国土を守るための〝災害派遣〟」として正当化

【3.2】1967年6月2日、羊蹄山の近くで田植えを手伝う隊員たち。カメラの方を向いているのは地元農家の女性。この写真は6月25日の〈あかしや〉の1面に掲載された。1960年代、同紙は農業支援に派遣された隊員と地元の農家の女性との交流を捉えた写真を数多く載せたが、これはその代表的なもの。北部方面隊の許諾を得て使用。

し、これは隊員募集活動と地域の支持を集めるのにも貢献した。(73)

無料の支援は人手不足で困っていた農夫の心をつかみ、その娘たちのハートを射止め、自分の村に派遣された隊員と結婚した女性も多かった。この思わぬ副次的効果に、自衛隊の指揮官や地元の支持者たちはもちろん喜んだ。北部方面隊の機関紙〈あかしや〉（第二章で紹介した防衛大の社交ダンス同好会の名前と偶然にも同じ）は、隊員と地元の女性が田んぼで並んで作業し、休憩中、親しげに会話する写真を載せている（図3.2）。

一九五〇年に入隊し、北海道に配属された入倉はそこで広報部に入り、一九五八年から一九七七年まで

〈あかしや〉の記者と編集者を務めたが、彼や他の同僚が隊員の士気を高めるとともに、恋愛と作業参加を推進するために、あえてそのような写真を撮り、掲載したことを認めている。同様の光景は北部方面隊の新聞二紙の漫画に描かれている。両方とも一九六九年の同日に掲載された。[74] 一つは、帯広連隊の機関紙〈かしわ台〉に載った、田植えの厳しさを伝える漫画だ。作業の初日、隊員が作業を「おもしろいですね」と言うと、彼の傍らで腰をかがめて田植えをしている豊満な体型の農家の女性は「そう?」と驚く。三日目、常に腰をかがめる作業のせいで隊員は腰痛に苦しみ、仕事が終わる五時が待ちきれない。そして最終日、過酷だった作業にも慣れて、腰痛も消える。[75] 二つ目は〈あかしや〉に掲載された漫画で、隊の司令や、おそらく隊員の何人かが願い、人によってはその願いを叶えた結果が描かれている。隊員と村の女性が互いに一目惚れし、苗を植えながら徐々にそれぞれの集団から離れて近づいていくのだ(図3.3)。[76] この漫画は自衛隊が目指し、戦後の軍隊としてある程度達成した軍と社会の融和を象徴している。かつて離れていた軍と社会が変化の過程で徐々に近づいていくのだ。

農作業のように恋愛が生まれる機会は少ないが、それより魅力的なのが陸上自衛隊のイベント協力である。北海道では、隊員はひんぱんに地域や国の競技会のためにスキー場や他の施設を整備し、国中の部隊が一九五〇年代以降、スポーツ・イベントに協力している。土木作業支援同様、スポーツ・イベントなどの輸送支援は前代未聞だった。第四章で述べるように、旧軍は兵士のスポーツ参加にほとんど関心を払わず、ましてやスポーツ・イベントへの支援にはさらに無関心だった。陸上自衛隊はそうではなかった。このような活動は、次章で取り上げる一九六四年のオリンピック東京大会に協力するにあたり、予行演習になった。一九七二年の冬季オリンピック札幌大会の規模はそれよりはるかに小さかったが、陸上自衛隊はこの大会の成功にも大きな役割を果たした。[77] 数十年も関わってきたため、自衛隊はスポーツ協会の幹部やその活動に関わる人々のなかに強力な友人を得た。[78]

これらの民生支援活動を通して、陸上自衛隊とその支持者は、社会あるいは少なくとも社会の特定の分野が自衛隊なしでは成り立たないことを広く伝えようとした。この戦略は、未来の名寄市長、桜庭の経験が物語っている。札幌でも北海道の他の地域でも、自衛隊は名寄雪まつりの中心的な役割を果たしていた。それどころか、このイベントは名寄の北部方面隊の部隊が一九五九年に駐屯地公開として始めたものだった。五年後、イベント会場は街中に移ったが、隊員は雪像をつくり続け

【3.3】この「番外くん」は1969年6月1日の〈あかしや〉に載った漫画。1、指揮官が「援農（農業支援）」の10訓を伝え、2、隊員たちは村人に挨拶する。3、番外くんと村の女性がどうやら互いに一目惚れしたらしい。4、二人は苗を植えながら、いつの間にかグループから離れて互いに近づいていく。北部方面隊の許諾を得て使用。

た。一九七〇年、駐屯地の隊員の多くが演習で市を離れることになり、主催者は祭りの中止を決断する。これに対し、組合書記長桜庭とその仲間たちは「市民の手による雪像展」をスローガンに運動を開始し、地域の六団体の協力を得て、ミニ雪像大会を開催した。自衛隊のように巨大な雪像ではなく、手始めに子供が好きな滑り台や迷路をつくった。およそ一万五〇〇〇人が訪れ、イベントは大成功だった。ところが、その後まもなく、桜庭は商工会議所の所長の事務所に呼び出され、北部方面隊がいなくては退屈な冬になることを名寄の人々に知ってもらうよい機会だったのに、それをぶち壊したと叱責された。(79) 皮肉にも、桜庭の試みから、自衛隊は子供にとってもっと魅力的なイベントにすることを学び、以降、滑り台や迷路が毎回つくられるようになった。(80)

陸上自衛隊が担う民生支援活動はもちろん支持を集めたが、批判も浴びた。右派を含め様々な政治的色彩の人々が、自衛隊は税金泥棒だとか、税金の無駄遣いだとか、陸自は他にすることがないからアウトリーチに励んでいるのかと疑問を呈した。労働組合の幹部は自衛隊が仕事を奪っているとして責めることもあった。左派の一部は、自衛隊はこれらの非軍事的任務に非常に長けているのだから、もう刀を鋤に鍛え直して、国民と財産を守り、農作業を手伝い、土木工事を行う組織にしたらどうかと提案した。一九五九年、社会党は自衛隊を認めたが、合憲の防衛軍としてではなかった。代わりに、自衛隊を「平和国土建設隊」とする改革案を出した。(81) 支持者が自衛隊の民生支援活動を賞賛すればするほど、その思いとは裏腹に、批判者の主張を補強する材料に使われる場合もあった。一〇年前、時の首相吉田は、国民の自衛隊支持を増やすために災害出動を奨励したが、今ではそのために国民が自衛隊の主たる任務を忘れるのではないかと危惧していた。「災害出動は自衛隊の任務の一つではあっても、それは決して自衛隊存在理由の本筋ではない。このことが、忘れられ勝ちとなりはせぬかを、私はむしろ恐れるのである」。[82] 災害派遣と土木工事を担う組織になったとの批判をかわし、国民にその本来の意味と主要な任務が国防であることを思い出させるため、陸自の幹部は、これらの活動はすべて防衛訓練として不可欠であると主張した。たとえば、侵略軍に抵抗する必要に迫られた場合に備え、食物栽培のノウハウを知っておくことは大切だと農業支援を正当化し、雪像づくりは暖かい地方の出身の隊員にとって最適な冬季訓練の機会だと主張した。[83] この言い分は、少々逆説的である。なぜなら、自衛隊は軍事的性格を覆い隠すために、「戦車」を「特車」と呼ぶなど、婉曲的な表現を用いていたからだ。

信頼される防衛軍になるために

逆説的になるが、自衛隊の指揮官が初期に国民の支持を得るために採用した二番目の戦略——国防軍としての信頼を充分に得ること——は、自衛隊が確かに軍隊であること、あるいは少なくとも頼りになる装備も充分な防衛軍であるという実態を強調することだった。歴史学者の佐々木知行は、「ほとんどの国の軍隊の存在理由が外敵と戦うことであるのに対し」、再軍備反対派の批判により「自衛隊はそれを存在理由にすることができない」と述べている。[84] しかし実際には、自衛隊がひんぱんに発するメッセージは、強い防衛力こそ平和の最大の保障であるという、ひとつの現実主義的見方だった。自衛隊の指揮官たちは隊員がもっと表に出て、もっと世間と交流すれば、国に悲劇と屈辱をもたらした過去の軍国主義者ではないことを理解してもらえるはずだと考えた。自衛隊は旧軍の負の遺産と戦うだけでなく、GHQと日本政府の首脳部が警察予備隊、保安隊、自衛隊と呼びながら軍隊を創設したその欺瞞とも戦っていた。さらに多くの国民が防衛軍としての自衛隊の存在意義を疑う根拠となっている米軍のプレゼンスとも戦わねばならなかった。国民の多くは、日米安全保障条約によりアメリカが日本を守るので、直接的に、あるいは差し迫って国の安全が脅かされることはないと信じていた。もし本当に攻撃されたら、多くの人々——左翼も右翼も——は、自衛隊に国を守り切る力はないし、防衛に「大きな貢献」さえできないだろうと考えていた。そのため自衛隊、特に陸上自衛隊は税金の無駄遣いと見なされ、ここに軍国主義復活の隙が生じ、それどころか日米同盟と在日米軍基地があるために日本が戦争に巻き込まれる危険さえあった。[85] この複雑な計算により、国民は自衛隊にあまり関心をもたず、自衛隊と隊員は常に葛藤にさらされることになる。

おそらく、国民の関心と支持を集める最も巧妙かつ効果的な方法は、まず音楽で関心を引くことだった。警察予備隊がさっそく音楽隊を設けたのは隊内の式典のためだったが、一九五三年の「さっぽろ雪まつり」で保安隊の音楽隊が演奏したように、戦後再建された軍隊はアウトリーチの手段としても音楽を用いた。一九五〇年代、音楽隊は数少なく、正式な楽団としておおぜいが集まって腕を磨く時間的余裕を持つ音楽隊はさらに少なかった。マーチングバンドは自衛隊の他の集団よりも、物議を醸したり反対されたりすることが少なかった。音楽隊の隊員は制服を着て、ポピュラー音楽を主に演奏し、たいてい締めくくりに馴染みのある（戦前の）行進曲か、新しい軍隊行進曲を一曲か二曲、演奏した。自衛隊の演奏会はいつも無料だった。しかも、コンサートがめったに開かれない国中の僻地をまわった。防衛庁の概算によると、一九五九年だけで陸上自衛隊中央音楽隊の演奏を聴いた人は三二〇万人にのぼるという。(86) 地方の音楽隊の演奏を含めれば、その人数は数倍になるはずだ。北部方面隊音楽隊は同年、二〇三回のイベント出演という偉業を達成している。(87) 自衛隊の音楽隊は現在でも無料の演奏会を行っている。

陸上自衛隊は注目される機会を増やすために、パレードや行進も利用した。一九五〇年代、六〇年代は、少なくとも年一回、地域本部の近くでパレードを行っていた。これは、国民の支持を集める方策の一環として警察予備隊の時代に吉田首相の指示で始まった。吉田は回想録に、自衛隊に災害救援活動に参加するだけでなく、「東京などのような都会地で、堂々と街頭行進をやって、若い青年などに憬《あこが》れの気持ちを抱かせる。そういった案も考えた」と記している。(88)
一九五一年八月一〇日、警察予備隊は創設一周年記念のパレードを国中で行い、その後、毎年秋に保安隊設立、陸上自衛隊設立を祝うパレードが行われた（図3.4）。保安隊が設立された一九五二年の翌年一〇月一五日には、装甲車両が銀座の町に繰り出した。ある写真には、一台の車両のフロントバンパーにはまだＮＰＲＪ（National Police Reserve Japan）〔警察予備隊の英語名〕の文字が残っているのが映っている。(89)

一九五四年に自衛隊が設立されてからは、一一月一日の自衛隊創設記念日に合わせて毎年国中で観閲行進が行われるようになった。東京では、防大生、隊員、兵器の列が午前中、明治公園周辺を観閲行進し、首相、自衛隊幹部、外国の高官、国民にその姿を披露した。午前中の観閲式のあと、この大がかりなショーは東京の中心からはるか遠くへ広がった。数百台のトラックや兵器、

【3.4】1953年10月15日、保安隊発足1周年を記念するパレードに加わり、日比谷を行進する練馬駐屯地の隊員たち。朝雲新聞社の許諾を得て使用。

戦車が四方向に分かれて出発し、朝霞駐屯地、練馬駐屯地、陸自の本部市ヶ谷に帰るためにそれぞれのルートを進んだ。(90) 場所とイベントにもよるが、必ずしも全ルートで交通規制が敷かれることも、多くの見物人を集めることもなかった。しかし、多くのパレードは轟音とともに進む戦車部隊で締めくくるケースが多いようだった。

同じ日、日本各地でパレードが行われた。札幌での理想のルートは、市の中心部を東西一三キロにわたって貫く大通公園に沿って進むルートだった(図3.5)。陸上自衛隊はどんな武器を装備しているかいないかを世間に示そうとするかのように、少しもためらわず兵器を披露した。農村部を無視することもなかった。道東の別海では、演習場へ移動する際、遠回りしてでも農村部を通り、なるべく人目に触れる機会を増や

【3.5】1964 年 11月1日、陸上自衛隊の北部方面隊創設 14 周年を記念するパレードで、札幌の大通公園沿いを進むM 4 戦車の列。安保反対の抗議からわずか 6 か月後を含め、1950 年代と 60 年代に、陸上自衛隊は国中でこのようなパレードを実施した。北部方面隊の許諾を得て使用。

した。(91) このようなパレードは一九七〇年代初期まで続けられたが、革新派の知事や市長の反対に遭って自粛し始め、パレードよりも観閲式に重点を置いた行事を駐屯地の敷地内で行うようになった。(92) その頃までには、自衛隊にとってパレードは以前ほど重要ではなくなった。世間の目に触れる機会が増えて国民の支持を増やしていたため、政治的リスクを冒してまで無理に市中パレードを続ける必要がなくなったのだ。

それよりかなり前から、自衛隊は駐屯地の外で一般の人々と交流するだけでなく、中に招き入れて交流する努力もしていた。これらのイベントはおおまかに三つに分類できた。その一つが、一九五〇年代末から一九六〇年代初期にかけて自衛隊が主催したり参加したりした博覧会・展示会である。その際、駐屯地を会場にするケースもあった。たいてい民間企業がスポンサーとして主催するか、防衛庁と共催した。一九五九年九月に仙台で開かれた「平和のための防衛と近代科学博覧会」の開会式で防衛庁の赤城長官が宣言したように、博覧会の目的は自衛隊と「国民との協力関係」を確立する「防衛意識の向上」だった。(93)

博覧会では、自衛隊への支持を増やし、地域住民との協力関係を強めるために様々な戦略が用いられた。これらの戦略は一九五八年夏に札幌で一か月にわたって行われた展示会でも見られた。複数の会場に分かれて開催された「北海道大博覧会」では、北部方面隊の真駒内駐屯地に特設会場が設けられた。隊の上層部はできるだけ多くの人を呼び込もうと工夫を凝らした。彼らは見世物《ショー》の力を理解していた。機関紙〈あかしや〉の記者は「百聞は一見に如かず、自衛隊の現状認識に絶交の会場である」と読者に訴えている。(94) 自衛隊にとって幸いなことに、軍隊であるが故に子供も大人も目をみはる物を数多く所有していた。自衛隊はその活動を紹介するパネルを用意し、広い敷地にジェット機やヘリコプター、戦車、大砲を展示し、パラシュート降下を披露し、脚線美の女性ダンサーの余興を入れた。仙台の博覧会のように、札幌の博覧会も科学と宇宙計画を前面に押し出していた。宇宙計画は、各国間の宇宙開発競争のため世間の高い関心を集め、兵器の恐ろしさを軽減する効果があった。(95)

博覧会の名称も示唆に富んでいる。一九五八年に奈良県で開催された「平和のための防衛大博覧会」の名称、ならびに開会式で鳩を放つなど平和を象徴する仕草は、日本の平和と安全を守るのは強い防衛態勢であると強調し、住民の理解を得ようとする意図がうかがえた。

イベントによっては家族連れや子供をターゲットにしたものもあった。無料でテントで一晩過ごして兵士の野営気分を味わう企画や、「子供の日」のジープ体験搭乗などだ。一九五八年の北海道大博覧会の真駒内駐屯地の様子を映した写真のなかに、数人の子供が隊員二人に見守られながら、M24戦車の上に立っている一枚がある。キャプションはもちろん戦車ではなく「特車」となっている。ヘルメットとゴーグルをつけた一人の子供が12ミリ「ブローニング」重機関銃と思《おぼ》しき武器を構え、別の子供は自分の番が来るのを待っている。(96) 博覧会の主催者は期間中に駐屯地を訪れた入場者数を一九万人と発表した。(97)

二つ目として、火力演習など駐屯地の外のイベントや航空ショーがある。一般市民との交流機会を増やすことを目的とした、博覧会よりはひんぱんに行われるイベントである。これらのイベントは軍事的見世物に、気楽に楽しめる要素を混ぜる場合もあった。たとえば一九六三年、第一一師団は創設一二周年を記念して函館駐屯地でイベントを開催した。土曜日、音楽隊が「市民に対する感謝の夕」で演奏した。地域の自衛隊協力会が日曜の午前、舞踊を披露し、午後は運動会が開かれ、そこでレンジャー部隊が模擬演習を行った。(98) その他のイベントはもっと真剣だった。一九六二年、第一一師団は札幌の豊平河畔で演習を一般公開した（図3.6）。川の土手や橋の上に集まったおよそ六万の観客が航空自衛隊のジェット機二五機による展示飛行、大砲や戦車の展示、歩兵の火力演習を見物した。(99) これらのイベントは、国の防衛を担う組織である自衛隊の注目度を上げるために企画された。この種のイベントが一九五九年に推定四〇〇万人の観客を集めたと、主催者側は誇らしげに伝えている。さらに、女性や子供の数が増え、観客の半数近くを

【3.6】1962 年の夏、札幌の豊平川の河原で演習を披露する陸上自衛隊北部方面隊第 11 師団。戦車パレード、航空自衛隊のジェット機 25 機による展示飛行を含むこのイベントには 6 万人の観客が訪れ、その一部は川の対岸に写っている。写真左奥の藻岩山の位置から推測すると、場所は川に隣接する真駒内駐屯地のすぐ外のようだ。北部方面隊の許諾を得て使用。

一〇歳から四〇歳までの女性が占めたと付け加えた。自衛隊はこの割合に特別な関心をもった。なぜなら、最も熱烈に平和主義を訴える人々の多くは女性で、若者の自衛隊入隊を成功させるためには、母や姉の支持が必要だと思ったからだ。(100)

一九六三年、さっぽろ雪まつりと並行して北部方面隊が真駒内で雪まつりを開始したのも、一般市民を駐屯地内に招くための戦略の一環だった。このイベントは、祭りに先立って隊員が裏方として雪を運び、雪像をつくるだけではなかった。見物客として駐屯地内に足を踏み入れた地域住民は、隊員と交流し、以前より自衛隊に親しみがもてるようになった。この最初の年、駐屯地は地元の中学高校と力を合わせて二七の雪像をつくった。しかし見物客の数は少なかった。会場にはメディアのスポンサーがつかず、市の郊外にある駐屯地は交通の便が悪かったのだ。北部方面隊は前者の問題を解決するため、毎日新聞に頼んで駐屯地のイベントのスポンサーになってもらった。さらに、祭りの主催者と交渉して一九六五年には真駒内を公式会場に認定してもらった。(101) また、名寄のケースと同様に、家族連れや子供たちに人気のある雪の滑り台やライブ会場をつくった。結局、交通問題は一九七二年の冬季オリンピックに合わせて地下鉄が開通し、「自衛隊前駅」ができて解決した。しかし、すでに一九六〇年代半ばから、主催者側の推定によると、三つの雪まつり会場のいずれかを訪れる三〇〇万人の見物客のうち、非常におおぜいの人々――一〇〇万人以上――が駐屯地を訪れていた。(102) 陸上自衛隊が雪まつりに果たす役割は注目を集めた。一九六〇年代半ば、左翼の自衛隊批判者は、祭りへの関与を「税金の無駄遣い」であると非難し、「雪像は小さくてもいいので」違憲の軍隊がつくるのではなく「市民の手で制作すべき」と主張した。祭りの実行委員会会長薩一夫《さつかずお》は、こうした批判に危機感を覚え、防衛庁に松野頼三《まつのらいぞう》長官を訪ね、自衛隊の協力継続を要望した。松野はすぐに同意し、その場で北部方面総監に電話をしたようだ。翌二月、長官は、北部方面隊の雪上訓練視察を兼ねて自民党の国会議員からなる視察団を率いて祭り会場を訪れた。薩はのちに、自衛隊は発足当初から「国民に愛されること」(103)「地域社会への貢献」を目指していたため、協力を継続することになったとのちに述べている。この見解は師団の広報主任が裏付けている。二〇〇〇年、祭りの五〇周年を記念する座談会で、彼は繰り返し、個々の隊員と組織全体が、毎年「二〇〇万人もの観光客が自分たちの作品を見に来てくれる」ことに大きな喜びを感じていたと語っている。(104)

三つ目は、駐屯地内で行われる「体験入隊」がある。一九五〇年代末、自衛隊は若者や少年など一般市民に、隊員の一日の生活、あるいは少なくとも数時間を体験する機会を提供し始めた。体験入隊は戦前に日常的に見られた若者の軍事化ではないかと危惧する左派の批判を最小限に抑えるため、ボーイスカウトなどの組織と提携して運営されることがよくあった。[105] 第四章で詳しく論じるが、このような批判にもかかわらず、体験入隊は一九六〇年代、人気も規模も急拡大した。

自衛隊は広報活動のためにメディアも利用した。全国規模ならびに地元のメディア企業と提携してCMを制作し、映画館やテレビで流した。[106] 自衛隊はメディア企業と良好な関係を築くために、CM制作用の撮影スタジオを用意し、レポーターの移動手段を空路でも海路でも無料で提供した。北海道では、北部方面隊は北海道新聞との提携を試みた。同紙は左寄りの、購読者数の多い日刊紙で、一九九八年以降は北海道全域をカバーする唯一の日刊新聞となった。北海道新聞は雪まつりの主なスポンサーだが、真駒内会場を特別に支援することはなかった。競合紙である保守系の北海タイムスは自衛隊に好意的な記事をよく載せていたが、時には礼賛が過ぎる見出しや記事のために、自衛隊広報部が制作したのかと思えることもあった。たとえば、一九六六年の自衛隊記念日の見出しは「道民とともに16年」、「初めて道民を救った」(十勝沖地震の災害派遣を指して)、「(北部方面隊と道民の) ますます深まる結びつき」となっている。[107] これらの努力にもかかわらず、一九五〇年代と六〇年代の自衛隊に関する報道は、当時の世間の見方と一致していた。すなわち、ほぼ無関心で、少々の疑念を持ちつつも自衛隊の存在を受け入れる、という見方である。

旧軍もアウトリーチ活動を行っていたが、自衛隊ほど直接的ではなかった。旧軍は「従順な地方の支持者をつくる」ために多くの関連機関を利用した。(108) 旧軍の音楽隊や部隊も特別な日に街頭行進をした。たとえば、日露戦争における一九〇五年の奉天《ほうてん》会戦の勝利を祝って、一九〇六年から毎年三月一〇日に国中で行われた陸軍記念日の行事もそこに含まれる。(109) 各地の基地は、天皇陛下から連隊旗を拝受した日を記念して、毎年「軍旗祭」を開催し、基地を一般に開放した。戦後の駐屯地の一般開放と比べると、軍旗祭は分列行進や銃礼など軍隊儀式の見世物に力を入れていた。とはいえ、ごちそうが振る舞われ、相撲や演劇、馬術競技、自転車競争などの出し物もあり、その間、一般客は天皇陛下の兵士たちと気軽に交流できた。(110) 二つの部隊が模擬戦闘を行う毎秋の大演習も、一般客の耳目を楽しませ、行事に参加する兵士に宿を提供するためにおおぜいの地域住民が協力した。(111) 多くの村民は秋の演習の折りに、陸軍が開催する音楽隊の演奏会を楽しんだ。(112)

しかし、これらのイベントは習慣的に絶えず与えられる軍事化された事柄のなかで、特に際立つものに過ぎない。戦前の基地は物理的に市街地の近くにあったため、普段から軍と社会的、経済的に交流していた基地の町にとっては特にそうだった。軍国主義の超国家主義《ウルトラナショナリズム》を日常的に吸収し、濃厚に接触していたため、地域住民は軍隊と兵士――ほとんどが地元の徴集兵――に強く共感した。たとえば千葉県佐倉市では、住民は市の中心部にある連隊本部を佐倉城と呼んでいたが、これは地域と強く結びついていたことを示している。(113) とはいえ、旧軍と社会との関係は完全に不平等だった。戦後の指導者と自衛隊の支持者は、自衛隊員の劣等感を心配していたのに対し、一九四五年以前、国民は軍の将校を傲慢だと思い、徴集兵を哀れんでいた。この見方は組織的、個人的交流から生じたものだ。たとえば、陸上自衛隊の演習は道東のような僻地にある広大な国有地で行われていたのに対し、旧軍の演習は私有地で行われ、それで土地が荒らされても、金と手間をかけて元通りにするのは所有者の農家のほうだった。[114] 旧軍は国民ではなく天皇に仕え、国民は天皇の軍隊に奉仕することを求められた。

確かに、陸上自衛隊はその前身とは違い、優位な立場にあった。しかし、陸上自衛隊は旧軍の明暗まだらの遺産や日本に駐留する外国の軍隊と向き合わなければならなかった。この課題に直面した陸上自衛隊は、非軍事的な様々な役割を通して国民の役に立つよう努め、国防を担える組織であることを証明しようとした。それには組織をできるだけ可視化することが必要だった。また、具体的な方法で隊員に影響を与えることも求められた。

「昭和の屯田兵」——北部方面隊の男を構築する

自衛隊は、社会の容認を得る方法を探るにあたり、まず自衛隊を代表する隊員の印象を良くすることに努めた。自衛隊の上層部は、訓練や服装の規準、広報の専門家が制作したメディアを通じて、心身共に国を守る用意ができている完全に民主主義的で愛国的な兵士として隊員を見せるだけでなく、つくりあげることを目指した。この試みは主に隊員のほぼすべてを占める男性隊員を対象とし、したがって性別で分けられた。自衛隊の教練計画は、士気高揚と団結心の育成を目指し、民主的な防衛軍のために再定義された愛国主義を隊員に浸透させるために組まれた。北部方面隊員の教化は、この教練計画の一例を示している。他と同じように、幹部は防衛軍の男性のアイデンティティを育成したいと望んでいた。駐屯する隊員の七〇パーセント以上を道外出身者が占める北海道では、このアイデンティティは独特の形になった。[115]

冷戦期の日本では、自衛隊の幹部が一般隊員と交流する主な手段の一つは内部向けの広報誌や機関紙だった。機関紙は一九五〇年代から各地方の本部が毎月発行し始めた。これら地方の機関紙で最も古いのは、一九五四年に発行を開始した北部方面隊の〈あかしや〉である。[116] 最初は月刊で、その後隔週刊になった。〈あかしや〉の編集部員だった入倉正造によると、同紙の目的は主に二つ――隊員の団結心を育むこと、そして編集の権限を持つ幹部から一般隊員への情報伝達を行うことだった。〈あかしや〉の記事には多くの形式があり、司令の挨拶をはじめ、方面隊や地域のイベントおよび公共サービスの告知、訓練報告、個々の隊員の結婚や出産などの祝い事、詩歌やその他の文学的作品、平均的な隊員の投書で本人にも他の隊員にも「憂さ晴らし」になるものなどだ。[117] 隊員が何を読んで何を思ったかを推考するのは困難だが、一九六〇年代初期と半ばに、同紙が行った二回のアンケート結果から、隊員が機関紙を読んでいたことは間違いない。[118] 司令は、機関紙がただ読まれるだけでなく、隊員の考えや行動に影響を及ぼすことを望んでいた。[119] そのため、司令は部下を励まし、叱り、導くために〈あかしや〉を活用した。

北部方面隊の指導者たちは、〈あかしや〉やその他の教化を通して、隊員が様々な方法で北海道と深く関わることを推奨した。そのうち特に顕著な方式は、隊員と屯田兵を結びつけた。屯田兵とは、一八七〇年代から、明治政府が北海道を開拓するために送り出した農民兵士である。屯田兵は北部方面隊の幹部にとって魅力的に映ったのかもしれない。なぜなら、屯田兵は武士道に結びつく元武士であり、暗い過去とそれより最近の軍部の過ちに結びつく皇軍兵士ではないからだ。屯田兵に注目するのとは対照的に、〈あかしや〉や他の北部方面隊の冷戦期の資料はほとんど武士や武士道を引き合いに出していない。軍人の伝統が根付いている九州の西部方面隊の機関誌〈鎮西〉はそうではなかった。いずれにしても、その時代、自衛隊は全体的に、隊員に皇軍兵士や武士を見習うようにと勧めることには消極的なようだった。(120)

一九六〇年代半ば、農業支援活動のため数千人の隊員が農村へ派遣されたとき、〈あかしや〉は北海道の荒野を開拓するために片手に鋤を持ち、帝国ロシア（その頃はソ連）の侵攻に備えていつでも家族と村を守れるように片手にライフル銃を持つ屯田兵を引き合いに出した。一九五八年のさっぽろ雪まつりのために隊員がつくった屯田兵の巨大な雪像は、北部方面隊と屯田兵との結びつきを強めたかもしれない（図3.7）。屯田兵の記憶を利用したのはこの雪像だけではなかった。指導者たちは、〈あかしや〉の紙面を通してだけでなく、訓練の際にも、（きみたちは）「昭和の屯田兵」であると繰り返し述べた。九州やその他の地方から到着した隊員も地元出身の隊員も、教化の一環として定着していた地元の博物館見学と講義で、同類とされるこの兵士の勇敢な自己犠牲について学んだ。当然のことながら、北部方面隊が考え出した屯田兵物語は、開拓時代の北海道における支配的な物語《ナラティヴ》を分析したカルチュラル・スタディーズ専門家のミシェル・メイソンの結果と一致していた。別の界隈で語られたナラティヴ同様、陸上自衛隊の教官が共有するナ

【3.7】1958年の第9回さっぽろ雪まつりのために「栄光三人像」をつくる第11師団の隊員たち。この雪像は同年夏、真駒内駐屯地を含め札幌で開かれた北海道大博覧会のテーマのひとつ、開拓史を象徴する屯田兵、先住民アイヌ、（後ろの）開拓使を象ったもの。北部方面隊の許諾を得て使用。

ラティヴは、男性屯田兵の役割を強調するとともに、彼らと中央政府との結びつき、彼らの国家的使命、ロシアに対する北海道（そして日本）の防衛、彼らが持っていたとされる愛国心と開拓者精神を強調していた。[121]〈あかしや〉は創刊以来、これらのテーマを取り上げた記事をひんぱんに載せた。たとえば、五回の連載記事「とん田兵物語」〔原文ママ〕は、隊員たちが北部方面隊の大先輩として屯田兵に「親近感」をもつことを期待して書かれた。[122]

一九六八年、屯田兵が主に担った北海道開拓の一〇〇周年を祝った年、第一一師団は真駒内駐屯地に隊員の教化と一般人の教育を目的とした資料館を開設した。資料館の展示は開設時のパンフレットの文言通り「屯田兵から自衛隊まで」の北海道における防衛をたどる。展示は「北海道の誇り」、帝国陸軍第七師団にも触れているが、北部方面隊の前身としては旧軍のように厄介な記憶を残さなかった屯田兵のほうが丁寧に紹介されている。[123] 資料館の近くには、明治の開拓時代にこの辺りが農場だったときに建てられたサイロや、占領初期に米軍が農場を接収してキャンプ・クロフォードを開設したときに建てた五角形の小さな建物があった。残念ながら、どちらも現存していない。

北海道に親近感をもたせるための別の戦略は、北海道の美しさ——自然も女性も——を好きになるように誘導することだった。そのようなアイデンティティを浸透させるための主要媒体である機関紙〈あかしや〉の名称に、その思いがさりげなく込められている。ここで言うアカシヤは、北海道を代表する黄色と白色の花をつけるニセアカシヤだ。この木は、実は外来の「植物の移住者」である。[124] 北米の固有種であるニセアカシヤは人間の移住者によって運ばれ、世界中に広がった。一八七三年には日本に輸入され、いろいろな用途があり、見た目も美しいので歓迎された。明治時代の林業者は、鉱山などのはげ山の緑化にこの繁殖力旺盛な木が理想的だと思った。新設の公園や街路には、芳香を放つ美しい白い花をつけるこの木を植えるのが流行った。札幌駅や札幌時計塔周辺の街路樹の「アカシヤの花」が歌詞に出てくる北原白秋作詞の有名な童謡『この道』のおかげで、一九二〇年代末までには、アカシヤは札幌や北海道全体と結びつくまでになっていた。北部方面隊が機関紙の名前にこれを選び、題字《マストヘッド》のデザインに北海道の輪郭とこの花を入れたのは当然だろう。[125] 北海道との結びつきを強めるために北部方面隊が採用した別の方法もまた、さりげなかった——あるいは、あまりさりげなくなかった。一九六三年、方面隊は大判の写真集『北海道と自衛隊』を出版した。入倉正造が編集したこの本は、道内の自然を背景に北部方面隊の活動を紹介する写真を数多く載せていた。一枚の写真は雪に覆われた大雪山国立公園の上空を飛ぶ複数の戦闘機を捉えていた。このほか、制服姿の隊員が私服の女性と北海道大学の有名なポプラ並木を散歩している場面や動植物の写真、自然の中でポーズをとる魅力的な女性たちの写真が載っていた。(126)

指揮官は部下たちに先人の屯田兵に倣って北海道に根を下ろすよう奨励した。〈あかしや〉や結婚相談所などの機関を通じて、幹部は道外出身の部下に、地元の女性と結婚して北海道に定住するよう勧めた。このように、北部方面隊の隊員は「土着せい（しろ）」と言われた。(127) 先述した写真集の紹介文は、北海道の自然の驚異を称えたあと、「自衛隊が北海道の無数の観光資源をしっかりと守っている」ことを改めて読者に思い起こさせていた。(128) それを実証するかのように、この写真集は多くの章に分けて北部方面隊の隊員の様々な姿を紹介している。軍事演習、駐屯地での生活、博覧会での装備品展示、災害派遣、農業支援、無医村の医療支援、そしてもちろん、さっぽろ雪まつりの雪像づくりなどだ。実際の訓練、そしてそれらの様々な活動のイメージは、隊員に防衛意識を植え付けるだけでなく、彼らが北部方面隊のアイデンティティを受け入れ、防衛を担う地域と一体化するのに役立った。このようにして、北部方面隊の幹部は、隊員が北海道の、ひいては日本の防衛に誇りを持つように導き、北方の最前線の自然と人間の安全と安心は、陸上自衛隊が担っているのだという感覚を世間の人々に広めようとした。

北部方面隊の刊行物は、隊員を女性や子供の保護と世話を安心して任せられる男性として描

【3.8】「子供の日」に関連して1964年5月25日の〈あかしや〉に載った写真。北部方面隊の許諾を得て使用。

くことがよくあった。〈あかしや〉は隊員の写真を数多く載せたが、たいてい決まって長身で美男の隊員が女性か子供と一緒にポーズを取った写真だった。一九六四年五月に入倉が撮影して掲載した一枚の写真は、まさにそのメッセージを表している（図3.8）。ある隊員が少年を肩車して立っている。少年は隊員の制帽をかぶり、敬礼の真似をしている。隊員は傍らに立つ、少年より若干幼く見える少女の肩に手を置いている。おそらく二人は彼の子供だ。[129] 後ろには、五月五日のこどもの日を祝う鯉のぼりが、屋根より高く伸びたポールから風になびいている。川をさかのぼる力強さで知られる鯉は昔から端午の節句と関わりがあり、この五月五日は一九四八年に「こどもの日」として祝日に定められた。写真のキャプションは「幸あれと五月が空を護る鯉」となっていて、写真も文も有名な唱歌『こいのぼり』の歌詞を想起させる。「やねよりたかい　こいのぼり／おおきいまごいは　おとうさん／ちいさいひごいは　こどもたち／おもしろそうに　およいでる」。これらの要素は、父であり防衛隊の隊員であるこの男性が国中の子供たちを守り、彼らを幸せにしているとほのめかしているようだ。社会学者佐藤文香《さとうふみか》は、一九六〇年代から一九九〇年代までの自衛隊の隊員募集のポスターが、ほぼどれも隊員を男性として、女性と子供の保護者として表現し、同様のメッセージを込めていることに気づいた。[130] このような画像は、世間に対してソフトな自衛隊を印象づけ、高度に軍事化された男性的雰囲気の旧軍と差別化することに役立った。[131]

北部方面隊、陸上自衛隊、自衛隊全体が内部の団結心を育むためにとった別の方法は、組織の誇りを持たせることだった。結束を強めるために好まれた方法は「他者」、つまり何か別のものを代表すると思われる集団を特定することだった。それには主に二つの形式があり、ひとつは政治的、もう一つは社会的である。冷戦期、日本の地政学上の敵はソ連であり、したがって自衛隊の敵は共産主義者と社会主義者となり、国内的にはそれぞれ日本共産党と日本社会党が代表する勢力であった。政治活動は禁止されていたため、〈あかしや〉のような公式の刊行物は政治的意見を載せないように気をつけていた。たまに北部方面隊の幹部が、これらの政党——特に最大野党である日本社会党——を公然と批判することもあったが、それを表に出すことにはリスクが伴った。たとえば、一九六六年二月の〈あかしや〉に掲載された日本社会党に対する猛烈な批判は、国会で物議を醸し、結局、広報部の編集長であった幹部自衛官が免職になった。この騒動を機に、一九六七年四月、〈あかしや〉の発行元は陸上自衛隊から民間企業に移ったが、記事の執筆と編集はすべて、引き続き北部方面隊が行っていた。組織を守るために、無記名の記事も増えた（機関紙の発行を民間企業に任せることにより、広告も載せられるようになった）。[132]〈あかしや〉の編集者は、自衛隊の政治的な敵を批判するために別の手法を使った。比較的安全なのは、明白に政治的な議論を進めるため、非政府組織である自衛隊協力会の差し込みページを〈あかしや〉に入れるという方法だった。たとえば、一九六七年四月に自衛隊父兄会が発行した特集の差し込みページ「えぞさくら」は、強い軍事防衛力こそ、平和を保つ最良の方法であると主張している。入倉ら〈あかしや〉のスタッフがひんぱんに採用した、さらに巧妙な別の方法は、「平均的」な市民に自衛隊支持を表明してもらうことだった。そうすれば、自衛隊は責任を問われることなく、世間の人々が書いたり言ったりしたことを引用しただけと言い逃れができる。これを狙って、一九六一年、安保闘争の翌年、〈あかしや〉は「市民の声」という新しい連載を開始した。そのひとつで、匿名の旭川市民が自衛隊員に誇りを持てと呼びかけている。「自衛隊よ、弱音を吐くな。共産党じゃないが、愛される自衛隊に市民はもっとたくさましいものを求めているのだ」。[133]一九六六年一一月、自衛隊の創設一六周年記念パレードのあとについて共産党が拡声器で抗議の声を浴びせると、入倉は再び、自衛隊反対派を非難するために自衛隊に同情的な市民の声を機関紙に載せた。札幌市の「K生」は、頼まれて書いたわけではないという体裁で、「はた迷惑な」共産党が不愉快で、「自衛隊に限りない愛情と支援を惜しまない市民が多数いることを若い隊員に伝えていただきたい」と記していた。[134] このように、〈あかしや〉は自衛隊の政治的な敵を非難する他者に声を与えて、隊員の士気高揚と団結心強化を図った。

自衛隊員はまた、別の「他者」であるサラリーマンにも不安を抱いた。サラリーマンは多くの日本人にとって、一九五〇年代と六〇年代の「明るい新しい生活」を象徴する戦後の男らしさの原型だった。[135] 戦後数十年からそれ以降の時代、サラリーマンは男らしさと社会移動を象徴し、敗戦と占領で威信が地に落ちた軍人を完全に陰に追いやっていた。それと同じ理由で、世間の人々は再建された軍隊およびその防衛隊員を、違憲で中途半端だと見なしていた。社会学者エズラ・ボーゲルは「日本の若い女性が結婚したがるのはサラリーマンで、商店主や職人、農夫」ではないと論じているが、特に「理想の花嫁を求める競争でサラリーマンには勝てないと愚痴をこぼす」自衛隊員を加えておきたい。[136] 自衛隊が守る側である一般人をけなすのは適切ではないため、〈あかしや〉の編集者は「企業戦士」とメディアで持て囃《はや》されているこの男性たちへの憎しみを表すために、またしても部外者を代理に立てた。例をあげると、一九六四年の東京オリンピック期間中、選手村でスペイン語通訳を務めた早稲田大学の学生、宮田由文は、自衛隊員の生活の規則正しさと責任感の強さは、サラリーマンとは雲泥の差であると記している。[137] 同年、匿名だが顔写真は載っている札幌の高校二年生が寄せた投書は、さらに辛辣だ。彼は自衛隊員に「サラリーマン根性」を捨てるよう促し、アメリカ製の兵器に頼るのをやめれば、国民から尊敬されるだろうと述べている。[138] 自衛隊がサラリーマンや米軍兵士を引き立て役に使うことは冷戦後も続いた。一九九〇年代後半から二〇〇〇年代初めにかけて、陸上自衛隊の隊員を対象に人類学的な実地調査を行ったサビーネ・フリューシュトゥックは、以下のことに気づいた。

〔自衛隊隊員は〕自分たちの男らしさの度合いを、女性と比べてではなく、ほかの男性と比べて判断している。だから、自衛隊の男性隊員の仲間意識は、女性を除外することから生まれるものではない。

自衛隊の組織としてのアイデンティティや自衛隊における男らしさは、過去と現在の軍国主義によって特徴づけられながら、日本の理想の男らしさの代表として、「サラリーマン〔近年まで支配的だった企業戦士タイプ〕」「皇軍兵士」「日本に駐留する米軍兵士」の三者の影響のもとで形作られてきた。(139)

フリューシュトゥックの分析が示すように、自衛隊はサラリーマンとの比較にもとづく防衛隊のアイデンティティの構築を継続して行ってきた。

冷戦後の自衛隊とは違い、〈あかしや〉や他の北部方面隊の刊行物はめったに旧軍や米軍には言及しなかった。すでに述べたように、〈あかしや〉は屯田兵や、ほとんど顧みられない旧軍兵士を引き合いに出した。アジア太平洋戦争の「戦記」の記事を載せることはあったが、それらは屯田兵に関する記事とは違って人間味に欠け、北部方面隊の隊員の共感を求めてはいないようだった。同様に、〈あかしや〉は米軍や米軍兵士には、ほぼ一言も触れてこなかった。この沈黙は、占領終了から一九八〇年代まで、米軍が日本防衛のパートナーであるにもかかわらず、協調するのは最高幹部のみという事情によるものだ。対照的に、ほぼすべての隊員は米軍と交流した経験がなかった。例外は米軍事顧問と接触する機会があった少数の隊員や、訓練のためにアメリカへ派遣された隊員だけだった。この傾向は北部方面隊で特に強かった。なぜなら一九五〇年代半ばまでには、米軍兵士が北海道からほぼいなくなっていたからだ。[140] アメリカの核の傘のおかげで、自衛隊は社会とより親しくなるための活動に従事できたが、そこに生じた問題は見過ごされなかった。一九六〇年、アメリカ陸軍武官ホレース・K・ウェイレン大佐は、世間が抱く自衛隊のイメージについて、「天皇と国の命運という戦前のイメージ」と比較して『国家』と『民主主義』の概念が浅薄なため、国民は軍隊を自分たちのものとして捉えられない」と記している。親近感の欠如の主な理由のひとつに、日本の「軍事力が相対的に充分ではなく、アメリカに依存」しているため、自衛隊が「一般人が抱く力強さと潜在能力のイメージを構築できなかった」からだとウェイレンは述べている。そのため、自衛隊「なかでも陸上自衛隊」は「疑わしいその地位を充分認識し」、アウトリーチと民生支援を通じて世間の支持を得ようとした。[141] したがって、陸上自衛隊全体が北部方面隊のように「アメリカとその軍隊への依存」に関わる言及を極力避けてきたのは、少しも意外ではない。

警察予備隊創設時から、吉田首相をはじめとする政治家や防衛庁の役人、制服組の幹部たちは、自衛隊の士気と、さらに言えば、男らしさについて深い憂慮を表してきた。〈あかしや〉がそのような悩みに言及することはめったになかったが、記載する場合はたいてい、政治家や防衛庁の役人の発言として紹介した。一九六二年、防衛庁長官志賀健次郎《しがけんじろう》は、「自衛隊員」の「奴隷根性」と「劣等感」を憂慮していると公言した。保守系の日刊紙、東京新聞とのインタビューで、彼は「なるべく早く個々の自衛隊員に新しい精神を吹き込み、本当の意味で自衛隊を国民の自衛隊にする」ことを優先すると述べた。「長期的な方針として、私は長官に就任するとすぐに、『人づくり』に取りかかった」。具体的に言うと、志賀は教育と職業訓練に力を入れ、特に自衛隊員が夜間学校で高校卒業資格を得て、入隊中に専門技能を身につけられるよう支援した。そうすれば、退職後、再就職しやすくなり、入隊希望者も増えると思われた。(142) しかし、志賀のコメントに表れているように、彼も精神や男らしさ、士気といった漠然としたものに頭を悩ませていた。

背広組と制服組の幹部が、隊員の士気高揚のためにとった別の方法は、外見の規則を通して行われた。軍隊はどこでもそうだが、自衛隊も服装と身だしなみに関して厳密な規則を設けていた。これらの規則を周知徹底し、内部で強制するのは難しいことではない。すでに一九六〇年から、通勤時の隊員の外見が難しい問題になっていた。首都圏では、隊員は制服で通勤するのを嫌がった。からかわれるし、制服姿の兵士が電車で席取り「競争」に加わるのはみっともないからだ。(143) 一九六〇年、防衛庁長官江崎真澄《えさきますみ》は、隊員がサラリーマンに見える私服で通勤し、勤務中だけ制服を着る習慣をおおっぴらに嘆いた。(144) 一九六六年、別の防衛庁長官がさらに踏み込んで、東京の隊員に防衛庁本部に制服で通勤するよう通達した。札幌では〈あかしや〉の編集部員がおなじみの巧妙な説得の手法を用いた。魅力的な若い独身女性に紙面を通じて語らせたのだ。一九六五年の記事には、旭川市の専門学校に通う二二歳の慶松瑠美子が、自衛隊員の「制服姿ってらしくていい感じ」と述べ、「キリッとした男らしさといいますか、根性があるようで頼もしい」と語っている。(145)別の記事で、札幌でバスの車掌をしている若い女性、壁野洋子はもっと率直だ。「外出などで私服を着ている人がいますが、やっぱり隊員さんですから制服を着る方が、自分の行動に責任を持つのでいいのではないでしょうか」。もちろん車掌の制服姿で写真に撮られている壁野は続けて「恋人や結婚相手としても、別に制服を着ている隊員さんに抵抗を感じることはありません」と述べている。(146)

壁野の最後のメッセージ——制服姿の自衛隊員は魅力がある——は、〈あかしや〉が繰り返し強調したメッセージだ。このメッセージも士気と男性の自尊心を高める狙いがあった。〈あかしや〉が一度ならず認めたように、隊員は結婚相手を見つけるのに苦労していた。これはよく知られた問題だった。同紙はその原因を隊員の仕事が特殊だからとしていた。道内に配属された隊員の三分の二が道外出身であるという事実は、北海道での彼らの結婚の機会を増やしはしなかった。一九六〇年代、経済成長率が二桁を記録し、民間で高給の仕事が簡単に見つかるようになり、多くの人々が自衛隊員を、よりよい仕事に就けない社会の落ちこぼれと見なすようになったことも、響いた。さらに、イデオロギー上の理由により、娘が自衛隊員と結婚することに反対する親もいた。(147)

この不安を和らげる方法として、入倉をはじめとする〈あかしや〉編集部は男性心理を満足させるために女性を利用した。機関紙や他の北部方面隊の刊行物の紙面にひんぱんに民間人女性の写真を載せたのだ。写真は購買意欲をそそるための方策ではない。機関紙は無料だ。しかし、読んでみようという気を起こさせるひとつの方法だったかもしれない。そうだとしたら、この女性たちがひんぱんに北部方面隊の隊員について語ることに気がつくはずだ。北海道女性の典型という触れ込みのこれらの女性たちはたいてい、隊員と交際したり結婚したりする気があるか、あるいはぜひそうしたいと表明していた。一九六六年末のある記事は、札幌地方隊友会が主催した座談会の内容を伝えている。一九歳から二六歳までの六人の独身女性が集まり、部外の「BG〔ビジネス・ガール〕から見た自衛隊」というテーマで語り合った。当然、会話は結婚におよび――あるいはそのように仕向けられ――参加者たちは、制服姿の隊員とデートしているところを見られてもかまわないとか、北海道以外の出身の人との結婚も検討してみてもいいなど、励みになる様々な意見が出された。ある女性は皆の一致した意見として、「ビートルズのようなスタイルをしている人は大嫌い。やはり、男らしいピリッとした人に魅力を感じる。だから、隊員では隊員らしい人、男性らしい服装をしている人が大好き」と語っている。(148) ザ・ビートルズはその夏、東京で公演を行い、芽生えたばかりの抵抗文化《カウンターカルチャー》のシンボルとなっていて、若者の反抗的な男らしさの新しい形と見なされていたため、自衛隊の対照的なものとしてビートルズが引き合いに出されたのは驚くにあたらない。

〈あかしや〉は、男性隊員が望ましい存在であり、女性は求められる存在であることを、明に暗に伝えていた。編集部がたびたび用いたのが、第一面の左上に女性の写真と、その女性と交流している制服姿の男性隊員の写真を載せるという手法だ。たとえば、大通公園でくつろぐ隊員と女性(図3.9)、北海道大学の有名なポプラ並木を散歩する隊員と女性、あるいはすでに述べたように、田植えの合間の一休みに歓談する隊員と女性といった具合に。〈あかしや〉の編集者入倉は、これ

（1）　北部方面隊機関紙　あかしや　昭和37年7月25日　第95号

あかしや

十勝岳爆発に自衛隊出動

頂上附近で決死的救出作業

住民の避難や観測にも活躍

梅雨ばれの噴水塔や暮なづむ　＜札幌大通公園＞

成功だっ

8月の業務予定

【3.9】北部方面隊の隊員と地元の女性を一緒に写した、〈あかしや〉にたびたび掲載された類いの写真。1962年7月25日のこの号のように、この手の写真はたいてい1面の題字の反対側の左上に置かれた。この写真は札幌の大通公園で撮影したもの。右側の記事は、十勝岳噴火により、危険な任務に出動した北部方面隊の活躍を報じている。北部方面隊の許諾を得て使用。

らの写真はすべて、異性愛者の自負心を強めるために演出されたか選ばれたか、もしくはその両方だと認めた。(149) これらの第一面の写真は、たまにキャプションだけとか、軽佻な短い説明文のみの場合もあったが、一九六〇年代には決まって掲載されていた。新聞のページをめくった中に「カメラニュース」とか「フォトニュース」と題した月刊の特集があり、通常、女性の写真が載せられ、たいてい説明不用とばかりにキャプションなしで、時には上半身裸の写真もあった。一九六九年、〈あかしや〉では（第五章で述べるが、同じ頃、他の機関紙でも）第一面の記事を、駐屯地に勤める民間人や自衛隊の看護師、制服姿の隊員といった女性たちを簡単に紹介する記事に置き換え、取り上げる女性の魅力的な写真を毎回添えた。〈あかしや〉編集部ではこのシリーズを最初は「部隊の花」と題していた。[150] その後も他の似たような名前が続いた。このメッセージに隊員たちがどのように反応したかは知るよしもないが、メッセージを発した側の意図はわかっている。またしても入倉は、これらの記事には、士気高揚のほか、隊員に地元女性との交際と結婚を奨励すること、読者の関心を引くことだったと語った。[151]

一九六八年に始まった陸上自衛隊の婦人部隊（WAC）創設も、この同じパターンをたどった。これにより、一九五二年以来、看護師を除いてほぼ男性が独占していた職業分野――軍隊――が女性にも開かれた。しかし防衛当局側の意図は、「男性隊員が『男の仕事』と考える職場に、いわゆる脇役として女性を置くことにより、男性隊員を『効率よく』配置できる」と期待したからであり、男女同権を目指したわけではなかった。[152] 一九七四年まで、この脇役の仕事といえば事務職だった。それ以後、女性に適切であると考えられた他の職種、たとえば医療や歯科関係が女性に開放された。一九八六年、陸海空の三自衛隊ともほぼ女性に開放され、二〇〇〇年までには「法律上は女性に対する制限はすべて撤廃された」。[153] このような変革にもかかわらず、自衛隊のイメージの作り手は、かつて駐屯地で働く民間人や看護隊員、その他の女性を利用したのとほぼ同じ方法で、女性自衛官を比喩的に活用した。つまり、女性を異性愛の欲望の対象として、母と妻の役割を優先し家を守る人になる理想の結婚相手としてイメージし、将来の新隊員や現在の隊員にとって自衛隊が魅力的に映るように、一貫して女性を利用した。

〈あかしや〉をつぶさに調べていくと、女性がそのように実際に、象徴的に利用されていたことがわかる。東京で三か月の基礎訓練を終えた女性自衛官が一九六八年に初めて北海道にやってきたとき、入倉は当の女性自衛官と北部方面隊の彼女の上官（男性）にインタビューした。そのインタビューで、上官は女性自衛官の三つの目的の一つが、現在男性隊員が担当している後方業務を女性に替えて、男性隊員を「第一線」に配置するためだと明言している。ほかの二つの目的は、性別を問わず誰にでも国防を担う機会を与えること、そして国民、特に女性層の自衛隊への関心と認識を高めることだと彼は述べている。(154)〈あかしや〉の紙面で、方面隊の幹部や時には女性自衛官自身が、制服組の男性隊員と女性隊員に与えられる機会や処遇に差別はないと主張しているが、これは明らかに、方針、慣習、言説の面ではそうではない。(155)当時の日本のほとんどの雇用者と同じく、自衛隊も女性隊員の数を限定し、そのほとんどは高卒で、事務職に就き、結婚したら退職するのが当然とされ、内部の男性の士気を高めるためと、外部の意見を形にするための手段として扱われていた。ちょうど〈あかしや〉編集部が駐屯地で働く民間人の女性や女性看護隊員、その他の女性の姿が目立つ写真をひんぱんに掲載していたように、自衛隊はこの新しい女性自衛官を似た方法で利用した。

一九七四年八月一日付けの〈あかしや〉は、まさにそれが続いていたことを示している。第一面の「ズームアップ」と呼ばれるコーナーで、自衛隊に入隊して三年目の二二歳の女性自衛官、小松真紀子が紹介されている。クローズアップの写真は小松の顔と肩から上を捉えたものだ。東京で基礎訓練を終えたあと、小松は旭川駐屯地で事務職に就いている。しかし彼女は結婚を控え、まもなく自衛隊を辞めることになっており、記事は「二任期満了で除隊とともにゴールイン」と記す。「百六十五センチ、五十三キロという見事なプロポーションが紹介できないのが残念である」と記事は結んでいる。[156] 女性の身体に言及するのはこの種の記事の典型だった。同号の四面の連載「フォトニュース」は、陸自の留萌《るもい》駐屯地で撮られた露骨に男根を象徴する一枚が載っている。ショートパンツ姿のモデルの女性が戦車の砲身の上に座り、その長い足を砲身に沿って伸ばしている。その周りには彼女の写真を撮る数名の男性隊員が写っている。キャプションには「札幌から美人のモデル二人を招いて撮影会を行い、連隊長はじめ自称迷カメラマン八十人が集まった」とある。[157] 陸上自衛隊は、本来男性隊員と同等に扱われるべき女性自衛官であろうが、駐屯地に勤務する民間人であろうが、露骨に性的妄想の対象とされるモデルであろうが、雇用する女性を主に男性のニーズや欲望を満たす存在と見なしていた。この種の性差別は、北部方面隊の昭和の屯田兵を構築するにあたって基本的な部分でもあり、すなわち自衛隊全体と日本における冷戦期の防衛アイデンティティに繰り返し現れる要素のひとつだった。

北海道に駐留する陸上自衛隊員に、彼らは昭和の屯田兵であり、男らしくて魅力的な存在であると思い込ませる方策は、隊員補充、離職率改善、士気高揚を狙って工夫された。北部方面隊の幹部はこのメッセージを隊員の心に染みこませ、次に仲人の企画を通じて、ひとつの結婚ごとに世間の好感を得ることを目指した。ある米軍事顧問でさえ、「自衛隊員と地元女性との結婚」は、自衛隊とその隊員が「地元住民の積極的な支持を得て、地域の支持を勝ち取り、地域に溶け込む」ための有効な戦略だと記している。[158] 何はともあれ、自衛隊の努力は実を結んだのだ。

北部方面隊の内部向けメッセージは隊員の士気を高め、何組かの結婚に寄与したかもしれないが、愛される自衛隊になるという点ではどれほど成功したのだろう? 北海道は市民が左派に強く共感する土地柄であったにもかかわらず、同時代の研究者、当事者はともに、札幌および北海道全体は軍隊への親近感という点で他に例を見ないと考えている。それを実現したのは北部方面隊の公共奉仕活動、なかでも災害派遣である。一九七〇年、ニューヨーク・タイムズ紙のタカシ・オオタは、札幌では「住民と軍隊のあいだに親密な関係が成立していると思われる」と記している。(159) 一年後、在札幌アメリカ領事が「自衛隊は今日、北海道にとって欠かせない存在になっている」と述べた。(160) また、一九五〇年から一九七七年に退官するまで転勤で日本各地を渡り歩いた元第一一師団施設大隊長、久保井正行はその回想録に、北部方面隊の「当時の第一一師団は恐らく全国でも最も地域に密着し、たいへん頼りにされた師団であった」と記している。(161) 彼の同僚で、陸上自衛隊の隊員として他県から来て北海道に定住した入倉も同様のことを述べた。(162) おそらく、久保井と入倉の意見は、男として見られることを望み、自分たちが強い帰属意識を持つ組織が自らが住む地域社会に受け入れられることを望む退役軍人ならではの希望的観測である。しかし、北部方面隊が冷戦初期の数十年間、周辺の市町村と国境最前線の地域の社会経済構造に溶け込むことに成功したとする彼らの主張を裏付ける証拠は数多くある。もしこれが真実ならば、自衛隊は一九五〇年代初めに北海道にやってきたとき、おそらく日本のどこよりも疑り深い目で自衛隊とその隊員を見た、その社会を変えたのだ。北海道の事例や他の地域の例にもとづけば、田舎、都市部を問わず、他の地域でも、同じようなパターンで自衛隊を受け入れるようになったと考えるのは理にかなっている。

このプロセスは自衛隊をも変え、ただ社会を変えただけではなく、軍と社会の融和をもたらしたのだろうか？　一九七〇年代初め、レナード・A・ハンフリーズは二〇年に及んだその自衛隊研究を「日本の軍隊の伝統」（The Japanese Military Tradition）と題した論文で振り返った。「自衛隊は自然災害が起きたら、すぐに被災者に手を差し伸べる用意がある軍隊のイメージを育んだ……彼らは地域社会のイベントにいつでも友好的に参加するイメージづくりのために、そしてパレードや祭りのために自分たちの施設を開放し、公共事業のために隊員や装備を提供した。彼らはまた、進化した通常兵器と兵站システムをともに扱える専門知識を体得し、最新装備を擁する技術的に進んだ軍隊と認められることを目指した。このすべては役に立ったが、それは軍隊の伝統の基本ではない。今のところ、それを見出すことができるのは、自衛隊の前身」である旧軍だけだ。[163]　ハンフリーズの主張は正しいかもしれない。社会奉仕活動や平和を守る民主的な防衛軍を強調することは、軍隊の伝統にしては浅くて不安定な土台かもしれない。

とはいえ、一九六〇年代までには、社会に受け入れられることを求め、社会に役立つ組織になろうとする活動は自衛隊を変え、社会の自衛隊を見る目を変えた。すでに述べたように、背広組、制服組を問わず幹部のなかには、民生支援活動のせいで国民は自衛隊の主たる任務が何かを忘れてしまうと繰り返し不満をもらす者もいた。別の例をあげると、一九六九年、北部方面総監の橋《はし》本正勝《もとまさかつ》は、隊員が雪まつりに協力する分、本来の任務がおろそかになるのに、国民はそれが当然と思っていると不平を述べた。[164]　三〇年以上経っても、この問題は続いていた。二〇〇五年は、陸上自衛隊真駒内駐屯地が「さっぽろ雪まつり」の会場となる最後の年になった。この決断の根拠はそこに駐留する隊員の削減計画だった。第一一師団は防衛庁の計画に合わせて旅団となり、北朝鮮や中国など、新たに認められた脅威に備えて近代化を推し進めることになった。ロシアはもう危険と見なされなくなり、非常に多くの隊員が西日本や沖縄へ異動になり、北海道のいくつかの駐屯地は閉鎖になるという話もあった。真駒内、旭川、名寄の部隊が二〇〇四年から二〇〇六年までイラク南部に派遣されたことも、これまで通りに雪まつりに協力することを難しくしたと言われている。[165]

しかし、一九六九年に橋本総監が不満を述べたあとも、北部方面隊が雪まつりに協力し続けたように、二〇〇五年以降も方面隊の協力は続けられた。早い話、隊員の削減、戦略上の優先順位の変化、上層部の度重なる不満表明にもかかわらず、北部方面隊は祭りから簡単に手を引けなくなっていたのである。二〇〇五年以降も、第一一師団の隊員は雪を運び、大通公園で雪像をつくり続けていた。北部方面隊の隊員は依然として真駒内駐屯地の代わりに市の反対側に設けられた会場で協力していた。[166]端的に言うと、六〇年におよんだ協力は、いまさらやめることができない関係を築いたのだ。北海道の社会経済的環境の他の面と同じく、雪まつりは陸上自衛隊にあまりにも大きく依存しているため、本章の初めで紹介した一九七一年の在札幌アメリカ領事館員の報告にあったように、今日でもこの世界的に有名なイベントを現在のスケールのまま自衛隊抜きで継続することは不可能であろう。同じ理由で、数十年の付き合いにより、祭りへの参加は、北部方面隊の隊員の伝統と誇りの源泉になっている。現隊員も、北海道に住んで長年雪像づくりに携わった元隊員も、祭りの成功に不可欠な役割を果たしたのだ。[167]自衛隊を名実ともに世界の大国の軍隊に並ぶ組織に変えるという保守派の望みは叶えられたかもしれないが、災害派遣やその他の民生支援活動――警察予備隊初期に国内で培われ、それから冷戦後に海外派遣で磨かれた専門技術――は日本の戦後および冷戦後の軍隊の、意図的ではないにしても長く受け継がれる伝統として今後も何らかの形で残っていくだろう。

第四章　民生支援と広報——安保、オリンピック、三島事件の時代

東京郊外の朝霞駐屯地にある陸上自衛隊広報センターは、二〇〇二年の開設以来、画家小野日佐子の油絵を複数、展示している。いずれも自衛隊の歴史を彩る活動を描いた作品で、場面のいくつかは見学者にも馴染みがあるだろう。一九五〇年の警察予備隊創設、一九五四年の吉田首相による観閲、一九八一年に行われた初の日米共同訓練、一九九二年のカンボジアにおける自衛隊初の国連平和維持活動、一九九五年の阪神淡路大震災における災害派遣、洪水に見舞われたホンジュラスへの一九九五年の海外災害派遣、二〇〇五年、イラクのサマワで復興支援活動に携わる隊員と彼らを取り囲む現地の子供たち。一枚の絵は、あまり知られてはいないが非常に意義深い一九六四年の夏季オリンピック東京大会における陸上自衛隊の関与を描いている。(1) 一九六四年東京大会に自衛隊が協力したことを一般の人々はほとんど忘れているが、自衛隊の協力はこの大会の成功に不可欠だった。国際オリンピック委員会（ＩＯＣ）は東京大会を、かつてないほど準備万端整った素晴らしい大会だったと高く評価し、組織委員会やメディアは自衛隊、特に陸上自衛隊が重要な役割を果たしたと報じた。東京が二〇二〇年大会——新型コロナウィルス感染症の

世界的な大流行のため二〇二一年に延期――に向けて準備を始めると、朝霞駐屯地の広報担当や自衛隊に味方するジャーナリストたちは、市民にこの過去を思い出させ、来たる大会への自衛隊による後方支援に結びつけた。[2] 前回同様、自衛隊は二〇二一年の大会で広範囲にわたって協力した。[3] 一九六四年の東京五輪における自衛隊の関与は二つの形で行われた。人や物資などの輸送管理を担うロジスティクス面での協力と、選手の養成である。小野の油絵の絵のひとつは、まさにその二つを捉えている（図4.1）。絵の前景右端に、オリンピックに動員された七〇〇〇名の隊員の一人が右手で無線機を口元に構え、大通りの脇に立つ姿が描かれている。緑色の制服を着て、胸ポケットには大会の公式ワッペン――金色の五輪の上に日の丸――が縫い付けられている。彼の右側にはコースを走るマラソン選手が二人描かれ、後景の歩道は日本の国旗を振って応援する群衆で埋め尽くされている。先を行くのは日本人で、そのすぐ後ろにアフリカの黒人選手がいる。日本人選手はまず間違いなく円谷《つぶらや》幸吉《こうきち》であろう。円谷は銅メダルを獲得し、日本代表として大会に出場した二一名の陸上自衛隊員のなかで最も有名になった人物だ。[4]

組織全体の記憶だけでなく、多くの自衛隊員や何人かの評論家の見解によると、東京オリンピックは自衛隊の分岐点になった。一九六四年一〇月のあの三週間で、自衛隊と社会との関係は大きく変わったようだ。第一章と第三章で紹介した、警察予備隊に入隊し自衛隊の広報担当官となった入倉正造が述べたように、オリンピックで自衛隊とその隊員は初めて「陰の中から出て輝く」ことができた。[5] 同様に、一九五〇年代後半に米軍武官を務め、米軍事援助顧問団（ＭＡＡＧ）に所属し、一九六二年から六五年まで陸上自衛隊の軍事顧問を務めたレナード・ハンフリー

【4.1】朝霞駐屯地の陸上自衛隊広報センターに飾られている1964年東京五輪のマラソンを描いた小野日佐子の油絵。2019年、著者撮影。

ズも、自衛隊が社会の容認を得ようとする活動において、オリンピックが分岐点になったと主張している。(6)

この動員は確かに、自衛隊にとって画期的な出来事になった。自衛隊にとってオリンピックは大成功だった。社会から疎外され、曖昧な地位に置かれた自衛隊にとって、民生支援はそれらの問題を改善するための活動として、あまり物議を醸さずにおおむね肯定的な宣伝効果が得られる絶好の機会だった。一九六〇年代前半の目立った災害派遣の数々と並んで、オリンピックへの協力と参加は自衛隊が広く容認され、評判を高めるきっかけになり、一九六〇年代後半、日本で、そして先進国の多くで吹き荒れた左翼過激派による抗議の嵐を乗り切るのを助けた。左派の多くはいまだ自衛隊を憲法違反と捉え、旧軍の危険な後継者であるとか、在日米軍と比べて恥ずかしいほど影が薄い「傀儡《かいらい》部隊」[7]であると見なし、保守派のなかには自衛隊を旧軍に劣ると見下す者もいたが、一九六〇年代半ばまでには、国民の大多数は現状、すなわち国を守る軍隊の存在を受け入れ、支持するようになっていた。

一九六四年のオリンピックに自衛隊を動員するという決断、そして一九六〇年と六〇年代最後の数年間に国を荒らした大規模デモに自衛隊を動員しないという決断は、日本が二桁の経済成長を遂げ、オリンピックを通して世界の舞台に返り咲き、始まりと終わりを政治的社会的抗議の動乱に挟まれた時代に、自衛隊の肯定的な可視化を実現し、否定的な露出を避けることを可能にした。本章では、自衛隊のオリンピック協力——そして自衛隊、その広報担当、メディア、左派の批評家、その他の人々がどのようにこの取り組みを表現したか——を、自衛隊と社会との進化する関係を考察する上での枠組みとして用いる。また、一九六〇年代のオリンピック協力や他の活動および不活動が、自衛隊に依存しつつ、様々な点でいまだ部分的にしか受け入れない社会と自衛隊との曖昧な関係をどの程度変えたかを検証する。

国民のための動員——そして国民に対する動員——の一〇年間は自衛隊をも変えた。自衛隊とその隊員は国を代表し、国を支え得ることに誇りを感じた。オリンピック協力はすでに行っていた民生支援と広報のアウトリーチのハイライトだった。オリンピック協力を機に、自衛隊は極めて好ましいスポットライトを浴び、愛国者の自尊心に包まれたが、そんな状況になったのは後にも先にも、この時ぐらいしかない。オリンピックを機に、災害派遣や土木工事支援、他の民生協力活動につながる団結心が強まったが、それらは前章で論じたように、精神も実体も旧軍とは別物であることを示した。

自衛隊がオリンピックに協力する動機は、もちろん多様で複雑だった。自衛隊は広報のためだけに協力しているわけではなかった。なによりも国の威信がかかっているという思いが、組織および個人を動かしたのかもしれない。オリンピック開催を国際社会に復帰するための国家事業の総仕上げと捉え、一般の人々同様、自衛隊上層部と隊員もこれに貢献したいと考えた。[8] 同じ理由で、彼らは日本人選手に多くのメダルをとってもらいたいと願った。さらに個々の隊員には、自衛隊やそれぞれの部隊を代表する存在になるとか、早く昇進できる可能性とか、もっと個人的な理由も動機になった。しかし、自衛隊の上層部と一般隊員が、災害派遣同様、オリンピック協力の副産物がより広く社会に容認される契機になると期待したのは明らかである。それが隊員の士気高揚といった抽象的なメリットと、入隊希望者と定着率の増加などの具体的なメリットの両方を生むと思われたからだ。

日本国民が誇りを取り戻すのに、オリンピックが役に立ったというのは有名な話だ。大会から何十年も経ってから、オリンピックは第二次世界大戦後初めて、日本国民に日章旗をわだかまりなく見つめる機会を与えたと、朝日新聞の有名なコラムニスト船橋洋一《ふなばしよういち》が書いている。[9] また、国歌「君が代」を遠慮なく聞けるようにもなった。日本国民は開会式で国旗が掲揚され、国歌が演奏されるのを誇らしく思った。なぜなら、初めてアジアの国——かつて国際社会から除け者にされ、いまや受け入れられた彼らの国——がオリンピックを開催するのだから。さらに、(日本人選手が金メダルを勝ち取ったときの）光景（と音）は罪悪感なく喜べたため、これは日本人選手に必勝のプレッシャーを与えた。(10) また、国旗を掲揚し、国歌を奏でる役割を担う側、すなわち自衛隊とその隊員にとってもオリンピックは非常に重要だった。オリンピックで、戦後の軍隊は初めて国の誇りに満ちあふれた舞台で、全国にその姿を見せ、聞かせる機会を得たのである。これらの力学《ダイナミクス》は軍と社会の融和および防衛のアイデンティティの形成に寄与した。このアイデンティティは冷戦期とそれ以降も、論議を呼びながらも優勢であり続けた。

一九六〇年五月、安保――「自衛隊がなんのために存在するか、ではなく」

当時、気づいた人はいなかったようだが、陸上自衛隊員が一九六四年の東京の町に降り立ったのは皮肉だった。わずか四年前、一九六〇年の春、岸信介首相は日米安全保障条約、いわゆる「安保」の更新に反対するデモ隊の鎮圧に自衛隊の出動を決断したのだ。問題は年初からくすぶっていた。一月、政府は改定した一〇年間有効の条約にワシントンで調印したと発表した。岸の考えでは、新条約は吉田が一九五二年に結んだ従属的な独立の合意を書き換える平等なものだった。以前の条約は、アメリカが前もって日本に相談することなく在日米軍を展開できるとし、米軍が日本国内の暴動や騒乱に介入できるとしていた。岸は一九六〇年の条約が二国間の新時代を開くと確信していたが、条約は発効前に国会で承認を得る必要があった。(11)

岸は条約を承認するよう国会で訴えるが、さらなる再軍事化を危ぶむ声と、アジアにおける米軍の行動によって大陸での軍事作戦に日本が直接巻き込まれるのではないかという懸念から、凄まじい抵抗が巻き起こった。反対派は首相に対する不信感を強めた。岸は戦時中、満州国の官僚だった。彼はGHQのA級戦犯リストに挙がっていたが、起訴は免れた。一九五七年から首相として占領時代の改革の多くをくつがえすことに力を注ぎ、そこには憲法九条など軍隊の制約や、吉田の経済優先政策も含まれていた。条約の改正と更新は、これらの政策目標の一部だった。岸は六月一九日に予定されていたアメリカ合衆国大統領ドワイト・D・アイゼンハワーの訪日前に、なんとしても条約の批准を完了しておきたいと思っていた。憲法上の決まりにより、条約は衆議院で通過しさえすれば、たとえ参議院で否決されても三〇日以内に自動的に成立することになっていた。だから岸はぜひとも五月一九日までに衆議院で承認させる必要があった。そのため彼はその晩、いくつかの強硬手段に出た。そのうち最も悪名高いのが、五〇〇名の警察官を動員して議長室前で座り込みをしていた野党の政治家たちを力ずくで排除した件だ。(12)

国会内の危機と同様、街頭でも騒動になっていた。すでに五月一九日以前から、おおぜいのデモ隊が街中に繰り出しており、その晩の政府の手荒な振る舞いは状況を悪化させた。それから何日も何週間も、抗議の規模は拡大し、六〇〇万人の労働者がストライキに入った。五月二六日までには、デモ隊の数は五〇万人に達していたと言われている。六月一〇日、アイゼンハワーの報道官、ジェイムズ・ハガティーが大統領に先立って日程調整のために来日した。羽田空港からアメリカ大使館に向かう途中、彼の乗った車がデモ隊に包囲されて身動きがとれなくなり、海兵隊のヘリコプターで救出されるという事件になった。(13)

抗議の激化により政府は前例のないことを検討し始めた。陸上自衛隊の治安出動である。ハガティー事件後すぐに、岸は何人かの閣僚――吉田門下で保守本流の、将来首相になる池田勇人と佐藤栄作を含む――の支持を得て、一九五四年に制定された自衛隊法第三条の発動を決断し、これにより自衛隊は「直接侵略および間接侵略に対し、わが国を防衛し、必要に応じ、公共の秩序の維持に当たる」任務を負った。この権限は、もともと一九五〇年に警察予備隊の創設を正当化するために付せられたものだった。公共の治安の維持と間接的侵略に対する防衛のために、追加の警察隊が必要であるというのがその根拠だった。しかし一九六〇年当時、この組織は警察隊ではなかった――たとえ過去に警察隊であった時期があったとしても。それでも、この国内の治安維持のためという理由は、組織が一度も本格的に動員されたことがないにもかかわらず、保守派の政治家にいまだ大いに支持されていた。[14] 第一章で論じたように、警察予備隊と呼ばれていた時代でさえ、多くの政治指導者や隊の幹部は、この目的〔治安維持〕のために隊を出動させることに消極的だった。しかし多くの閣僚の支持を得た岸は、アイゼンハワーの訪日を予定通りに進めて条約を締結するため、陸上自衛隊の出動を決断した。六月一四日深夜、岸は〔南平台の〕私邸に防衛庁長官の赤城を呼び出した。全国で一〇万人を超える警官が動員され、緊張は臨界点に迫っていた。[15] 岸やその周辺は、デモ隊を「国際共産主義運動の支援を得た間接侵略に近いもの」と見なした。[16] すでに他の閣僚や政府高官が赤城に、警察官の救援に自衛隊を出動させるよう圧力をかけていた（在日米軍に出動を要請する話も出ていた。なぜなら、まさにその米軍介入を禁止する新条約はまだ発効していなかったからだ）。このプレッシャーのなか、赤城は岸の要請を拒否した。自衛隊を出動させたら、自衛隊と社会との脆い関係に回復不可能なダメージを与えると危惧したからだ。赤城は後年、次のように述べている。「自衛隊を出すとしたら、武器を持たさざるを得ない。機関銃ぐらいは持っていく。そして、場合によっては武器を使う場合が出るかもしれない。そうなると……犠牲者が出る、日本人が日本人を殺すための自衛隊ではないんだ、外敵に備えるのが自衛隊だ」。(17) 防衛庁の多くの官僚や幹部自衛官は、赤城の姿勢を支持した。(18)

政府が対応に苦慮するなか、翌一五日、抗議活動は激しさを増した。推定一〇万人の全学連（全日本学生自治会総連合）のメンバーが国会周辺に集まった。その晩、機動隊との衝突で、東京大学の学生、樺美智子《かんばみちこ》が死亡した。翌六月一六日、赤城は辞表を懐に入れて閣議に出た。自衛隊を出せと命令されたら辞任するつもりだった。しかし驚いたことに、岸のほうが引き下がった。彼は「アイゼンハワーに来てもらうのを断る」と述べた。(19) 新安保条約は六月一九日に自然成立したが、それでも街頭デモは止まなかった。騒乱が収まったのは、その四日後に岸が内閣総辞職を表明してからだ。岸が新安保条約を成立させたことと、その敗北と辞任は日本の軍隊の防衛アイデンティティが形成される過程で決定的な瞬間になった。これを機に「吉田が最初に提唱した防衛と治安維持への控えめで最小限の方針が強化」された。(20) 岸のあと首相に就任した池田勇人（一九六〇年から六四年）と佐藤栄作（一九六四年から一九七二年）は、彼らの師、吉田のドクトリンに立ち返り、これを強化し、地政学的な自立や再軍備よりも経済を優先した。(21)

左派と右派の両方の批評家が赤城の決定を非難した。政治学者のマーティン・E・ワインスタインは次のように考察した。「敵対する左派の主張によれば、赤城は暴動を鎮圧したいと思っていたが、『国民の自衛隊』のイメージを損なうのを恐れて動員をためらった。このイメージは、将来、軍事支配の土台となる国家主義的、軍国主義的精神を立て直すために欠かせない。右派の批評家は、防衛庁の官僚が軍隊を『おもちゃ』にし、国の安全と秩序よりも己の政治的野心を優先したと非難した」。左右両方とも陰謀説を唱えて間違っているが、赤城の決断は「国内の暴動鎮圧に自衛隊を使うことに対する公民の反応を心配した」からという点で一致している。[22] 国民に対して自衛隊を出動させることへのためらいは、占領が終わって数日後に警察予備隊が一部動員されて以来、強くなっていた。

赤城は岸の陸上自衛隊出動要請を拒否したとはいえ、裏では自衛隊から機動隊へ食料やトラック、宿泊施設、その他を提供させるなどして支援し、機動隊が圧倒されて事態が完全に収拾がつかなくなった場合に備えて武装した隊員を待機させていたが、結局、彼は自衛隊を出動させなかった。[23] しかし、それからわずか数年後、自衛隊と国民との関係に関わる類似の問題を契機に、前回とは完全に異なる種類の任務ではあるが、政府は街中に隊員を送り出したのである。

オリンピックへの有形の協力

自衛隊のオリンピック協力は、多様で広範囲にわたった。その仕事は、一九六四年一〇月に夏季オリンピックが開幕する二年前から本格的に始まった。一〇月開催と決まったのは東京の夏の高温多湿を避けるためと、気象学者らが一〇月なら雨は少ないと判断したからだ。一九六二年、国際オリンピック委員会が一九五九年に東京開催を決めてから三年後、日本の組織委員会が自衛隊に協力を求めた。それに応えて防衛庁は支援計画を立て、三自衛隊ともに協力するが、陸上自衛隊が主導すると発表した。自衛隊の上層部は、オリンピックのために自衛隊の突出した機械力とロジスティクス能力を活用し、選手と観客を迎えるための国を挙げての集中的な取り組みを支えた。オリンピックの公式報告が伝えるように、自衛隊の協力には「隊員七五〇〇名、船舶七隻、航空機一二機、車輛七四〇台、通信機器およそ八二〇ユニット、礼砲用の銃三丁」が含まれていた。陸上自衛隊東部方面隊は東京オリンピック支援集団司令部（ＴＯＳＣ）を設置し、全国から集められた三自衛隊の隊員と防大生がそこに加わった。ＴＯＳＣは司令部、式典、通信、衛生、航空および陸上輸送、選手村運営、競技支援の七つの集団で編成された。(24) また、アテネから到着した聖火が沖縄から東京まで全国をリレーするあいだ、そこにおおぜいの隊員が参加した。九州だけでも、西部方面隊の八九人の隊員が聖火ランナーを務めた。(25)

オリンピックのロジスティクス支援は自衛隊にとって、またとない機会だった。一九七二年ミュンヘン大会でパレスティナ武装組織「黒い九月」がイスラエル・チームを襲撃して以来、そして二〇〇一年九月一一日の同時多発テロ以来、国の軍隊がオリンピックの安全を担うことは、ありふれた光景となった。しかし、これらの事件のはるか以前から、国の軍隊は近代オリンピック大会を成功させるために、ただ安全を提供するだけでなく協力することで、大きく貢献してきた。ギリシアの軍隊は一八九六年の最初のオリンピックでマラソンコースの管理を支えた。ドイツ国防軍はヒトラーのナチ政権の他の組織とともに、一九三六年のベルリン大会で主要な役割を果たした。(26) 一九六〇年のスコーバレー冬季大会、同年のローマ夏季大会では、それぞれアメリカとイタリアの軍隊が相当な数の人員と専門技術を提供した。(27) そして、一九七二年ミュンヘン大会には二万人以上のドイツ兵が動員されていた。残念ながら、彼らは安全のために特別に警戒せよとは指示されておらず、そのため、テロリストに簡単に選手村に侵入されてしまった。(28) このように、ある意味、自衛隊の東京オリンピック協力は特に珍しいことではない。しかし、自衛隊にとってオリンピックは、他の軍隊にとってのオリンピックよりも、はるかに重要だった。なぜなら、日本の戦後の軍隊にとって、乾坤一擲《けんこんいってき》の大勝負だったからだ。

オリンピックが始まる何か月も前から、国中の師団が東京へ隊員を送り出した。その一人に北海道の北部方面隊の隊員、佐藤ノボル二佐がいた。彼は選手村のスペイン人選手の担当になった。自衛隊の司令部が佐藤を選んだのは、彼がテキサス州エル・パソのフォート・ブリスにあるアメリカ陸軍防空砲兵学校に一年の留学経験があったからだと思われる。自衛隊は一九五〇年から一九六三年まで、合計一万三七九〇人の隊員をアメリカ留学に送り出してきたが、彼もその一人だ。(29) 東京に発つ前、佐藤と他の北部方面隊の隊員は千歳のアメリカ空軍基地にあるアメリカン・スクールに集合し、アメリカ人大尉の妻メレンデス夫人から三週間、英語でスペイン語を習った。(30) これ以外にも、米軍は大会準備に陰ながら協力した。さらに、アメリカ人が「ワシントン・ハイツ」と呼び、占領時代から米軍の兵舎・家族用住居が設置されていた代々木の土地を日本に返還し、これにより日本は選手村の用地が確保できた。下の写真は、自衛隊と米軍の将校がその地図を眺めているところ（図4.2）。選手村では、佐藤たちＴＯＳＣの面々は出入り口を警備し、村内をパトロールするほか、一一〇の異なる国々からやってきた選手やコーチ、役員など総勢七五〇〇人の世話係として、荷物の面倒から詰まったトイレの修理に至るまで日常の様々な

【4.2】左から右へ、陸上自衛隊東京オリンピック支援集団幹部の梅澤陸将（団長）、吉池一佐、大河内一佐、田畑一佐が、私服の米軍将校２名、ワーシントン将軍とパリア大佐とともに、選手村建設計画について協議している。日系アメリカ人で、軍事援助顧問団に雇用されていた民間人の通訳、レイモンド・アカが米軍将校の左側に座っている。日付不明。レイモンド・アカのご厚意により掲載。著者所蔵。

ニーズに応えた。[31] 大会を主催する国を祝ってオリンピックが日本人を団結させたように、大会支援のために日本中の部隊から集められた隊員たちは、この任務を担う自分たちの組織に誇りを持った。国内の新聞やメディアに登場する隊員たちは自衛隊の士気を高めた。

自衛隊が担った任務には、観衆やテレビカメラの前から取り除けないものもあった。特に開会式と閉会式における式典支援群の仕事は、自衛隊の存在を隠しようがなかった。自衛隊は音楽隊員五三〇名の半数以上を派遣し、一〇八名の防大生が国名を記したプラカードを掲げて国立競技場に入場する各国選手団を導き、隊員がメダリストの国旗を掲揚し、砲兵の熟練の隊員が

【4.3】1964年10月10日、東京オリンピック開会式の式典で航空自衛隊の飛行隊がスタジアム上空に描いた五輪マークを見上げる隊員たち。久保田博幸撮影、防衛大学校資料館所蔵。槙桂と防衛大学校の許諾を得て使用。

礼砲を撃った。そして最も壮観だったのは、一〇月一〇日の開会式の締めくくりに、航空自衛隊のノース・アメリカン(現ボーイング)社製F－86「セイバー」ジェット戦闘機五機が、快晴の青空に五色の五輪マークを描いたアクロバット飛行だった(図4.3)。(32)

パレードのように目立つ任務であろうが、マラソンコース沿いの裏方であろうが、自衛隊員は——たいてい制服姿で——大会期間中だけでなく、大会が始まる何か月も何年も前から、数百万人の観衆、新聞の読者、ラジオやテレビの視聴者の前に姿を現した。日本の一億人に近い人口のうち推定九〇パーセントがテレビで開会式を観たが、これは自衛隊が最も可視化されたイベントだった。(33) 大会が始まる何か月も前から、日本中がオリンピック熱で沸き立ち、町中で選手輸送の練習をするなどTOSCのもっと地味な仕事でさえメディアの注目を——全国的にも地域的にも——集めた。大会が始まると、驚くほど多くの東京都民——九五パーセント以上——が、オリンピックは大成功か、ほぼ成功と考えていることがNHKの世論調査でわかった。(34)

陸上自衛隊のオリンピック選手育成プログラム

オリンピックを直に見たか、テレビで観たかを問わず、多くの人々は自衛隊員が裏方として駆け回る姿に注目したに違いないが、日本代表として出場した数名の陸上自衛隊員の華々しい活躍はより多くの注目と喝采を集めた。メディアは日本に大会初の金メダルをもたらした重量挙げの三宅義信《みやけよしのぶ》の偉業を讃えた。そして、一万メートルで六位入賞し、その一週間後にマラソンで銅メダルを獲得した円谷幸吉《つぶらやこうきち》を激賞した。これは東京大会の陸上競技で日本が獲得した唯一のメダルであり、日本がマラソンで二八年ぶりに獲得したメダルだった。(35) オリンピック選手を出した自衛隊は、社会に認められ支持を集める絶好の機会を得た。国際大会の熱狂のなかで、自衛隊の存在そのものに反対する強固な左翼を含め、日本を代表して出場する自衛隊の選手の応援を自制できる人がいるだろうか？

一九六四年大会以前、自衛隊もその前身の旧軍も選手を計画的に育成した経験はなかった。帝国海軍は帝国陸軍よりも国際的でコスモポリタンな性格であるためか、陸軍よりもスポーツを支援したが、優秀な選手を育成するために資源を充当するほどではなかった。それでも、競泳で日本人初の金メダリストとなった鶴田義行《つるたよしゆき》——一九二八年アムステルダム大会と一九三二年ロサンゼルス大会の二〇〇メートル平泳ぎで連覇——が競技水泳を始めたのは、一九二四年に帝国海軍に入隊してからだった。(36) 帝国陸軍も多少はスポーツを支えたが、一九三〇年代までには競技スポーツやそのコマーシャリズムに懐疑的になっていた。兵士が参加したオリンピック競技種目は馬術だけだった。馬術競技は上級将校が高く評価する数少ないスポーツのひとつだった。戦前の兵士がオリンピックで好成績を収めた場合、それは軍に積極的に支援されたからではなく、個々の地位と財力によるものだった。たとえば、一九三二年ロサンゼルス大会の馬術大障害飛越で、愛馬ウラヌスとともに金メダルを獲得した西竹一《にしたけいち》陸軍中尉は華族（男爵）だった（一九四五年三月、硫黄島の戦いで戦死）。(37)

再建された戦後の軍隊の運動競技への姿勢は、前身のそれとの完全な訣別が際立っている。それは警察予備隊の基地で早々に明らかになった。変化が起きたのは一部にはアメリカの影響もある。第一章で触れた佐藤守男の回想を覚えているだろうか。武器が届いて訓練ができるようになるまで、毎日、美しいグラウンドで野球やソフトボールをしていたという思い出話だ。このスポーツ推奨の姿勢は継続し、警察予備隊、保安隊、陸上自衛隊の幹部は隊員に、様々なスポーツに参加し、内外の競技に出るよう奨励した。佐藤は小柄ながら野球が得意で、師団から選ばれて陸自の強豪チームに入り、全国大会に出場した。(38) それでも、一九六四年の大会が東京に決まるまで、自衛隊が国際レベルの競技大会に協力したことはほとんどなく、東京大会以前にオリンピック・チームに入った隊員は一人だけだった（ローマ大会のライフル競技）。一九六四年の大会に二一人の陸上自衛隊員が日本代表入りしてから、その後の夏季と冬季のオリンピックに数百名の隊員が参加し、二〇個以上のメダルを獲得している。[39] このオリンピック参加は、陸上自衛隊が社会に関与し、この場合、オリンピックに関与することで変わっていくひとつの方法だった。

諸外国では、多くの軍隊は何十年も前から、国際競技会、特にオリンピックに向けて選手を育成してきた。当然ながら、馬術や射撃競技では軍人が常に上位を独占したが、イギリスやアメリカ、ソ連、その他の国々では、それ以外のスポーツのために軍隊でトレーニングのプログラムを組んだり、チームをつくったりして、計画的に兵士にトレーニングを行った。[40] たとえば、一九五六年メルボルン夏季大会に出場した米軍と関係のあるアメリカ人選手は七九名を数え、選手団の過半数を占め、二五個のメダルを獲得した。もし彼らが独立したチームとして競ったら、メダル獲得数最多のソ連、アメリカ合衆国、オーストリア、ハンガリーに次いで五番目にランクインしただろう。[41] 自衛隊は東京オリンピックを機に、国際スポーツ競技に選手を送る諸外国の軍隊に仲間入りした。

その計画案は、一九六〇年末、防衛庁長官に新たに就任した江崎真澄《えさきますみ》が選手育成のための専用施設の創設を要請したときに始まった。一九六〇年ローマ大会に、日本はソ連、アメリカに次いで三番目に多い大選手団を送り出したが、金メダルを獲得したのは体操競技だけで期待外れの結果に終わった。東京開催が決まると、江崎は他の閣僚たちに「精鋭二五万人を持つわが自衛隊で、金メダルの五つや六つはとってみせます」と豪語した。[42] この目標達成に向けて、陸上自衛隊は一九六一年八月、朝霞駐屯地の敷地に自衛隊体育学校を設立した。同校には「部隊等における体育指導者の育成」と「オリンピック等国際級選手の育成」という二つの主な目的があった。後者の目的のために、同校は六つの競技——重量挙げ、ボクシング、レスリング、射撃、カヌー、陸上——に絞り、対象を男子選手に限定した[43]（一九六〇年代初め、自衛隊には女性の適職とされた看護師を除いて女性隊員がいなかった）。選手育成のために数十名のコーチをそろえ、経済的支援とトレーニング支援を条件に実績のある選手数名を自衛隊に引き抜いた。法政大学在学中にローマ大会で重量挙げのバンタム級（五六キロ）で銀メダルを獲得した三宅義信もその一人だ。[44]学校側は二五万の自衛隊員の中からも選抜した。一九六三年三月、六八名が選ばれ、厳しいトレーニングが始まった。このなかには三宅の他に二名、オリンピック「専科生」として入隊した選手がいた。[45]

陸上自衛隊がエリート選手のトレーニングに参入すると、かなりの興奮といくらかの不安が生じた。スポーツ界は自衛隊体育学校を歓迎した。アスリートとして才能ある若者を何百人も見つけ出し、他の選手も利用できる新しい施設でトレーニングを行うと約束していたからだ。[46]一九六一年当時、スポーツ界は政府の教育予算が乏しく、私企業の後援もほとんどなく、資金不足にあえいでいた。日本経済は一九五五年に戦前のレベルにまで回復したとはいえ、二桁成長の一〇年はまだ始まったばかりだった。実業団リーグで競う運動部を持つ企業もあった。たとえば、ニチボーの女子バレーボール部員は日本代表チームの中核をなしていた。もちろん、自衛隊の選手育成参入がもたらす不安を表明する評論家もいた。国会の左翼を含め左派は、自衛隊がイメージ改善のためにスポーツやオリンピックを利用するのではないかと懸念し、自衛隊を優遇していないかと、スポーツ界に問いただした。スポーツのトレーニングに（軍隊を通して）政府が全面的に資金を提供するということは、近代オリンピックの創始者であるピエール・ド・クーベルタンが提唱したアマチュア精神に反するのではないか、西側諸国との激しい競争のために選手を育成するソ連のような国家アマチュアリズムの始まりではないかと、ある専門家は疑問を呈した。それでも、スポーツ界が自衛隊体育学校に抱く最大の懸念は、オリンピック終了後に学校が閉鎖されるのではないか、だった。なぜなら、陸上自衛隊上層部がその将来について、明言を避けていたからだ。(47)

江崎長官の大胆予測は外れ、自衛隊の選手たちは金メダルの五つ、六つはとれなかったが、オリンピック直前のメディアの期待に応え、円谷の場合は、期待を上回る結果を出した。大会開始前、メディアは三宅と円谷に注目していた。特に三宅はほぼ無名の存在だったが、一九六三年に彗星のように現れ、国中の注目を集めていた。大会三日目、三宅はフェザー級（六〇キロ）で世界記録を出して日本の金メダル第一号となった。三宅は東京五輪後も陸上自衛隊にとどまり、四年後のメキシコ大会でも金メダルを獲得した。その後コーチとなり、一九九〇年代に自衛隊体育学校校長に就任した。(48)

花形種目であるマラソンでの円谷の銅メダルは三宅の金よりもはるかにドラマチックで、彼の経歴は同胞（そして同僚の隊員）の多くが共感できるものだった。実際、彼は貧しい家庭に生まれ、非常に引っ込み思案で、どこにでもいる平凡な人だった。ニュース記事は一様に、彼を貧しい地方で知られる東北出身であると伝え、よく「自衛隊の円谷」と呼んだ。記事は円谷の生真面目さと礼儀正しさを讃え、それは自衛隊での訓練で身についたものだと主張する記事もたびたびあった。[49] 福島県の農村で五人の兄と一人の姉がいる大家族に生まれ育った円谷は、一九五九年に自衛隊に入隊した。それ以外はすべて不採用になったからだった。彼は陸上部を持つ数少ない会社に雇用されるほど優秀なランナーではなく、大学に特待生で入れるランナーでもなく、そして彼の実家は息子を大学へやるほどの経済的ゆとりがなかった。陸上自衛隊に入隊してから数年で、彼は全国的に、そして世界的に有名な選手になった。[50] その結果、一般市民と自衛隊員は、彼の成功を直接自衛隊に結びつけた。三宅と同じく、円谷は東京五輪後も自衛隊にとどまり、メキシコ大会へ向けてトレーニングを開始した。しかし、腰痛が悪化したうえ、アキレス腱を断裂。絶望した円谷は孤独と鬱状態にさいなまれ、再びオリンピックでメダルをとるだろうとの国民のプレッシャーに押しつぶされた。さらに、メキシコ五輪前の結婚を上司に反対されて別れた元婚約者が別の男性と結婚したと聞いて動揺した彼は、一九六八年一月九日、自衛隊体育学校宿舎の自室で、頸動脈をカミソリで切って自殺した。[51]

しかし、四年前、オリンピックの陸上競技の最後を飾るマラソンが一〇月二一日午後一時に始まったとき、国民の目は円谷に注がれていた。一週間前、彼が最も得意とする一万メートルで六位入賞と健闘し、期待が高まっていた。真剣な、期待に満ちた国民の眼差しは、市川崑監督の公式記録映画『東京オリンピック』に捉えられている。自衛隊のヘリコプターによる空中撮影を含め、マラソンの生中継の映像を含むこの映画には、コースの沿道であろうがテレビの画面越しであろうが、何千万もの人々がどのようにレースを見つめたかを垣間見せてくれる。[52] 映画は先頭集団の十数名を一人ずつ通過順に紹介する。その最後に紹介されるのが円谷だ。カメラはそれまでに撮した走者たちより、彼をいくぶん長めに撮し、それから短いカットで次々と観客を映し出していく。子供を肩車している男性、若い女性のグループ、老婦人のクローズアップなど、円谷を応援するために沿道に並んだ推定一二〇万人の一断面である。テレビのアナウンサーも繰り返し励ました。「円谷、がんばれ、円谷、がんばれ」(53)

彼らの応援は無駄ではなかった。エチオピア軍の軍曹でローマ大会の金メダリスト、アベベ・ビキラがまずスタジアムに入ってきて、オリンピック記録で連覇を果たした。数分後、円谷が二位でスタジアムに現れ、最後の一周に入った(図4.4)。彼のすぐあとをイギリスのバジル・ヒートリーが追い、疲れ切っていた円谷を最後のコーナーで抜いて銀メダルをさらった。(54) しかし、円谷が死力を尽くして銅メダルを獲得したことは誰の目にも明らかだった。

広報の成功と失敗

その午後遅く、防衛庁は円谷と三宅にオリンピックでメダルをとった功績を讃えて、自衛隊の最高の功労賞を授与すると発表した。大会が終わって国民の関心が他所へ向く前に、防衛庁は一刻も早く、この日本代表の二人が自衛隊の代表でもあるのだと、国民に強く印象づけようとしたと思われる。この動きのタイミングと明白な意図に気づかずにいるのは難しい。一部の評論家には、勲章授与は二選手の成績を利用した露骨な便乗と映り、一〇月二四日の閉会まで、まだ数日競技が残っているというのに、国民の関心を逸らす必要はないように思えた。右寄りの読売新聞

【4.4】オリンピック・スタジアムに近づくマラソンの最終ステージで、イギリスのバジル・ヒートリーの先を行く円谷幸吉。トラックの最終コーナーで、ヒートリーは円谷を抜き、銀メダルを獲得した。IAAF（国際陸上競技連盟）の旗をつけた車の前にいる 4 人の制服姿の人物は、小野の絵画に描かれた制服姿の人物と同じく、おそらくこの競技の輸送支援を担当した陸上自衛隊員。1964 年 10 月 21 日。朝日新聞社の許諾を得て使用。

でさえ、スポーツ記者の川本信正《かわもとのぶまさ》が、表彰するなら「大会が終わってからにすべきでした」と強く批判した。しかし続けて川本は「それに表彰するなら、もっと表彰されるべき裏方さんがいっぱいいます。音楽隊しかり、ヘリコプターを飛ばした人しかり……」[55]と述べているので、この言葉に防衛関係者は文民、制服組ともに慰められただろう。

この小さな異論は、自衛隊やマスメディア、様々な政治的傾向の批評家たちが、競技参加と有形の支援の両面での自衛隊のオリンピック協力をそれぞれどのように捉えたかを際立たせている。自衛隊はそれと気づかれることなく、民生支援を積極的な広報宣伝に非常に巧妙にすり替えることができた。積極的な広報宣伝のためのあからさまな試みと見なされる動きはすべて、自衛隊の協力によって生まれた好印象を、消し去るか傷つけるような批判を誘発するリスクがあった。自衛隊がオリンピックのために選手を養成し、ロジスティクス支援を行うことが発表されると、多くの新聞記事は、自衛隊にとってオリンピックは絶好の広報宣伝の機会になるだろうと述べ、上層部がオリンピック支援に熱心なのも、それが主な動機のひとつであると書いた。[56] その結果、自衛隊はイメージ改善のためにオリンピックを利用するのではないという振りをしながら、これを利用しなければならなくなった。そのバランスをとるのが難しかった。自衛隊がたいてい好んで用いた戦略は、黙って行動で示し、それを部外者が好意的に語ってくれるのを待つというものだった。

自衛隊の上層部と広報担当官は、オリンピックを利用して自衛隊のイメージに磨きをかけようと一般隊員に呼びかけたが、時にはその声が大手メディアだけでなく自衛隊の機関紙に漏れたため、自衛隊の取り組みは複雑になった。ある隊内誌が書いたように、オリンピックは自衛隊にとって「最も大きなPR作戦となる」と、防衛庁の役人と自衛隊の幹部は機関紙や訓話を通じて、繰り返し隊員に伝えた。(57) また、オリンピック協力により、隊員の士気高揚を目指し、第三章で論じたように、自衛隊と社会との関係をよくするために隊員はいかに振る舞うべきかについて、期待される役割の数々を示す機会にもなった。

結局、メディアの論説はおおむね肯定的だった。主要な新聞雑誌は連日オリンピック関連の自衛隊の活動を載せ、たいてい客観的に、事実のみを伝えるという姿勢だった。このパターンから逸れるケースは、東京オリンピック支援集団の幹部の誰かにインタビューするなど、組織の重要な役割を担う人物にスポットライトをあてる時だけだった。そのような記事は自衛隊と隊員の人間味を強調する傾向にあった。(58)

自衛隊のオリンピック参加に関する報道には、ほかにもいくつかのテーマが見られる。第一に、メディアのコメンテーターも自衛隊の担当者も、序章で触れたように、戦後の軍隊を説明するために一九五〇年から使われてきた視覚的な比喩を利用した。創設時から、批判的な論者は自衛隊を「日陰の軍」、隊員を「日陰者」とたびたび呼んできた。日陰には多くの意味があるため特に便利な言葉だ。社会の片隅でひっそりと暮らしている人を指す場合もある。社会の除け者、脛に傷持つ人、落ちぶれた人、前科者、妾などだ。そこには好意的な意味はまったくない。隊員を日陰者と呼んで蔑むとき、批評家が何を意図するのか正確にはわからないが、この言葉は三つの難しい関係性をすべて捉えている——社会から除け者にされ、旧軍の過去に傷つけられ、米軍の違法で不平等なパートナーとされている、その関係性だ。

オリンピックの文脈では、自衛隊の批判者や中立的な評者だけでなく、その支持者でさえ、似た言語を採用した。新聞は繰り返し、隊員をオリンピックの裏方と書いた。東京オリンピック支援集団の貢献を讃える書籍も同様だ。オリンピックが終わって数か月のうちに、アメリカの〈星条旗新聞〉に相当する日刊紙を一九五二年六月から発行している朝雲新聞社は、東京オリンピック支援集団に加わった隊員の体験談をまとめた『東京オリンピック作戦——支援に参加した自衛隊員の手記』を刊行した。日本オリンピック委員会委員長の竹田《たけだ》恒徳《つねよし》——旧皇族で元陸軍中佐、ベルリン大会の馬術競技選手——がその序文に、自衛隊員の仕事について「一般にその真価が知られないのが残念だと思っていましたところ、本書によって、その陰のご苦労やユーモアに満ちたお話を知り得ますことは、たいへん意義深いことと思います」と記している。[59] ほかにも、ある雑誌の記事は自衛隊の支援を「金メダル級」と讃え、隊員が全国民の「目」の前に「大きくクローズアップ」されたことが重要だと強調した。[60] 一方、左派は、開会式で自衛隊が陰から出て、視覚的に観客に襲いかかったとして非難した。観客は自衛隊もその「活躍」も見る気はなくても否応なく見せられたというのが彼らの主張だ。[61] 自衛隊の支持者と批判者のあいだにひとつ見解の一致があるとすると、それはオリンピックで自衛隊が姿を現したことが、社会に絶大な影響を及ぼしたという点だ。支持者は、自衛隊が好印象を与えたと考えたが、「陰」といった言葉を繰り返し使ったために、国民に自衛隊の複雑な過去を思い出させた。

自衛隊の支援に関する論考で確認できる二番目のテーマは、メディアも自衛隊当事者も批評家も、自衛隊のロジスティクス支援や選手養成支援について述べるときに、軍事用語をひんぱんに使用した点だ。戦争とは似ても似つかぬ活動に「派兵」「出動」「作戦」などの用語を当てはめた。(62) ある新聞記事は、オリンピック期間中、通信連絡に携わっていた自衛隊のジープが起こした交通事故を「支援隊員初の犠牲」との見出しをつけてセンセーショナルに扱った。(63) このような言葉遊びは、本来、平和的な国際交流の場であり、自衛隊の正式な任務とはほぼ無関係のイベントで自衛隊が重要な役割を担うという難しい問題について、メディアと自衛隊が問題に近づく振りをしながら最終的には避けるひとつの方法であるように思える。当然、左寄りの評論家は、彼らから見てオリンピックの軍国主義化と自衛隊を容認する動きに黙ってはいなかった。たとえば、左寄りの朝日新聞は、開会式について三人のゲスト・コメンテーター——作曲家芥川也寸志《あくたがわやすし》、画家生沢朗《いくざわろう》、映画監督堀川弘通《ほりかわひろみち》——に採点してもらっている。彼らの発言として、式全体で自衛隊員の数が多すぎたし、「バンドは軍隊調が過剰」という言葉を載せている。日本社会の再軍国主義化を危惧し、世界から日本がそう見られるのではないかという懸念を表明する人々はほかにもいた。このように批判しながらも、三人は異口同音に自衛隊のパフォーマンスを褒め、上空に五輪マークを描いた空自ジェット機の離れ業に目をみはり、プログラムの多くは自衛隊抜きではできなかっただろうと認めた。(64) 自衛隊の五輪協力に対する反対する声は、大会前と開始直後に最も激しかったが(先述の記事)、全体が見えてくると——スタジアム上空の五輪マークのように——ほぼ消えた。大会の成功と日本代表チームの大健闘を目の当たりにし、国の誇りが満ちた雰囲気のなかで、自衛隊を否定するような発言はいっそう憚られたに違いない。

「大和魂」の生き残り

自衛隊のオリンピック協力に関する考察で三番目のテーマは、当然、支援隊員と出場選手の両方が備えていたとされる精神力になる。多くの評論家は、「根性」があるのは自衛隊員だけだと主張した。戦争を知らずに豊かな国で育った軟弱な若者たちが失いつつあると彼らが危惧する、この特質を持っているのは自衛隊員だけだと彼らは讃えた。(65) このような危惧は、第二次世界大戦の遺産と軍事的価値観の再評価あるいは再構成に一部、反映され、貢献した。このような動きが勢いづいたのは、高度経済成長とオリンピック開催を機に、国の誇りが高まったからでもある。「大和魂」、日本民族の文化と特徴、武士道といった戦時中を想起させる言葉で国民性を特徴付けることは、一九六〇年代初めにはまだ問題があったため、評論家たちは「根性」という新しい言葉を用いて戦時中の考えや言葉を作り替え、戦争や軍隊の理念、それらの遺産に肯定的な光をあてた。

根性および、その強調語であるど根性は、オリンピックが近づくとそこらじゅうに現れた。戦時中にも流行ったが、これほど広範囲には使われなかった。それに、戦後初期の時代、ジャーナリストや作家はこの言葉をめったに使わなかった。(66) この言葉を一般に広めたのは、主にニチボー女子バレーボール部および日本代表チームの監督を務めた大松博文《だいまつひろぶみ》である。東京五輪でソ連を下して金メダルを獲得した日本代表チームは、すでに一九六二年末、モスクワ開催の世界選手権でソ連に勝って名声を得ていた。翌年六月に出版された大松の著書『おれについてこい！』は、たちまちベストセラーとなり、一年間に四七回、増刷された。大松は選手に根性をたたき込むために彼の練習がいかに厳しいかを同書で繰り返し述べ、最強のチームはこの意志の力があってこそだと主張していた。大松は自身のコーチ哲学を説明するのにこの言葉をたびたび使い、これは戦争中、兵士として中国と東南アジアを「気力だけで」戦って生還した経験にもとづいていることを強調した。(67) たとえば、彼は「試合は真剣勝負であり、戦争と同じで、現代のスポーツは殺すか殺されるかだ。殺すということばは、穏当を欠くけれども、二位ではなんの価値もない」(68) と記している。オリンピックの前年に、大松の著書は、根性という言葉を多くの書籍、新聞雑誌の記事、テレビ番組に洪水のように溢れさせたようだ。突然、文筆家たちはこぞって根性を引き合いに出し、根性はスポーツだけでなく、ビジネスや教育、子育てといった他の分野でも成果を出すために不可欠であると言い始めた。(69) 様々な意見を持つコメンテーターが根性の性質について討論し、国会でも議論になった。一九三二年のオリンピックの三段跳び銅メダリストで、ＪＯＣ委員として選手育成を監督した大島鎌吉《おおしまけんきち》は、一九六三年、国会の委員会で、根性は養成できるものと考えていると証言した。(70) 大島の考えは例外的だった。評論家たちは根性に関する多くの論考で、根性とは日本人独特のもので、ユニークな固有の国民性であると述べた。心理学者本明寛《もとあきひろし》の著書『根性　日本人のバイタリティー』（一九六四年）もその一例である。(71)

　こうして根性は、日本人論と呼ばれるもの、すなわち日本人の国民性の本質について論じるときの一要素になった。論者の多くは、日本人の優れた運動能力は根性によるものだと述べ、日本の強まる経済的影響力や文化的性質も根性によるものであると主張した。人類学者ハルミ・ベフは根性を、大和精神や心、日本精神に似た「日本人独特の精神《ガイスト》もしくは気質《エートス》」に必ず含まれるものと論じ、より馴染み深いその観念は日本人の一部がユニークな国民性を説明するときに用いられた。(72) このようにして根性は、すべての日本人の戦意を表した戦時中の宣言と、一九八〇年代の経済ナショナリズムの勝利宣言、さらに二〇世紀、二一世紀における文化の優越性を強調する主張を結びつけるもう一つの要素となった。

一部の評論家が、根性は日本人の特質であると主張していたが、なかには自衛隊員こそ根性のある人間だと述べる者もいた。読売新聞はオリンピックの二か月前から「現代の日本人」と題した、根性に焦点を当てた連載を開始し、現代社会において自衛隊はこの性質を育むことができる数少ない組織のひとつであると書いている。記事の冒頭で、その夏、新潟市を襲った火災に対し、陸上自衛隊が県当局の援助要請に応じた事例が紹介される。住民が救われたのは、自衛隊員の「根性」に支えられた「奮闘努力」のおかげだと記事は伝えていた。(73) 同様に、一部の評論家は三宅や円谷の意志の力をしきりに賞賛した。三宅が金メダルを獲得したとき、「やっぱり、わかいもんは一年か二年、自衛隊に入れんといかん。根性がちがう」というような、テレビ観客の感想を何度か耳にはさんだと、あるライターは書いている。これらの人々は、三宅のローマ大会での銀メダルと東京大会での金メダルの違いを、自衛隊で四年のトレーニングを積んだことも大きいが、なによりもそこで闘志を身につけたからだと考えていることが、この記事から読み取れる。(74)

一部の評論家は、自衛隊に備わっているとされる精神と、旧軍に結びつく精神とを区別しようとした。帝国海軍と特に帝国陸軍は、一九二〇年代から三〇年代にかけて科学的知見や天然資源、戦略、兵器をしだいに精神に置き換えていき、このような精神は、たとえ技術力に劣り、資源が乏しく、無計画で兵器が不足する日本でも、道徳的に堕落した、意志の弱い、士気の低いアメリカにならば勝てるのだという思い込みを補強した。ある新聞記者は、自衛隊の根性はこの時の精神とは違うと書いている。なぜなら、自衛隊の根性には戦争の反作用から生まれた、もっと合理的な現代の社会的価値観が混ざっているからだ。大会開始の一か月前、ある新聞記事は「自衛隊員はなぜ強い？」の見出しで問いかけた。記事は、自衛隊体育学校でトレーニングに励むオリンピック代表となった陸自隊員を紹介していた。隊員たちは自衛隊で途方もない精神力を身につけたと記者は遠回しに説明し、ボクシングの丸山忠行《まるやまただゆき》のトレーニングを例に出した。丸山はレンジャー部隊の訓練に参加したあと、一段と強くなり、在日米軍の選手をリングから放り出したという。校長の吉井武繁《よしいたけしげ》は、体育学校が成功したのは精神と科学、根性と指導を組み合わせたからだと語った。(75)

この例が示すように、自衛隊はオリンピック選手と大会支援にまわる両方の隊員に、国内外の観客のために根性を出せ、根性を見せろと激励した。一九六四年一月二日、朝雲新聞は「一九六四年　東京五輪の年を迎える」の見出しの下に詩を掲載し、「支援に　競技に　自衛隊の真価を発揮するときだ」「空高く日の丸を掲げよう」「不屈の根性　自衛隊精神を発揮して」と呼びかけた。(76)同号の見開きページの一部を使った記事には、国会で根性の重要性を証言した元オリンピック選手、大島が数名のゲスト・コメンテーターの一人として登場する。彼は自衛隊のオリンピック選手が良い成績を収めるには「根性」がなければだめだと強調する。(77) マラソンで集団の先頭を走る円谷の写真——東京オリンピック支援集団に加わる隊員の座談会の記事に添えられたもの——のキャプションはその結びつきを最も簡潔に表している。キャプションはシンプルに「根性の男、円谷の力走」となっていた。(78) 当然のことながら、オリンピックの準備と大会の模様を伝える朝雲の記事で、「根性」は引き続きキーワードになっていた。(79)

大会期間中、陸上自衛隊の一オリンピック選手の行動が、根性ある組織の評判を危うくする事件があった。大会四日目、レスリング・チームのコーチ団が総監督八田《はった》一朗《いちろう》と協議の上、フリースタイルのライトヘビー級選手、川野俊一を「戦意に欠けていた」として選手村から追放したのだ。コーチ団は、川野が積極的に攻めることなくイランの選手に負けて三回戦で敗退したことに怒っていた。自衛隊の理解と国民の金で日本代表となった川野の気のない試合ぶりは「国民に申し訳ない」と彼らは述べた。川野の処分はすぐに終わった——レスリング協会は翌日には彼を呼び戻した——が、川野の追放とコーチ団のコメントに、今度は自衛隊上層部が怒った。直接は言及しなかったが、川野が国民の税金を無駄にしたというコーチ団の話が、一九五〇年の創設以来、ひんぱんに税金泥棒と侮辱されてきた彼らの神経を逆なでしたのだろう。防衛庁教育局長は、選手が競技に負けたからといって放り出すなどということは「非常識」で「非近代的」であると抗議した。(80) 当然、メディアはこの論争を最大限に利用した。あるコラムニストは閉会後に大会を振り返って、こんなことをことさら書きたてるのは気の毒だと言いながら、結局書いている。(81) 読売新聞は、川野に闘志が欠けているのは、彼の雇用者でありスポンサーでもある陸上自衛隊と同じく「守るだけで攻めるを知らぬ」と面白がり、ユーモアのセンスがないのは旧軍と同じと揶揄した。それでも自衛隊はオリンピック支援と、三宅や円谷が見せた「根性という名の〝軍人精神〟」によってよい印象を与えるのに成功し、オリンピックの恩恵を受けた筆頭だろうと、同紙の寸評は記している。(82)

オリンピック後の蜜月

オリンピックの最大の勝者は自衛隊であるかどうかについては評価が難しい。それでも、オリンピックで自衛隊のイメージがよくなったというのは、大会の前と後に行われた世論調査の結果にはっきりと表れている。一九六三年の調査では、自衛隊の民生支援活動について知っていた人は二三パーセントに過ぎなかった。一九六五年の調査では、その数が二倍以上に増え、六〇パーセントの人がそうした活動を知っていると答えている。これはオリンピックの影響が大きかったとしか言いようがない。自衛隊にとってさらに重要なのは、自衛隊によい印象を持つ人が一九六三年には四一パーセントだったのが、一九六五年には五七パーセントに増えていることだ。六五年の調査で、自衛隊を肯定的に捉える理由を尋ねたところ、災害派遣の次にオリンピック支援が挙げられた。(83)

一九五〇年代末から一九六〇年代初め、自衛隊は自然災害対応のため数回、出動し、世間から誠実な印象をもたれ、メディアで取り上げられた。それらの時代、自衛隊は台風、洪水、地震などに際して、大規模な災害派遣を数回行った。第三章で述べたように、これらの災害対応は、自衛隊が行ってきた一連の災害派遣のうち、最新のものに過ぎなかった。五〇〇〇人が死亡または行方不明となった一九五八年九月の伊勢湾台風では、七万四〇〇〇名もの隊員が二か月半にわたって救出・救援に携わり、その影響で防衛庁は毎年恒例の秋の観閲式を中止するほどだった。(84)この災害派遣のほか、一九六二年から六三年にかけての冬、北陸に六メートルもの雪を降らせた一連の暴風雪への対応に陸上自衛隊が捜索・救出にあたった件も、多くの記事と写真で肯定的に報道された（図4.5）。東部方面総監とともに北陸を訪れた米軍事顧問ハンフリーズは「災害には違いないが、適度な災害だった」と述べた。(85) 残念ながら、この表現はかなり楽観的である。この豪雪による死者、行方不明者は一〇〇名を超えた。多くの山村は雪に閉ざされて孤立し、北陸の広範囲で住民は不便な生活を強いられたが直ちに生命に関わる緊急事態ではなかった。政治学者の村上友章《むらかみともあき》が指摘するように、池田内閣は被災地に自衛隊を派遣するために、自衛隊法第八三条を広義に解釈した。なぜなら「従来の感覚では必ずしも『緊急事態』の要件を満たさない」ケースだったからだ。(86) 最も差し迫った危機は、融雪による洪水だった。陸上自衛隊は数個の師団（五七〇〇人）を動員し、ヘリコプターで救援物資を届け、ブルドーザーで道路の除雪をし、大量の雪をトラックで運んで川に捨てた。陸上自衛隊のヘリコプターに同乗して取材した朝日新聞の記者は、人々が隊員に「ごくろうさん」と声をかけて手を振る様子を伝え、隊員の一人が普段から「税金泥棒」と冷やかされるのに慣れていたので驚いた、という話を紹介している。(87) ハンフリーズは「あれ以来、北陸ではおおぜいの人が陸上自衛隊員によい印象を持つようになった」と考えている。(88) 先に述べた世論調査が示すように、彼の見解は全国にも当てはまると言えるだろ

【4.5】1962年から63年の冬にかけて北陸を襲った一連の雪嵐のあと、線路を除雪する陸上自衛隊員。朝日新聞社の許諾を得て使用。

う。自然災害とオリンピックが、自衛隊のイメージにとって恵みとなったのである。

東京のアメリカ大使館員も、この世論の転換に気づいていた。一九六四年初めに大使館がワシントンへ送った包括的報告の最新情報のなかで、オリンピックが始まる数か月前から「世間は自衛隊をさらに容認する方法へ動いている」、「予想外の展開でもない限り、国民の自衛隊に対する尊敬は増していくだろう」と記している。自衛隊の印象がよくなったのは「自衛隊が継続して任務の軍事的側面を目立たせないようにし、災害派遣や民生支援活動、たとえばオリンピック協力などを強調してきた」ことに起因すると報告している。(89)

オリンピックで自衛隊のイメージがよ

くなったことは、自衛隊のフィルターを通した証言によっても裏付けられている。支援集団の隊員による大会関連の体験談を集めた『東京オリンピック作戦』には、北部方面隊の〈あかしや〉、西部方面隊の〈鎮西〉、防衛庁後援の朝雲新聞など内部の刊行物に載った記事も含まれていた。寄稿者の何人かは、オリンピックのおかげで市民の対応がよくなったと大会後の出来事について述べている。ある隊員は、大会が終わって九州に帰る途上、米海軍の核搭載艦船の佐世保寄港に反対するためにそこへ向かっていた組合の活動家と北海道から来た教師に出会った。二人は「オリンピックで自衛隊の果たした役割は認めざるを得ない」と語った。[90] 別の隊員、神和彦はオリンピックが終わって所属する駐屯地に帰る前に、首都の酒場に行ったときのことを書いている。制服姿の彼に気づいた一人の男が「自衛隊万歳!」と叫んだ。からかわれただけだと思って、素知らぬ顔で飲んでいると、数十人の客が寄ってきて、オリンピックが「立派に」開催されたのは自衛隊のお陰だと言った。神は以前、犬をけしかけられたり、道に迷って尋ねても無視されたりしたこともあったが、オリンピックが終わってからは「街の人の見る目が違って来た」と感じた。「この信頼を、いつまでも失わないよう、隊員の一人一人がさらに努力したいものだと思います」と結んでいる。[91] 世論調査が示したとおり、これらの個々の経験は自衛隊に対する世間の態度が大きく変わったことを表しているが、『東京オリンピック作戦』に載せる手記の選択には、上層部の希望と期待が表れている。手記には自画自賛の達成感が見られ、神の結びの文章が示すように、この新しく得た信頼を維持するために何をすべきか、個々の隊員に引き続き努力するよう促している。

オリンピック後に急上昇した好感度は、自衛隊上層部が関わった政治的スキャンダル、いわゆる「三矢研究」で頭打ちになった。一九六五年二月、国会で社会党の岡田春夫は、自衛隊が一九六三年、朝鮮半島有事が発生した場合の緊急事態対応を密かに研究していたことを暴露した。旧軍出身で当時、統合幕僚会議事務局長を務めていた田中義男陸将が、三矢《みつや》研究（毛利元就の「三本の矢」の故事にちなむ）の五〇名を超える上級将校からなる有事対応の研究グループを率いていた。この図上演習は文民の許可なく行われていたとされ（実際はそうではなかったが）、岡田は自衛隊が軍の文民統制を守らず、将校たちが政府転覆を狙って起こした悪名高きクーデター、二・二六事件を思い出させるとして責めた。[92] 佐道明広が論じたように、岡田の喩えは間違っているし、自衛隊が有事対応を研究することは適切であるにもかかわらず、このスキャンダルがようやく収まったのは、田中ほか二六名が処分され、一九六五年六月に防衛庁長官小泉純也が辞任してからだった。[93] この事件がスキャンダルとして扱われること自体が、依然として世間の大部分が自衛隊を信頼していなかったことを示している。

ちょうどその頃、防衛当局は世間の関心を確実に三矢研究から逸らし、オリンピックと自衛隊を関連付けて大会の残光を引き延ばす出来事に喜んだ。四月二二日、マスコミが三矢研究に注目していたまさにそのとき、五輪で金メダルを獲得した女子バレーボールのキャプテン、河西昌枝《かさいまさえ》が陸上自衛隊の中村和夫二尉との婚約を発表したのだ。中村は一九五〇年八月、警察予備隊初の募集で入隊した陸上自衛隊員である。発表は自衛隊とオリンピックとの結びつきを世間に思い出させたため[94]、多くの女性が自衛隊員を結婚相手の候補に入れないとか、娘が自衛隊員と結婚することに反対する親が相変わらずいたことを考えると、日本有数の著名な独身女性と自衛隊員との婚約は、間違いなく上層部を喜ばせた。実を言うと、この縁談は佐藤首相により最高レベルで進められ、佐藤は二週間前に私邸で二人を引き合わせたのだった。さらに、中村のどんなところに惹かれたかを語る河西の言葉は、自衛隊が伝えようとしてきたメッセージそのものであり、根性をめぐる議論で自衛隊にはそれがあると保証されたことと一致した。河西は婚約発表の記者会見でこう述べた。「これまで人に頼られるほうだったから、頼れる人がほしかった」。[95] それから一か月後の五月三一日、首相、防衛庁長官、大松監督が出席するなか、河西と中村――婚約発表時と同じく礼装――は陸上自衛隊本部の隣の市ヶ谷会館で式を挙げ、その模様は全国にテレビ中継された。[96]「新婚旅行は?」の質問に、中村は箱根方面に約一週間と答えただけで、あとは「防衛上の秘密」とジョークを飛ばした。[97]

新入隊員の一時的増加と、継続する課題

自衛隊はオリンピックによる好感度の上昇を、隊員募集というもっと実際的な活動にも利用した。よりよい資格を有する志望者が増え、入隊率と定着率が上昇し、これらは実体のある相当な恩恵をもたらした。大会後、入隊者は急増した。しかし、一九六五年の志望者の増加と高い入隊率は、オリンピック後、一時的に不況になり、高卒者の就職先が減少したこともその一因であろう。経済成長率が二桁に戻り、オリンピックの輝きが薄れると、自衛隊、なかでも陸上自衛隊は一九六〇年代後半に再び、隊員募集に苦労するようになる。

一九五四年の自衛隊設立時から、政府は自衛隊の募集活動を支えるために法律を整備していた。第三章で述べたように、一九五四年に制定された自衛隊法は、地方自治体に自衛官募集の協力を義務づけた。具体的には、知事や市町村長は、各都道府県や大都市にある自衛隊地方協力本部に協力して、隊員募集の時期や期間などの情報を告知し、広報することが求められた。政治学者トマス・M・ブレンドルが行った一九六〇年代と七〇年代の入隊状況の評価によれば、法的に求められた地方の協力の範囲は地域によって大きな差があった。(98) 県や地方自治体の担当者が思想的に自衛隊に反対しているか、あるいはあまり支持していない場合、彼らの協力は最小限に抑えられる傾向にあった。しかも、自衛隊の募集担当者が事を荒立てるのを避けたがったため、「募集担当者は民間人に協力を拒まれたら、いつでも自分たちだけで事を進める用意ができていた」(99)

波風を立てないというこの慎重な姿勢は、いろいろな意味で、隊員募集の仕事も結局は、世間のよい評判を増やせるかどうかにかかっていたことを示している。自衛隊独特の採用方式がさらに問題を難しくしていた。自衛隊は隊員募集を一年中ではなく、年に四回行う。したがって、志願者はたいてい試験の時期まで待つことになり、試験結果が発表になるまでさらに待ち、すべての志願者が入隊と訓練のために呼び出されるまでさらに待たなければならない。多くの軍隊とは違い、法的な最低限度の任務期間がなく、志願者は採用過程の途中でも入隊後でも、いつでも辞められる。したがって多くの志願者は待つあいだに世論や仲間のプレッシャーに影響され、他の就職口を見つけ、採用の次の段階に進まなかったり、入隊後に辞めたりしても、なんの不都合もなかった。意に反する苦役を禁じた憲法第一八条は徴兵制を違法とすると解釈されてきたし、戦時中、若者が兵隊にとられた記憶により、徴兵制は一般に受け入れ難いものだった。定着率の問題に関連するが、自衛隊員は——防大生を含め——民間人と見なされ、したがっていつでも辞められる。言い換えると、自衛隊は隊員を脱走罪で告発できない。なぜなら、法的にはそのようなものが成立し得ないからだ。(100)

一九六〇年代初め、日本の経済が急成長し始めると、長年自衛隊を悩ませてきた隊員の採用と定着の問題がさらに深刻になった。設立当初から一貫して、自衛隊は人的資源の難題に取り組んできた。自衛隊の圧倒的大多数を占める一般隊員は更新可能な二、三年の契約で入隊してくる。歴史学者ジョン・ウェルフィールドが論じたように、彼らのほとんどは「もっぱら自衛隊で専門技能を身につけ、金を貯め、民間セクターに戻るために志望する。そういう人を採用するのは難しい。彼らを隊に留めておくことも難しい」。この初期の数十年間、毎年二万一〇〇〇人から三万人が自衛隊を辞めて、もとの市民生活に戻っていった。(101)

特に陸上自衛隊は他の二自衛隊よりも人数が多いのに人気がなかったため、常に定員維持の問題に悩まされてきた。一九六〇年代の前半、応募者数と入隊者数が激減した結果、陸上自衛隊の実際の兵力は定員の九〇パーセントに満たなかった。一九六三年、陸自は規定の二三師団のうち二一師団を構成する隊員しかいなかった。これに対処するため、防衛庁は一九六四年初め、隊員を増やす計画を発表し、そこには隊員の住環境の改善、隊員募集事務所の増設、技術訓練の改善などが盛り込まれた。(102)その年、米軍事顧問は次のように記している。「陸上自衛隊の食堂の一日の食事は、今日の日本の平均的な若者にとって、まったくそそられるものではないだろう。その日のメニューは朝食に厚揚げ、味噌汁、漬物、昼食に刺身、夕食に魚のフライと海藻のスープ。もちろん毎食、例によって米か麦の飯がつく。自衛隊の食事は一日につき、一人、一一三円を超えない範囲で提供されている」。(103) 三番目の対策、技術訓練の改善は、隊員がよりよい働き口を求めて除隊するという避けられない現実を踏まえたものだが、民間企業にとって魅力ある技能を自衛隊で習得できるとなれば、有望な志願者が入隊し、辞めるまで数年長く隊にとどまるだろうとの期待もあった。(104)

自衛隊のオリンピック協力や災害派遣による世間の高評価は、おそらく隊員補充を後押ししたが、オリンピック後の経済低迷も志望者の増加に影響したに違いない。一九六五年、高校と大学の卒業生の五五パーセントが就職先を見つけられなかったこの年、自衛隊は普段より多くの、質の高い志願者を引き寄せた。翌年、経済が回復すると、志願者数は前年の六万四〇〇〇人から四万八〇〇〇人以下に激減した。(105) 志願者数が減ったため、自衛隊はかつてないほどの高い合格率で隊員を補充し、これにより隊員の質は低下した。一九六五年以降も補充の苦労は増すばかりで、これは募集担当者が「純粋な志願者」と「説得された志願者」と分けて呼ぶ現象に表れている。純粋な志願者は自ら入隊を希望するのに対し、説得された志願者は募集担当者の訪問や説得に負けて応募する。採用する側の概算によると、一九五〇年代と一九六〇年代初め、両者の割合はほぼ同じだったが、一九六〇年代後半になると、全志願者の九〇パーセント以上が説得された志願者になっていた。(106) 純粋な志願者が必ずしも説得された志願者より優秀な兵士になるとは限らないが、新入隊員の質は下がった。ブレンドルが論じたように、補充のプレッシャーによって、自衛隊の水準を下げることになり、「色覚異常や虚弱体質など、資格を満たさない人を入隊させることになった」。[107] 一九六〇年代前半、自衛隊を辞める人の数は着実に減っていったが、一九六五年以降、その数は増えた。隊員の補充も定着も捗々《はかばか》しくないため、一九六〇年代、陸上自衛隊は常に一〇パーセントから一四パーセントの定員不足に悩まされていた。[108] 自衛隊が直面する人員確保の問題は、みるみるオリンピック前の過酷な時代に戻り、その後さらに苦労することになる。

新入隊員の質が損なわれると、メディアがこの問題を取り上げた。新聞は、罪を犯したり、事件に巻き込まれたりした例外的な隊員の不品行を報じ、自衛隊の補充に問題があるからこそ、このような事件が発生するのだと言って問題を関連付けた。この種の報道は当然、世間の自衛隊に対する見方によい影響は与えなかった。これらの要因はおそらく悪循環を生んだ。隊員の補充が難しいため水準を下げて採用し、すると隊員が問題を起こして自衛隊に対する世間の評価が下がり、そのため一層、補充に苦労することになる。石油危機による一九七〇年代初めの景気低迷で一時的に志望者は増えたが、一九八〇年代に経済が急成長すると、質の高い人材を採用して定員を維持するのが難しくなった。一九九〇年代の長引く不況で、補充問題は好転したとはいえ、自衛隊に入るのは社会の落ちこぼればかりで、自衛隊も積極的に彼らを採用しているという悪評はしぶとく残っていた。このような隊員は男らしくない男性として、防衛隊員に相応しくないし、戦後の男らしさの原型であるサラリーマンには到底およぶまいと見なされた。[109] なかなか消えないこの認識は、作家浅田次郎が一九九〇年代末から二〇〇〇年代初めにかけて発表した、主に一九六〇、七〇年代を舞台にした一連の短編の素材になっている。ある作品では、新隊員が募集担当者に騙されたと思い、入隊したらすぐに辞めることを考えている。翌朝までに、彼は帰属意識と秩序正しさに心地よさを感じ、とどまることを決断するのだが、基地を囲む電気柵は左翼の過激派を避けるためというより新隊員が逃げ出すのを防ぐためではないかと思う。(110) これらの短編のなかで、浅田は冷戦時代に自衛隊を悩ませた男性性の不安な感覚を捉えている。

自衛隊がこれらの補充問題の対策として採用したひとつの方法は、看護師以外の職種にも女性の入隊を歓迎したことだ。すでに述べたように、防衛庁と陸上自衛隊は人員不足を解消するため、米軍の婦人部隊に倣って、一九六八年、陸上自衛隊女性自衛官制度を発足させた。文民の防衛最高幹部の一人は、陸上自衛隊は人数が限られた男性隊員を最大限に活用するため、彼らを「機関銃」を扱う「男らしい」職種に配置し、事務職など後方の職種を女性隊員に開放すべきだと主張した。佐藤文香によれば、これらの動きは「自衛隊内の女性の役割を広げる一方で、軍務における男性化された健全性と役割を『守る』ために考え出された」(111)

この決断には他の要因も動機になっている。上層部は、女性を入れれば世間の支持も増えるし、ある幹部が述べたように、女性隊員は母となって「子供を産み、その子が兵士になる」と考えた。(112) したがって、自衛隊が女性に門戸を開いたとはいえ、それは「良妻賢母」という古くさい戦前のイデオロギーに影響された極めて家父長制度的な理由からだった。結局、自衛隊はごく少数の女性を採用したが、この状況が若干変わり始めるのは、一九八〇年代後半になってからだった。

体験入隊

防衛当局の上層部が志願者の増加と組織のイメージ改善を狙って採用したもう一つの方策が「体験入隊」である。このプログラムは、若者（ほぼすべて男性）に、数時間から数日の短期間、自衛隊の生活を体験してもらうために考案された。三自衛隊のうち、陸上自衛隊がこれらのプログラムの大半を運営している。第三章で述べたように、一九五〇年代にはこのプログラムは一〇代の青少年を対象としていた。ところが、一九六〇年代には、自衛隊は根性と結びつけられていたため、社員、特にホワイトカラーのサラリーマンに根性をたたき込みたいと願う民間企業に代わって、体験入隊という形で「精神教育」を施す場となっていた。好景気のあいだは特に、自衛隊は他の産業分野と労働者を奪い合う関係だったが、このプログラムにより競い合うための武器と、気まぐれな世論に対処するためのツールを得た。この新構想は皮肉に満ちている。すでに述べたように、隊員は自分たちの男らしさを戦後の男らしさの象徴であるサラリーマンと比べて計ってきた。しかし体験入隊を通して、まさにそのライバルにどうやったらタフで、意志が強く、男らしい男になれるかを教え、訓練するのだ。

自衛隊が企業の社員をターゲットにし始めたのは、十代の青少年を対象にすることに批判が出たからでもある。体験入隊の狙いのひとつは、純粋な入隊志望者を増やすことだった。一九六〇年代初め、全国各地の駐屯地では体験入隊の機会を広げ、学校の夏休み中、十代の青少年を招待して一泊のキャンプ生活を提供していた。[113] 一九六二年夏、この取り組みは左派の高校学校教職員組合と社会党から、戦時中の学校の軍事訓練の復活ではないかと責められ、論議を呼んだ。防衛庁は体験入隊を積極的には行わないとしながらも、異なる年齢層を対象にこのプログラムを続けた。自衛隊はこの頃、女性にも積極的に働きかけるようになった。その目的は、女性に入隊を勧めるためではなく、若者の職業選択に影響を与えそうな母や姉に、自衛隊について好い印象を持ってもらうことだった。(114)これらの取り組みが自衛隊支持者を増やすことに直接つながらないとしても、イメージ改善にはなるだろうと期待されたのだ。こうした狙いは、自衛隊が一九六〇年代初めに企業に代わって社員教育を担う動機付け要因にもなった。

企業幹部が社員――ほぼ男性――を参加させる動機はもっと複雑だった。第一の理由は、体験入隊により経営陣は社員に効率よく精神教育を施すことができるからだった。人類学者のトーマス・ローレンは、一九七〇年代初めに自身が行った社員教育プログラムのフィールドワークにもとづき、大企業と中規模企業の三分の一が精神教育を行っていると推定し、その多くには体験入隊が含まれていると論じている。(115)企業の重役たちは体験入隊により、社員が規律や礼儀を身につけ、チームワーク能力を高めることを期待していた。もっと実利的な面もあったかもしれない。経営者たちは目聡《めざと》く好条件に気づいたのだろう。受講料、宿泊費、参加者に貸与される被服費などはすべて自衛隊が負担する。企業側の出費は、駐屯地の食堂の安価な食事代（一九六〇年代末で、一日五〇セント）だけだった。駐屯地の食事は防衛大のそれと同じく、おいしくはないが栄養はあった。(116)ここでは太りようがないため、毎年、肥満気味の身体を鍛えるために体験入隊する会社経営者のグループが生まれたほどだ。(117)もっと一般的には、経営者側は社員に、体験入隊で技術的なノウハウを習得してもらいたいと願っていた。(118)アメリカ企業の最新テクノロジーを保有し、米軍との交流がある自衛隊は、特殊な専門知識の宝庫と見なされていた。たとえば、ある企業は、陸上自衛隊がアメリカ企業から最近購入したばかりの最先端の倉庫管理システムをぜひ社員に見せたいと思っていた。[119] 企業経営者のもう一つの理由は、除隊間近で人材市場に参入してくる隊員の勧誘だった。[120]

企業は様々な方法で体験入隊に参加した。新入社員や中堅社員の教育のひとつとして、期間も様々なプログラムに社員を参加させる企業もあった。一般的には、これらの社員教育には禅寺での瞑想、田舎で週末を過ごすこと、長時間の耐久ウォーキング、東京の明治神宮参拝などがあった。[121] 自衛隊の体験入隊には、駐屯地で丸一週間過ごすプログラムか、あるいは複数回の精神教育セッションを受けるコースがあった。典型的なアクティビティには、基本教練、野外訓練、集団行動、日本が強い防衛隊を維持することの重要性を説く自衛官の講義のほか、ときには小銃を使った訓練も含まれていた。[122]

体験入隊に申し込む企業の数は、オリンピックが近づくにつれ激増したようだが、オリンピックの余韻の中でもさらに増え、関心が薄れる兆しはあったが、六〇年代の終わりまで人気を維持した。最も早くから参加し始めた企業は、管理職に元自衛官がいて、近くの駐屯地に知り合いがいるケースが多いようだった。[123] ほかには、とりわけ優秀な社員が元自衛官だったため、参加を決めた企業もあった。体験入隊は、自衛隊が根性と結びつけられた頃に参加者が増え、メディアで多く取り上げられるようになった。日産、キヤノン、富士通、日立、サンヨーなど多くの大企業が、オリンピック以前から参加し始め、多くの中小企業も参加した。[124] 企業によっては、五〇代か六〇代に達した元旧軍人か戦後の軍隊の除隊者を精神面のアドヴァイザーとして雇い、自衛隊が提供する精神教育と似た教育を社員向けに行っていたが、ほとんどの企業はそれを自衛隊に外注していた。(125) 特にオリンピック後は参加希望者が増え、駐屯地だけでは需要に応じられなくなった。一九六五年、陸上自衛隊だけで一五万人もの参加希望があり、これは到底さばききれる数ではなかった。その年、推定九万人の被雇用者が三自衛隊が用意した体験入隊に参加した。(126) しかし、精神教育を求める企業、ひいては体験入隊に期待する企業の熱狂はおそらく六〇年代末にピークを過ぎた。一九六八年、読売新聞は企業が新入社員に求める資質として「積極性」と「協調性」をトップにあげ、根性を期待する企業はほとんどなくなったと記した。(127)

しかし、根性や精神教育への熱意が薄れても、多くの企業は陸上自衛隊の体験入隊のメリットを見つけていた。一九六〇年代末、大衆文化はサラリーマンを「モーレツ社員」「企業戦士」として理想化し始めた。前者は戦時中、国家総動員体制に関連してメディアが最初に一般化した用語だが、当時この言葉は普及しなかった。ある経営評論家の分析によると、このような資質を社員に求める企業は依然として体験入隊を魅力ある選択肢と見なしていた。また、体験者が銃を持つことに対して躊躇うどころか、逆に、持たせてくれと頼むようになるなど、体験入隊の危うさも同氏は記している。(128)

私たちが体験入隊について知っていることの大部分は、新聞雑誌の記事から得た情報である。ジャーナリストの報道は概して批判的だった。左寄りの朝日新聞一面の短い論説は、一九六三年四月に体験入隊を取り上げた多くの記事のひとつだ（四月は新卒者が入社し、企業が社員教育を始める月である）。コラムは否定的な論調で、企業のあいだで精神教育や体験入隊の人気が高まっていると伝え、「社員づくりも『回れ右』になっているようだ」と記している。このコメントは、軍事教練の号令とかけて、体験入隊が政治思想を右向きに変えるかもしれないとほのめかしたものだ。[129] 同月、再び朝日新聞の記事で、経済学者で東京大学総長の大河内《おおこうち》一男《かずお》が、体験入隊をうしろ向きだと批判し、その理由を自衛隊は階級組織であり、対等平等の横の関係ではなく、縦構造の組織であるからだと論じている。[130] 右寄りの読売新聞でさえ、体験入隊をからかう記事をたびたび載せた。

ローレンの考察によると、多くのジャーナリストは体験入隊を「日本の戦前の教育哲学の、望まれても認められてもいない模倣」として批判した。ローレンは、このような判断にはある程度の根拠があるとしながらも、「一九四五年以前は天皇という形で、国が道徳の中心だった」が、今ではそれが民間企業になっていると結論づけている。企業は、ナショナリズムの儀式よりも自社の象徴するものに関心を引き寄せ、明治時代に行っていたように「会社に忠誠を尽くすことで、国への責任を全うせよ」と社員を激励した。あらゆる企業が精神教育に熱心だったわけではない。ローレンの概算によると、その種の精神教育を行っていた会社は三分の一程度だった。[131] ソニーの社長のように、公然と精神教育を批判する経営者もいたが、その彼でさえ新入社員は根性がないと嘆いていた。彼はその解決策として、ボーイスカウトのような青年団をもっと多くつくればいいと提案した。[132]

体験入隊は効果があるとして、一九六〇年代を通じて参加を継続した企業もあったが、これが自衛隊の補充問題や世間のイメージ改善に役立ったかどうかはよくわからない。給与面では民間と競えるはずもなく、この点は不利だった。(133) しかし、体験入隊があったために、隊員の補充やイメージがさらに悪化するのを防いだと言えるかもしれない。

体験入隊人気は少なくともひとつ、予想外の結果を生んだ。オリンピック後、増え続ける参加希望者の対応に追われるなか、自衛隊は公的機関というその立場から、参加を希望する団体がなんであれ、拒絶することは難しかった。一九六六年半ば、静岡県の駒門《こまかど》駐屯地での体験入隊に某右翼団体が申し込み、自衛隊がこれを断れなかった顚末を読売新聞が伝えている。同記事は「今後どのような波紋が生まれるか」と記している。(134) それについては、読売新聞も自衛隊も、誰も予想できなかっただろう。

三島事件

今日、自衛隊の体験入隊について知っている人がいるとすると、おそらくそれは今では規模が小さくなっているとはいえ、自衛隊がこれを継続しているからだろう。(135) そのうち最も有名な参加者が作家の三島由紀夫だと知っている人はほとんどいない。第二章で述べたように、一九五三年の保安大学校訪問について記した作家である。一九六六年に右翼団体が体験入隊に申し込んだ件は、三島とは何の関係もないと思われる。このとき三島はまだそのような団体を結成してはいなかったが、すでに急進的な思想で知られていた彼は、その名声を利用して渋る陸上自衛隊幹部を説得し、一か月半、個人として訓練を受けることができた。(136)

一九六〇年の安保闘争は、三島が過激な右翼主義者に変貌する契機になったと思われる。この騒乱は彼に、一九三六年、陸軍青年将校らが起こしたクーデター未遂事件、いわゆる二・二六事件を彷彿とさせた。その狙いは、昭和維新として政府転覆と天皇復権を目指し、日本のみならずアジア全域を日本帝国の支配下に置こうとするものだった。安保闘争のあと、三島は四〇ページの小説『憂国』を著した。一九六一年初めに発表されたこの作品は、これら皇道派の行動を美化したものだった。(137) 三島は一九五三年に保安大学校訪問記を書いたときから一九六七年に訓練を受けるまで、自衛隊とは特に交流はしていなかったようだ。しかし三島が体験入隊を希望したとき、自衛隊の中には彼の右傾化した思想を警戒する声もあったが、結局、彼の異例の要望を受け入れ、集団の一員としてではなく個人として、通常より長い体験入隊を許可した。陸上自衛隊の幹部は、どうやら「三島由紀夫以上の広報宣伝マンはいない」と考えたようだ。(138)

三島は一九六七年四月に訓練を開始し、三つの異なる施設で四六日間を過ごした。三島は仮名の「平岡」(彼の本名)で「ひそかに入隊した」と本人が述べているが、その六週間が終わるとまもなく、彼は週刊誌〈サンデー毎日〉に八ページにわたる詳細な体験記を発表した。(139) 記事の中で、三島はライフル銃をはじめとする「あらゆる武器」を持つこと、厳しい鍛錬、演習地の自然環境など、軍事訓練の体験を美化し、崇拝し、それらを現代の生活と対比させた。軍隊生活を真に理解する唯一の方法は、「汗を流すことによって」「身体を通して」それを経験することであると主張している。(140) 奇遇にも、富士駐屯地で彼に与えられた宿舎は彼が十代の頃、学校の野外演習で泊まったことがあった施設だった。彼は再び戦時中を引き合いに出し、訓練仲間を国のために命を捧げた特攻隊になぞらえて讃えている。もっと一般的には、彼は組織としての自衛隊および彼が出会った自衛官や一般隊員を賞賛している。彼らは他の男性の模範として尊敬される存在であり、女性にとってではなく単に広い意味で、あるいは自衛隊の内外で馴染みのある表現を使うと「男の中の男」として魅力的だと書いている。彼は自衛隊員について「これほどお互いに敬意と揶揄《からかい》を忘れぬ、思いやりにみちた人間集団に、私はかつて属したことがない」と書いている〔原文の旧仮名遣いを書き換え〕。[141]

三島は以前から探し求めていた筋骨たくましい軍人の男らしさを見つけたようだ。彼は体験入隊で隊員の姿を見て「一種のさわやかな男らしさがあった」[142]と表現している。三島は、彼が考える自衛隊員と国の弱さを補う超男性性を披露することに没頭していた。一九五五年、「強烈な身体的劣等感」を克服するためにボディービルを始め、[143]一〇年かけて筋肉隆々とした体に改造し、その体をよくホモエロティックな写真に撮っていた。重量挙げは、ボクシングや剣道、空手など格闘技に近い他の運動の前兆に過ぎなかった。[144]

しかし三島にとって、男らしさに対するこの強い思いは個人的なことだけではなかった。これは社会の問題だった。伝記作家ダミアン・フラナガンが思うに、国レベルでは「三島は日本の栄えある武士の伝統、その男らしさとヒロイズムが何か恥ずべきものとして抑圧されていると考えて激怒していた。いわゆる平和憲法が日本を女々しく、気の抜けた、文化的に不毛な社会に変えてしまったのだ、と」。[145]三島の同時代の翻訳者のひとり、ジョン・ネイスンは、三島が「体験入隊した理由に国防への関心をあげ」、自衛隊が「『国防軍』として正当な地位を獲得するよう願っていた」ことを覚えている。三島は、自衛隊を「犠牲者、戦後社会の偽善の生きた見本を象徴するものと見なした。これは、その存在を禁じる憲法を守ると誓った軍隊、日本が『戦争する能力』を放棄したために、戦車を『特車』と呼ばざるを得ない軍隊であると」。(146) 三島は、日本社会と同じく去勢されたと彼が考える自衛隊員を鼓舞し、国のために戦って死ぬ男の役割を獲得すれば、自衛隊の正当性を取り戻せると考えていた。

これを実現するために、三島は陸上自衛隊員が彼の手本に倣い、彼が武士道と呼ぶものを受け入れるよう願った。おそらく三島は体験入隊を始めた時点では死ぬつもりはなかったが、このプロセスを経て、彼は「武士になる準備」を始めた、つまり「死ぬ覚悟」を決めたのではないかとネイスンは考えている。(147) 確かに、三島は勇ましい死を遂げることに魅了され、江戸時代の武士、山本常朝《つねとも》の口述をまとめた『葉隠』に傾倒していたようだ。同書は、その一句、「武士道と云うは死ぬ事と見つけたり」で最もよく知られている。(148) 一九六七年の最初の体験入隊の後、三島は『葉隠』の注釈を一冊の本として出版した。(149) 『葉隠』は一冊にまとめられてから二世紀あまり一般には知られていなかった。しかし一九三〇年代、四〇年代、決死の国家総力戦に突入すると、政府の教育関係者や思想家が、兵士ばかりか一般国民にも武士道精神をたたき込むために引用し始め、ついにはバンザイ突撃や神風特攻、老若男女を問わず命を賭しての祖国防衛に結びつけられた。三島が初めて『葉隠』を読んだのは、おそらく戦時中の十代の頃だろう。一七世紀末の戦いのない時代に生きた山本常朝と同じく、三島は平和な時代に生きていることを嘆きながら、「武士の本職は死ぬことである。生きている時代がいかに平和であろうとも、あらゆる行動の基本は

死である」と述べている。(150)

その年の秋、一九六七年一〇月までには、三島は自身の民兵組織を立ち上げると決めていた。彼はそれを祖国防衛隊と名付け、もし左翼過激派による反乱が起きたら陸上自衛隊に加勢すると宣言した。そのような緊急事態に備えて、一万人に達するはずと彼が見込んでいた民兵に毎年、陸上自衛隊で一〇日から一か月の訓練を受けさせることを提案した。一九六八年二月二六日、一九三六年のクーデター未遂事件からちょうど三二年後、三島と一一人の大学生は「大和男児ノ矜リトスル武士ノ心ヲ以テ皇國ノ礎トナラン事ヲ誓フ」と書いた血判状に署名した。(151) 一部の軍将校の共感と支持を得た一九三〇年代の急進的な民間人のように、三島は陸上自衛隊の上層部に資金と物資、精神的支援を求めた。しかし、彼の期待は外れた。自衛隊は精神面でも物質面でもあまり支援してくれなかった。しかし、大学生中心の彼の会は大学が休みになる毎年春と夏に自衛隊で訓練は受けていた。また三島は数人の幹部自衛官との交流を続けた。そのなかに、三島の会で定期的に講義を行っていた陸上自衛隊調査隊の教育課長山本舜勝《やまもときよかつ》一佐がいた。山本は、もし自衛隊が左翼過激派と戦うことになれば、三島の会が貴重なパートナーになると考えていたようだが、その後、三島の激高しやすい気性に不安を抱くようになった。(152)

三島は自衛隊との交流から得るものはあったが、次第に自衛隊と距離を置くようになる。それが顕在化した例が、一九六八年初めの円谷幸吉の自殺に対する彼の反応だ。自殺の一週間後に産経新聞に寄せた記事で、三島は円谷の自殺の原因をノイローゼとした自衛隊関係者を批判した。それは「美しく見事な死」を侮辱するものであり、「生きてゐる人間の思ひ上がりの醜さは許しがたい」と書いている。続けて、円谷の唯一の選択肢は「軍人」だったと記している。そうでなければ、彼は「自尊心を殺して」生きることを強いられ、それはさらに悲惨だっただろう。三島は、円谷が職業柄簡単に手に入る拳銃、あるいは毒薬を使わず、カミソリを使って自刃したことを讃え、(153) これも真の武士の証だと力説している。

このように次第に自衛隊に幻滅し、物心両面で支援が得られなかったために、三島は一九六八年三月に大規模な防衛軍団を設立する計画を断念した。人員、物資、資金面で克服すべき問題があまりにも大きかった。その代わり、彼は一〇〇人規模の民間準軍事組織をつくることにし、その資金はすべて自前で賄えると考えていた。(154)

その秋までには、ヴェトナム戦争やアメリカの沖縄統治継続、保守派のエスタブリッシュメントへの抗議運動が大学のキャンパスや街頭を破壊していた。三島は会を結成する用意ができていた。一一月三日、彼は楯の会の結成を発表した。左翼デモ隊による国際反戦デー(一〇月二一日)の新宿騒乱から二週間も経っていなかった。一九六〇年の安保闘争とは違い、翌年の国際反戦デーの抗議デモに、政府が陸上自衛隊を出動させるはずだと三島は期待していた。このような治安出動は政治的危機あるいはクーデターを誘発し、そうなったら、憲法九条の削除を含め憲法改正の実現にあたって、楯の会が重要な役割を果たすだろうと考えた。彼には楽観の根拠があった。安保闘争のあと、国会は陸上自衛隊の治安出動を容易にするために法改正を行った。陸上自衛隊は再編を行い、国内の治安対処のために機動性のある機械化した師団を創設し、東京近郊や他の都市にそれらの部隊を集中配置した。(155) さらに、安保闘争後、左翼がいっそう過激になり、抗議活動は大規模になり、より激しさを増した。一九六八年、北海道の左翼と労働組合は、北部方面隊の「さっぽろ雪まつり」協力にさえ反対した。一九六八年一〇月二一日、およそ一七万人が国中でデモを行った。東京では、デモ隊の一部が暴徒化した。その日、とりわけ劇的な場面は、過激派学生が六本木近くにある自衛隊本部の正門を突破しようと試みて失敗した事件だ。[156] デモ隊に備えて、当局はひそかに陸上自衛隊の治安出動部隊を待機させていた。[157] 三島は一九六九年の抗議デモが激化することを期待し、願っていた。

一九六九年一〇月、最初は三島が願ったシナリオ通りに進むと思われた。陸上自衛隊は東京エリアに二万人、その他の地域に五万人の隊員を待機させていると噂されていた。抗議するおおぜいの人々が街頭に出て――国中でおよそ五〇万人――やがて抗議デモは激しさを増し、「おそらく、あらゆる反戦運動のなかで最も暴力的になった」。[158] しかし、三島は落胆することになる。安保反対の抗議の対応で、「警察は一九六〇年の轍《てつ》を踏まないように、様々な対策を講じていた」。これらの対策には「街頭での抗議に対処するための新しい規定や戦術、そして公共の空間を計画的に閉鎖し、占拠し、つぶすための新しい規定や戦術」が含まれていた。[159] 東京では、政府は国中から集めた三万二〇〇〇人の警官を出動させ、そのうちの四五〇〇人は特別に訓練された機動隊だった。さらに、予防的身柄拘束や大がかりな内偵など、数か月にわたる警察の執拗な圧力が奏功し、過激な抗議活動で国民の支持が低下していたこともあり、陸上自衛隊が治安出動するほどの事態には至らなかった。一年後、三島は死の当日に発表した檄文《げきぶん》に、一九六九年、国が「機動隊のみで政治体制を守れると自信をつけたこと」への失望を述べている。[160] 楯の会がクーデターに加わって憲法改正のきっかけにできるような危機はもう起こらない。自衛隊員が己の解放に一役買うだろうとの三島の希望も消えた。防衛庁長官赤城が一九六〇年に陸上自衛隊の治安出動を求めた首相の要請を拒絶してから、その決断は防衛庁の官僚により「成功物語」と見なされるようになり、将来の政治家がまた同じことを試みてもそれに抵抗する自信を彼らに与えた。この将来の政治家たちは制限を緩和し、自衛隊の治安出動を容易にするとはいえ、国内の治安維持を自衛隊に頼ることについては「いっそう慎重に」なったのだ。(161)

失望のうちに終わった一〇月の国際反戦デーから一週間後、三島は別の選択肢を検討した。自衛隊は「国の軍隊として自らの権利のために立ち上がって戦う気はないらしい」と彼は思った。(162)それでも、彼と楯の会は引き続き陸上自衛隊の訓練と講義を受け、自衛隊の幹部や新任の防衛庁長官中曾根康弘など政府高官との私的な会合や他の交流を続けた。(163)このように交流を続けながらも、自衛隊に対する三島の幻滅が深まっていったことは、一年後の自決当日に明らかになる。

一九七〇年一一月二五日、快晴の寒い日、三島は楯の会の四人を伴って陸上自衛隊市ヶ谷駐屯地を訪れ、事前に申し入れていた東部方面総監益田兼利《ましたかねとし》陸将との面談に臨んだ。益田は元帝国陸軍将校で、一九五二年に自衛隊に入隊した人物である。陸将は、三島と彼の部下がやってきたのは、訓練についての相談だとばかり思っていた。いきなり、三島と彼の部下が陸将を人質に取り、縛り上げた。そして三島は他の自衛官が総監室に入ろうとするのを刀を振り回して防ぎ、そのうち数名を傷つけた。このときのドア枠の傷は今も残っている。それから彼は、東部方面隊の隊員に話があるので下の中庭に集まってもらいたいと言った。正午までには総監室のバルコニーの下に一〇〇〇名が集まっていた。三島が演説するためにバルコニーに出ると、部下たちが決起を呼びかける声明文の書かれた垂れ幕を降ろし、ビラを撒いた。それは、昭和維新を試みた一九三六年の軍事クーデターのように、政府転覆のため自衛隊も加わるよう呼びかけていた（図4.6）。三島の声は、上空を旋回する何台ものマスコミのヘリコプターの轟音や、集まった隊員の野次にかき消され、用意した演説原稿の全文を読み上げることはできなかった。[164] 事前に新聞社に配布された声明文「檄」は当日、発表された。

声明文の大部分を占めていたのは、三島と陸上自衛隊の交流、自衛隊と隊員に対する失望だった。冒頭はその関係を儒教的な関係に当てはめて述べている。

われわれ楯の会は、自衛隊によつて育てられ、いわば自衛隊はわれわれの父でもあり、兄でもある。その恩義に報いるに、このやうな忘恩的行為に出たのは何故であるか。かへりみれば、私は四年、学生は三年、隊内で準自衛官としての待遇を受け、一片の打算もない教育を受け、又われわれも心から自衛隊を愛し、もはや隊の柵外の日本にはない「真の日本」をここに夢み、ここでこそ終戦後つひに知らなかつた男の涙を知つた。ここで流したわれわれの汗は純一であり、憂国の精神を相共にする同志として共に富士の原野を馳駆した。このことには一点の疑ひもない。われわれにとつて自衛隊は故郷であり、生ぬるい現代日本で凛烈の気を呼吸できる唯一の場所であつた。教官、助教諸氏から受けた愛情は測り知れない。しかもなほ、敢てこの挙に出たのは何故であるか。たとへ強弁と云はれようとも、自衛隊を愛するが故であると私は断言する。(165)

しかし、三島の自衛隊愛には相反する感情が混じっていた。彼は「戦後日本がいかに経済的繁栄にうつつをぬかし、国の大本を忘れたか」と述べた。いまや自衛隊にのみ「真の日本、真の日本人、真の武士の魂が」残されていると信じていた。しかし「法的には自衛隊は違憲であることは明白であり、国の根本問題である防衛が御都合主義の法的解釈によってごまかされ、軍の名を用ひない軍として、日本人の魂の腐敗、道義の頽廃の根本問題をなして来てゐるのを見た。もつとも名誉を重んずべき軍が、もつとも悪質の欺瞞の下に放置されて来たのである。自衛隊は敗戦後の国家の不名誉な十字架を負ひつづけて来た。自衛隊は国軍たりえず、健軍の本義を与へられず、警察の物理的に巨大なものとしての地位しか与へられず、その忠誠の対象も明確にされなかつた。われわれは戦後のあまりに永い日本の眠りに憤つた。自衛隊が目ざめる時こそ、日本が目ざめる時だと信じた」(166)

そして、三島は自衛隊に裏切られたと感じている、その心情を述べた。この落胆の理由に、一九六九年一〇月のデモに政府が自衛隊を出動させなかったことを挙げた。彼と楯の会のメンバーは、自衛隊の治安出動があれば、憲法改正の議論が起こり、憲法の私生児である自衛隊が「名誉ある国軍」として認められる契機になると考えていたのだ。彼は自衛隊への苛立ちを露わにした。「われわれはこの日（一九六九年一〇月）以後の自衛隊に一刻一刻注視した。われわれが夢見

【4.6】市ヶ谷の陸上自衛隊本部のバルコニーに立ち、集まった自衛官に向かって演説する作家、三島由紀夫。三島の「檄」はシーツに書かれ、バルコニーから下げられた。1970年11月25日。このあと三島は、人質に取っていた東部方面総監の総監室（バルコニーのすぐ奥）で切腹自決した。朝日新聞社の許諾を得て使用。

てゐたやうに、もし自衛隊に武士の魂が残ってゐるならば、どうしてこの事態を黙視しえよう」。自衛隊は、なぜ「自らを否定するもの」――憲法――を守るのか、と彼は問うた。彼は隊員の男らしさと魂に疑問を呈し、「男であれば、男の矜りがどうしてこれを容認し得よう（略）自衛隊のどこからも、『自らを否定する憲法を守れ』といふ屈辱的な命令に対する、男子の声はきこえては来なかつた」。それどころか、自衛隊は「人事権まで奪はれて去勢され、変節常なき政治家に操られ、党利党略に利用され」ていると断じた。そして、二年後にアメリカから沖縄が返還されたとしても、日本の国土を守る「真の日本の自主的軍隊」にはならないだろうと嘆いている。それどころか「左派のいう如く、自衛隊は永遠にアメリカの傭兵として終わるであろう」と述べている。結語として、三島は頭上のヘリコプターの轟音と眼下の隊員の野次を浴びながら、ほぼ声明文通りに訴えた。「これを骨抜きにしてしまつた憲法に体をぶつけて死ぬ奴はいないのか。もしいれば、今からでも共に起ち、共に死のう。われわれは至純の魂をもつ諸君が、一個の男子、真の武士として蘇ることを熱望するあまり、この挙に出たのである」(167)

バルコニー下の隊員たちの反応は無関心、怒号、野次ばかりで、三島は諦めた。皇居に向かって「天皇陛下万歳」と三回叫んだあと、総監室に戻った。そこで彼と彼の右腕である森田必勝《まさかつ》は切腹による自殺を遂げることになる。三島はまず上着を脱ぎ、上半身裸になった。次に、短刀で腹の左を刺し、そのまま右へ引くと、介錯《かいしゃく》を務める森田が日本刀で三島の首を切断した「森田が失敗したため、別の者が終えた」。次に森田が同様に切腹し、別の学生が一太刀で介錯を終えた。この間、縛られたままだった益田総監は、終戦間際に市ヶ谷台で同僚の割腹自決を見届けた経験があったが、今回も一部始終を目撃した。[168]
一九六〇年代後半の暴動やその前の一九六〇年の安保反対デモのときと同じく、政府は自衛隊の出動には慎重だった。一報を受けた中曾根防衛庁長官は「自衛隊は周囲を包囲して、いざというときは自ら処置するが、手荒にせずにできるだけ警察官を表に立てよ」と指示し、後年、「(この事件は)社会的影響が大きい。したがって、自衛隊が出るのはあくまで最後、警察官をまず前線に出し、穏便に収めることを考えたのである」と記している。[169] 一〇年前の安保闘争の時の赤城長官と同じく、中曾根は自衛隊を出動させず、民間人と軍隊の衝突を避けることにより、自衛隊の評判を守ることにしたのだ。

隊員たちは、三島が批判した自衛隊の矛盾には気づいていたが、彼の最期の行動をもってしても自衛隊の防衛アイデンティティを変えることはできなかった。バルコニー下に集まった隊員たちの三島への冷たい反応が示すように、自衛隊員のほとんどは天皇のために憲法を廃止せよという三島の主張は時代錯誤であり、冷戦下の自衛隊の国防精神に反すると思った。彼らは服務の宣誓を真剣に捉えていた。「わが国の平和と独立を守る自衛隊の使命を自覚し(略)法令を遵守し、一致団結、厳正な規律を保持し、常に徳操を養い、人格を尊重し、心身を鍛え、技能を磨き、政治的活動に関与せず(略)国民の負託にこたえることを誓います」。[170] 中曾根は筋金入りの保守派であり、アメリカに従属する日本の地位に不満で、もっと自立した軍隊の必要性を長年主張してきた人物であるが、隊員たちと同じ意見だった。後年記しているように、「個人的には三島君の心情はよく理解できていた」が、その行動は受け入れ難いと思った。中曾根は、当時の防衛大学校校長猪木正道《いのきまさみち》に三島の暴挙を批判する原稿を書いてもらいたいと依頼した。政治学が専門の元京都大学教授で、槇智雄と同じくリベラルな保守派の猪木は次のように書いた。「自衛隊を特定の政治目的に利用しようとする考え方は、自衛隊を私兵化しようとする思想にほかならない。たとえその動機がいかに純粋なものであっても、またその行動が生命をかけたものであろうとも、このような破壊思想は断固として排撃されなければならない」。[171] 自衛隊の公的見解となったこの文言に示されたように、政府の対応は、この事件の責任を三島と交流のあった幹部自衛官ではなく、自衛隊の外に置いた。[172] その結果、自衛隊は三島と親しくしていた自衛官を一人も懲戒処分にしなかった。これは苦肉の策だったのだろう。なぜなら、三島は以前、中曾根と数回会っているし、猪木とともに討論会にも参加しているからだ。益田陸将は一二月に辞職した。彼には責任のない事件の全責任を負っての辞職だった。[173]

三島事件と呼ばれるこの事件は、国民の自衛隊支持を減らした。世論調査によると、「自衛隊は必要」と考える国民の割合は、一九六九年の七五パーセントから、一九七一年には七一パーセントに減ったが、一九七〇年代半ばまでには国民の自衛隊支持は大幅に回復した。自衛隊の増強が必要と考える人の割合と、自衛隊の規模を縮小するか、なくすべきと考える人の割合はもっと大幅に――二〇から三〇ポイント――揺れ動いたが、これらの数値も七〇年代半ばまでには同程度に戻った。[174] 結局、この事件は一九六〇年代初期から自衛隊が得ていた国民の支持にほとんど影響を及ぼさなかった。国民の四分の三は自衛隊の存在を支持し、四分の一は不支持だった。国民の自衛隊支持は、多くの点で、現状すなわち冷戦期の防衛アイデンティティの支持を意味していた。

三島事件がなぜ自衛隊のイメージを大きく損なわなかったのか、その理由を特定するのは難しい。ひとつには、メディアが一様にこの事件を国内治安を脅かす重大な危機というより、文学界の愚かな事件として扱ったからかもしれない。記者、そして特に評論家たちはだいたい三島の政治思想を無視し、文化的背景と美意識からくる動機を強調した。[175] このような解釈——そして自衛隊が彼の呼びかけに応えて政府転覆のために彼と共に決起するという、非現実的なこと——により、一部の隊員がひそかに彼の意見に共感していたという事実を最小限に評価することに役立った。[176] バルコニー下に集まった隊員の反応もまた、三島の思想に傾倒していた幹部自衛官に対する不安を和らげる効果があった。メディアひいては世論は、集まった隊員の反応を誰もが持った感想と同じだと思った。すなわち、いくら有名な人とはいえ、その考え方と行動が本当に時代遅れで、呆れてあざ笑うしかないという思いである。

特に一九七〇年代初期の他の出来事を考えると、三島事件が自衛隊の評判にもっと深刻な、あるいは後々まで響くダメージを与えなかったのは、普通ならあり得ないように思える。一九六〇年代後半、革新派が都道府県知事や市長選挙で一連の勝利をあげていた。これらの新しい知事や市長の多くは、地元の駐屯地が毎年秋の自衛隊記念日のパレードに公道を使う許可を取り下げた。そのため、各駐屯地は他のイベントのように、駐屯地の中でパレードを行い、市民を中に招待するようになった。さらに一九七〇年代初期、自衛隊の違憲性を問う裁判で、地裁が自衛隊は違憲と判定し、左翼は最大の勝利を得た（この判決は三年後、最高裁でくつがえされる）。しかし、三島事件は軍内部で爆発した一九三〇年代の過激主義と比べたら、まったく恐るるに足りなかった（二〇一〇年代末には、ドイツやアメリカの軍内部でも過激派が現れた）。[177] ほとんどの日本人は、自衛隊が憲法上、地政学的、社会的矛盾を抱えているという点では三島に同意するが、現状でかまわないと考えていたため、事件の影響もあまり大きくはなかった。国民の多くは、軍隊そして防衛軍としての自衛隊の役割――日本の領土に基地を持つ米軍の補佐役であり、世論に縛られ、憲法上の正当性には疑問がある軍隊――を容認し、災害派遣や民生支援活動を高く評価していた。

これらの理由により、自衛隊のオリンピック協力が社会と自衛隊そのものに与えた変化の影響は結局、一時的なものではなかった。自衛隊のオリンピック協力は自衛隊を世論の変化から永遠に切り離しはしなかったが、国の大舞台で行われた世界最大のスポーツ大会へのロジスティクス支援と競技への関与は、軍隊の公共奉仕活動を定着させた。それ以後、自衛隊の民生支援や他の主だったアウトリーチ活動は以前ほど問題にならなくなり、これにより自衛隊は一九六〇年代末から一九七〇年代初めの激動の時代でさえ、イメージが傷つくのを防ぐことができた。たとえば、一九七〇年代初めに社会的、政治的、法的問題を抱えていたにもかかわらず、一九七二年二月の冬季五輪札幌大会への自衛隊協力には、ほとんど批判も異議も出なかった。北海道開催もその理由のひとつにあるだろう――それまでには自衛隊の民生支援とアウトリーチ活動（第三章）により、北海道は自衛隊と良好な関係を育んでいた――が、自衛隊のオリンピック協力が取り沙汰されなくなったのは国全体の傾向でもあった。冷戦後の地政学的、国内的問題により、世間の自衛隊を見る目は劇的に変わるが、一九六〇年代の東京の街頭へ自衛隊を出動させるか出動させないかの決断は、社会に溶け込もうとする自衛隊の取り組みを後押しした。その社会とは、大多数の国民が現状のまま自衛隊を容認するようになった社会だった。

これは本土に限られる傾向であり、一九七二年に日本に返還されるまで二七年間アメリカに占領統治された沖縄の事情は違った。そこでは、沖縄戦での旧日本軍による地元住民への残虐行為により、沖縄の多くの人々は返還後にやってくる自衛隊に強い疑念を抱いていた。一九七〇年代に沖縄の人々に好かれようとするのは、その前の二〇年間に、本土で日本人に好かれようとするよりも困難だった。

第五章　沖縄に、また「日本軍」がやってくる

一九七二年五月一五日、終戦から数えて二七年目、琉球諸島のアメリカ統治が終了し、沖縄は本土復帰を果たした。東京五輪のために建てられた武道館では、一万人の出席者が見守るなか、佐藤栄作首相とアメリカ合衆国副大統領スピロ・アグニューが復帰記念式典を執り行った。佐藤は首相としての一〇年間の主な目標のひとつがここに成就して感極まり、目頭を押さえた。アグニューは、沖縄本土復帰は新時代の到来を告げ、今後日米の「互恵関係はいっそう強まるだろう」と述べた。(1)　武道館の外では五万人の機動隊が警戒にあたり、広範囲にわたる米軍基地存続など、復帰の内容に抗議するおおぜいのデモ隊と対峙していた。(2)

沖縄では本土復帰に対する反応はもっと個人的なもので、さらに複雑だった。当日の豪雨で小規模の洪水や土砂崩れが発生し、記念式典も中止になり、まるでその時の雰囲気を捉えていたようだった。(3)　しかし雨天のなか、五〇〇〇人が那覇市の与儀公園に集まり、米軍基地の地位の存続と沖縄への自衛隊配備に抗議する総決起大会を開いた。何人かが演説したあと、デモ参加者は新県庁目指して国際通りを行進した（図5.1）。途中、デモ隊の一部は商店主が飾っていた横断

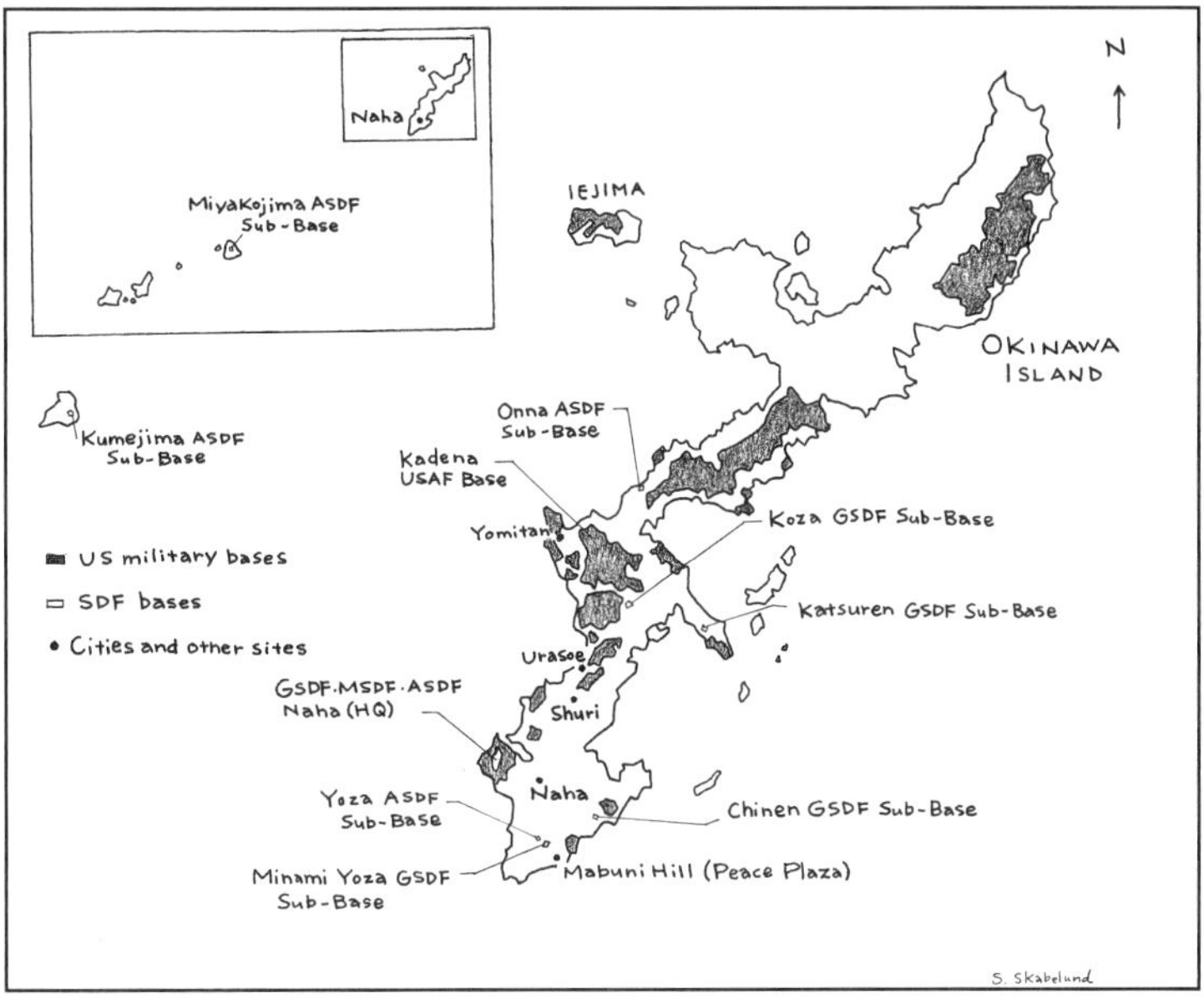

地図 2. 1973 年の沖縄諸島。 セイコ・トダテ・スキャブランド作製。

幕や看板、国旗を切り裂き、警官隊と衝突した。およそ一三〇〇〇人が出席して那覇市民会館で開催されていた公式記念式典では、新県知事屋良朝苗《やらちょうびょう》が挨拶した。沖縄教職員会の会長として一九五〇年代から復帰運動を主導してきた屋良は、アグニューと同じく、この日が新時代の始まりであると述べながらも、日米の利益のために沖縄県民にとってはほとんど何も変わらないことを嘆いた。「復帰の内容は必ずしも私ども（沖縄県民）の切なる願望が入れられたとはいえない……内蔵する色々な問題」があると述べた。(4) この二〇年の果敢な復帰運動はアメリカ当局にたびたび鎮圧されてきたが、ついに長年の望みが叶えられたその日、日本で復帰に対するこのような曖昧な心情が吐露され、激しい怒りが表出したことは、著しい暗転を示していた。デモ隊が日章旗を引き裂く行為は皮肉だった。なぜなら、それまで日章旗は復帰運動のシンボルであり、それを掲げることは復帰運動を抑えようとするアメリカ当局によって時には違法とされてきたからだ。(5) 復帰の条件に幻滅した数人の活動家は、沖縄の独立を呼びかけるまでになった。屋良が述べたように、いろいろな問題が残されていた。なぜなら、ついに本土復帰が実現したとはいえ、屋良のような熱心な活動家を含め、多くの沖縄の人々にとって、その条件が極めて受け入れがたいものだったからだ。

特に自衛隊は多くの問題を抱えた。再建された戦後の軍隊が本土で二〇年間、直面してきた三つの問題——自衛隊を違法と見なす社会、信頼を失った旧軍の再来と見られること、米軍の代わりと見られること——が、沖縄では多少変化しながら、かつてないほど頑強に自衛隊と隊員の前に立ちはだかった。一九五〇年代、六〇年代の日本では強い平和主義的精神により軍事組織の出

【5.1】1972 年 5 月 15 日、自衛隊の沖縄配備を含め、復帰の条件に抗議して那覇でデモ行進する人々。横断幕にあるとおり、核も基地もない沖縄返還および自衛隊の沖縄配備反対を訴え、軍用地強制収用やアメリカのヴェトナム戦争反対、特に封鎖と日本からの出撃に反対している。朝日新聞社の許諾を得て使用。

現に反対する声があったが、沖縄ではさらに強い平和主義により、ここに日本軍が戻ってくることに激しい抵抗があった。

特に前身の旧軍との関連が自衛隊を苦しめた。他の地域の日本人とは違い、沖縄の人々は、軍部が始め推進した「愚かな戦争」の惨禍に見舞われただけでなく、軍人の手によって処刑され、おおぜいが死に追いやられるなどして、直接軍隊に苦しめられた。本土の日本人が七年間の比較的寛大な間接的占領で済んだのに対し、沖縄の人々は二七年間もアメリカの過酷な直接統治を受けた。さらに、沖縄の占領継続は、沖縄と奄美群島を除いた日本本土に主権を戻すために、アメリカの沖縄支配を継続してはどうかと天皇がマッカーサーに提案したことが決め手となった。日本本土が戦後の焼け跡からたちまち復興し、世界第二の経済大国にのし上がったのに対し、アメリカ占領下の沖縄では経済はほとんど発展しなかった。世界情勢の影響もあった。一九五〇年代初めの時と同様に、海の向こうで戦いの炎があがった。今度はヴェトナムだった。国民の多くが再軍備に理解を示した朝鮮戦争とは違い、ヴェトナム反戦運動は激しく、世界規模のカウンターカルチャー運動にも後押しされ、沖縄の人々は軍隊——日米両方の軍隊——によりいっそう不信感を抱くようになった。これらの要因が積み重なり、沖縄では自衛隊に対する敵意のパーフェクトストームが巻き起こったのである。(6)

自衛隊と隊員にとって幸いなことに、自衛隊はこのような激しい嵐をかいくぐる術をこの二〇年間で学んでいた。反対派に対抗するため、それまで本土で活用し、使い続けてきた多くの方法を用いた。北海道やその他の地域でそうしたように、自衛隊、なかでも沖縄の自衛隊の大多数を占める陸上自衛隊は、ある分野では社会に好かれるために可視性を増やし、別の分野では物議を醸すのを避けるために可視性を減らした。その戦略の一部——土木工事、災害派遣、支援グループや実業界との提携、隊員と地元女性との結婚奨励——は常套手段だ。沖縄では、離島など僻地の患者の救急搬送や不発弾の処理などの仕事をひんぱんに可視化して行い、これを宣伝した。反対にそれ以外の場面では、常に目立たないように努めた——というか、それを余儀なくされた。地元の政治家たちが自衛隊への協力要請に消極的であったため、災害支援や土木工事など、自衛隊側にはもっと協力するつもりがあっても、出番は少なかった。さらに、隊員は制服で街中を歩くことは避けるようにと上官から言われ、その状況は一九九〇年代末まで続いた。(7)

自衛隊は米軍との関わりも、なるべく目につかないように努めた。駐屯地は主に、返還された元米軍基地に隣接する狭い区域に設けられた。自衛隊と米軍基地の物理的な近さは、本土よりも沖縄で顕著である(一概に沖縄県の小ささがその理由とは言えない)。それ故、自衛隊は米軍との差別化を図るのがいっそう難しかった。米軍の圧倒的な規模も問題だった。自衛隊のプレゼンスは、基地が占める陸地面積でも(三〇対一)、兵員の数でも(四対一)米軍に劣っていた。(8) 米軍基地は激しい憎悪の対象であったため、自衛隊員は、世間の注目を集める場所では、アメリカ人との交流を最小限にとどめた。

自衛隊と旧軍との関係はこれよりさらに複雑だった。部隊の指揮官になった旧軍将校は、一九四五年以前の軍隊との結びつきを強調し、これを誇り、同一視は望ましくないとされながらも、そうする傾向にあった。しかし、全般的に沖縄では自衛隊は世間の支持を増やすために、旧軍との差別化に努めた。

結局、嵐は最初、勢力を保ったまま吹き荒れ、続いて抗議の瞬発的な突風がたびたび巻き起こり、一部県民のあいだには和解できない憎しみがわだかまっていた。確かに、復帰から数年のうちに、県民の大多数は渋々自衛隊の存在を容認するようになり、あるいは少なくとも諦めた。自衛隊に対する激しい敵意は本土よりもはるかに苛烈で根強かったが、時を経てその反感は自衛隊と隊員ではなく、もっと抽象的な国のシンボルへと向けられていった。

本土のケースと同じように、このプロセスは社会を変えただけではなく、陸上自衛隊を含めた自衛隊全体を一変させた。自衛隊は社会の容認を求め、社会に溶け込む努力を続ける過程で、その主たる任務である国防よりも注目されやすい非軍事的な役割を引き受け、力を入れるようになった。本土と同じように広報の効果を狙って自衛隊が行ってきた民生支援は、沖縄では極めて重要な任務となり、進化する冷戦下の防衛アイデンティティに影響を与えた。それでも、軍隊と社会の融和は沖縄では本土より困難であったため、このアイデンティティは自衛隊内部でも社会の中でも本土のようには行き渡らず、より多くの反発を招いた。この状態は今も続いている。ひとつ例をあげると、二〇一九年、自衛隊は東シナ海で領有権係争中の尖閣諸島近くの小島に基地の設置を計画するが、地元住民の大反対に遭った。(9)

裏切られた沖縄、自衛隊配備計画

自衛隊配備もまた、長く、複雑な、争いに満ちた日本と沖縄の交流の歴史におけるひとつの表出だった。その関係を最もわかりやすく表しているのが、「処分」という考え方だろう。歴史学者ジョージ・H・カーが一九五八年に述べたように、日本の政治的思考では「沖縄は本土にとって不可欠な一部ではない。したがって、本土の利益に資するならば、圧政の下で使い捨てにできる」というものだった。[10] 多くの沖縄県民にとって、自衛隊がやってくるということは、またしても「処分」、すなわちまた使い捨てにされることを意味した。佐藤首相とニクソン米大統領が沖縄を日本に返還すると共同声明を出したとき、沖縄の人々は大いに喜んだ。しかし米軍基地の負担はほんのわずかしか減らないことがわかった。それどころか、本土の米軍基地が減少したのに対し、沖縄の米軍基地は倍増し、国の総面積の〇・六パーセントしかない沖縄に米軍基地の七五パーセントが集中することになった。復帰から数年間で沖縄県民の喜びは憎しみに変わり、復帰を後悔するまでになった。なかでも自衛隊配備は苦痛をかき立てた。特に、沖縄戦で亡くなった一二万の沖縄の人々が（かつてのように）英雄としてではなく、裏切られ、命を捧げ、さらには日本軍兵士によって殺された犠牲者として記憶されるようになり、批判家がこれを後継の自衛隊と結びつけたため、悪感情が増した。この憎悪に対処するため、防衛庁は慎重に自衛隊の配備計画を練り、復帰前から広報戦略のいくつかを実施していた。[11]

沖縄と日本の長い交流の歴史は、カーが述べるように、繰り返された虐待の歴史でもある。一五世紀、琉球王国は独立した交易国として栄えていた。東シナ海の東端にあり、日本列島、台湾、中国大陸からほぼ等距離という有利な位置が幸いした。一六〇九年、徳川家が国を再統一してから一〇年も経たないうちに、九州の薩摩藩が欧州列強の警戒と交易の利益のために琉球王国を征服した。薩摩藩は琉球が明王朝に続いて清王朝との交易で得ていた利益を、藩に、さらには徳川幕府に貫流するため、表向きは王国の主権を維持させた。[12]　一八七九年、明治政府は一〇年前の徳川幕府打倒に影響を与えた欧州列強の脅威に備え、琉球諸島の支配をいっそう強めた。王国を廃し、「(日本の)最新、最小の県」として琉球諸島を吸収し、最大の島と諸島全体の両方を指す名称にもとづき沖縄と名付けた。[13]　それからの半世紀、帝国日本は沖縄で同化政策、および天皇を中心とする道徳教育(公民化)を進め、これにより沖縄県民の多くは二等国民として扱われながらも、自らを日本人と認識するようになった。[14]　当然、このような扱いを受けた多くの沖縄県民は日本国民になることに抵抗した。政府の役人は、本土での例に倣い、徴兵制を敷いたり、村に青年団をつくったりして若者に愛国心をもたせようとしたが、本土よりも「強い抵抗」に遭うばかりだった。[15]　戦前の当局への反感は、戦時中の体験で悪化し、戦後も、占領終了後も続いた。

沖縄県民の疑念は、一九四五年春の沖縄戦で決定的になった。この二か月半に及んだ戦いはまさに「鉄の暴風」だった。県の人口の四分の一に相当する一五万人の民間人が亡くなった。[16]　その民間人の中には、屋良の娘も含まれていた。実際、沖縄戦では沖縄県民のほとんどが家族の誰かを失った。犠牲者の中には何千人もの女性や子供がいた。その多くは日本兵に自決を強制されたのだった。さらに日本兵は、何百人もの民間人をスパイ容疑で処刑したが、たいていそれらの人々は、本土の人間には理解できない沖縄言葉で話しただけだった。[17]

日本政府の直接の裏切りは、六年後にあった。一九五一年の日米間の密約により、アメリカは一九五二年に日本本土の占領を終了した後も、沖縄統治を継続することと合意されたのだ。一九四七年に昭和天皇がマッカーサーに宛てた秘密のメッセージがこの決定に影響を及ぼしたと言われている。天皇はメッセージの中で、和平合意と引き換えに「日本の主権下で、二五年から五〇年の長期貸与」の一部として「沖縄をはじめとする琉球諸島のアメリカによる軍事占領の継続を望む」と表明した。[18] この文書は、沖縄を本土から切り離し、ここをアメリカの「太平洋の要石」、すなわち冷戦の前進基地とするアメリカの計画を後押しした。[19] その間、米軍は、一九五〇年に琉球列島米国民政府《ユースカー》（USCAR：United States Civil Administration of the Ryukyu Islands）が設立されるまで、沖縄を五年間、直接統治した。

このように遺棄が繰り返された歴史にもかかわらず、沖縄県民は、アメリカ統治の終結と本土復帰を求めるようになった。一九五二年のサンフランシスコ平和条約により、冷戦の地政学的リスクを案じていた吉田首相は、日本は沖縄に「残存主権」と呼ばれるものを保持しながら、アメリカの沖縄統治の無期限継続を認めた。沖縄県民が本土復帰を望んだのは、平和憲法の理念に魅了されたからでもあった。彼らは日本との分離を強く非難し、アメリカ当局が復帰への熱を冷まそうとする試みを無視した。これには、米国民政府が推進する沖縄独自の帰属意識の育成も含まれていた。[20] 戦禍からの復興が思うように進まず、沖縄県民が失業と不況に苦しむなか、復帰運動は盛り上がっていった。一九六〇年代半ばから、ヴェトナムでのアメリカの戦争と、それを遂行するための沖縄の米軍基地使用は、沖縄戦の記憶にもとづく平和主義者の思いをいっそう強くした。と同時に、沖縄の雇用と経済活動は、増大する米軍基地にますます依存していった。また、一九五二年以前に米軍基地使用のために強制的に接収された土地については、借地料がまったく支払われていないか、支払われていても不当に低い額だった。本土に復帰すれば、米軍基地は閉鎖になり、米軍は退去し、本土にある新しい社会的、経済的チャンスに与《あずか》れるだろうと、沖縄の人々は信じていた。(21)

沖縄返還はついに一九七二年に実現した。「沖縄の祖国復帰が実現しない限り、わが国にとって戦後は終わっていない」と一九六五年に宣言した佐藤栄作の発するプレッシャー、一九六〇年代後半に沖縄と日本で増えた市民暴動、終わりなき占領に対する国際社会からの批判により、ニクソン大統領は一九六九年一一月、沖縄返還に合意した。(22) その後の一九七一年六月の合意により、日米安全保障条約に従ってアメリカが沖縄の軍事基地と軍事エリアを使用することが承認された。沖縄の人々は交渉に参加できなかったし、意見を訊かれることもなかった。佐藤は返還の目標に掲げていた「核抜き・本土並み」が達成されたとして、この合意を誇った。(23) 「核抜き・本土並み」とは、沖縄から核兵器が完全撤去され、米軍の規模が本土のレベルにまで削減されるという意味である。屋良をはじめとする多くの沖縄県民は、この目標が達成されたとは考えていないし、彼らの望み――すべての基地の撤廃――が叶ったとは到底考えていない。一九六九年に復帰が発表されたときの歓喜は、復帰の条件が明らかになると失望に変わった。結局、条件もその適用も、佐藤が掲げた目標には至らなかった。それどころか、福地廣昭《ふくちひろあき》が述べたように、佐藤が密約で核兵器の貯蔵と持ち込みを許可したため、「核隠し・基地強化」となった。(24) 米軍基地の変わらぬ地位と四万人の米軍兵士の存在は、秘密でもなんでもなかった。自分たちの希望が実現されないことがわかると、多くの沖縄県民はただ復帰を求めるのではなく、軍事基地のない状態での復帰を求めるほうへ方向転換し、一部のナショナリストは、沖縄は独立を目指すべきだと訴えた。

自衛隊配備への強い抵抗が生まれた背景にはこうした事情があった。復帰の詳細の議論が始まるまで、自衛隊はほとんど注目されなかった。一九七〇年七月に米軍のある分析家が述べたように、「自衛隊の登場はより差し迫った問題を覆い隠した」。[25] その頃までには、現状は変わっていた。一九六九年半ば、ニクソンはグアムでの記者会見で「ニクソン・ドクトリン」、あるいは「グアム・ドクトリン」と呼ばれる方針を発表した。彼はアメリカの同盟国、特にアジアの同盟国に、それぞれ自国の防衛に今以上、責任を持つよう求めた。「アジアの手でアジアの未来をつくるべきである」と彼は述べた。[26] これはヴェトナム化、すなわち米軍の地上部隊のヴェトナムからの漸進的な撤退方針を示していた。日本にとって「アジアの手」とは、自衛隊が日本の防衛を担うことを意味するが、アジア全体にアメリカの軍事力を示すために在日米軍基地は存続し、特に沖縄に居続けることを意味した。こうして復帰の条件の交渉が進むと、沖縄県民は政府の自衛隊配備計画を知った。それは、一九七一年六月に調印された協定で正式に合意されていた。これを知った屋良は、自衛隊配備と米軍基地問題とを結びつけた。「米軍基地の縮小計画が明らかにされないままに、自衛隊が配備されることに県民は強い不安を感じており、自衛隊配備には反対せざるをえない」と彼は表明した。[27] 屋良や他の批判者――ヴェトナム戦争に反対し、戦争継続のために米軍が沖縄の基地を使用することに反対する人々――は、沖縄に配備される自衛隊が戦争に引きずり込まれるのでないかと案じた。
沖縄が政府に抱く不信感は、防衛庁での展開によってさらに高まった。一九七〇年一月、佐藤首相は防衛庁長官に中曾根康弘を任命した。中曾根は元帝国海軍軍人、タカ派の政治家で、一九四七年に参議員に初当選したときから、吉田茂の商業主義的な経済優先政策を批判し、日本はもっと自主防衛を担うべきとする持論で知られていた。一九七〇年一〇月二〇日、中曾根の指示により、防衛庁は初の防衛白書を刊行、翌日、第四次防衛力整備計画を発表し、このため、日本が再び軍事大国への道を歩むのではないかという懸念が国内外から寄せられた。[28] 他の省庁はかなり以前から、この種の報告書を毎年刊行してきたが、安全保障は政治的に微妙で扱いにくく、防衛庁はこれまでそうしてこなかった。一九七〇年に白書を刊行するのは時期尚早だったのか、次に刊行されるのは一九七六年で、それ以降は毎年続けて刊行されている。防衛白書が刊行される二週間前、中曾根は沖縄視察中に、米軍基地を存続させる必要性を訴え、返還の条件に反対する人々を批判し、返還にともなう自衛隊員の沖縄派遣を明言した。[29] まず間違いなく、彼の行動と発言により、多くの沖縄県民は警戒心を募らせ、おおぜいの人々が抗議のために彼の訪問先に現れた。[30]
沖縄への自衛隊配備計画が進むと、自衛隊は社会、米軍、旧軍との関係をめぐる問題に直面するだろうと、この事態に注目する人々は懸念したが、実際そうなり、対策として実行可能な手段を提示した。ある米軍関係者は「自衛隊配備に関して、自衛隊の土地使用が最も困難な問題である。沖縄県民は、自衛隊が既存の米軍基地に駐留するものと思い込んでいる」と予測していた。[31]

土地問題をめぐる衝突を避けるため、自衛隊はまさにこの通りにした。返還後、沖縄に入った自衛隊の部隊の大半――陸海空の三自衛隊の部隊――は、那覇港や那覇空港の一部を含む米軍基地の一部を引き継いだ。そこは国有地だった。[32] したがって、自衛隊は複雑な土地問題をほぼ回避することができたのに対し、米軍と沖縄の地主との問題は今日も続いている。自衛隊はほかに、一握りの補助基地は設置できたが、演習場に使える土地を手に入れたり、借りたりはできなかった。そのため、演習は九州に移動して行う必要があった。一九八〇年代に米軍と共同訓練を始めるまで、陸上自衛隊は沖縄にある米軍の基地や演習場では訓練を行わなかった。[33]

米軍の情報将校はまた、米軍基地と自衛隊駐屯地が実際に隣同士であろうとも、米軍との公式な交流を最小限にするよう勧めている。そのメモに「自衛隊は沖縄の米軍とは別のアイデンティティをもたなければならない。もし基地を共同で使っているなら、アクセス道路や建物の色を別にするなどして独自性を強調すべきだ」と記し、続けて「自衛隊がアメリカの作戦統制下にあるように思われてはならない」と書いている。[34] 言うまでもなく、自衛隊は米軍と非常に近しいとか、米軍に従属していると思われたくないため、外見には細心の注意を払った。しかし米軍との差別化を図るには多くの障害があった。沖縄の土地が少ないこと、米軍基地の大半が本島の南半分に集中していること、悲痛な歴史と米軍基地のための土地収用、米軍基地の一部ではなく隣接してもいない土地を自衛隊が駐屯地用に獲得することの難しさ、などである。それを物語っているのが次の写真だ（図5.2）。

旧軍との関連はさらに深刻な問題を招いた。自衛隊への嫌悪が生まれた最大の原因はこれだっ

【5.2】1972年10月11日、陸上自衛隊那覇駐屯地開設を祝う臨時第一混成群の隊員たち。金網フェンスの内側にある「ENTRANCE」の標識から、米軍基地と隣接していたことがわかる。朝日新聞社の許諾を得て使用。

た。とりわけ長きにわたった悲惨な戦争経験により、沖縄の人々は平和を特に重んじるようになった。戦後の最初の数十年間、沖縄県民は必ずしも旧軍ひいては自衛隊、あるいは日本政府と天皇に敵意を抱いていたわけではなかった。一九五〇年に刊行された『鉄の暴風』により、旧軍が島民に集団自決を命じ、不忠の容疑で島民を処刑したことはよく知られていた。[35]同書の記述も、それから二〇年のあいだに沖縄戦を取り上げた他の文書も、旧軍を強く責めていないし、おおむねこれらの出来事を戦闘の極限状態から生じた不幸な悲劇と位置づけていた。[36] 一九五〇年代、沖縄県民のほとんどは食べていくのが精一杯で、これらの知識も、そこから生まれる平和主義の思いも、戦争の記憶も、政治的あるいは社会的な勢力には成長しなかった。同様に、米軍が沖縄で急激に基地を拡大していくなか反感が生まれたのは、平和主義が最大の理由ではなく、アメリカが適切な補償金も払わずに、強制的に土地を奪ったからだった。[37] しかし、一九六〇年代末までには状況が変わっていた。沖縄は本土と比べて貧しかったが、それでも以前よりは豊かになっていたので、政治的、社会的意識が芽生える余地ができていた。再び近くで戦争――朝鮮半島ではなくヴェトナムで――が始まっていたが、今回、沖縄県民も本土の日本人と同様に、他のアジア人を犠牲にする戦争に反対し、その戦争継続のため自分たちの島が使われていることに、果敢に反対するゆとりと自由を得ていた。本土復帰を求める人は増え、平和主義への賛同も増え、特に日本の平和憲法の下で暮らしたい、ヴェトナムに爆弾を落とすために使われている米軍基地を廃止したいと願う気持ちが強くなった。

この盛り上がる復帰と平和を求める運動は、一九六九年頃から、日本に対して非常に批判的な姿勢が目立つようになってきた。学者、ジャーナリスト、活動家が戦争や戦時中の時代を再び取り上げ、これまでになく丁寧に過去を記録し、新しい世代に紹介し始めた。この新しい研究はもう、旧軍や政府あるいは天皇の行動を容赦しなかった。天皇については、この新しい戦争の記憶では、もっと早く戦争を終わらせることもできたのにそうせず、沖縄を犠牲にしたとして非難した。この新たな論説に最も重要な貢献をしたのは、琉球大学教授の大《おお》田《た》昌秀《まさひで》が著した辛辣な批評、『醜い日本人』である（大田は一九九〇年から九八年まで知事を務めた）。一九六九年に出版され、沖縄でも本土でもよく読まれた同書は、日本がこれまで繰り返し沖縄を裏切ってきた、その歴史を詳しく描いている。薩摩藩による琉球王国侵略、大日本帝国による差別政策、戦争中、日本本土を守るために沖縄を犠牲にしたこと、そして日本が独立するため、および戦後の安全保障を強化するために再び沖縄を犠牲にしたことなどだ。[38] 歴史学者デイヴィッド・トバル・オーバーミラーが述べたように、同書は「復帰しても、また沖縄県民が二級国民扱いされるのではという沖縄の警戒心を強めた」。[39] しかし、日本の差別意識に対する大田の批判は、必ずしも復帰運動の妨げとはならなかった。それどころか、「復帰運動は外国による統治に反対するだけでなく、沖縄県民を差別してきた日本政府と日本人を非難するようになった」ため、大田の著書は「沖縄を差別してきた日本人を厳しく責め」、沖縄返還により「その罪の償いを（日本に）強く迫るものだった」[40]

沖縄県教職員組合の組合員であった地元の教師たちも、旧日本軍が沖縄県民に行った残虐行為を調査し、まとめた。彼らは調査で得られた成果を、本土復帰の前年に、大衆誌や地方紙、全国紙に発表した。特に、集団自決の強要、虐殺、処刑について詳しく記した。最終的に、復帰の九日前に『これが日本軍だ』（図5.3）と題した小冊子にまとめて出版した（沖縄の教職員は何年もこれを使い続け、同書は何度も再版された）。タイトルが示すように、それらの行為が旧日本軍の根本的性質を表していると訴えている。また、タイトルには二重の意味があり、自衛隊こそ今の日本軍であると主張していた。確かに、同書の主な執筆者は序文で、ここに描かれた「日本軍の残虐行為」は「沖縄の自衛隊配備と無関係ではない」と断言している。見方を変えれば、「沖縄県民

【5.3】1972 年の『これが日本軍だ』の表紙。 沖縄県立図書館の許諾を得て使用。

にとって沖縄戦は今も続いているため、自衛隊は日本軍である」。[41] この主張は、同様の書籍や記事で何度も繰り返されていた。自衛隊配備は「旧軍の再来」に喩えられただけでなく、一六〇九年の薩摩藩の島津家による琉球侵攻という過去の処分を想起させた。[42] 地元紙が復帰の数か月前から「七八〇人以上を虐殺『旧日本軍』」といった見出しをつけて戦時中の残虐行為を次から次へと詳しく紹介したため、本土復帰の期待と興奮に代わって、目下の政治的、経済的、社会的混乱に対する不安が増し、自衛隊に対する反発が強まった。[43] このように新たに再建された戦争の記憶は、復帰に対する不満をいっそう高め、一九七一年と一九七二年に沖縄と本土の、一連の大規模ストライキや抗議デモの原動力となった。一九七二年初めには、沖縄県民のおよそ五六パーセントが自衛隊配備に反対していた。[44]

反対派の激しさは、中央政府の不意を衝いたようだ。自衛隊は沖縄配備のわずか数か月前にあたる一九七二年初頭まで、沖縄に送る陸海空の部隊の編成に着手しなかった。復帰時の陸上幕僚長中村龍平はこの準備の遅れを、自衛隊が政治的難問に巻き込まれたためとしている。沖縄県民が配備に反対し、中央政府はそれを進めることに慎重になり、米軍当局は自衛隊がなぜこんなにも沖縄配備に手間取っているのだろうかと訝《いぶか》った。[45]

防衛庁と自衛隊の幹部が採用したもうひとつの対策は、自衛隊の任務の非軍事的な側面と、それが沖縄にもたらす恩恵を強調することだった。一九七二年二月、新聞報道は、復帰後に沖縄にやってくる自衛隊員は軽火器しか携帯しないし、「ブルドーザーやクレーン、コンプレッサー、バケットなど大量の建設機械」を持ち込んで「道路建設工事など、沖縄の未発達な社会基盤を改善するために積極的な役割を担う」との防衛庁の発表を伝えた。[46] これは自衛隊と旧軍、米軍の違いを際立たせる試みの一環だった。さらに自衛隊の上層部は忍耐を強調した。「(復帰後)沖縄県民が(自衛隊は)戦前に存在した日本軍でも米軍でもなく、自衛隊であることを本当に理解するには少なくとも一、二年はかかるだろう」と西部方面隊の緒方二郎一等陸佐は述べている。[47]

防衛庁は、過去二〇年、北海道はじめ本土で、世間の支持を集めるための戦略で広報が重要な働きをしたように、沖縄でも広報が率先してその役を担わなくてはならないと考えた。一九七一年九月、防衛庁は沖縄の読谷村出身の又吉康助《またよしこうすけ》を那覇の地方連絡部本部長として本土から送り出した。又吉の上司は彼が沖縄出身であるから抜擢したのだが、おそらく当時、彼の人脈の価値には気づいていなかっただろう。彼の高校時代の教師の一人に、将来復帰運動の活動家になり、のちに知事になる屋良がいた。陸軍士官学校を一九四一年に卒業した又吉は新潟、仙台、千島列島の歩兵隊に配属され、終戦時は大尉として北海道に駐屯していた。敗戦後、彼は沖縄に戻って教師になり、屋良と再会した。屋良は高校の校長になっていて、又吉はその学校で英語と物理を教えた。屋良が復帰運動に関わるようになったのはその頃だった。又吉はまったく別の方向へ進んだ。一九五五年、彼は本土に渡り、陸上自衛隊に入隊した。一九七一年に地方連絡部本部長となって沖縄に戻ったとき、彼は可視性を高め、自衛隊のイメージを変えたいと考えていた。その戦術の一つは、沖縄出身の隊員に地元住民との交流を勧め、帰省時には目立つように必ず制服を着用させることだった。沖縄県民は同じ島民が制服を着ている姿をあまり見たことがなかったので、自衛隊員らは消防隊員に間違われ、台湾かフィリピンからきた軍人と間違われることもあった。

又吉が自衛隊のイメージを和らげるために利用した隊員の一人が、一九六八年に陸上自衛隊が創設した婦人部隊の、沖縄初の女性自衛官タメヨシ・ヤエコである。又吉は、タメヨシが沖縄の実家に帰省していたとき、補佐役に引き抜いた。(48) 那覇事務所に加え、又吉は県内に八か所の支部を開いた。彼は同僚や協力会とともに、隊員募集や除隊する隊員の再就職を助け、地元政府に災害派遣や土木工事協力を自衛隊に要請するよう働きかけた。(49)

又吉は屋良や他の政財界との人脈を最大限に生かそうとしたが、屋良知事は自衛隊反対の公的立場を貫いた。とはいえ、沖縄タイムスの元記者、國吉永啓《くによしながひろ》は、屋良や他の政治家がそれ以上敵対的な姿勢を取らなかったのは、又吉の説得の成果だと述べている。(50) たとえば、自衛隊配備に反対する声が広く一般に高まっていたにもかかわらず、琉球政府の立法院（復帰前）と県議会（復帰後）は、反対決議を一度も通さなかった。これを防いだ又吉の努力は一九七〇年一〇月、中曾根防衛庁長官の沖縄訪問中にあやうく水泡に帰すところだった。中曾根は、立法院が反対決議を通していないのだから、反対しているのは屋良だけだろうと語った。(51) 屋良を侮辱した中曾根は活動家の怒りを買ったが、おそらく又吉の介入により、自衛隊配備に反対する決議には至らなかった。(52)

社会との関係に配慮するため、幹部の人選も重要だった。一九七二年初め、熊本に本部を置く西部方面隊は、沖縄に駐留する臨時第一混成群をついに編成した。航空自衛隊と海上自衛隊も同時期に同様の部隊を編成したが、陸上自衛隊の部隊が最も目立っていた。自衛隊は桑江良逢《くわえりょうほう》一等陸佐を「沖縄部隊」と呼ばれた臨時第一混成群の初代群長に任命した。桑江が抜擢されたのは、又吉と同じく彼が沖縄出身で、旧軍と陸上自衛隊の両方に所属した経験豊富な軍人だったからだ。[53]あるいはもっと露骨な言い方をすれば、沖縄タイムスの記事にあるように、陸上自衛隊が桑江を選んだのは「沖縄の人たち同士を対立させ」、自衛隊配備に反対しづらい雰囲気をつくる戦術だった。[54]

一九三〇年代に中学生だった桑江は、月刊誌「少年倶楽部」に登場する非現実的に理想化された軍学校生活にあこがれ、広島陸軍幼年学校に入った。又吉と同じく一九四一年に陸軍士官学校を卒業した桑江は、満州に配属になり、日本が降伏したときはミクロネシアに駐留する部隊にいた。故郷では、弟の一人と祖母が沖縄戦で亡くなっていた。一九五二年、警察予備隊に入り、北海道の北部方面隊で連隊長を務め、防衛大学校で二度、教官を務めた。第一混成群では、一〇名の将校の中で彼はただひとりの沖縄出身者だった（又吉は連絡事務所に務めていたため、第一混成群の一員とは見なされなかった）。この経歴に加え、戦前戦後の軍隊の両方で将校を務めた長年の経験から、彼は沖縄の自衛隊にとってかけがえのない貴重な人材だった。桑江はこれに気づいており、自衛隊の沖縄配備に関する人事に腹を立てて除隊することも考えたが、もし唯一の沖縄人の自衛官が辞めたら、計画が台無しになるとわかっていたため、辞めなかった。[55]それでも、自衛隊時代と除隊直後に彼が書いたものや、その後の県議会議員時代のインタビューでも、後年のオーラル・ヒストリーのインタビューでも、桑江は沖縄における旧軍の役割あるいは自衛隊の役割について、相反する感情を一切、表に出していないようだ。

桑江は一九七二年初めに第一混成群長に任命されると、七六〇名の隊員を慎重に選んだ（当初、第一混成群には女性自衛官は含まれなかった。沖縄に初めて女性自衛官が配属されたのは一九八七年になってからだ)。[56] 桑江はできるだけ多くの沖縄出身者を入れた。できる限り自分で面接を行い、対象者を選考した。米国民政府は一九五四年以降、日本政府に琉球諸島での正式な隊員募集活動を許可していなかったにもかかわらず、平均して年に数百名の沖縄の若者が自衛隊入隊を申請し、毎年二五パーセントが採用された。[57] 沖縄県民が自衛隊に応募するには、その時点で日本に在住していなければならず、それにはアメリカ当局が発行するパスポートを手に入れて、本土に渡らなければならなかった。これらの新入隊員のすべては任期制自衛官となり、多くの任期制自衛官と同じく、数年の一任期か二任期を終えると除隊するケースがほとんどだった。一九七〇年、米軍当局は「二〇〇名以上」の沖縄県人が三自衛隊に勤めていると推定し、初期に沖縄に配備される部隊にはなるべく多くの沖縄県人が含まれることを願うと表明している。[58] 復帰の二年前には、この数字は増えていたと思われる。それまでに沖縄県民が本土に行って自衛隊に入隊することは以前より簡単になり、本土の沖縄県人は自衛隊入隊を沖縄へ帰るひとつの手段と捉え、そしてそこで安定した給料の良い仕事に就くひとつの方法と捉えていたからだ。[59] 自衛隊の沖縄出身者はほぼ全員が陸上自衛隊員だった。桑江は自分の部隊に入れるために、およそ二二〇名の沖縄出身者を選んだ。[60] 当然これらの隊員たちは簡単に沖縄に順応でき、自衛隊が社会に受け入れられるために役立っただろうが、彼らも場合によっては、かなり胡散臭い目で見られた。

沖縄出身の自衛官が目前の沖縄配備に反対する勢力に影響されずに済むことはなかった。

一九七二年四月、復帰の一か月前、沖縄出身の与那嶺等《よなみねひとし》を含む五人の自衛官が制服のまま、いきなり防衛庁の正門前に現れ、事もあろうに沖縄派兵中止を求めた[61]（与那嶺は市ヶ谷駐屯地に勤務していて、第一混成群には選ばれなかった）。[62] 五人は、元三等空曹小西誠《こにしまこと》と連れ立っていた。小西はヴェトナム戦争および一九七〇年の日米安保条約更新に公然と反対して自衛隊を解雇され、すでに「反戦自衛官」としてその名を轟かせていた。具体的には、小西は自衛隊がヴェトナム戦争や安保条約更新に反対するデモ隊に備えて、治安出動の訓練を行うことに反対していた。それこそまさに、左翼過激派対策として自衛隊が治安出動すれば、憲法上の危機が訪れ、憲法九条が改正され、クーデターが起こるかもしれないと、三島由紀夫が虚しく願っていたことだ。防衛庁は、沖縄派兵中止を求めた五人の自衛官が上層部を批判したのは自衛隊法四六条違反に当たるとして、彼らを処分した。[63]

第一混成群の定員の残りを県外出身の隊員で満たすために、桑江たちは沖縄勤務を希望する優秀な隊員を優先して選んだ。結局、選ばれた隊員の多くは、西部方面隊所属で九州に駐屯しており、たいてい九州生まれだった。混成群はかつての薩摩藩、鹿児島県出身の隊員も避けなかったようだ。鹿児島をはじめ九州出身者の多くは北海道に配属されており、沖縄に行きたがっていた。そうすれば西部方面隊に転属になり、沖縄での勤務が終われば九州に戻れると考えていたからだ。[64]

桑江はまた、好んで奄美群島出身者を選んだようだ。奄美群島出身の陸上自衛隊員は四〇人から五〇人いたが、全員が沖縄に派遣され、勝秀成《かつひでなり》もその一人だ。一九六〇年代後半、一九歳だった彼は、徳之島を出て自衛隊に入り、一九七二年初めには大阪に配属されていた。沖縄勤務を志願してくれないかと何度も頼まれた末に承諾したのは、行きたがらない隊員が多いのだろうと心配したからだ。彼は七月に第一陣の一員として沖縄に入り、予定の三年を超えて一〇年間、とどまった。当時は過渡期であったため、多少は信頼を得やすく、沖縄での生活を楽にしたと勝は振り返る。彼は離島での生活に慣れていたし、沖縄には徳之島から移ってきた親戚もいた。本土では彼は島民と見なされ――したがって沖縄勤務を志望するはずと期待され――たが、沖縄では本土の人とも沖縄の人とも見なされず、その結果、自衛隊に反対する人々からは裏切り者として疑いの目で見られた。沖縄の人のなかには、彼を奄美群島を行政区域に含む鹿児島県の出身と誤解する人もいた。すると、彼は鹿児島ではなく奄美群島出身だと訂正した。奄美群島は一五世紀に琉球王国に征服され、かつてはその一部だった。つまり、彼自身は一六〇九年に奄美群島と琉球諸島を侵略した薩摩の末裔ではないと主張した。沖縄の人と同様、彼の祖先も島津家の南方侵略で攻め入られた側だ。加えて、沖縄の人と同じく、奄美の島民は本土よりも長くアメリカに占領されていた。とはいえ、沖縄よりは早く、一九五三年に本土復帰した。奄美出身であるために、地元の人々と交流するときに信頼を得やすくなったと彼は考えている。(65)

沖縄での又吉の仕事、桑江の抜擢、特に沖縄や奄美出身の隊員を選んで第一混成群を編成したことは、目前の自衛隊配備に対する多くの沖縄県民や本土の左翼団体の批判を和らげはしなかったようだ。復帰の数か月前に起きた兵站のミスがこの問題の難しさを表している。一九七二年三月、航空自衛隊が比較的少量の荷物――およそ一二〇トンの装備品――を復帰の二か月前に、アメリカ当局に断りなく、防衛庁の正式な許可を取らず、送ったことが発覚し、大騒ぎになった。これは自衛隊配備に反対する人々を怒らせ、翌月、配備に抗議する五人の自衛官もこの問題を取り上げた。軍隊の文民統制を不安視する左翼の政治家もこれに言及した。政府が謝罪し、航空自衛隊の自衛官二名が辞職を願い出て、荷物は本土へ戻された。[66] この不始末と沖縄県民および本土からの政治的圧力により、防衛庁は配備する隊員の数を当初の三二〇〇名から二九〇〇名に減らし、配備を遅らせ、復帰後、数か月経ってからにすると発表した。[67]

一方、陸上自衛隊の北熊本駐屯地では、桑江と西部方面隊の幹部が第一混成群の隊員に、沖縄について、そこで直面するであろう問題についてレクチャーを行っていた。この事前講習の中身については、西部方面隊の機関紙〈鎮西〉から情報が得られる（新聞の名前は、中世の九州の名称であり、歴史を強調して独自性を生み出そうとする西部方面隊の意図がうかがえる）。一九七二年三月二五日号は、熊本ではめずらしく雪が降った三月一日の第一混成群の正式発足を特集し、一ページを使って沖縄の地理、方言、面積、人口、風俗と習慣、気候を紹介している。沖縄の歴史を簡単に紹介し、沖縄戦と長期のアメリカ占領についてはごく簡単に、曖昧な言葉で記している。当然、旧軍が民間人をどう扱ったかについてはまったく触れていない。[68]

それはそれとして、西部方面隊の幹部は隊員の配備に向けて準備を整えながら、沖縄で世間の支持を集めるのは困難な仕事だと認識していた。〈鎮西〉の同号には、西部方面総監の堀《ほり》江《え》正《まさ》夫《お》陸将がすでに行っていた訓示を載せ、第一混成群の「準備のために、できることはなんでもする」と強調している。堀江は「第二次世界大戦でとりわけ激しい戦いを生き延び、過去二七年間、外国の統治下に置かれた普通ではない経験」の理解に努めるよう隊員に訴えた。(69)「諸君が沖縄県民になりきれば、地元民と一緒に、駐留米軍を正しく理解する」助けになるだろうと述べた。(70)堀江の訓示は、米軍基地を無期限に維持するために、日本当局と米国側のあいだに共謀があったことを示している。第一混成群の隊員が米軍駐留の「正しい」根拠を沖縄県民に教える必要があるという彼の発言はまた、沖縄戦を生き延び、何十年も外国に占領されたままだった沖縄県民の心情を理解するよう勧めた、共感に満ちた姿勢とは矛盾する、庇護者ぶった横柄な態度をも明らかにしている。おそらく内輪の講習では、政府と旧軍の沖縄県民に対する議論も取り上げられたと思うが、それらが重く受け止められたとは考えられない。堀江や桑江のような元旧軍将校――後者は沖縄の人でもある――が、それを認めることは到底あり得ない。それどころか、彼らは沖縄の人々の苦しみを、詳細は省いて責任には触れずに美化し、自衛隊はひたすら平和を守るために存在するのだと主張した。

問題の核心として、自衛隊とその支持者の保守陣営が沖縄戦をどのように記憶しているか、どれくらい多くの沖縄県民とその平和主義陣営がそれを記憶しているか、その違いは自衛隊配備をめぐる分裂を読み解く際の欠かせない要素である。ある沖縄出身者が第一混成群の隊員に向けて行った講演がこの点をいくらか明らかにしている。金城和彦《きんじょうかずひこ》は中学卒業後沖縄を出て、戦後まもなく東京教育大学を卒業し、その後、東京の高校や大学で教鞭を執った。戦争前に島を離れ、戻らなかった多くの沖縄出身者の一人だ。三月、金城は東京から熊本に招かれ、沖縄に渡る隊員やその家族のために歴史風俗について講演を行った。沖縄の歴史に関する話で、金城は沖縄戦を詳しく取り上げた。第一混成群の新聞の創刊号に載った記事によれば、金城は、沖縄の人々が「本土防衛のために身命を投げうって勇戦敢闘した」[71]と語ったという。要するに、金城は沖縄の人々を国のために命を捧げた悲劇の英雄と表現したのだ。

金城は鉄血勤皇隊やひめゆり学徒隊の記録を何冊か出版している。[72]多くの沖縄県民と同じく、彼も沖縄戦には個人的に強い関わりがある。妹二人はひめゆり学徒隊に入っていた。ひめゆり学徒隊とは、沖縄の名門女学校二校の十代の少女たち二〇〇名以上からなる部隊で、急遽看護師に仕立てられ、動員された。少女たちは南下する兵士たちに帯同し、迫る米軍から逃れるために島にある多くの洞窟に避難した。金城には、妹たちがどのような最期を迎えたかはわからない。動員された多くの少年少女と同様に、二人は日本兵に自決を促されて実行したのかもしれない。しかし金城は事実を突き止めようとは思わなかった。確かに、沖縄戦を詳細に記録したほとんどの著作で彼は旧軍の振る舞いを批判せず、ただ起こったと思われることを記すだけで、分析や論評はほとんど加えていない。[73]すでに述べたように、これは沖縄の人々の忠誠心と犠牲を美化し、戦争中の不可避の悲劇として正当化する傾向にあった一九五〇年代、六〇年代の記事や世論の典型である。[74]復帰の日が近づくと、大田の『醜い日本人』のように日本を批判する新解釈が優勢になった。これらの新解釈は沖縄の人々を、日本のために勇ましく命を捧げた英雄とするのではなく、犠牲者と見なした。自決に追い込まれ、ときには日本軍兵士に殺され、天皇に見捨てられた犠牲者であると。これは金城が熊本で自衛隊員の聴衆に話した解釈とはまったく違う。

沖縄に派遣される隊員たちが九州で準備に追われていた頃、沖縄にいる彼らの協力者たちは自衛隊のイメージを改善するために様々な方策をとっていた。そのひとつ、第三章で触れた隊友会は本土で一九五〇年代末に設立された支援団体で、沖縄には沖縄生まれの石嶺邦夫《いしみねくにお》が一九六九年に結成した。戦後、石嶺は米軍基地のトラック運転手から教師になり、短期ビザで本土に渡って陸上自衛隊に入り、一九五七年から五九年まで自衛隊に勤めた。除隊後は沖縄に戻って銀行に就職した。一九七二年四月、復帰の一か月前、石嶺らの隊友会は、那覇のオリオンビール会館で自衛隊員の作品を披露する美術展を主催した（オリオンビール会社は沖縄のメーカーで、沖縄で最もよく売れるビールを製造している）。〈鎮西〉の記事によれば、美術展を訪れた人々は、これを自衛隊員がつくったのかと驚嘆し、美術展は「自衛隊の真の姿」を伝える効果があったという。[75] 作品を見た沖縄の画家、大嶺信一《おおみねしんいち》は激賞し、作者が自衛隊員であろうが鑑賞する側はそれにこだわる必要はないと述べている。[76]

しかし、美術展の狙いはそこだった。〈鎮西〉の記者が書いているように、美術展の目的は、自衛隊員も普通の人間であり、文武両道の素養のある洗練された人物であると見せることだった。地元の二大新聞、琉球新報と沖縄タイムスは美術展を取り上げなかったようだが、参観者が多く、誰もが自衛隊員の高い芸術性に感嘆したことに喜んだのを石嶺は覚えている。しかし、この関与は高くついた。反自衛隊の活動家は美術展の主催者が誰かを知ると、職場を突き止めて電話で抗議するようになり、石嶺は迷惑がかかると思って銀行を辞めた。幸いにも、それまでの彼の貢献を踏まえ、又吉が地域事務所で雇ってくれた。彼はそこで一九九〇年の定年まで勤めた。[77]

自衛隊は一九七二年五月一五日の何か月も前から、沖縄配備の準備を進めてきたが、過去の恨

み と将来の不安から、自衛隊に対する不信感と抵抗が生まれ、駐屯地の設置はそのような雰囲気の中で行われた。復帰の条件が明らかになると、喜びは不安に変わり、旧軍に対する批判的な意見がさらに広く浸透した。これにより、沖縄県民は、本土復帰は果たして正解だろうかと考え始めた。多くの人々は自衛隊を新しい「日本軍」とか、米軍の代理と見なした――沖縄を長年占領し、今ではその基地から自分たちと同じアジア人を爆撃しに行っている、あの米軍の。このダイナミクスはすべて、自衛隊への反感を生み出し、それは過去二〇年間、自衛隊が本土で対応を強いられたいかなるものよりもはるかに激しかった。この馴染みはあるが、ある意味、前例のない反感に向き合うため、自衛隊は過去の手本を参考に、一九七〇年代の沖縄の特殊な事情に合わせて使った。

弱者の武器――沖縄の平和主義者の抵抗

自衛隊が一九七二年の沖縄で直面した問題がいかに厄介なものだったとしても、配備反対勢力よりも自衛隊のほうが常に有利な立場であったことを忘れてはならない。日米両政府がいったん復帰の条件に合意したら、もうそれを取り消すことも、変えることもできない。本土から自衛隊が派遣されて沖縄の駐屯地に到着したら、もう日本政府が彼らに荷物をまとめて戻ってこいと命ずることなどあり得ない。せいぜい配備の実施を遅らせることぐらいしかできない。一九七二年二月に先遣隊が到着すると、反対派は自衛隊を追い返すために、あらゆる海運会社やバス会社やホテルに、自衛隊を拒否するよう呼びかけた。(78) しかし、これは無理な相談だった。巨大な米軍基地への怒りは広く共有されていたが、アメリカとの商売を求める会社や個人はあとを絶たなかった。自衛隊についても同じことが言えた。(79) このような事情のため、最初から反対派は楽観論ではなく失望と苛立ちに突き動かされていた。

自衛隊への反感は何十年も沖縄で特に激しかったが、その理由は沖縄特有の歴史だけではなく、国際情勢と国内事情の違いも影響している。一九七〇年代初め、世界の国々は日本も含め、政治的意見で対立し、分裂していた。ヴェトナム戦争や日米安保条約の自動延長に反対する人々が抗議デモを行った。その頃、過激派――特に左翼の、そして三島のような右翼も――は穏健派から分岐して暴力的な手段に出るようになった。一九六九年に事実上、大学構内を閉鎖に追い込んだ学生と機動隊との衝突は減ってはいたが、まだ続いていた。一九六〇年代末に登場した市民運動は、それより古い党派政治に合流し、環境問題や不当な国家権力に民衆の目を向けさせた。一九七〇年代半ばまでには進歩的な政治家が、七大都市を含め一五〇の市や町や県の長となっていた。(80) これらの地方自治体の指導者たちは自衛隊の活動を妨げる政策を行った。公道でのパレード禁止もそのひとつだ。一方、平和主義者は法廷の場で自衛隊の合憲性を問うた。一九七三年の長沼ナイキ事件で札幌地方裁判所が自衛隊を違憲と判断したときのように、彼らが喜んだ勝利は束の間で、象徴的な意味はあったが実際に影響を与えるものではなかった。これらの闘争において、沖縄や本土の革新系の人々――第二章に登場する防大生を批判した作家、大江健三郎のような知識人を含め――は互いを鼓舞し、結束した。(81)

自衛隊の沖縄配備に対する最も目立った反対運動は、一九七一年から一九七四年まで沖縄でひんぱんに繰り返された街頭デモである。抗議する人々は熊本や東京、その他の都市の街頭に繰り出した。これらの抗議活動はすべて、過激で時には暴力的だったヴェトナム反戦運動、安保闘争、そして一九六〇年代末から沖縄や東京など本土の他の都市でも吹き荒れた復帰前の抗議デモの文脈で理解する必要がある。一九七〇年頃、復帰の条件が公表されると、復帰運動は、復帰の条件に対する抗議活動へと変わり、復帰運動を主導した多くの人々が今やその条件に抗議するようになった。沖縄では復帰の条件に対する最も暴力的な怒りは一九七〇年一二月、コザで発現した。きっかけは、極東最大のアメリカ空軍基地、嘉手納から数ブロックのところで暴動が起こった。米兵の運転する車が通行人とぶつかって怪我を負わせたことだった。(82)

復帰の条件に対する抗議のうち、自衛隊を標的にしたものは一九七二年に最も激しくなった。復帰運動を主導していた組織、沖縄県祖国復帰協議会は、自衛隊配備阻止を目的のひとつに掲げた。その指導者たちは、本土復帰を平和憲法、平和主義、日米の基地のない生活への復帰を意味するものにしたいと改めて訴えた。このグループが抗議運動を主導し、県民の不満を浮き彫りにし、自衛隊を苛立たせ、配備を妨げた。一二月一六日の夜、反対派は「沖縄の本土復帰」の準備をする日本政府の出先機関が入っていた建物に「火炎瓶を投げた」。現場に残されたビラには「自衛隊の沖縄配備を実力で阻止する」と書かれていた。(83) 反対派は、このほかにも数回暴力事件を起こした。一九七五年七月、沖縄国際海洋博覧会のために当地に滞在中の皇太子明仁親王がひめゆりの塔を訪れた際、過激派二名が火炎瓶と爆竹を投げた。皇太子に怪我はなかった。(84) ただし、このような暴力事件は非常にまれだった。ほとんどいつも平和的だった抗議活動は復帰後も続き、一九七二年の一〇月から一二月にかけて、桑江が率いる本隊を含め、自衛隊の大部隊が到着したときに最高潮に達した。一〇月に桑江の部隊が到着したときには、およそ八〇〇〇人が抗議に現れた。奄美出身の自衛隊員、勝は、あの三か月間、毎週土曜日に抗議デモが行われていたと記憶している。(85)

それほど目立ちはしないが後々まで長く影響を及ぼした抵抗運動は、沖縄の学校で行われた「平和教育」である。ほとんどの教員は沖縄教職員組合に入っていた。一九五〇年代から六〇年代、教師は復帰を推進する特設授業を行い、生徒に日本国民になる準備や、米軍の支配と基地を批判する方法を教えた。世間の政治的傾向を反映して、一九七〇年代までには、この種の授業は戦争とナショナリズムの罪悪のほか、今も続く沖縄処分を主に取り上げていた。復帰後、教師たちは沖縄戦での旧軍の蛮行、天皇の戦争責任、変わらぬ米軍基地の地位、違憲の自衛隊への批判と沖縄配備への批判などの問題に集中するようになった。教材を使って自衛隊を解説したり、批判したりする授業は一九八〇年代初めまで続けられたが、その後も教師たちはそのような教材を使い続けたと思われ、その影響で、自衛隊への不信感は長引いた。(86)

常に批判的な声の二つの発信源は、沖縄の二大新聞、沖縄タイムスと琉球新報だった。この二紙は一九七〇年代から新聞市場を席巻し、九八パーセントの市場占有率を維持していた。(87)この優位な地位は、沖縄が地理的に他の地域と離れているせいもあるが、二紙は他県の地元紙とは比べようもないほど、世論に対して絶大な影響力を持ち、いくぶん小さくなったとはいえ、今日も保っている。アメリカ統治時代、沖縄の人々は読売や毎日、朝日など、日本本土の新聞を外国の刊行物のように捉えていた。復帰後も本土の新聞は依然として割高で、地元紙よりも遅く配達され、相変わらず沖縄の記事はほとんど載っていなかった。そのため、本土の新聞はなかなか定期購読者を得られなかった。保守派が沖縄経済新聞や沖縄グラフなど新しい地元紙や雑誌を創刊したが、これらの刊行物は多くの読者を得られず、たいてい二、三年で廃刊になった。(88) しかし一九六〇年代末までには、左寄りの沖縄タイムスも、大衆的で中道右寄りの琉球新報も、復帰を支持し、ますます基地反対の姿勢になっていた。

また沖縄タイムスと琉球新報は、自衛隊の報道では思う存分批判的だった。復帰の日が近づくと、両紙は学者や教師の調査研究として、沖縄戦で日本軍が犯した罪の詳細を紹介し、迫る自衛隊配備をひんぱんに非難した。復帰運動全般の方向転換と同じく、このような記事は復帰に関して新たに批判的な見方、すなわち東京とワシントンが共謀して在日米軍の現状を維持し、本土が沖縄を依然として差別しているという批判的な見方が生まれている兆候だった。一例をあげると、琉球新報は論説に次のように書いた。「まもなく、沖縄に疑う余地のない『軍隊』がやってくる。形は過去の軍隊といくら違っていようが、軍隊としての機能は否定しようがないだろう。沖縄の民間人にライフルの銃口を向け、洞窟《ガマ》から追い出し、自決させた軍隊をかつて指揮していた者たちが、いまだこれらの軍の指揮官に収まっている」。(89) 沖縄タイムスは沖縄タイムスで、自衛隊に関する報道では容赦しなかった。たとえば、一九七二年一月一日から自衛隊と社会との関係のほぼあらゆる面を探る三二回の連載記事を始めた。自衛隊に批判的な取材を続けるだけでなく、沖縄タイムスと琉球新報は自衛隊が喜びそうな話はあえて報道しなかった。

復帰が近づくと、マスコミの影響力は報道にとどまらなかった。NHKを除いて沖縄の大手報道各社は隊員募集を含め自衛隊に関連した広告を放送しないことを申し合わせ、ほかにも各社が主催するイベントへの自衛隊員の参加を拒否することや、空撮に空自の航空機を利用するなど、自衛隊に頼った取材を控えることなどで合意していた。(90) 本土の新聞社がそこまですることはめったになかった。

しかし、長い目で見れば、皮肉にもメディアの自衛隊報道は辛辣であったとしても、自衛隊にとって好ましい結果を生んだのかもしれない。桑江は、一九七六年に陸上自衛隊を退職する前の最後の記者会見で、沖縄タイムスと琉球新報は自衛隊を扱う記事に多くの紙面を割いてくれたと言って、両社に感謝している。本土で自衛隊が報じられるよりも、はるかに徹底的に取り上げられたと感じていたからだ。これは決して皮肉で言っているのではないと彼は強調した。当初、デモ隊は「日本軍、帰れ！」と叫んでいたが、まもなくそれが「自衛隊、帰れ！」に変わったことに言及している。桑江にとって、これは進歩だった。メディアによって可視化されたために、沖縄県民は自衛隊を知るようになった。自衛隊の民生支援活動に関する記事により、多くの県民は自衛隊が、それまで言われていた「鬼か蛇か、人殺し」の集まりではないことに気づいた。(91) 桑江の分析が正しいかどうかはわからないが、新聞の詳細な報道が意外な結果を生んだのは間違いない。

選挙で選ばれた地元の公職者の多くも自衛隊に反対し、特に復帰から最初の六年ぐらいはその傾向が強かった。改革者としても知られる屋良のような革新系の批判者たちは、一九七二年六月に行われた復帰後初の知事選挙と県議会選挙で圧勝した。彼らは多くの自治体の選挙でも優勢だった。革新派が基地反対の平和主義、沖縄人のアイデンティティ、地方自治を訴えたのに対し、保守派は中央政府の方針に沿った経済発展を訴えた。[92] 前者は、一九六〇年代後半から一九七〇年代初頭にかけて本土で革新系の政治家が選出された全国的な波の一部だった。しかし沖縄の革新系は、自衛隊に対して本土の同志よりもたびたび攻撃的な姿勢をとった。その姿勢は世論に後押しされていた。選出された公職者は、自衛隊と戦うために使える武器をあまりたくさん持っていなかったが、使えるものは何でも使った。

一部の知事が用いた武器のひとつは、駐屯地在住の自衛隊員の住民登録を拒否することだった。役場には法的権限がないというのがその理由だった。日本人は住んでいる自治体に住民登録をすることが求められていた。一九八四年まで那覇市長を務めた平良《たいら》良松《りょうしょう》が復帰後まもなく、最初にこの登録拒否を行った。住民基本台帳に関する彼の主張は、軍事施設内は「聖域」であり、市長の行政権が及ばないとした一九四五年以前の解釈を根拠としていた。[93] 住民登録ができない隊員は運転免許証を発行してもらえないし、その子供は学校に入学できないし、ゴミ収集などの行政サービスも受けられない。[94] この問題が解決されるまで、およそ五〇〇名の隊員が那覇市や他の自治体で住民登録できずにいた。[95] この戦略は沖縄の外にも広がった。東京都立川市の革新系の市長は、占領期からアメリカ空軍が使っていた飛行場が返還されず、自衛隊が引き継いだことに怒って平良の手法を真似した。そして、国中の革新系の政治家が平良への支持を表明した。一九七三年二月、日本政府が自衛隊の施設区域内にも自治体の行政権が及ぶと認定し、騒動はようやく収まった。[96] それでも、沖縄の公職者の一部は隊員への嫌がらせを続けた。浦添市などの自治体では、市の職員は自衛隊員が制服で現れると対応を拒否した。元自衛官、田中キサブロウは一九七六年に沖縄に着任して浦添市の住民登録を無事に済ませたが、それができたのは私服を着て行き、手続きに慣れた隊員に付き添ってもらったからだと考えている。しかし高校の担当者は、彼の子供を受け入れなかった。もう一人の子供の中学入学は何の問題もなかった。[97] 住民登録拒否問題は数か月後に解決したが、隊員たちは、田中の経験が示すように、県や自治体、学校の運営側とたびたびトラブルになった。

自治体や県が隊員募集に協力しないことも、公的な抵抗のひとつの形だった。本土でも社会党員が牛耳っている自治体では協力を拒むところもあったが、沖縄ではこの協力拒否はもっと広範囲におよび、長く続いた。隊員募集の協力拒否は、一九七八年に保守系の知事が誕生するまで県レベルでは変わらなかった。一九七九年まではどの市町村も協力しなかった。県庁所在地で沖縄最大の都市、那覇市が協力を開始したのは一〇年後だった。二〇一九年の時点で、およそ八つの自治体がいまだ協力を拒んでいる。[98] 沖縄の人口は少ないため、自衛隊にとって募集活動は人員を確保するというより、地元の支持を集める方法として重要だ。したがって、自治体の協力拒否は自衛隊容認に抗う効果的な手段と見なされていた。

自治体が使ったもう一つの手段は、あまり意味はないが多くの注目を集めた。毎年一月一五日の成人の日、二十歳《はたち》を迎えた若者たちが自治体主催の式典に出席する。一九七三年、復帰後初の成人の日、那覇教育委員会は二十歳の自衛隊員を式典に招待しなかった。翌年までには、このやり方は他の自治体にも波及した。この冷遇は毎年繰り返される激しい論争の的となった。一九七九年、那覇の式典の主催が教育委員会から市の四つの地区に移ると、問題は解決するかと思われた。(99)しかし、そうはならなかった。活動家は相変わらず自衛官の出席に反対し続け、今度は自衛官が普通のフォーマルではなく、制服姿で現れることに反対した。彼らは、制服がプロパガンダのひとつの形式であると主張し、会場で抗議した。(100)このパターンは典型的だった。たいてい、自治体が公的な障壁を取り除くと、活動家がその隙に入り込んだ。自衛隊員の成人式出席への抗議はしばらく続いたが、二〇〇一年、反対派がもっと穏やかな戦略に転じ、より広い視野で自衛隊問題を考えるシンポジウムを毎年開催するようになった。(101)

さらに、大学運営側が自衛隊員の入学や受講を拒否するという別の抵抗戦略もあった。早くも一九五四年に、本土の公立私立大学の多くが自衛隊に関係のある研究者を入れることに抵抗した。なぜなら、自衛隊を合憲と見なしていないし、再軍備に協力したくないし、戦時中のように軍国主義に加担したくはないと思ったからだ。(102)一九六〇年代末、防衛大学校の卒業生を含め、自衛隊員の入学拒否は、東京や他の公立大学の多くで争点となった。(103)学生や組合の活動家が大学側に自衛隊員を構内に入れるなと圧力をかけた。ちょうど、自衛官の成人式出席を阻もうとしたように。文部省の役人は、そのような決断は「差別」であるとして私立や公立の大学を批判し、撤回に動いた。(104)それでも大学の自衛官拒否は続いたが、本土では一九七〇年までにはだいたい収まっていた。一九七五年、沖縄でこの現象が再発した。琉球大学の学生や大学の教職員組合が、航空自衛官と海上自衛官の入学に異議を唱えたのだ。前者のケースでは、学生の一部がハンガーストライキに入り、大学の建物を占拠し、航空自衛官が講義に出席するのを阻止した。(105)後者のケースでは、学長がこの海上自衛官を拒むのは法の下の平等と教育の機会均等に違反するとして入学を許可した。(106)結局、抗議は続き、海上自衛官は入学を断念し、翌年海上自衛隊は彼を本土に戻した。

自衛隊員のスポーツ大会参加も論議を呼び、これは一九八〇年代までずっと続いた。本土復帰一周年記念に関連して、政府は一九七三年五月、沖縄で特別国民体育大会を開催した。佐賀県は、沖縄教職員組合の要請を受け入れ、県代表として自衛隊の野球チームを送り出さないことに決めた。文科省が介入し、スポーツに政治を持ち込むべきではないと述べ、佐賀県は決定を取り消した。(107)結局、自衛隊チームは抗議を受けながら大会に参加した。(108)一九九〇年代まで、自衛隊の個人やチームのスポーツ大会参加は繰り返し同様の物議を醸し、自衛隊の選手が参加したり、しなかったりと、結果は様々だった。奄美出身の自衛隊員、勝は、駐屯地の外で開催された柔道の大会に何事もなく個人として参加できたが、トラブルを避けるため、自衛隊員だと知られないように気をつけたと語った。(109)この種の反発は、一九五〇年代と六〇年代後半、自衛隊への反感が最高潮に達していた本土でさえ、ほとんど見られなかった。自衛隊員が大学の講義を受けるのを阻止するなど、論議を呼ぶ事例はすでに本土でもあったが、自衛隊員が沖縄で経験した反発は多くの点で自衛隊と隊員がそれまでに遭遇したものを凌駕していた。

強者の戦略——自衛隊の反転攻勢

沖縄で反対派と対抗するために、自衛隊は本土で使った手法の多くを採用し、それがやがて自衛隊が誇る活動となり、アイデンティティの一部にもなった。復帰の前からすでに、全国と地域の指揮官はこれらの活動に重点を置き、自衛隊が災害派遣や民生支援を中心に活動する組織であることを強調し、又吉や桑江といった沖縄生まれの自衛官を組織の顔としていた。隊員には沖縄配備に貢献しなければならないと説き、旧軍との差別化を図り、米軍との距離を保った。防衛当局は広報活動の重要性、および自衛隊と隊員が社会に溶け込むことの重要性をしきりに訴えたが、沖縄生まれの隊員が少なく、県民のあいだに根強い反感があったため、これは険しい道のりだった。当局は、時が過ぎればやがて反感も収まるだろうと考えていた。ただ、その日が来るのをなるべく早め、反感を最低でも無関心に変え、できれば容認か支持に変えたいと願っていた。五月一五日、復帰の日から、自衛隊は本土で過去二〇年にわたって開発してきた効果的な戦略を自信を持って実施した。

本土と同じく、沖縄でも広報と隊員募集は結びついていた。隊員募集で自治体の協力が得られないならば、地元の味方に頼るしかない。その一人が石嶺である。陸上自衛隊を除隊したあと沖縄に戻って銀行員になり、一九六九年、沖縄隊友会の結成に尽力した人物だ。彼は復帰前に隊員募集活動に携わった頃を振り返った。宣伝のために学校を訪問することができないため、他のボランティアとともに一軒ずつ家庭を訪問し、都市部や地方の貧しい地域で夕べの集いを開き、防衛庁が制作したスライドを見せた。石嶺は反対派の妨害に備え、武術が得意なガラの悪い連中を用心棒に雇うこともあった。[110] 彼は又吉と連携して活動し、タメヨシ・ヤエコなど沖縄出身で本土勤務の隊員が帰省しているあいだに制服姿で同行してもらった。自治体や学校の協力が得られず、地方の二大新聞に広告を載せられないため、地域事務所は復帰の前も後も、自衛隊を就職先として宣伝するのに苦労した。広報の一つの方法は募集ポスターだった。一九七〇年代は、自衛隊の平和貢献を強調し、社会の支持を求めるものだった。[111] しかし、ポスターの掲示に同意する人を見つけるのは容易ではなく、破られたり、盗まれたりするのを防ぐのも難しかった。ポスターのメッセージがどのように受け止められたかを確認する術はないが、入隊者は年々増えた。一九七二年に入隊した沖縄県民は一五人、一九七三年は六一人、一九七四年は一二九人となっている。[112] 最初の一〇年間、平均して毎年六一〇名が応募し、一四五名が採用されている。[113] この入隊の増加により、自衛隊の中で沖縄出身で沖縄に駐屯する隊員（自衛隊の沖縄出身者のほとんど）の割合は、一九七九年までには五・四パーセントに達していた。[114] 沖縄では就職先が少ないにもかかわらず、二〇一九年にこの数字は四〇パーセントに上昇していたが、それでもまだ他県と比べると低い。[115]

どの地域でも、陸上自衛隊の機関紙は隊員に態度や振る舞いを指導し、世論に影響を与えるために一定の役割を担った。後者の達成のために、機関紙〈守礼〉のスタッフは沖縄タイムスや琉球新報の記者や編集者をはじめ、世論の形成に影響を与える他の人々に働きかけ、自衛隊に肯定的な報道を求めた。これは北海道で機関紙〈あかしや〉の編集者、入倉がとった手法と同じだ。沖縄ではこれは明らかに骨の折れる仕事だった。第一混成群は沖縄の象徴的な名称と絵柄を採り入れて沖縄のアイデンティティ確立を目指した。機関紙の名は首里城の守礼門に由来する。儀式用の門として一六世紀半ばに建てられ、沖縄戦で消失し、一九五八年に再建された有名な門だ。(116) さらに、部隊章《パッチ》に守礼門の絵を入れ、のちに機関紙の題字もこの門に似た絵に変えた。(117) 最初の題字は貝殻模様にかぶせて「守礼」の文字をあしらい、その上には沖縄をより強く印象づけるシンボル、ハイビスカスの花が描かれていた。歴史学者ジェラルド・フィーガルが指摘したように、ハイビスカスは沖縄の風景を熱帯地方に見せ、観光地として表現するのに効果的だ。(118) 一九七〇年代半ばから、一九八〇年代初頭まで、同紙は第一混成群の隊員を主人公にした「守礼くん」という四コマ漫画も掲載していた。(119) 守礼くんが沖縄の人か本土の人かはわからないが、漫画は読者——沖縄に駐屯する隊員——に民族を問わず、自身を守礼くんに重ね合わせるように、もしかしたら沖縄の人に投影するようにつくられていた。ユーモラスな筋書きに沿って職務中の出来事が描かれるが、地元の女性との交流を含め、時には自由時間の場面も描かれている。(120)

〈鎮西〉や〈あかしや〉など他の機関紙と同じく、〈守礼〉も隊員を導き、士気を高め、地域社会との良好な関係を育むことを目的としていた。実際、復帰から二週間後の六月一日に発行された創刊号は方面総監堀江陸将の訓示を転載している。堀江は、ほぼ全員が沖縄以外の出身者で占められる臨時第一混成群の隊員に「なるべく速やかに沖縄県人のあいだに融合、定着」するよう激励した。(121) 同じ号で、桑江は隊員に、沖縄は今や「国民総生産で世界第二位」の日本の一部となり、「明るく豊かな沖縄県づくり」のために国家として施策が講じられるだろうと述べている。(122)

同号の別のコラムで桑江は、守礼の二番目の意味について述べ、よく「礼」を守り、互いの人間性を尊重するよう隊員に求めている。[123] 自衛隊が沖縄で直面した問題は極めて困難だったが、戦略はこれまでと同じだった。

一九五〇年代と六〇年代に、北海道や他の地方で採用した手法と同じく、陸上自衛隊は土木工事や農業支援で好感が得られるはずだと期待していた。しかし期待通りには進まなかった。いくらでも機会はあるのに、自衛隊への反感のせいで、これらの手段は使いづらくなっていた。二七年間のアメリカ統治時代に、米軍も似たような戦略を試したことが徒《あだ》になっていたのかもしれない。いくつかの例がその難しさを物語っている。復帰後まもなく、知念の保守系の村長が、村の財政が厳しいので、地元の中学校のグラウンドの整地を自衛隊に頼むつもりだと発表した。予想どおり、教職員組合が反対した。もめているうちに、村の青年団がその作業をすると申し出た。それから二年後、大里村の村長が陸上自衛隊にサトウキビの収穫を手伝ってほしいと頼むと、革新派が反対し、要請は取り下げられた。[124] この二つの事例は、自衛隊が土木工事や農業支援を通じて評判をよくしようとする度に遭遇する反感の典型だった。実際、第一混成群〔一九七三年一〇月より、第一混成団〕はこのような活動をめったに行わなかった。自治体が支援を要請しない限り、行えないからだ。ほとんどの自治体は支援要請を検討することさえなく、たまに要請を出しても反対に遭った。

自衛隊の当局者はまた、災害派遣で自衛隊の重要性が証明されるだろうと期待した。確かに、自衛隊反対派でも緊急事態に際して救援要請を拒否することなどできない。おそらく個々の隊員もその機会を待っていた。復帰の数か月前、ひとりの隊員、沖縄出身の新城マサヒラ三等陸曹は「(私は) 台風の被災者救援に全力で尽くす所存である……地元住民とは言葉だけでなく全身で通じ合えると思っている」と語った。(125) 沖縄は台風銀座の真ん中にあり、毎年平均七回、台風に襲われていたにもかかわらず、第一混成団にとって残念なことに、建造環境が深刻な被害を受けることはめったになかった。なぜなら沖縄の人々が台風に耐えるように家や建物をつくっていたからだ。特に一九四〇年代末、非常に強い台風により諸島の大部分が被害を受けてから、アメリカ占領当局の指導でそうしていた。いずれにしても、特に重大な緊急事態でもなければ、自衛隊に救援要請を出すのが憚られる政治的雰囲気があった。一九七〇年代後半に保守系の知事が誕生し、各自治体の長や議員に保守派が増えると自衛隊への出動要請が出されるようになったが、それでもまだ要請は非常に少なかった。さらに、沖縄は本土から遠く離れているため、第一混成団は二〇一一年まで他県への災害派遣は行わず、東日本大震災で初めて東北まで部隊を送り出した。(126)

気概を示すチャンスである災害派遣の出番が少ないため、沖縄の自衛隊は医療施設のない離島から那覇の病院へ患者を運ぶ、急患輸送に活躍の場を見つけた。その役目は以前は米軍が担っていた。一九七二年一二月、航空自衛隊が初の避難輸送を行い、それからの一〇年間に平均して年一二回ほど出動している。その多くが危険をともなう夜間の出動であった。ある時点で、航空自衛隊は海上保安庁と管轄地域を分けるようになったが、急患輸送のほとんどは依然として自衛隊が担っている。急患輸送で一度に助けるのは一人だけなので、それだけではニュース価値がなく、沖縄タイムスや琉球新報が報じることはめったになかった。屋良をはじめ後継の革新系の知事たちはこの任務に対して自衛隊に謝意を表明しなかったが、それはこのような支援をありがたいと思ってはいても、自衛隊の正当性を認めることは避けたかったからだ。(127) 急患輸送に光を当てる役割は、もっぱら〈守礼〉や民間の保守的な刊行物に託され、読者が少ないために宣伝にはならなかった。一九七四年、〈守礼〉は毎月、緊急患者空輸の累計を知らせるコーナーを設け、日時、目的地、患者の年齢性別、輸送の理由を記載した。第一混成団はまた、守礼門に似たデザインの那覇駐屯地の入り口に看板を立て、復帰後に発生した急患空輸と不発弾処理の総数を表示した。二〇一九年七月五日、私が駐屯地を訪れたとき、前者の数は九〇五一回に達しており、四七年間、二日に一回は出動している計算だ。

第一混成団は驚くほどひんぱんに不発弾処理の作業をこなしていた。沖縄本島の中部と南部は特に、沖縄戦の不発弾がそこらじゅうにあった。占領中は米軍が不発弾処理を行い、数千トン分を除去した。(128) 復帰後、本土で不発弾処理の経験がある陸上自衛隊が米軍と共同で行った。数年のうちに第一混成団が仕事を引き継ぎ、爆弾の信管の抜き取り、輸送、廃棄まで行うようになった。一九七二年後半、陸上自衛隊は沖縄戦で使用されたとされる砲弾およそ六〇万個(二〇万トン)のうち、これまでに処理されたのは、三万個(総重量一万トン)、あるいは全体の五パーセントと推定している。二〇一九年までに、第一混成団の不発弾処理隊はおよそ二〇〇〇トンの不発弾を除去した。復帰後、平均して日に二個以上の不発弾を除去したことになる。当局は、すべてを除去し終えるまでには、あと七〇年かかると見積もっている。(129)

沖縄で開発が進み、建設工事が増えると、不発弾が見つかる頻度も増え、時には悲惨な事故が起きた。一九七四年三月、旧日本軍の対戦車地雷が工事現場で爆発し、四人が亡くなった。犠牲者のなかには現場近くの幼稚園でブランコに乗っていた自衛隊員の三歳の娘も含まれていた。(130)それからの一〇年、沖縄の不発弾処理隊は毎年、数千個の爆弾の処理に出動した。爆弾が爆発して犠牲者が出たときなど、その比喩的な意味は考えずとも容易に想像できる。一九七四年の事故の翌日、沖縄タイムスは「よみがえる戦争の悪夢」の見出しのもと、「戦争のいまわしいキズが次々と掘り返され……戦争はまだ続いている、戦後は決して終わっていない……三〇年後いまなお背負わされている沖縄の現実」と記した。(131) この記事は、自衛隊が前身の過ちを正していると示すところまで深く考えていないし、実際、報道は皮肉にも自衛隊の広報の希望をくじくように書かれていたかもしれない。不発弾処理に携わる隊員の勇気ある行動にもかかわらず、彼らに関するニュース報道は、沖縄の人々に戦争の記憶をよみがえらせるばかりでなく、彼らの前身が沖縄の人々を虐待した過去も思い出させるものだった。〈守礼〉はこの週の累計を爆弾の重量と種類に分けて示し、隊員の士気高揚を図るとともに間接的にでも社会の好感を得ようと試みた。不発弾処理に関連する記事では、隊員の勇気と沖縄の人々の感謝を強調した。琉球新報と沖縄タイムスが不発弾処理隊の活動を報じるときは、頑なに中立的な書き方を貫いた。

沖縄の自衛隊にとって残念なことに、民生支援活動の大半も、自衛隊を含むより広い社会的背景も、軍隊の防衛アイデンティティを形成するのに適していなかった。自衛隊は内部的にも対外的にも、急患空輸や不発弾処理活動について周知するために、できることはなんでもやったが、これらの任務は専門性が高く、高度な訓練を積んだ少数の精鋭集団が担っていたため、災害派遣とは違い、本土で生まれた自衛隊のアイデンティティのようなものに簡単に変換されなかった。これに気づいていた第一混成団の指揮官たちは、一九九四年の阪神淡路大震災の際、救援活動に加わりたいと願ったが、許可が下りなかった。(132) 地元社会の激しく根強い反感も、集団の帰属意識を生む努力を妨げたが、外からの圧力によって、内部の団結心が強まり、外部の支援グループとの連携の必要性がさらに高まったと思われる。沖縄勤務は一時的で人気がなかったため、特に最初の頃は、帰属意識を生む努力があまりなされなかったもしれない。最後に、軍人としての男らしさの形成は、当然、複雑化したが、その理由は、沖縄には北海道と違って至るところに米軍兵士がいて、旧軍と完全に距離をおくことを求める社会の圧力があり、本土のようなサラリーマン文化がなかったことも影響した。これらの力学《ダイナミクス》は他の地域では陸上自衛隊の内部のアイデンティティを形成するのに寄与してきたが、沖縄ではあまり役に立たなかった。

自衛隊は積極的に民生支援活動に従事することに加え、社会に容認されることを求め、軍隊と社会の融和を目指して様々な形のアウトリーチを試みた。これらの取り組みは本土で試みた活動とおおむねよく似ていたが、依然として激しい反感を持たれていたため、慎重に進めざるを得なかった。さらに、当局が慎重に進めるべきと考えていたため、活動機会はいっそう少なくなった。たとえば、本土では一九五七年以来、自衛隊は国民体育大会の輸送支援を行ってきたが、沖縄では一九七三年の沖縄特別国体でも、一九八七年の沖縄初の国体でも、協力しなかった。協力すれば、自衛隊員の選手としての参加を含め、反対運動が起きていただろう。沖縄で初期に自衛隊が協力した唯一の大きなイベントは、一九七五年七月から一九七六年一月まで開催された沖縄国際海洋博覧会であろう。しかし、この時は裏方に徹し、一切注目を集めず、協力の痕跡も残さなかった。[133]たとえば、新聞各社は自衛隊の仕事に気づきもせず、言及もしなかったようだ。

自衛隊にとって駐屯地の中でアウトリーチ活動を行うほうが簡単だったが、閉鎖的な空間ではアウトリーチは限られるため、外で行うほうが効果的だった。ただ、駐屯地内のイベントなら、外で行うときよりも自衛隊が采配を振るえるし、非難を避けることができた。復帰の時期から、第一混成群（団）は一般開放のイベントを駐屯地内で開催していた。最初期の駐屯地内イベントは、一九七三年二月、那覇駐屯地で開催され、このとき広報館も開館した。記念行事として、観閲式典パレードや音楽隊の演奏、奇術、美術展、空手の「試し割」が披露された。第一混成群の推定では二日間で七〇〇名が訪れた。見学者の多くは、自衛隊員の家族と思われる。実際、〈守礼〉が載せた一枚の写真は、芝生でくつろぐおおぜいの人々を捉え、「あなたもこの中に」とキャプションをつけている。〈守礼〉の読者のほとんどが、見学者と同じく隊員かその家族であることを考えると、このキャプションは適切であろう。[134]自衛隊初期の数十年間、本土で行われた自衛隊のイベントを訪れた人の大多数は隊員の家族や友人が占めていたと思われるが、この傾向は地域のダイナミクスを考えると、おそらく沖縄ではいっそう顕著だった。意外でも何でもないが、琉球新報と沖縄タイムスは、このイベントをはじめ駐屯地のイベントのほとんどを報じていない。

北海道やその他の地域と同じく、自衛隊は隊員に地元女性との交際を奨励し、それによって社会の好感を得ようとあらゆる努力をした。沖縄県民に対する旧軍の行いを糾弾した著書を一九六九年に刊行した琉球大学教授、のちに知事になる大田は、これらの結婚を「自衛隊が沖縄で社会の容認を得るために用いた手段で最も成功したもの」と評価している。[135] 北海道と同じように、あるいはそれ以上にこれらの結婚が沖縄で奨励された理由は少なくとも二つある。第一に、上層部が隊員と地元女性との結婚によって、一人の女性と一（拡大）家族ごとに、自衛隊の容認に近づくと考えていたからだ。二番目に、沖縄はせっかく亜熱帯地方にあるのに、配属先としてあまり人気がなく、もし本土の隊員が結婚によりここに根を下ろして任期を延長すれば自衛隊にとっても好都合だからだ。沖縄に配属になった隊員のほとんどは九州出身で、多くはなるべく早く故郷に帰りたいと願っていた。浦添市で子供の一人が高校に入学するときにトラブルを経験した元隊員、田中と同じく九州出身で一九七〇年代後半に沖縄に駐屯した柳田ミツハルは、沖縄は配属先として人気がなかったと振り返っている。二人の不満は、水不足、貧しい食事、文化の違いだった。一九七〇年代末までに、自衛隊への反感は弱まっていたものの、完全に消えてはいなかった。自転車は盗まれ、車のタイヤはパンクさせられた。嫌がらせを防ぐために制服で通勤しないようにと司令が警告するほどだった。[136] これらの逆境の中、自衛隊は隊員と地元女性との出会いを増やそうと試みた。陸上自衛隊は一九七三年三月、那覇駐屯地でダンスパーティを開いたが、地元の女性は二〇人しか集まらず、かえって反感を買い、その後の陸自主催のダンスパーティも同様の結果に終わった。[137] この反応が示す通り、県や自治体が自衛隊と連携して隊員と地元女性のお見合いイベントを開催することなどあり得なかっただろう。他の地域と同様に、自衛隊はもっと地味なアプローチをした。一九五〇年代と一九六〇年代の北部方面隊の〈あかしや〉と同じく、第一混成団の機関紙〈守礼〉と西部方面隊の機関紙〈鎮西〉の編集部は、業務請負により駐屯地で働く結婚適齢期の女性を定期的に紹介した。(一九七〇年代半ばから一九八〇年代初めまでに、私が〈守礼〉で見つけた数十本のこの種の記事のうち、女性隊員は一人も登場しないが、これは当時、沖縄にはほとんど女性自衛官がいなかったからだと思われる。しかし紹介された女性の何人かは、過去に自衛官を志望したことがあるか、あるいは今後志望したいと語っている)沖縄には自衛隊への広く浸透した根強い反感があったが、これらの地元女性たちが機関紙で紹介されることに同意し、隊員との結婚に関心を示した理由は、隊員に比較的高額で安定した収入があること、そして、沖縄を出て行くチャンスと思ったからかもしれない。しばらくのあいだ、〈守礼〉の記事は、当時の〈あかしや〉や他の機関紙の記事と同じく、花をテーマにしていた。個々の「沖縄の花」の記事は、若い女性をデイゴやブーゲンビリアなど熱帯の花に喩え、それを副題にした(図5.4)。[138] 好都合なことに、花は日本語で美しさ、若さ、花嫁を意味する。他の機関紙の記事のように、これらの記事は女性の写真と身長体重も含めた紹介文を載せ、たいてい理想の男性像について述べた女性のコメントで締めくくられていた。〈鎮西〉のこのシリーズは、花の名で、理想の日本女性を指す「なでしこ」をタイトルにして、沖縄と九州の女性を紹介していた。ある記事は、那覇駐屯地で共済組合に勤める一九歳を紹介している。「恋人は?の質問になると笑顔でにげるあたり、隊員にもチャンスありとみた」と述べ、続けて「美しいハイビスカスとして」と、沖縄を象徴し〈守礼〉の額を飾る花に喩え、「いつまでも多くの隊員から親しまれる花となることでしょう」と記している。[139] これらの記事には、おそらく複数の目的があった。本土と同じように、沖縄でも普通に行われていた結婚仲介の役割を果たした。記事がきっかけで結

沖縄の花「カトレア」

分とん地勤務
上《うえ》原《はら》操《あや》子《こ》さん

県立糸満高校を卒業して昭和48年6月から南与座分とん地で勤務する上原操子さん。

自衛隊で勤務するようになった動機は—叔父（糸満市役所勤務）の奨めに応じて、航空自衛隊を希望したがどうした訳か陸上自衛隊に決ったという。『事務官として机についた仕事よりは〝笑顔と親切〟をモットーに売店で振舞う方が好き』とこぼれるような笑顔が返ってきた。

家庭は母（父は昨年病死）と六人の兄姉がある。「末子のためわがままと甘えの弱い面が多くある」と自分を評する。

分とん地の隊員については……「皆やさしく、親切にしてくれるが、時には営業時間等で無理をいう人もある。仕事に熱中する隊員にたまらない魅力を感ずる」と働き者で有名な糸満女性の片鱗をのぞかせる。

休日にはデートの申込みもあるが母を心配させたくないと、趣味の「編物、読書」で過ごす事が多いとか—母おもいの印象を受けた。

理想の男性像は—「亭主関白でもかまわないが強引に引張ってくれる人」と頬を染めた。

嫌いなものはとたづねると—『男性の長髪。分とん地では見られませんが、自衛官の長髪程見苦しく、様にならないものはないですネ」と語る。

カトレアは一輪でも見事にその美しさを漂わせる。控目ではあるが絶えず微笑をたやさない、上原さんと話しているとまさに〝南与座のカトレア〟の印象を与えてくれる。


【5.4】〈守礼〉に毎月連載された「沖縄の花」シリーズのひとつ。1974年7月25日のこの記事に「カトレア」として取り上げられたのは、沖縄の陸上自衛隊の分屯地に勤務する上原操子さん。陸上自衛隊第15旅団の許諾を得て使用。

婚に至れば、より広く社会の容認を求める自衛隊の役に立つし、隊の充足率にも貢献する。しかも記事は、〈あかしや〉や他の機関紙同様、当然、ほぼ男性で占められる機関紙読者の、男らしい士気と自尊心を高めることを目的としていた。記事は隊員たちに、〈守礼〉の紙面に現れたこれらの女性を眺め、求め、そして彼女らに求められるようにと暗にほのめかしているように見えた。(140)〈鎮西〉に九州出身の女性が載ったことが象徴するように、この種の奨励は沖縄に限らず、第三章で述べたように北海道でも見られた。戦後の軍隊にまつわる不名誉なしるしを考えると、自衛隊はどこであれ隊員に地元での結婚を奨励し、それを利用しようとしてきた。それだけでなく自衛隊は自前の結婚相談所を開設し、地元のグループと連携して隊員と女性を引き合わせ、一九七三年半ばには一五三の駐屯地すべてに結婚相談所が設けられていた。(141)しかし、沖縄の女性と隊員の結婚は北海道よりもさらに人員確保と広報の両面で利益が得られた。(142)奄美出身の自衛隊員、勝はこれらの試みのどれにも影響を受けなかったようだ。二〇代初めから一〇年間、沖縄で過ごしたにもかかわらず独身のままだったのは、しょっちゅう酒ばかり飲んでいたからだと彼は説明している。(143)

このような取り組みにどれほどの効果があったのか、正確に知る方法はないが、復帰から二年のうちに四〇人の沖縄の女性が沖縄駐屯中の隊員と結婚し、そのほとんどが本土出身の隊員だった。このニュースは話題になり、沖縄タイムスも一九七四年六月に取り上げている。当の記者は記事の冒頭で、自衛隊はあの手この手で浸透策を進め、急患輸送などの「県民の生活を改善するための協力活動」に最も力を入れてきたと記している。しかし、最大の手柄は四〇組の結婚だと記者は主張する。すでに「二世」が誕生した夫婦も何組かいる。この「二世」とは、おそらく将来の自衛官第二世代を指して言っているのだろう。「他県ではみられない現象です」と自衛隊当局は述べ「今後も増えるのでは」と楽観的な予測を述べた。これに対し、平和主義者と組合員は「県民感情をなしくずしにして、県民総自衛隊化をつくろうとしている」と嘆いた。[144] どうやら沖縄県民の一部は、自衛隊員が米兵と同じく、沖縄の若い女性を「さらっていく」のではないかと心配していたらしい。[145] 反対派は「お嫁に行かない運動」に取り組んだりしていたが、記者が記しているように、こうした問題は「男女の微妙な関係というところ」にあり、恋愛に干渉するのはよろしくないと、あるいはそんなことをしても望み通りの結果は得られないと示唆していたのかもしれない。[146]

〈守礼〉のスタッフは、沖縄タイムスがこれを特集したあとの最初の号で、このニュースを大いに楽しんだようだ。「話題♡♡♡『結婚』」の見出しのもと、記者――おそらく男性――は「ヤマトンチュー（本土の人）はウチナンチュー（沖縄の人）に目もくれないと思いましたが、安心しました」と、おどけて書いている。もし恋愛を邪魔されたら、「婚姻は両性の合意のみに基づいて成立し……」と基本的人権を規定した憲法第二四条を引き合いに出す。批判する側が、自衛隊は違憲だと主張していることを考えると、これは皮肉だ。記者は「今後益々結婚を含め部外との協力が深まり、防衛基盤の育成ができてゆく事に心から拍手を送りたい」と結んでいる。[147]

八年後の一九八二年、琉球新報は復帰一〇周年の連載記事に隊員と地元女性の結婚の話題を取り上げたが、それを読んだ自衛隊の支持者は喜び、批判者はがっかりしたに違いない。自衛隊の情報に基づき、復帰以来、四一〇人の沖縄の女性が三自衛隊の隊員と結婚したと記者は書いている。そんなに多いのかと革新系の活動家たちは驚いた。これらの数字を記したあと、記事のほとんどは、最近結婚した匿名の夫婦の話に割かれ、彼らの家族について、その社会的力学について知ることができる。「反戦、反自衛隊感情の強い沖縄で育った」二六歳の女性は、のちに夫となる三三歳の二等陸曹に出会うまで「自衛隊が嫌いだった」が、「プライドを持って仕事をしている」彼を見ているうちに考え方が変わり、「(自分は)本当は何も知らなかったことがわかった」と語る。しかしこの交際は彼女の家族にとって受け入れがたいものだった。彼女の両親は最初反対した。その理由は彼が自衛隊員であること、そして本土出身であること、つまり娘が沖縄を出て行くことになると恐れたからだ。教師で組合の活動家でもある兄は、妹の婚約者と会おうともしなかったが、最終的には彼女の結婚の決断を受け入れた。皆が皆そうではなかった。彼女の友人の一人は「あなたとはこれまでどおりつき合うけど、あなたのご主人とはつき合わない」と宣言した。自衛隊にとってさらに喜ばしいことに、件の隊員は部隊に、沖縄「永住希望」を出した。(148)このような結婚がひと組ずつ、一家族ずつ、ひとつの友人関係ごとに社会に影響を与え、自衛隊にとっては常に良い影響を与えることをこの例は示している。

さらに、沖縄の自衛隊は本土と同様、家族やイデオロギー、政治、経済のための支援グループの育成に努めた。これには、隊友会、家族会、自衛隊協力連合会、防衛協会、保守政党(自由民主党)、経済界が含まれる。他の地域のように、共通の利益が大きな進出と協力に結びつくため、支援者は複数の会に属していた。陸上自衛隊の元隊員、石嶺――沖縄隊友会を結成し、ボランティアで隊員募集に尽力した人物――は、自費出版した回想録に記したように、自衛隊と沖縄社会の「架け橋」となるため、政財界の人脈だけでなく、自らが関与するボーイスカウト、ライオンズクラブ、ロータリークラブ、PTA、果ては合唱部まで利用した。(149)

自衛隊の熱烈な支持者の一部は、利益を見込んでそうしていたようだ。自衛隊のとりわけ著名な支持団体は、沖縄の土木建設業界の大手企業、國場組《こくば》である。創業者の國場幸太郎は帝国陸軍に二年勤め、一九二三年の関東大震災後、東京と横浜の再建に携わって経験を積み、沖縄に帰って一九三一年に國場組を創業した。それからの半世紀、國場組は旧軍、米軍、自衛隊から様々な施設の建設を受注してきた。巨大事業には、一九四一年の（帝国陸軍の）小禄《おろく》飛行場の拡張工事、一九五八年から一九六二年の（米軍の）キャンプ・ハンセン拡張工事、一九七五年の沖縄国際海洋博覧会の建設工事がある。(150) 中曾根防衛庁長官は一九七〇年一〇月初めの沖縄訪問中に、國場をはじめとする実業界の一団を毎年恒例の一一月一日の自衛隊記念式典に招待した。中曾根は四〇人近い一行のために無料で航空自衛隊のプロペラ輸送機を飛ばし（しかし、これに搭乗したビジネスマンは國場だけで、ほかは日本航空の民間飛行便を使った）、市ヶ谷の防衛庁に隣接するホテル・グランドヒルの部屋を予約し、観閲式の特等席を用意し、歓迎の晩餐会を開いた。(151)

一行が沖縄に戻るとすぐに、又吉と石嶺はこの旅行を利用して自衛隊協力協会と沖縄防衛協会を設立し、両方とも國場が長年、会長を務めた。(152) このグループにはオリオンビールの社長も含まれていた。本章で先述した自衛隊員の美術展が、なぜオリオンビール会館で開催されたかについては、これで説明がつくだろう。國場は短命に終わった沖縄経済新聞や雑誌〈沖縄グラフ〉の創刊に資金を出した。この新聞や雑誌は自衛隊の民生支援やアウトリーチ活動に肯定的な記事や写真を盛んに掲載した。彼の弟の一人、幸昌《こうしょう》――自民党員として国会議員に当選、一九七〇年代、沖縄開発政務次官を務めた――が兄を継いで、死去するまで防衛協会の会長を務めた。このように経済的利益と政治的利益が混ざり合う状況は、自衛隊や米軍の仕事を受注し、支持する多くの組織にとって当たり前のことだった。(153)

一九七八年一二月、知事選で西銘順治《にしめじゅんじ》が革新系候補に圧勝すると、國場兄弟のような自衛隊支持者は政治的に有利になった。政治学者の江上能義《えがみたかよし》は、この勝利が「沖縄政治の転換点になった」と記している。(154) 当時、沖縄に勤務していた元自衛官の田中や柳田は、あの知事選は自衛隊にとっても大きな意味があったと振り返っている。(155) 選挙運動中、西銘は、屋良と彼の後継の革新系の平良幸一《たいらこういち》――病気により辞職――が、経済よりもイデオロギーを優先したと訴えた。西銘は、革新系候補、知花英夫《ちばなひでお》を破るとすぐに、自衛隊を擁護し、その民生支援活動を讃え、自衛隊は沖縄と日本を守っていると賞賛した。彼は駐屯地の外で初めて開かれた自衛隊の記念式典に出席し、急患輸送に対して初めて感謝状を出し、県職員にこれからは防衛大学校を含め自衛隊の隊員募集活動に協力するよう指示した。(156)「沖縄県政の基本方針が反戦、反米軍基地、反中央政府から、親米軍基地、親自衛隊、親中央政府へと明らかに変わった」と江上は述べている。(157) その見返りに中央政府は、西銘知事が誕生すると経済支援を拡充し、これは自衛隊の受容に貢献した。(158) 革新派や活動家の多くは、自衛隊員が成人式やスポーツ大会に参加することに依然として反対していたが、県や多くの自治体で保守系が優勢になると、これは自衛隊に恩恵をもたらした。政治が社会をつくり、社会が政治をつくった。

実際、社会の変化は一九七八年の選挙のかなり前から目に見えていた。復帰から三年の一九七五年にはすでに、沖縄県民の大半が自衛隊は必要と考え、緩やかな順応と呼ぶべきものが達成されていたようだ。NHKと琉球新報が一九七二年、七三年、七四年に行った世論調査によれば、二二から二九パーセントの沖縄県民が自衛隊は必要と考え、三九から六〇パーセントは不要と考えていた。NHKによると、一九七五年に初めて、必要が四七パーセント、不要が三五パーセントとなり、必要が不要を大きく上回った。この傾向は続いた。メディア社会学の教授で、のちに知事となる大田昌秀の世論調査の分析がこの結果を裏付けている。一九七一年から一九七四年までは「沖縄の自衛隊配備反対」と「自衛隊反対」の時代で、一九七五年以降は「自衛隊は必要」として容認する時代、と彼は説明している。[159] しかし、この容認を「受容」と呼ぶのは正確ではない。「諦め」のほうが適切な言葉だろう。この姿勢の転換をもたらした別の要因は、一九七〇年代半ばから、沖縄県民が本土の日本人と同じく、経済を重視し、イデオロギーにあまり重点を置かなくなったことだ。[160]

これらの世論調査の結果は当然、桑江にとっては励まされるもので、もしかしたら彼は大胆になったのかもしれない。彼の第一混成団は七年のあいだ、自衛隊は前身の旧軍とは違うし、批判者が何を言おうが一九四五年以前の「日本軍」が戻ってきたのではないと示そうと努めてきた。桑江や他の旧軍出身の自衛官がときには、この努力を損なうような見解を表明することがあった。たとえば、桑江は一九七二年末、旧日本軍は正当な理由で戦争をしたのであり、戦争の目的はアジアの人々を植民地支配から解放するためだったと述べて物議を醸した。[161] この一件のあと、桑江は発言に気をつけるようになり、特に旧日本軍について何か言うときは慎重になったようだ。それでも、彼は第一混成団の隊員に慰霊碑の清掃や戦跡での遺骨収集にあたらせて、旧軍とのつながりや旧軍への尊敬の念を育もうとした。これらの活動は、旧軍と自衛隊を関連付けると同時に差別化するものだった。彼は一九七〇年代半ばまでには、もっと大胆なことを計画していたようだ。桑江は復帰以来、県側が六月二三日の「慰霊の日」の式典に自衛官を招待しないことに憤慨していた。この日の夜明け前に軍司令官牛島満《うしじまみつる》大将と参謀長長勇《ちょういさむ》中将が自決し、沖縄戦の組織的抵抗は終わった。慰霊祭の会場は毎年、摩文仁《まぶに》の丘の近くに設けられた。島の南端まで撤退してきた第三二軍司令部がこのあたりの洞窟に本部を置いていたのだ。桑江は一九七二年から毎年、慰霊の日の式典が始まる前に、一人で、制服を着用して摩文仁を訪れていた。彼にとって、自衛官が公式の慰霊祭に招待されないことや、厄介な事態を避けるために早朝に参拝せざるを得ないことも不愉快だったが、なによりも腹立たしいのは、沖縄戦では軍人と民間人が共に最期まで勇敢に戦ったと讃えられるのではなく、民間人の死亡は軍に責任があるとした沖縄の支配的なナラティヴだった。一九七五年からすでに、桑江は摩文仁慰霊行進を計画していたが、国際海洋博覧会を前に何かトラブルを起こしてはならないと思い、その年は断念した。[162] 一九七六年、彼はいよいよ実施することにした。

慰霊祭前夜の午後一一時、那覇および知念駐屯地からおよそ一〇〇〇人の隊員が出発した。彼らはそれぞれ二〇キロ、一八キロの道のりを行進し、海を見下ろす丘の上にある平和の広場の摩

「慰霊の日」に、摩文仁へ慰霊行進

戦没者の冥福を祈る

今年は終戦から三十一年目を迎えるが沖縄県では毎年沖縄戦が終えんした六月二十三日を「慰霊の日」と定め戦没者の冥福を祈っている。

第一混成団（団長桑江将補）はこの沖縄 終えんの日、六月二十三日の黎明を期して摩文仁へ夜間行進を実施し、三十一年前、日本の永遠の平和と繁栄を祈って亡くなられた軍、官、民二十余万の戦没者を慰霊した。

混成団主力は二十二日二十二時三十分、桑江団長を先頭に那覇駐とん地を出発した。二列縦隊となり、各隊ごと前後に懐中電灯、反射布扱を着けた隊員を置き、黙々と歩く。

一方、知念分とん地に集結した第六高射特科群の隊員も時を同じくして国道三百三十一号線を南下。時折り通り過ぎる車のヘッドライトが整然と力強く歩を運ぶ隊列を照し、また闇に閉じ込める。

名城ビーチを過ぎてしばらく、隊列の前の方からどよめきが伝わってきた。徐行しながら来る対向車から

「自衛隊さん御苦労さん」

の声が聞え、一瞬耳をうたがう。

五時間後摩文仁霊園内の「平和の広場」に移動を完了。二十三日四時三十分からしめやかに慰霊祭がおこなわれた。

桑江団長は隊員達に対して次のように述べられた。

「太平洋に寄せてくる波が珊瑚礁にあたって砕けるあの潮騒の音は三十一年前も今もおそらく同じであったろう。三十一年前の今月本日、この時刻に三十二軍司令官牛島中将、長参謀長がこの摩文仁の司令部壕で自決されて沖縄戦は終えんを遂げた。我々はこの日を期し諸英霊の御冥福を祈り、先人の遺志を継承して祖国の平和と独立を守り、繁栄に寄与する決意を新たにしたい。」と述べ追悼の辞とされた。そして鉄血勤皇隊や従軍看護婦として戦斗に参加して祖国に殉じていった少年少女達の遺書を紹介して隊員達の涙をさそう。

最後に軍司令官の辞世の句

秋またで枯れゆく島の青草は

御国の春によみがえらなん

を吟詠し戦没者の御霊を慰められた。

音楽隊の吹奏する「国の鎮め」の曲が流れるなかで全員一分間の黙とうを捧げ、団歌を斉唱して慰霊祭を終り、無事帰隊した。

【5.5】1976 年、第一混成団による早朝の摩文仁慰霊行進を報じる〈守礼〉の記事。摩文仁の丘には、毎年 6 月 23 日、沖縄全戦没者追悼式が行われる平和祈念公園がある。白いヘルメットの右側の人物が混成団長、桑江良逢陸将補。この記事は 1976 年 7 月 18 日に掲載された。陸上自衛隊第 15 旅団の許諾を得て使用。

文仁に、三一年前、牛島と長が自決した時刻の午前四時三〇分までには到着していた（図5.5）。桑江はそこで追悼の辞を述べ、懐中電灯の明かりを頼りに、鉄血勤皇隊とひめゆり学徒隊の遺書を、それぞれ一通ずつ朗読した。[163] ラッパ手が旧軍の追悼の譜「国の鎮め」を奏で、全員が黙禱を捧げた。二〇分とかからず彼らの慰霊祭は終わり、トラックに分乗して駐屯地へ帰った。[164]

桑江が予想したとおり、慰霊行進に対する反応は様々だった。案の定、琉球新報と沖縄タイムスは「異様な深夜の行軍」「霊域に軍靴の音」といった見出しをつけ、『軍隊』は何を思い、何を祈った

のであろうか」と書いた。[165] 慰霊行進から数日後、琉球新報は反応をまとめた。知事に就任したばかりの平良は遺憾の意を表明した。また県当局は、行進と公園使用について事前に相談がなかったことに失望したと語った。平和運動団体の代表は、「軍靴で神聖な霊域を踏み荒らした。戦争の悲惨さを風化させようとする試み」であると非難した。街頭インタビューを受けた多くの市民は、沖縄戦で家族を失った人々も含め、驚きと怒りを表した。しかし、一部の人は自衛隊の動機については判断を控え、自衛隊員にも戦没者を追悼する権利はあるはずだと述べた。[166] 桑江は沖縄勤務について記した著書に、夜間の慰霊行進中に出会った村人から激励を受けたと記し、地元紙が「煽動的な調子で」報道したにもかかわらず、行進に対する反対デモや抗議の投書もなかったことを強調している。[167] 実際、「デモや投書はなかったのだろうが、かといってそれが慰霊行進への支持を示すわけではなく、おそらく諦めの気持ちの表れだろう。

慰霊行進は、自衛隊を容認すると答えた人の割合が僅差で多数派に転じたことには影響を与えていないだろうが、別の方面には効果を及ぼした。これは、その後の数十年にわたって沖縄に残っていた根本的な分裂に働きかけ、世紀の変わり目には、自衛隊を容認する人がたとえ渋々であろうが、本土と同じくらいの七〇パーセントに達したのである。自衛隊反対か容認かの根本的問題は、戦争の記憶、イデオロギー、アイデンティティ、自衛隊を旧軍と同じと見るかどうか、平和を脅かす存在と見るか、国を護るために必要な組織と見るかどうかにかかっていた。

沖縄県民の一部は、悲惨な沖縄戦の責任を旧軍、日本政府、あるいは天皇に科すことを拒んだ。自衛隊は旧軍と同じではないし、沖縄と日本の安全にとって必要だと考える人の数は増えていった。そして、桑江や金城――沖縄へ発つ前の第一混成群に熊本で講演を行った人物――のような部外者がいた。桑江にとって、沖縄戦は幾重にも非常に個人的な問題だった。彼と又吉が一九四一年に予科士官学校を卒業したとき、牛島はその校長を務めていた。誰に話を聞いても、牛島は深く尊敬される将校で紳士だったという。[168] しかも桑江が満州からミクロネシアへ転属になったとき、残りの部隊は沖縄へ送られ、そこで彼の戦友たちはアメリカ人と戦って命を捧げた。すでに述べたように、彼の弟と祖母も沖縄戦で亡くなっている。[169] こうした理由から、桑江は沖縄を「聖域」と捉えており、兵士や民間人が「犬死にした」、無駄死にしたという主張には抵抗があった。[170] 民間人の死を、間接、直接を問わず、軍の責任とすることは受け入れがたかった。また、この問題は過去の出来事に限らなかった。桑江が慰霊行進のあと隊員に「軍隊、政府、国民が一丸となって国を護り」と語ったとき、彼はただ三一年前のことだけでなく、今の希望、すなわち軍と社会の融和という彼の願いを述べたのである。[171]

数か月後、桑江は予定通り陸上自衛隊を退職し、スポーツ団体の会長に就任したり、関与したりして自衛隊を支援する側へまわった。彼は最後の記者会見で、沖縄タイムスと琉球新報に自衛隊をいろいろ報道してくれたことに対して皮肉混じりに感謝し、自衛隊で達成できたこと、失望したことを振り返った。沖縄では陸上自衛隊の演習場を充分確保できず、訓練のために九州へ移動せざるを得なかったのは申し訳なかったと語った。達成できたことについては、自衛隊は本土で容認されたよりもはるかに早く、それを実現したと断言した。これは自分の最大の勝利であると彼は考えている。[172]

それから六年後の一九八二年一二月一一日、土曜日、自衛隊は沖縄配備一〇周年を記念して初めて那覇駐屯地の外でパレードを行った。この市中パレードは極めて簡単なものだった。[173]県内外の音楽隊、総勢一五〇名が、那覇市中央部の国道五八号線の真ん中を行進しただけだ。パレードは四〇分で終了した。第一混成団の音楽隊はそれまで様々な地域イベントで演奏し、青年会議所等、他の集団が主催する大規模なパレードに参加したことはあった。[174]しかし、混成団が独自に市中パレードを主催したことはなかった。数年前から県や多くの自治体で保守派が優勢になり、世論調査でゆうに半数を超える県民が自衛隊は必要と答えた背景から、自衛隊上層部がこのようなパレードを行っても反発は起きないだろうと判断したのも無理はない。しかし歴史学者新《あら》崎盛暉《さきもりてる》が述べたように、この判断は「時期尚早」だった。[175]パレードに対して、沖縄でも長年見られなかった激しい反発が起きた。およそ一五〇〇人のデモ隊が現れ、「軍隊は沖縄から出て行け」「人殺し、帰れ」と罵声を浴びせ、パレードを妨害した。桑江の摩文仁慰霊行進とは違い、パレードは事前に告知されていたため、自衛隊反対派は一週間前から抗議デモの準備にとりかかることができた。自衛隊賛成派も現れた。彼らは日の丸の小旗を振り、声援を送った。その多くは他の自衛隊員や自衛隊関係者だったと思われる。しかし彼らの声援は組合員、学者、平和主義者からなる組織的な抗議の声にかき消された。[176]皮肉なことに、本質的には軍隊のパレードであるこの行事は、警官隊の保護なしでは実施できなかった。このパレードは時期尚早でありながら、時代遅れでもあった。国内のどこであろうが、陸上自衛隊が最後に市中パレードを行ったのは一〇年近く前だった。本土では一九七〇年代初めに革新系の知事や市長によって公道から閉め出されてから、自衛隊は駐屯地内でパレードを行ってきた。一九八二年のあの土曜の午後、自衛隊は思い描く未来にまだ到着しておらず、過去のショーを遅まきながら試みたように思える。

自衛隊を容認する人は以前よりかなり増えていたが、パレードに対する抗議デモは反対派の最後の抵抗ではなかった。反発は一九八〇年代も続き、たいていスポーツ大会や成人式など、イベントへの隊員参加に抗議するという形をとった。とはいえ反感の質が変わっていた。かつて自衛隊に向けられていた憎悪は中央政府に向けられ、その表現がよりに一般的に、抽象的になった。一九八〇年代後半の劇的な抗議活動のひとつがこの傾向を表している。一九八七年一〇月二六日、国体のソフトボール競技会の開会式で、活動家の知花昌一《ちばなしょういち》が国旗を引きずり下ろして焼き捨てた。一九八〇年代までには、国旗と国歌が抗議の対象になっていたが、それは文科省が沖縄戦での旧軍の所業を含め、その非道な行いに関する記述を教科書から削除するか表現を和らげるよう指導し、学校行事での国旗掲揚と国歌斉唱を勧めたことが一部、引き金になった。知花のケースのように、このような反感は旧日本軍の蛮行の記憶にもとづいていたが、反対派はもう自衛隊を日本軍と同一視していなかった。むしろ、反対派の懸念は、自衛隊が存在していれば権力者はこれを使ってみたいと思うのではないか、日本（と沖縄）を再び戦争に導くのではないかというものだった。たとえば、知花はあの事件の説明で、自衛隊には一言も触れていない。(177)同様に、沖縄問題の評論家——日本人、外国人ともに——も、一九九〇年代以降、自身の論評にめったに自衛隊を持ち出さなくなった。また、沖縄の評論家は以前ほどひんぱんに天皇をターゲットにしなくなった。明仁天皇は皇太子時代も、一九八九年に天皇に即位した後も、沖縄が軽視されている状況を改善しようと繰り返し試み、その姿勢は一九七五年の沖縄訪問時に火炎瓶を投げつけられた時も、その後も一貫して変わらなかった。(178) しだいに反対派の怒りは、米軍基地問題と日本政府の共謀に集中するようになった。中央政府に対するこの怒りには、一九九五年、三人の米兵が一二歳の少女を強姦した事件を機に巻き起こった米軍基地に対する激しい怒りも込められていた。(179) その頃までには、自衛隊の賛否は本土と沖縄でだいたい同じ程度だったが、沖縄に残っていた（今も残る）反発は、本土よりも確実に強く、深く定着している。

したがって、軍と社会の融合を求め、諦めに近くとも社会の容認を求めた自衛隊の戦略は部分的で異論のある成功に結びついた。微調整を加えて有効性が立証された戦略を実施した結果、自衛隊は必要であるという容認を獲得した。目立たないように努めながら、目に見える形の民生支援活動に従事することで、日本の軍隊ではないことを示そうとした。軍隊ではなく、あらゆる種類の危機に対応する防衛隊であると。その結果、沖縄県民は不安はあるものの、その存在を認めるようになった。

このプロセスは明らかに沖縄の社会を変えたが、本土で担っていた役割や任務を沖縄でも同様に担った自衛隊をも変えた。復帰前、米軍当局者が（通常のそっけない軍事電信用語で）発信した電文が、先を見通していたようだ。「戦争体験による日本軍に対する憎しみはいまだ沖縄県民の心の底にある……同時に、人口のかなりの割合は復帰の必要条件として、自衛隊配備を容認しているようだ。保守派はこの見方を強めるだろう。左派は間違いなく、配備に反対し続けるだろうが、政治的要因に配慮して配備を慎重に進めれば、この反対意見が深刻な影響を及ぼすまでに増えることはないだろう……自衛隊が来れば、県民の福祉と沖縄経済に貢献するだろうとアピールするために〝PR〟活動が必要になるだろう」。報告は続けて「沖縄県民には、日本が自衛隊に慣れるまでに要した二〇年という時間はない」が、「(既存の)方法をとれば、配備は容易に行われ、世間のイメージも改善される」と記している。最終的に、これらの既存の方法は本土で使われた方法とはまったく同じではなかったが、反発の幅、深さ、激しさがこれらの試みを複雑化し、米軍の報告が予想したとおり、「自衛隊が本土で構築した〝刷新〟のイメージを沖縄でも確立しようと試みた」。[180] この刷新は見た目ばかりでなく、本土と同様、自衛隊の優先事項と役割を実質的に変えた。

自衛隊は沖縄でこの刷新を実現し、容認を得るため、米軍との関わりを努めて避けた。これは容易ではなかった。駐屯地の多くは米軍が空けた土地に置かれ、米軍基地に隣接していたからだ。沖縄の人々は、変わったのは「制服の色」だけだと嘆いた。[181] しかし、自衛隊は明確な独自のアイデンティティ形成に努めながら、米軍のような軍事組織ではないことを示そうと奮闘した――盛んに戦争をする、貧しく、要求の多い、危険な客という評判どおりの米軍とは違うのだと。ある意味、米軍との関わり合いを避けながら、それが投げかける陰の中にいることは、自衛隊にとって成功戦略として機能したかもしれない。一九七五年、ある評論家は、自衛隊が陰に隠れていることを責めながら、それをやめたら反感が増すだろうと述べた。[182] 一九八三年に自衛隊が沖縄で米軍と共同訓練を開始するまでには、米軍と距離を保つことは、それほど重要ではなくなっていた。

なによりも重要なのは、沖縄の自衛隊が旧軍のアイデンティティとは明白に異なるアイデンティティを形成しようとしたことだ。沖縄では、自衛隊の存在とプレゼンスに対して、(本土のように) 疑わしい合憲性ではなく、旧軍との関わりが最も激しい反感を生んだ。復帰の時から、隊員たちは、反対派が言う沖縄に再来した「日本軍」ではないことを言葉と行動を介して強調してきた。そのメッセージは、沖縄部隊の多くの幹部が一九四五年以前の軍隊に勤め、未だに忠誠心を抱いていたという事実により、複雑になった。しかし、一九八〇年代までには、桑江のような旧軍人はほぼ全員退職し、上層部には防衛大学校の卒業生が増えていった。この上層部の入れ替え、米軍との共同訓練開始、沖縄と本土で、軍隊と社会の融和が進んだことはどれも、正当と認められるための自衛隊と隊員の努力を測る尺度になっている。冷戦が終わり、この物語の新時代が始まった。三〇年以上経っても、それはまだ続いている。

終章

自衛隊および冷戦期の防衛アイデンティティはいずこへ?

戦後日本に軍隊が再建されてから七〇年、冷戦終結から三〇年が過ぎた。ある意味、警察予備隊創設以来、そして地政学的な歴史の節目である冷戦終結以来、ほとんど何も変わっていない。日本の戦後はまだ終わっていないと学者や世間が考えているように、冷戦もまだ続いているようだ。戦争の記憶をめぐる見解の相違や領土問題は、冷戦中解決されないまま放置され、今も日本と他のアジア諸国との関係を複雑にしている。構造上、日本の安全保障の仕組みは同じだ。七〇年経った今でも、日米安全保障条約は、環太平洋およびアジア地域の地政学にとって組織的な基本原則となっている。数万の米軍兵士が今も日本の国土に駐留している。憲法九条はまだある。これは再解釈されたが、改正はされていない。おそらくその結果として、一八六八年から一九四五年まで続けざまに戦争を行った日本が一九四五年以降は直接戦争に関与していないのだ。とはいえ、三自衛隊は最新鋭の兵器を装備し、予算も充分な、近代的な、技術的に進んだ軍隊である。冷戦の力学が継続するなか、冷戦期の防衛アイデンティティの構成要素も変わっていない。陸上自衛隊は特に、国内外の災害派遣など非軍事的、人道的活動が高く評価され、以前と変わらず民生支援やアウトリーチに従事している。多くの点で、冷戦期のアイデンティティの構成要素は、現行の戦後のアイデンティティとして残っている。

すでに述べたように、このアイデンティティは警察予備隊創設から四〇年のあいだに形成され、それはちょうど冷戦期にあたり、様々な点で警察予備隊＝保安隊＝自衛隊と社会、旧軍、米軍との関係から影響を受けた。自衛隊（特に陸上自衛隊）は国民から正当と認められるために、地域社会で、列島中で、地方と都市部で、最初は本土で、それから沖縄で、民生支援と広報活動を開始した。自衛隊はこれらの戦略を慎重に進めたが、できるだけ可視化に努め、黙って行動で示す場合もたびたびあった。防衛大学校を含む自衛隊全体では、指導者、指揮官だけでなく学生や一般隊員も、旧軍や米軍との関わりから、自衛隊の性格や団結心、伝統をつくりあげるのに寄与した。冷戦が終わる頃には、自衛隊は軍隊と社会との比較的高度な融和を達成し、上層部を戦後の士官学校で教育を受けた人員に入れ替え、米軍との協調と訓練を増やしていたため、その冷戦期の防衛アイデンティティは、賛成派、反対派すべてを含む社会に深く浸透し、容認されていた。

では、この最初の四〇年に自衛隊を形作った関係は、冷戦終結後、どのように変わったのだろうか？　冷戦が終わると、アメリカは日本に対して以前からの要望を強め、防衛の負担を増やすようを求め、二国間同盟と国連の枠組みの中で国際問題にもっと大きな役割を果たすよう求めた。両国の軍はすでに一九八〇年代初めから軍種ごとに共同訓練を始めていた。それでも、一九八〇年代半ば、イラン・イラク戦争を受けてアメリカがペルシア湾の石油輸送船を護衛する海軍連合に加わるよう自衛隊に求めてきたとき、日本の当局者は驚いた。一九五〇年代半ばの岸信介以来、初めての反主流派、言い換えると、初めての反吉田ドクトリンの保守派の総理大臣になった中曾根（一九八二年から一九八七年まで）は、アメリカの提案に賛成した。長年、自主防衛を主張してきたタカ派の中曾根——一九七〇年から七一年の防衛庁長官時代を含めた——は安保条約の終了と、平等にもとづくアメリカとの「『本物の』同盟を望んでいた」。さらに、日本が彼の言う『日本人によって独自につくられた憲法』を制定することを望んでいた」。つまり、憲法九条を廃止し、自衛隊がもっと国際的な、活発な役割を担えるようにすることだ。(1) この件も他の目標も、彼はほとんど達成できなかった。自由民主党の中の他の保守派——警察予備隊や防衛大学校の設立に重要な役割を果たし、冷戦期の防衛精神を受け入れた元警察官僚、後藤田正晴（第一章、二章参照）など——はこの申し入れに強く反対し、計画を阻んだ。(2) 数年後、冷戦が終わり、アメリカは再び、今度は一九九一年の湾岸戦争への対応で、日本に臨時の連合に加わるよう求めた。再び、自民党内部からの反対で、自衛隊は参加を阻まれた。代わりに、政府は経済支援を行ったが、世界の指導者やメディアはこれを「小切手外交」と批判した。(3) この批判を受けて、自民党は自衛隊の国連平和維持活動参加を認める法を成立させ、これにより自衛隊は初めて海外任務を行うことになり、六〇〇〇人の陸上自衛隊施設部隊が一九九三年の六か月間、カンボジアに派遣された。平和維持活動と海外災害派遣は繰り返し行われ、自衛隊と特に陸上自衛隊は、長年国内の活動で習得した経験と専門技術を高め、磨くことができた。

湾岸戦争から一〇年後、そして冷戦終結から一〇年後の二〇〇一年九月一一日、同時多発テロへの日本の対応は前例がないものだったが、それでもまだ長年の慣習とアイデンティティにもとづく貢献だった。ジョージ・W・ブッシュ大統領が、同盟国に「ブーツ・オン・ザ・グラウンド（地上部隊の派遣）」を求めると、高い支持率を誇る小泉純一郎首相は、二〇〇四年、陸上自衛隊を復興支援活動のためにイラク南部へ送り出した。(4)

二〇〇六年、防衛庁を内閣レベルの防衛省に改める法案が国会で可決された。同じ頃、日本は中国と北朝鮮を深刻な脅威と見なすようになり、これには米軍の緊密な協力なしで自衛隊だけでは対処できないと考えた。これらの懸念に加え、自衛隊が武力を行使できるのは自国の防衛に限り、アメリカのような同盟国を守るためには行使できないとした憲法九条の解釈により、安倍晋三首相は二〇一五年、集団的自衛権を認めるよう憲法を解釈し直す法案を提出した。激しい反発が起こった。国会審議を契機に、一九六〇年の日米安保闘争以来、最大の抗議が巻き起こったが、国会は法案を通した。従来のアメリカの同盟諸国に無関心なドナルド・トランプが大統領職にあった時代、すなわち二〇一七年から二〇二一年まで、安倍や他の日本のリーダーたちはアメリカが本当に日本を守るのかどうか不安になり、早急に憲法を改正する必要があると訴えた。(5)

これらの国際情勢の変化を背景に、冷戦終結後の国内の政治状況と展開が、自衛隊と社会との関係に大きな変化をもたらした。一九六〇年代半ばまでには、国民の七〇パーセントが自衛隊は必要と考え、自衛隊は社会の容認を確実に得ていた。一九六〇年代後半の反戦運動や、一九七〇年の三島事件にもかかわらず、この容認は変わらなかった。その後、国際関係や内政、防衛大出身の幹部自衛官の昇進、自衛隊の民生支援とアウトリーチ活動の継続により、軍と社会の距離はしだいに縮まっていった。すでに冷戦終結前から、自衛隊に対する長年の政治的反感は徐々に弱まっていた。一九八四年、日本社会党は、自衛隊が合法的に創設されたと認めたが、違憲であるという見解は維持した。一九九三年、長年国会で単独過半数を占めていた自民党と社会党との連立政権が誕生すると、首相に社会党委員長の村山富市が就任し、彼は党の基本方針のひとつを削り取り、自衛隊の存在を認めた。翌年、阪神淡路大震災への対応で自衛隊の出動が遅れた原因は、社会党が全国および地域レベルで自衛隊に懸念を抱いていたこと、自衛隊上層部が政治的な影響に配慮して権限を越えることに慎重だったからだ。以後、地震と救援活動の余波の中で、「(自衛隊による)緊急出動の議論はもうタブーではなくなり、事実上、誰もが災害救助における軍隊の役割を受け入れるようになった」。[6] さらに、陸上自衛隊の神戸での活動が長期にわたり、広く報道され、国連平和維持活動や国内の災害派遣、バブル経済がはじけて長引く不況に陥ったことなどが影響して、一九九〇年代には入隊希望者が大幅に増えた。

しかし、この時代に高まった自衛隊の評価も、二〇一一年三月一一日に始まる東日本大震災の三重の災害(地震、津波、原発)に対応した自衛隊の偉業に比べると、霞んで見える。3・11が、自衛隊にとっては広報の大きな勝利となった。自衛隊は東日本大震災の災害対応に何万人もの隊員――ほとんどは陸上自衛隊員――を派遣した。彼らは米軍の「トモダチ作戦」と名付けられた支援活動を行う部隊と緊密に連携し、一万九〇〇〇人の民間人救出に貢献した。福島第一原子力発電所の放射線量の高い原子炉に放水を試みる陸上自衛隊のヘリコプターの操縦士たちは、暗澹《あんたん》とした国民の目には英雄に映った。[7]政治学者シーラ・スミスが述べたように、この作戦は「日本国民が自国の軍隊に対する見方を変える転換点になった」と研究者たちは考えている。自衛隊に対する好意的な見方は、二〇〇九年の八〇パーセントから二〇一二年には九〇パーセントに上昇していた。[8]自衛隊は今や、日本でとりわけ尊敬でき、信頼できる国の機関と見なされていた。[9]二〇二一年の春、オリンピックを控え、新型コロナの感染拡大を防ぐため、政府がワクチンの集団接種に自衛隊の医師や看護師を動員したのは驚きではない。[10]自衛隊の評価の高まりは当然、個々の隊員に良い影響を与えた。男女を問わず隊員たちは結婚相手として人気があり、沖縄を含め国中のテレビの特別番組に出演し、自分の社会的・経済的魅力を宣伝している。「自衛隊員との結婚を目的とする婚活、『J婚』という新語まで生まれた」。[11]自衛隊員が町で「税金泥棒」と罵られ、隊員充足のために非行少年を入隊させ、望ましい恋人や娘婿として見られず男性隊員に縁談がなかった初期の頃と比べると、大違いである。

もっと実質的な変化がこの先、訪れるかもしれない。自衛隊人気は、憲法九条の改正または修正を支持する国民の増加に貢献するかもしれない。自衛隊の東日本大震災への対応、国連平和維持活動への貢献、北東アジアの地政学的緊張の高まり——このすべてが、安倍首相の願望を支持する人を増やした。すなわち、自衛隊の合憲性を疑問の余地のないものにするという願望である。二〇一七年、彼は「一九六四年の東京オリンピックが戦後日本の新たな出発となったように、二〇二〇年のオリンピックも国家再生の年となると主張し、二〇二〇年の東京オリンピック」までに憲法を改正したいと述べた。[12]ほぼすべての国民が、現状の自衛隊の存在を認めてはいるが、憲法改正には反対で、多くの国民や政治家は自衛隊を安倍とその一派が自衛軍と呼ぶものに変えようとしていることに警戒している。その証拠に、二〇一五年、憲法九条の解釈を変更して集団的自衛権の行使を容認するための法案に反対して大規模な抗議が起こった。結局、安倍はその野心的な計画を進められず、病気もあり、コロナ対策への批判とオリンピックの二〇二一年への延期により、二〇二〇年九月に首相を辞任した。彼の二人目の後任で自民党のハト派の領袖、岸田文雄（二〇二一年一〇月に就任）は、憲法改正に意欲的とは思えないが、二〇二二年に起こった二つの事件により、状況が変わるかもしれない。第一の、そして最も重要な事件は、二月のロシアによるウクライナへの軍事侵攻である。この侵略は、ドイツ同様、日本にとっても長年にわたって進化してきた防衛アイデンティティの一大転機となる可能性がある。日本政府はアメリカやヨーロッパと足並みをそろえ、ロシアに経済制裁を科し、ウクライナに軍事物資を送って支援した。戦争中の他国に日本が軍事物資を送るのは過去七五年で初めてのことだ。さらに日本は、今後五年の防衛予算を増額し、敵基地攻撃能力を保有するかもしれない。日本人の中には、冷戦後初めて、ロシアと四〇キロしか離れていない北海道の安全を不安視する人々も出てきた。第二の事件は、七月の安倍晋三元首相の暗殺である。憲法改正という彼が生前中には為し得なかった望みはその死によって叶えられるかもしれない。しかし、先行きは不透明である。自衛隊がついに名実ともに軍隊となり、現行の憲法上の制約が解かれるかどうかは、まだわからない。

では、この三〇年に起こったこれらの変化は、冷戦期に形づくられた軍隊の防衛アイデンティティに、どのような影響を与えたのだろうか。自衛隊、その主たる任務、その隊員に対する世間の見方は過去三〇年に様変わりしたが、組織および個人レベルでの自衛隊のアイデンティティはどのように進化したのだろう？　当然のことながら、幹部自衛官も任期制自衛官も、自衛隊が制約のない軍事的役割をより広く担うことに賛成しているが、多くの隊員はそれに伴う個人レベル、国家レベルのリスクを懸念し、冷戦期に形成されたアイデンティティ、価値観、伝統を今も大切にしている。隊員たちは軍隊の文民統制を含め、以前と変わらず民主主義を、国民のための自衛隊という考えを徹底的に浸透させている。特に災害派遣における自衛隊の専門性の高い活動は、組織と隊員の大きな誇りの源泉となっているが、冷戦期と変わらず、国民の一部はいまだにこれが自衛隊の主な任務と見なしているように思われ、これについて一部の隊員は苛立ちを露わにしている。同様に、北部方面隊が長年の「さっぽろ雪まつり」協力の規模を縮小して撤退する方向へ進みたがらない事例からわかるように、緊急性の低い民生支援活動さえ、自衛隊の団結心や社会との結びつきの中心になっている。冷戦期に形成された、戦後の防衛軍の再生された男性性アイデンティティもまた、自衛隊に女性隊員が入ることによって複雑化したが、女性自衛官の比率は幹部、任期制ともに、かなり低いままだ。

自衛隊と米軍、旧軍との関係は、組織と隊員にとって、ずっと問題であり続けている。在日米軍の大きな存在は、「トモダチ作戦」で自衛隊を見劣りさせないよう配慮したにもかかわらず、大いに目立ち、以前より集中的に、ひんぱんに行われるようになった共同訓練を通じて個人に影響を及ぼし、自衛隊の軍人としての男らしさを相変わらず複雑にしている。隊員のなかには、三島が唱えたような右翼の国家主義者の主張——今も鳴り響き、一部の右翼が繰り返している——に賛同する者がいるかもしれないが、ほとんどの隊員は、一九七〇年の時のように、民主主義と相容れない過激な手段を拒絶している。戦争はすでに七五年前の過去の出来事だが、(自衛隊員はその前身である)「皇軍を悪者にすることで関係を絶とうとする一方、隊員が共感し誇れるような軍の伝統を再生し、連綿と続く歴史を再構築したいという願望のあいだで葛藤」[13]する状況は今も続いている。二〇一〇年代初め、防衛大学校の運営側や出身者が、右翼の攻撃に対して防衛大の自由民主主義の理念を守るために、槇の記憶を活用したように、中道の指導者たちはこれらの理念を今日の自衛隊のアイデンティティと伝統とすることを目指した。対照的に、元航空幕僚長で極端な意見を公開して解雇された田母神俊雄のような、右翼の元自衛官、政治家、評論家らは、武士道を含め、自衛隊は旧軍の伝統に従うべきだと主張している。二〇〇四年に自衛隊がイラクへ派遣される頃から、武士と、武士ほどではないが今も影響力を残す皇軍兵士は、隊員の模範になり得る軍人像として目立ち始めた。[14]

この概観が示唆するように、自衛隊の冷戦期の防衛アイデンティティの要素は今も残っているが、自衛隊の価値観や優先事項の多くがこの三〇年間に変化し、いわゆる冷戦期の、ではなく、戦後の防衛アイデンティティになった。幸いにも、日本はアメリカとは違って第二次世界大戦以降、軍事衝突に巻き込まれていないため、現在の戦後の時代が他の戦後の時代と混同されることはない。残念ながら、日本は戦争に関連する問題をまだ適切に処理しておらず、ドイツが行った戦後処理には遠く及ばない。第二次世界大戦から七五年、戦争関連の諸問題——戦争責任をめぐる見解の相違、日本とアジア近隣諸国との不和、再建された軍隊の性格——が、日本の内政と外交に悪影響を及ぼしている。こうして日本は、延々と続くように見える戦後の時代に居心地悪くとどまったままだ。自衛隊がどのように変わるか、社会との、旧軍との、米軍との関係がどのように進展するか、自衛隊のアイデンティティがこれらの変化にどのような影響を受け、影響を与えるか、これらの変化のプロセスがどのような形であれ、戦後時代の終焉および新しい歴史的時代の幕開けに貢献するのかどうか、それについてはまだわからない。

自衛隊と個々の隊員にどのような未来が拓けようとも、正当性を求める自衛隊の長年の試みが疑問を投げかける。どれほどの正当性が得られれば充分なのか？　一九六〇年代半ばに本土で、一九七〇年代後半に沖縄で得られた容認のレベルで充分なのか？　二〇一一年三月一一日の三重の災害後に国民の九〇パーセントから得た、さらに好ましい、安定した支持では足りないのか？自衛隊は新たに正当性を獲得したが、それが憲法九条の改正や、自衛隊の名称および任務、アイデンティティの変更を実現するほどの政治的な支持につながるとは限らない。それどころか、冷戦期の安全保障の方針である専守防衛にもとづく自衛隊の防衛アイデンティティへの支持が、憲法改正および自衛隊を軍隊に変えようとする試みを妨げるかもしれない。それについては、時が経てばわかるだろう。

八原博道『沖縄決戦』読売新聞社 1972 年〔Roger Pineau and Matatoshi Uehara による英訳版；*The Battle of Okinawa.* New York: John Wiley & Sons, 1995〕
山田隆二『一老兵の回想』山田隆二 2005 年
山藤印刷株式会社編『北部方面隊 50 年のあゆみ写真集』山藤印刷株式会社 2004 年
山縣正明『沖縄における自衛隊常駐をめぐる年民意識の背景と沖縄自衛隊の果たす役割』修士論文、名桜大学院 2007 年
山本常朝『葉隠』〔William Scott Wilson による英訳版；*Hagakure: The Book of the Samurai.* Kodansha International, 1979〕
Yamanouchi Hisaaki. "Mishima and His Suicide." *Modern Asian Studies* 6, no. 1 (1972): 1–16.
横須賀市史編集委員会『横須賀市史』横須賀市庁 1957 年
読売新聞戦後史班編『「再軍備」の軌跡』読売新聞社 1981 年
Yoneyama, Takashi. "The Establishment of the ROK Armed Forces and the Japan Self-Defense Forces and the Activities of the US Military Advisory Groups to the ROK and Japan." *NIDS Security Studies*, no. 15 (December 2014): 69–98.
Yoshida, Kensei. *Democracy Betrayed: Okinawa under U.S. Occupation.* Bellingham: Western Washington University Center for East Asian Studies, 2002.
吉田律人「軍隊の『災害出動』制度の確立：大規模災害への対応と衛戍の変化から」史学雑誌 117 巻 10 号、2008 年 10 月、73-97
吉田茂『世界と日本』大島秀一（番長書房）1963 年
吉田茂『回想十年』中央公論社 1998 年〔Kenichi Yoshida による英訳版；*The Yoshida Memoirs: The Story of Japan in Crisis.* Boston: Houghton Miff lin, 1962〕
吉田裕『日本の軍隊』岩波新書 2002 年
行吉正一、米山純一『東京オリンピックと新幹線』青幻舎 2014 年
財団法人札幌オリンピック冬季大会組織委員会編『第 11 回オリンピック冬季大会公式報告書』財団法人札幌オリンピック冬季大会組織委員会、1972 年

杉田一次『忘れられている安全保障』時事通信社 1967 年
Saunavaara, Juha. "Postwar Development in Hokkaido: The U.S. Occupation Authorities' Local Government Reform in Japan." *Journal of American-East Asian Relations* 21 (2014): 134–55.
Tabata Ryōichi. "Rikujoˉ Jieitai no Orinpikku shien kōsoˉ." *Shūshin* 6, no. 9 (September 1963): 42–46.
平良良松『平良良松回顧録』沖縄タイムス 1987 年
田島直人『根性の記録』講談社 1964 年
高田清編『新聞集成：昭和史の証言』（全 26 巻）SBB 出版会 1991 年
高橋和宏「防衛大学校における米軍事顧問団の役割に関する実証研究」防衛大学校紀要 118、2019 年、19–34.
竹前栄治『GHQ』岩波書店〔Robert Ricketts と Sebastian Swann による英訳版；*The Allied Occupation of Japan*. London: Continuum, 2002〕
高嶋航『軍隊とスポーツの近代』青弓社 2015 年
田中宏巳「防衛大学校」、『新横須賀市史：別編 軍事』横須賀市 2012 年
田中孝昌「防衛庁の広報政策に関する一考察」政治・政策ダイアローグ 2004 年 1 月、79-86.
谷崎潤一郎『痴人の愛』〔Anthony H. Chambers による英訳版；*Naomi*. New York: Vintage International, 2001〕
谷田勇「サージャントK——北富士での日米偶発紛争」月刊朝雲第 22 巻、1985 年 10 月号、35–36.
Tiedemann, Arthur E. *Modern Japan: A Brief History*. Princeton, NJ: D. Van Nostrand, 1955.
轟孝夫「槇智雄 初代防衛大学校長の教育理念とその淵源：アーネスト・バーカーとの関係を中心に」防衛大学校紀要 97、2008 年、1–23.
時実雅信「軍旗祭」歴史群像 24 第 1 号 2015 年、18–21
Toland, John. *The Rising Sun: The Decline and Fall of the Japanese Empire, 1936–1945*. New York: Random House, 1970.〔ジョン・トーランド『大日本帝国の興亡 2（昇る太陽）』毎日新聞社 1971 年〕
冨澤暉「陸上自衛隊幹部の育ち方（その 1）」偕行 2002 年 8 月、1-5.
冨澤暉「陸上自衛隊幹部の育ち方（その 2）」偕行 2002 年 9 月、1–5.
Tomizawa, Roy. *1964—The Greatest Year in the History: How the Tokyo Olympics Symbolized Japan's Miraculous Rise from the Ashes*. Austin, TX: Lioncrest, 2019.〔ロイ・トミザワ『1964 ——日本が最高に輝いた年：敗戦から奇跡の復興を遂げた日本を映し出す東京オリンピック』文芸社 2020 年〕
Trefalt, Beatrice. *Japanese Army Stragglers and Memories of the War in Japan, 1950-1975*. London: RoutledgeCurzon, 2003.
辻政信『潜行三千里』毎日新聞社 1950 年〔Tsuji Masanobu. "Underground Escape." In *Ukiyo: Stories of "the Floating World" of Postwar Japan*, edited by Jay Gluck, third edition, 48–66. New York: Vanguard, 1963〕
Turner, Steve. *Beatles '66: The Revolutionary Year*. New York: Ecco, 2016.
内海和雄『戦後スポーツ体制の確立』不昧堂出版 1993 年
上田愛彦：インタビュー、防衛大学校総合図書館編集「防衛大学校オーラル・ヒストリー：1 期生」防衛省防衛大学校 2019 年
US Military Assistance Advisory Group—Japan. *A Decade of Defense in Japan*. Washington DC: Headquarters, Military Assistance Advisory Group, 1964.
Vogel, Ezra F. *Japan's New Middle Class*. Berkeley: University of California Press, 1963.〔エズラ・F・ボーゲル『日本の新中間階級：サラリーマンとその家族』誠信書房 1968 年〕
von Zimmer, Ernst-Heinrich. "Die Bundeswehr bei den XX. Olympischen Sommer- spielen 1972." *Wehrkunde* 20, no. 8 (1972): 402–6.
Wakefield, Wanda Ellen. *Playing to Win: Sports and the American Military, 1896–1945*. Albany: State University of New York Press, 1997.
Walker, Brett L. *The Conquest of Ainu Lands: Ecology and Culture in Japanese Expansion, 1590–1800*. Berkeley: University of California Press, 2001.〔ブレット・ウォーカー『蝦夷地の征服 1590-1800：日本の領土拡張に見る生態学と文化』北海道大学出版会 2007 年〕
Ward, Ian. *The Killer They Called God*. Singapore: Media Masters, 1992.
渡邉陽子『オリンピックと自衛隊』並木書房 2016 年
Weinstein, Martin E. *Japan's Postwar Defense Policy, 1947–1968*. New York: Columbia University Press, 1971.
Welfield, John. *An Empire in Eclipse: Japan in the Postwar American Alliance System*. London: Atlantic Highlands, 1988.
Weste, John L. "Staging a Comeback: Rearmament Planning and *kyugūnjin* in Occupied Japan, 1945–52." *Japan Forum* 11, no. 2 (1999): 165–78.
Willcock, Hiroko. "The Political Dissent of a Senior General: Tamogami Toshio's Nationalist Thought and a History Controversy." *Asian Politics & Policy* 3, no 1 (2011): 29–47.
Winter, J. M. "Oxford and the First World War." In *The History of the University of Oxford*, vol. 8: *The Twentieth Century*, edited by Brian Harrison. Oxford: Clarendon, 1994.

edited by Barbara Molony and Kathleen Uno, 61–98. Cam- bridge, MA: Harvard University Asia Center, 2005.

Rohlen, Thomas. "'Spiritual Education' in a Japanese Bank." *American Anthropologist* 75, no. 5 (October 1973): 1542–62.

Ruoff, Kenneth J. *Japan's Imperial House in the Postwar Era, 1945–2019*. Cambridge, MA: Harvard University Press, 2020.

Ruoff, Kenneth J. *The People's Emperor: Democracy and the Japanese Monarchy, 1945–1995*. Cambridge, MA: Harvard University Asia Center, 2001.〔ケネス・ルオフ『国民の天皇：戦後日本の民主主義と天皇制』共同通信社 2003 年〕

琉球新報編『世替わり裏面史：証言に見る沖縄復帰の記録』琉球新報社 1983 年

琉球新報社編『現代沖縄事典：復帰後全記録』琉球新報社 1992 年

佐道明弘『戦後政治と自衛隊』吉川弘文館 2006 年〔Sado Akihiro. *The Self-Defense Forces and Postwar Politics in Japan*. Tokyo: Japan Publishing Industry Foundation for Culture, 2017

Sakai, Robert K. "The Ryukyu (Liu-ch'iu) Islands as a Fief of Satsuma." In *The Chinese World Order: Traditional China's Foreign Policy*, edited by John King Fairbank, 112–34. Cambridge, MA: Harvard University Press, 1968.

Sakaki, Alexandra, Hann W. Maull, Kerstin Lukner, Ellis S. Krauss, and Thomas U. Berger. *Reluctant Warriors: Germany, Japan, and Their U.S. Alliance Dilemma*. Washington, DC: Brookings Institution Press, 2020.

Samuels, Richard J. *3.11*. Ithaca, NY: Cornell University Press, 2013〔リチャード・J・サミュエルズ『3.11：震災は日本を変えたのか』英治出版 2016 年〕.

Samuels, Richard J. *Securing Japan: Tokyo's Grand Strategy and the Future of East Asia*. Ithaca, NY: Cornell University Press, 2007.〔リチャード・J・サミュエルズ『日本防衛の大戦略：富国強兵からゴルディロックス・コンセンサスまで』日本経済新聞出版社 2009 年〕

産経新聞イラク取材班編『武士道の国からやってきた自衛隊：イラク人道復興支援の真実』産経新聞ニュースサービス 2004 年

札幌市経済界編『北海道大博覧会史：北海道グランドフェア』札幌市 1959 年

Sasaki Tomoyuki. *Japan's Postwar Military and Civil Society: Contesting a Better Life*. New York: Bloomsbury, 2017.

Satō, Fumika. "A Camouflaged Military: Japan's Self-Defense Forces and Globalized Gender Mainstreaming." *Asia-Pacific Journal*, August 28, 2021, 1–28.

佐藤文香『軍事組織とジェンダー：自衛隊の女性たち』慶應義塾大学出版会 2004 年

佐藤守男『警察予備隊と再軍備への道』芙蓉書房 2015 年

Schencking, J. Charles. "1923 Tokyo as a Devastated War and Occupation Zone: The Catastrophe One Confronted in Post Earthquake Japan." *Japanese Studies* 29, no. 1 (2009): 111–29.

Searle, Alaric. *Wehrmacht Generals, West German Society, and the Debate on Rearmament, 1949–1959*. Westport, CT: Praeger, 2003.

Sebald, William. *With MacArthur in Japan: A Personal History of the Occupation*. New York: W. W. Norton, 1965.〔W.J. シーボルト『日本占領外交の回想』朝日新聞社 1966 年〕

Seraphim, Franziska. *War Memory and Social Politics in Japan, 1945–2005*. Cambridge, MA: Harvard University Asia Center, 2006.

「社員教育は自衛隊で」日本 1916 年 9 月、208–9.

「社員教育引き受けます：射撃訓練から経営学まで」週刊朝日 1963 年 4 月 26 日、20–23.

Sherry, Michael S. *In the Shadow of War: The United States since the 1930s*. New Haven, CT: Yale University Press, 1995.

Shibusawa, Naoko. *America's Geisha Ally: Reimagining the Japanese Enemy*. Cambridge, MA: Harvard University Press, 2010.

新熊本市史編集委員会『新熊本市史：通史編　第 9 巻・現代 II』熊本市 2000 年

「新入社員教育訓練制度の注目すべき実施例：自衛隊への入隊訓練で成果をあげている三豊製作所」労政時報 2, 11 号 (1967 年 2 月) 2–11

Smethurst, Richard. *A Social Basis for Prewar Japanese Militarism: The Army and the Rural Community*. Berkeley: University of California Press, 1974.

Smith, Sheila. *Japan Rearmed: The Politics of Military Power*. Cambridge, MA: Harvard University Press, 2019.

Soffer, Reba N. *Discipline and Power: The University, History, and the Making of an English Elite, 1870–1930*. Stanford, CA: Stanford University Press, 1994.

総理府統計局『日本の人口：昭和 30 年国勢調査の解説』日本統計協会 1960 年

Staff of the *Asahi Shinbun*. *The Pacific Rivals: A Japanese View of Japanese-American Relations*. New York: Weatherhill, 1972.

Stapleton, Julia. *Englishness and the Study of Politics: The Social and Political Thought of Ernest Barker*. Cambridge: Cambridge University Press, 1994.

須藤遙子『自衛隊協力映画：「今日もわれ大空にあり」から「名探偵コナン」まで』大月書店 2013 年

Japan (July 1950–April 1952). 2 vols. Washington, DC: Office of Military History, 1955.
小熊英二『〈日本人〉の境界：沖縄・アイヌ・台湾・朝鮮植民地支配から復帰運動まで』新曜社 1998 年〔Leonie R. Stickland による英訳版；*The Boundaries of "the Japanese"*, vol. 1: *Okinawa 1818–1972—Inclusion and Exclusion*. Melbourne, Australia: Trans Pacific, 2014〕
沖縄防衛協会編『創立 30 周年記念誌』沖縄防衛協会 2002 年
沖縄県教育文化資料センター・平和教育委員会編『平和教育の実践集I：沖縄戦と基地の学習を深めるために』沖縄県教育文化資料センター 1983 年
沖縄県教職員組合編『沖縄の平和教育：特設授業を中心とした実践例』沖縄県教職員組合 1978 年
沖縄県教職員組合編『これが日本軍だ：沖縄戦における残虐行為』第 6 版沖縄県教職員組合 1972 年
沖縄タイムス編『沖縄年鑑』沖縄タイムス社 1980 年
沖縄タイムス社編『鉄の暴風：現地人による沖縄戦記』朝日新聞社 1950 年
大小田八尋『北の大地を守りて 50 年：戦後日本の北方重視戦略』かや書房 2005 年
Olechnowicz, Andrzej. "Liberal Anti-Fascism in the 1930s: The Case of Sir Ernest Barker." *Albion* 36, no. 4 (2005): 636–60.
扇谷正造『サラリーマンのド根性』グラフ社 1964 年
Orbach, Danny. *Curse on this Country: The Rebellious Army of Imperial Japan*. Ithaca, NY: Cornell University Press, 2017.〔ダニ・オルバフ『暴走する日本軍兵士：帝国を崩壊させた明治維新の「バグ」』朝日新聞出版 2019 年〕
Organizing Committee of the Games of the XVII Olympiad. *The Games of the XVII Olympiad: Rome 1960*. Rome: Organizing Committee of the Games of the XVII Olympiad, 1960.
Organizing Committee of the Games of the XVIII Olympiad. *Games of the XVIII Olympiad Tokyo 1964*. 2 vols. Tokyo: Organizing Committee of the Games of the XVIII Olympiad, 1964.
大城将保『沖縄戦の真実と歪曲』高文研 2007 年
Ota, Fumio. "Japanese Warfare Ethics." In *Routledge Handbook of Military Ethics*, edited by George Lucas, 163–69. New York: Routledge, 2015.
大田昌秀『醜い日本人：日本の沖縄意識』サイマル出版会 1969 年
Ōta Masahide. *This Was the Battle of Okinawa*. Haebaru, Japan: Naha, 1981.
Ōta Masahide. "War Memories Die Hard in Okinawa." *Japan Quarterly*, January 1988, 11–13.
大田昌秀、宮城悦二郎、保坂広志『復帰後における沖縄住民の意識の変容』琉球大学法文学部社会学科広報学研究室 1984 年
大嶽秀夫編『戦後日本防衛問題資料集』第 1 巻（全 3 巻）三一書房 1991 年
Otomo, Rie. "Narratives, the Body and the 1964 Tokyo Olympics." *Asian Studies Review* 31, no. 1 (June 2007): 117–32.
大宅壮一「殆ど天皇制には傍観的」週間サンケイ 1954 年 1 月 17 日、7–8
大宅壮一、宮城音彌「保安大学に入学した動機」週間サンケイ 1954 年 1 月 17 日、4-7.
Packard, George R., III. *Protest in Tokyo: The Security Treaty Crisis of 1960*. Princeton, NJ: Princeton University Press, 1966.
Patalano, Alessio. *Post-War Japan as a Sea Power: Imperial Legacy, Wartime Experience and the Making of a Navy*. London: Bloomsbury, 2015.〔アレッシオ・パタラーノ『シー・パワーとしての戦後日本：帝国の遺産と戦争の経験と海軍の建設』国際日本文化研究センター 2017 年〕
Pennington, Lee K. "Wives for the Wounded: Marriage Mediation for Japanese Disabled Veterans during World War II." *Journal of Social History* 53, no. 3 (2020): 667–97.
Pinker, Steven. *The Better Angels of Our Nature: Why Violence Has Declined*. New York: Viking, 2011.〔スティーヴン・ピンカー『暴力の人類史』（上下）青土社、2015 年〕
Poiger, Uta G. "A New, 'Western' Hero? Reconstructing German Masculinity in the 1950s." *Signs: Journal of Women in Culture and Society* 24, no. 1 (1998): 147–62.
Pyle, Kenneth B. *Japan Rising: The Resurgence of Japanese Power and Purpose*. New York: Public Affairs, 2007.
Rabson, Steve. Introduction to *Okinawa: Two Postwar Novellas*, by Ōshiro Tatsuhiro and Higashi Mineo. Berkeley: Institute of East Asian Studies, University of California, 1989.
Rasmussen, Anne. "Mobilizing Minds." In *The Cambridge History of the First World War: Civil Society*, edited by Jay Winter, vol. 3. Cambridge: Cambridge Univer- sity Press, 2014.
防衛庁陸上幕僚監部編『警察予備隊総隊史』防衛庁陸上幕僚監部 1958 年
Roden, Donald T. *Schooldays in Imperial Japan: A Study in the Culture of a Student Elite*. Berkeley: University of California Press, 1980.〔ドナルド・T・ローデン『友の憂いに吾は泣く：旧制高等学校物語』（上下）講談社 1983 年〕
Roden, Donald T. "Thoughts on the Early Meiji Gentleman." In *Gendering Modern Japanese History*,

三島正『ニッポンの『兵士』たち』時事画報社 2007 年
三島由紀夫「現代少年の矛盾を反映」週刊朝日 1953 年 7 月 26 日 5–7.
三島由紀夫『三島由紀夫全集』(全 35 巻) 新潮社 1973–76 年
三島由紀夫『憂國』〔Geoffrey W. Sargent による英訳版;*Patriotism.*New York: New Directions, 1966〕
三島由紀夫『太陽と鉄』〔John Bester による英訳版;*Sun and Steel.* London: Martin Secker & Warburg, 1971〕
三島由紀夫『葉隠入門』〔Kathryn Sparling による英訳版;*The Way of the Samurai: Yukio Mishima on "Hagakure" in Modern Life*. New York: Basic Books,〔1967〕1977〕
宮城音彌「再軍備を超越」週刊サンケイ、1954 年 1 月 17 日、8–9。
水上徹「モーレツ社員の意味と背景」月刊労働問題 136 (1969 年): 12–17.
Moeller, Robert G. *War Stories: The Search for a Usable Past in the Federal Republic of Germany*. Berkeley: University of California Press, 2001.
Molasky, Michael S. *The American Occupation of Japan and Okinawa: Literature and Memory*. London: Routledge, 1990〔マイク・モラスキー『占領の記憶 記憶の占領:戦後沖縄・日本とアメリカ』青土社 2006 年、岩波書店 2018 年〕
Morris, Ivan. *Nationalism and the Right Wing in Japan: A Study of Post-War Trends.* Oxford: Oxford University Press, 1960.
Morris-Suzuki, Tessa. "A Fire on the Other Shore? Japan and the Korean War Order." In *The Korean War in Asia: A Hidden History*, edited by Tessa Morris-Suzuki, 7–38. Lanham, MD: Rowman & Littlefield, 2018.
Moskos, Charles C. "Toward a Postmodern Military: The United States as a Paradigm." In *The Postmodern Military: Armed Forces after the Cold War*, edited by Charles C. Moskos, John Allen Williams, and David R. Segal, 14–31. New York: Oxford University Press, 2000.
本明寛『根性—日本人のバイタリティー』ダイヤモンド社 1964 年
Mulloy, Garren. *Defenders of Japan: The Post-Imperial Armed Forces 1964–2016*. London:Hurts, 2021.
村上兵衛「金メダル級の華麗なる集団」サンデー毎日 1964 年 11 月、100–3
Murakami, Tomoaki. "The GSDF and Disaster Relief Dispatches." In *The Japanese Ground Self-Defense Force: Search for Legitimacy*, edited by Robert D. Eldridge and Paul Midford, 265–96. New York: Palgrave Macmillan, 2017.
永野節雄『自衛隊はどのようにして生まれたか』学習研究社 2003 年
内閣総理大臣官房広報室「自衛隊に関する世論調査」内閣総理大臣官房広報室 1963 年
内閣総理大臣官房広報室「自衛隊の広報および防衛問題に関する世論調査」内閣総理大臣官房広報室 1966 年
中森鎮雄『防衛大学校の真実』経済界 2004 年
中村江里「日本陸軍における男性性の構築:男性の「恐怖心」をめぐる解釈を軸に」、木本喜美子・貴堂嘉之編集代表『ジェンダーと社会:男性史・陸軍・セクシュアリティー』旬報社 2010 年、第 7 章 179-90.
中野良「大正期日本軍の軍事演習:地域社会との関係を中心に」史学雑誌第 114 編第 4 号 (2005 年 4 月)53–74
中曾根康弘『政治と人生—中曾根康弘回想録』講談社 1992 年〔Lesley Connors による英訳版;*The Making of the New Japan: Reclaiming the Political Mainstream.* Richmond, UK: Curzon, 1999〕
成田千尋「沖縄返還と自衛隊配備」同時代史研究 10 (2017 年) 37-53
Nathan, John. *Mishima: A Biography*. New York: Little, Brown, 1974.〔ジョン・ネイスン『三島由紀夫:ある評伝』新潮社 2000 年〕
名寄市史編さん委員会『新名寄市史』(全 3 巻) 2000 年
NHK世論調査所編『図説:戦後世論史』NHKブックス 1975 年
西原正「防大創設期の米軍人顧問たち:創立五十周年を迎えた防大を振り返る」『小原台』第 83 号、2003 年、84 – 95.
能川泰治「軍都金沢における陸軍記念日祝賀行事についての覚書」地方史研究第 63 巻第 4 号 (2013 年 8 月)49–52.
Norman, Michael, and Elizabeth M. Norman. *Tears in the Darkness: The Story of the Bataan Death March and Its Aftermath*. New York: Farrar, Straus and Giroux, 2009.〔マイケル・ノーマン、エリザベス・M・ノーマン『バターン死の行進』河出書房新社 2011 年〕
Obermiller, David Tobaru [John]. "The United States Military Occupation of Okinawa: Politicizing and Contesting Okinawan Identity, 1945–1955." PhD dissertation, University of Iowa, 2006.
Obermiller, David Tobaru [John]. "Dreaming Ryūkyu¯: Shifting and Contesting Identities in Okinawa." In *Japan since 1945: From Postwar to Post-Bubble*, edited by Christopher Gerties and Timothy S. George, 69–88. London: Bloomsbury, 2013.
Office of Military History, Officer Headquarters, United States Army Forces East Asia and Eighth United States Army, ed., *History of the National Police Reserve of*

葛原和三「朝鮮戦争と警察予備隊——米極東軍が日本の防衛力形成に及ぼした影響について」防衛研究所紀要第 8 巻第 3 号 2006 年 3 月

Large, David Clay. *Germans to the Front: West German Rearmament in the Adenauer Era*. Chapel Hill: University of North Carolina Press, 1996.

Large, David Clay. *Nazi Games: The Olympics of 1936*. New York: W. W. Norton, 2007.〔デイヴィッド・クレイ・ラージ『ベルリン・オリンピック 1936 ナチの競技』白水社 2008 年〕

Lifton, Robert Jay, Shūichi Katō, and Michael R. Reich. *Six Lives, Six Deaths: Portraits from Modern Japan*. New Haven, CT: Yale University Press, 1979.〔R・J・リフトン、加藤周一、M・ライシュ『日本人の死生観』岩波書店 1977 年〕

Lockenour, Jay. *Soldiers as Citizens: Former Wehrmacht Officers in the Federal Republic of Germany, 1945–1955*. Lincoln: University of Nebraska Press, 2001.

Lone, Stewart. *Provincial Life and the Military in Imperial Japan: The Phantom Samurai*.London: Routledge, 2009.

Loo, Tze May. *Heritage Politics: Shuri Castle and Okinawa's Incorporation into Modern Japan, 1879–2000*. Lanham, MD: Lexington, 2014.

Lutz, Catherine. *Homefront: A Military City and the American Twentieth Century*. Boston: Beacon, 2001.

前田哲男『自衛隊は何をしてきたのか?』筑摩書房 1990 年

前川清「槇先生と井上成美海軍大将」防大同窓会誌 1969 年 183–91.

槇記念室設置等検討委員会『槇記念室図録：建学の精神　自主自律　初代学校長槇智雄の時代』防衛大学校 2008 年

槇智雄『米・英・仏　士官学校歴訪の旅』甲陽書房 1969 年

槇智雄『防衛の務め：自衛隊の精神的拠点』中央公論新社 2004 年

Martin, Michel L. *Warriors to Managers: The French Military Establishment since 1945*. Chapel Hill: University of North Carolina Press, 1981.

Masao Miyoshi. Introduction to *Two Novels: Seventeen, J*, by Kenzaburō Ōe, translated by Luk Van Haute, v–xvii. New York: Blue Moon, 1996.

Masland, John W., and Laurence I. Radway. *Soldiers and Scholars: Military Education and National Policy*. Princeton, NJ: Princeton University Press, 1957.

Mason, Michelle E. *Dominant Narratives of Colonial Hokkaido and Imperial Japan: Envisioning the Periphery and the Modern Nation-State*. New York: Palgrave Macmillan, 2012.

Mason, Tony, and Eliza Riedi. *Sport and the Military: The British Armed Forces, 1880–1960*. Cambridge: Cambridge University Press, 2010.

Masuda, Hajimu. "Fear of World War III: Social Politics of Japan's Rearmament and Peace Movements, 1950–3." *Journal of Contemporary History* 47, no. 3 (2012): 551–71.

増田弘『自衛隊の誕生：日本の再軍備とアメリカ』中央公論新社 2004 年

升味準之輔『現代政治—1955 年以後』東京大学出版 1985 年

Matsueda, Tsukasa, and George Moore. "Japan's Shifting Attitudes toward the Military." *Asian Survey* 7, no. 9 (1967): 614–25.

松下孝昭『軍隊を誘致せよ：陸海軍と都市形成』吉川弘文館 2013 年

McClain, James L. *Japan: A Modern History*. New York: W. W. Norton, 2002.

McCormack, Gavan. *Client State: Japan in the American Embrace*. New York: Verso, 2007.〔ガバン・マコーマック『属国：米国の抱擁とアジアでの独立』凱風社 2008 年〕

McCormack, Gavan, and Satoko Oka Norimatsu. *Resistant Islands: Okinawa Confronts Japan and the United States*. Lanham, MD: Rowman & Littlefield, 2012.〔ガバン・マコーマック『沖縄の〈怒〉：日米への抵抗』法律文化社 2013 年〕

Midford, Paul. "The GSDF's Quest for Public Acceptance and the 'Allergy' Myth." In *The Japanese Ground Self-Defense Force: Search for Legitimacy*, edited by Robert D. Eldridge and Paul Midford, 297–345. New York: Palgrave Macmillan, 2017.

Midford, Paul. "The Logic of Reassurance and Japan's Grand Strategy." *Security Studies* 11, no. 3 (Spring 2002): 1–43.

Midford, Paul. *Rethinking Japanese Public Opinion and Security: From Pacifism to Realism?* Stanford, CA: Stanford University Press, 2011.

Mikanagi, Yumiko. *Masculinity and Japan's Foreign Relations*. Boulder, CO: First Forum, 2011.

比嘉幹郎「沖縄の復帰運動」(I)、琉大法学 17 号、1975 年 11 月、147–74.

比嘉幹郎『沖縄：政治と政党』中央公論社 1965 年〔Mikio Higa. *Politics and Parties in Postwar Okinawa*. Vancouver: University of British Columbia Press, 1963〕

Miller, Jennifer M. *Cold War Democracy: The United States and Japan*. Cambridge, MA: Harvard University Press, 2019.

Ministry of Defense. *Defense of Japan 2010*. Tokyo: Erklaren, 2010.

Development on Japan's Northern Island. Jefferson, NC: McFarland, 2009.
Ishibashi, Natsuyo. "Different Forces in One: The Origin and Development of Organizational Cultures in the Japanese Ground and Maritime Self-Defense Forces, 1950–Present." *Japan Forum* 28, no. 2 (2016): 155–75.
石嶺邦夫『架け橋』石嶺邦夫 1987 年
Janowitz, Morris. *The Professional Soldier: A Social and Political Portrait*. New York: Free Press, 1960.
防衛庁「自衛官の心がまえ」(日付なし) 著者所蔵の文書
Jaundrill, D. Colin. *Samurai to Soldier: Remaking Military Service in Nineteenth-Century Japan*. Ithaca, NY: Cornell University Press, 2016.
Jeffords, Susan. *The Remasculinization of America: Gender and the Vietnam War*. Bloomington: Indiana University Press, 1989.
自衛隊沖縄地方連絡部創立 20 年記念行事実行委員会編『沖縄地連 20 年史』沖縄地方連絡部 1992 年
香川芳明「警察予備隊事始め」、士長会著／西田博編『警察予備隊の回顧：自衛隊の夜明け』新風舎 2003 年収録
「カメラ 保安大学校に入る」アサヒグラフ 1953 年 6 月 3 日、4-5.
神山誠『日本の根性：松下幸之助の人間と考え方』南北社 1964 年
金親堅太郎「雪まつり」旬刊読売 1952 年 3 月 21 日、34-35
Kapur, Nick. *Japan at the Crossroads: Conf lict and Compromise after Anpo*. Cambridge, MA: Harvard University Press, 2018.
Karlin, Jason G. *Gender and Nation in Meiji Japan*. Honolulu: University of Hawai'i Press, 2014.
Karlin, Jason G. "The Gender of Nationalism: Competing Masculinities in Meiji Japan." *Journal of Japanese Studies* 28, no. 1 (Winter 2002): 41–77.
加藤陽三『私録・自衛隊史：警察予備隊から今日まで』〈月刊政策〉政治月報社 1979 年
Katzenstein, Peter J. *Cultural Norms and National Security: Police and Military in Postwar Japan*. Ithaca, NY: Cornell University Press, 1996.〔ピーター・カッツェンスタイン『文化と国防：戦後日本の警察と軍隊』日本経済評論社 2007 年〕
Katzenstein, Peter J., and Nobuo Okawara. *Japan's National Security: Structures, Norms and Policy Reponses in a Changing World*. Ithaca, NY: Cornell East Asia Program, 1993.
Kawano, Hitoshi. "A Comparative Study of Combat Organizations: Japan and the United States during World War II." PhD dissertation, Northwestern University, 1996.
Kawano, Hitoshi. "The Expanding Role of Sociology at Japan National Defense Academy." *Armed Forces & Society* 35, no. 1 (October 2008): 122–44.
慶應義塾史事典編集委員会『慶應義塾史事典』慶応義塾 2008 年
Kennedy, M. D. *The Military Side of Japanese Life*. Boston: Houghton Miff lin, 1923.
Kerr, George H. *Okinawa: The History of an Island People*. Tokyo: Tuttle,［1958］2000.〔ジョージ・H・カー『沖縄：島人の歴史』勉誠出版 2014 年〕
吉次俊秀、波多野元二「体験入隊と人作り」経営者 20, no. 6 (1966 年 6 月)48
Kim, Taeju. "The Moral Realism of the Postwar Intellectuals." PhD dissertation, University of Chicago, 2018.
金城和彦『愛と鮮血の記録』全貌社 1966 年
金城和彦『ひめゆり部隊のさいご』偕成社 1966 年
金城和彦『沖縄戦の学徒隊—愛と鮮血の記録』日本図書センター 1992 年
金城和彦、小原正雄『みんなみの巌のはてに』光文社 1959 年
Kinoshita, Hanji. "Echoes of Militarism in Japan." *Pacific Affairs* 26, no. 3 (September 1953): 244–51.
小林朴「米国陸軍士官学校」警察予備隊資料集 3、1952 年3月、1-7
Koji Taira. "Troubled National Identity: The Ryukyuans/Okinawans." In *Japan's Minorities: The Illusion of Homogeneity*, edited by Michael Weiner, 140–77. London: Routledge, 1997.
國場組社史編纂委員会『國場組社史：創立 50 周年記念』國場組 1984 年
小西誠『反戦自衛官：権力を揺るがす青年空曹の造反』社会批評社 2018 年
Kowalski, Frank. *An Inoffensive Rearmament: The Making of the Postwar Japanese Army*. Edited by Robert D. Eldridge. Annapolis, MD: Naval Institute Press, 2013.
小山高司『沖縄の施政権返還にともなう沖縄への自衛隊配備をめぐる動き』防衛研究所紀要第 20 巻第 1 号 (2017 年 12 月) 115-57
久保井正行『東広島から北広島へ：八十年の回想』弘文社 2004 年
Kusunoki, Ayako. "The Early Years of the Ground Self-Defense Forces, 1945–1960." In *The Japanese Ground Self-Defense Force: Search for Legitimacy*, edited by Robert D. Eldridge and Paul Midford, 59–131. New York: Palgrave Macmillan, 2017.
桑江良逢『幾山河』原書房 1982 年

89–103. Lanham, MD: Lex- ington, 2015.
Geyer, Michael. "The Militarization of Europe, 1914–1945." In *The Militarization of the Western World*, edited by John Gillis, 65–102. New Brunswick, NJ: Rutgers University Press, 1989.
Gibney, Frank. "The View from Japan." *Foreign Affairs* 50, no. 10 (October 1971): 97–111.
宜保幸男編『おきなわと平和教育：特設授業の記録』沖縄県教育文化資料センター 1979 年
防衛大学校五十年史編纂事業委員会編『防衛大学校五十年史』防衛大学校 2004 年
Gordon, Andrew. *A Modern History of Japan: From Tokugawa Times to the Present*. Third edition. Oxford: Oxford University Press, 2014.〔アンドルー・ゴードン『日本の 200 年—徳川時代から現代まで』みすず書房 2006 年〕
Gove, Phillip Babcock, ed. *Webster's Third New International Dictionary of the English Language*, unabridged. New York: Merriam-Webster, 2002.
Grandstaff, Mark R. "Making the Military American: Advertising, Reform, and the Demise of an Antistanding Military Tradition, 1945–1955." *Journal of Military History* 60, no. 2 (April 1996): 299–324.
Guillain, Robert. "The Resurgence of Military Elements in Japan." *Pacific Affairs* 25, no. 3 (September 1952): 211–25.
Guthrie-Shimizu, Sayuri. *Transpacific Field of Dreams: How Baseball Linked the United States and Japan in Peace and War*. Chapel Hill: University of North Carolina Press, 2012.
半村良『戦国自衛隊』角川書店 2000 年
原秀樹「オリンピックと自衛隊」文化評論 27(1964 年 1 月)、148-51。
橋本克彦『オリンピックに奪われた命——円谷幸吉、三十年目の新証言』小学館 1999 年
橋本一夫『日本スポーツ放送史』大修館書店 1992 年
波多野澄雄と佐藤晋『アジアモデルとしての「吉田ドクトリン」』軍事史学 156 号（2004 年 3 月）:4-20
Hauser, William L. *America's Army in Crisis: A Study in Civil-Military Relations*. Baltimore: Johns Hopkins University Press, 1973.
Havens, Thomas. *Fire across the Sea: The Vietnam War and Japan 1965–1975*. Princeton, NJ: Princeton University Press, 1987.〔トーマス・R・H・ヘイブンズ『海の向こうの火事：ベトナム戦争と日本 1965 – 1975』筑摩書房 1990 年〕
Havens, Thomas. *Marathon Japan: Distance Racing and Civic Culture*. Honolulu: University of Hawai'i Press, 2015.
Hayashi, Hirofumi. "Massacre of Chinese in Singapore and Its Coverage in Postwar Japan." In *New Perspectives on the Japanese Occupation in Malaya and Singapore, 1941–1945*, edited by Akashi Yoji and Yoshimura Mako, 234–49. Singapore: NUS Press, 2008.
Hein, Laura, and Mark Selden. "Culture, Power, and Identity in Contemporary Okinawa." In *Islands of Discontent: Okinawan Responses to Japanese and American Power*, edited by Laura Hein and Mark Selden, 1–38. Lanham, MD: Rowman & Littlefield, 2003.
Hertrich, André. "War Memory, Local History, Gender: Self-Representation in Exhibitions of the Ground Self-Defense Force." In *Local History and War Memories in Hokkaido*, edited by Philip A. Seaton, 179–97. London: Routledge, 2016.
平野友彦「第七師団と旭川」、山本和重編『北の軍隊と軍都』吉川弘文館 2105 年、44-78
広田照幸『陸軍将校の教育社会史：立身出世と天皇制』世織書房 1997 年
北毎 45 周年記念誌編集委員会編『北毎、われらが時代：半世紀の軌跡』毎日新聞社・北海道支社 2004 年
北部方面総監部第一部広報班と入倉正造編『北海道と自衛隊』菅秀男 1963 年
Humphreys, Leonard A. "The Japanese Military Tradition." In *The Modern Japanese Military System*, edited by James H. Buck, 21–40. Beverly Hills, CA: Sage, 1975.
Humphreys, Leonard A. *The Way of the Heavenly Sword: The Japanese Army in the 1920's*. Stanford, CA: Stanford University Press, 1995.
Hunter-Chester, David. *Creating Japan's Ground Self-Defense Force: A Sword Well Made*. Lanham, MD: Lexington, 2016.
五十嵐惠邦『敗戦の記憶：身体・文化・物語 1945-1970』中央公論新社 2007 年
五十嵐惠邦『敗戦と戦後のあいだで：遅れて帰りし者たち』筑摩書房 2012 年
池田潔『自由と規律　イギリスの学校生活』岩波書店 1949 年
池田幸太郎『私の回想録』池田光蔚 1990 年
Ikeda, Kyle. *Okinawan War Memory: Transgenerational Trauma and the War Fiction of Medoruma Shun*. London: Routledge, 2014.
猪木正道『私の 20 世紀 猪木正道回顧録』世界思想社 2000 年
猪瀬直樹『ペルソナ：三島由紀夫伝』文藝春秋〔Hiroaki Sato による英訳版 *Persona:A Biography of Yukio Mishima* (Berke ley, CA: Stone, 2012)〕
五百旗頭真『日本は衰退するのか』筑摩書房 2014 年
Irish, Ann. *Hokkaido: A History of Ethnic Transition and*

1853–1945. Lawrence: Univer- sity Press of Kansas, 2009.
Drea, Edward J. "Officer Education in Japan." *Military Review*, September 1980, 31–39.
Droubie, Paul. "Playing the Nation: 1964 Tokyo Olympics and Japanese Identity." PhD dissertation, University of Illinois Urbana-Champaign, 2009.
Eckert, Carter. *Park Chung Hee and Modern Korea: The Roots of Militarism, 1866–1945*. Cambridge, MA: Belknap Press of Harvard University Press, 2016.
Egami, Takayoshi. "Politics in Okinawa since the Reversion of Sovereignty." *Asian Survey* 34, no. 9 (September 1994): 828–40.
Ekirch, Arthur A., Jr. *The Civilian and the Military: A History of the American Antimilitarist Tradition*. Oakland, CA: Independent Institute, 2010.
Eldridge, Robert D. "The GSDF during the Cold War Years, 1960–1989." In *The Japanese Ground Self-Defense Force: Search for Legitimacy*, edited by Robert D. Eldridge and Paul Midford, 133–81. New York: Palgrave Macmillan, 2017.
Eldridge, Robert D. "Organization and Structure of the Contemporary Ground Self- Defense Force." In *The Japanese Ground Self-Defense Force: Search for Legitimacy*, edited by Robert D. Eldridge and Paul Midford, 19–55. New York: Palgrave Macmillan, 2017.
Eldridge, Robert D., and Paul Midford. Introduction to *The Japanese Ground Self- Defense Force*, edited by Robert D. Eldridge and Paul Midford, 3–17. New York: Palgrave Macmillan, 2017.
Ellison, Ralph. *Invisible Man*. New York: Random House, 1952.〔ラルフ・エリソン『見えない人間』(上下) 白水社 2020 年〕
Emmerson, John K. *Arms, Yen and Power: The Japanese Dilemma*. New York: Dunellen, 1971.〔ジョン・K・エマソン『日本のジレンマ』時事通信社 1972 年〕
Enloe, Cynthia. *Maneuvers: The International Politics of Militarizing Women's Lives*. Berkeley: University of California Press, 2000.〔シンシア・エンロー『策略：女性を軍事化する国際政治』岩波書店 2006 年〕
「江田島で社員教育」アサヒグラフ 1963 年 4 月 19 日、19–23
Eto¯ Jun. "The Breakdown of Motherhood Is Wrecking Our Children." *Japan Echo* 11, no. 4 (1979): 102–9.
江藤淳「〝母〟の崩壊が子供をダメにした」現代 1979 年 8 月 222–31。
Evans, David C., and Mark R. Peattie. *Kaigun: Strategy, Tactics, and Technology in the Imperial Japanese Navy, 1887–1941*. Annapolis, MD: Naval Institute Press, 1997.
Fedman, David. "Mounting Modernization: Itakura Katsunobu, the Hokkaido Uni- versity Alpine Club and Mountaineering in Pre-War Hokkaido." *Asia-Pacific Journal*, October 19, 2009, 1–18.
Fedman, David. *Seeds of Control: Japan's Empire of Forestry in Colonial Korea*. Seattle: University of Washington Press, 2020.
Field, Norma. *In the Realm of a Dying Emperor: Japan at Century's End*. New York: Vintage, 1993.〔ノーマ・フィールド『天皇の逝く国で』みすず書房 1994 年、増補版 2011 年〕
Figal, Gerald. *Beachheads: War, Peace, and Tourism in Postwar Okinawa*. Lanham, MD: Rowman & Littlefield, 2012.
Finn, Richard B. *Winners in Peace: MacArthur, Yoshida and Postwar Japan*. Berkeley: University of California Press, 1992.〔リチャード・B・フィン『マッカーサーと吉田茂』角川書店 1995 年〕
Flanagan, Damian. *Yukio Mishima*. London: Reaktion, 2014.
Fleming, Bruce. *Bridging the Military-Civilian Divide: What Each Side Must Know about the Other, and about Itself*. Washington DC: Potomac, 2010.
French, Thomas. *National Police Reserve: The Origin of Japan's Self Defense Forces*. Leiden, The Netherlands: Brill, 2014.
Frühstück, Sabine. "After Heroism: Must Real Soldiers Die?" In *Recreating Japanese Men*, edited by Sabine Frühstück and Anne Walthall, 91–111. Berkeley: University of California Press, 2011.
Frühstück, Sabine. *Uneasy Warriors: Gender, Memory, and Popular Culture in the Japanese Army*. Berkeley: University of California Press, 2007.〔サビーネ・フリューシュトゥック『不安な兵士たち：ニッポン自衛隊研究』原書房 2008 年〕
Frühstück, Sabine, and Eyal Ben-Ari. "'Now We Show It All!' Normalization and the Management of Violence in Japan's Armed Forces." *Journal of Japanese Studies* 28, no. 1 (Winter 2002): 1–39
藤原彰『日本近代史の虚像と実像』大月書店 1989 年
福地廣昭「沖縄の日本復帰」週刊金曜日 2006 年 5 月 12 日
福本博史「変わったぞ！：企業研修」朝日ジャーナル 1986 年 7 月 4 日
船橋洋一「世界中の青空を集めた」Foresight(フォーサイト) 2000 年 1 月号
Galanti, Sigal Ben-Rafael. "Japan's Remilitarization Debate and the Projection of Democracy." In *Japan's Multilayered Democracy*, edited by Sigal Ben-Rafael Galanti, Nissim Otmazgin, and Alon Levkowitz,

史』大蔵省 1961 年
防衛省防衛研究所戦史部編「石津節正オーラル・ヒストリー」防衛省防衛研究所 2014 年
防衛省防衛研究所戦史部編「中村龍平オーラル・ヒストリー」防衛省防衛研究所 2008 年
防衛省防衛研究所戦史部編「西元徹也オーラル・ヒストリー：元統合幕僚会議長」防衛省防衛研究所 2010 年
防衛省防衛研究所戦史部編「オーラル・ヒストリー：冷戦期の防衛力整備と同盟政策 1」防衛省防衛研究所 2012 年
防衛省防衛研究所戦史部編「オーラル・ヒストリー：冷戦期の防衛力整備と同盟政策 2」防衛省防衛研究所 2013 年
防衛省防衛研究所戦史部編「佐久間一オーラル・ヒストリー、元統合幕僚会議長」上巻、防衛省防衛研究所 2007 年
防衛省防衛研究所戦史部編「鈴木昭雄オーラル・ヒストリー、元航空幕僚長」防衛省防衛研究所 2011 年
防衛省防衛研究所戦史部編「内海倫オーラル・ヒストリー：警察予備隊・保安丁時代」防衛省防衛研究所 2008 年
防衛省防衛研究所戦史部編「吉川圭祐オーラル・ヒストリー：元大湊地方総監」防衛省防衛研究所 2014 年
Boyle, John Hunter. *Modern Japan: The American Nexus*. Orlando, FL: Harcourt Brace Jovanovich, 1993.
Brendle, Thomas M. "Recruitment and Training in the SDF." In *The Modern Japanese Military System*, edited by James H. Buck, 67–98. Beverly Hills, CA: Sage, 1975.
Buck, James H. "The Japanese Self-Defense Forces." *Asian Survey* 7 (1967): 597–613.
Buck, James H. Notes on the Contributors to *The Modern Japanese Military System*, edited by James H. Buck, 251–53. Beverly Hills, CA: Sage, 1975.
Bunbongkarn, Suchit. "The Thai Military and Its Role in Society in the 1990s." In *The Military, the State, and Development in Asia and the Pacific*, edited by Viberto Selochan, 67–81. Boulder, CO: Westview, 1991.
Chaloemtiarana, Thak. *Thailand: The Politics of Despotic Paternalism*. Ithaca, NY: Cor- nell University Press, 2007.
Chatani, Sakaya. *Nation-Empire: Ideology and Rural Youth Mobilization in Japan and Its Colonies*. Ithaca, NY: Cornell University Press, 2018.
知花昌一『焼きすてられた日の丸：基地の島沖縄読谷村から』社会評論社 1996 年
千歳市史編さん委員会編『千歳市史』千歳市 1983 年
Christy, Alan S. "The Making of Imperial Subjects in Okinawa." *Positions: East Asia Cultures Critique* 1, no. 3 (Winter 1993): 607–39.
Congressional Quarterly Service. *Global Defense: U.S. Military Commitments Abroad*. Washington, DC: Congressional Quarterly Service, 1969.
Cook, Haruko Taya, and Theodore F. Cook. *Japan at War: An Oral History*. New York: New Press, 1992.
Cook, Theodore F. "The Japanese Officer Corps: The Making of a Military Elite, 1872–1945." PhD dissertation, Princeton University, 1987.
Cortazzi, Hugh, ed. *The Growing Power of Japan, 1967–1972: Analysis and Assessments from John Pilcher and the British Embassy, Tokyo*. Folkestone, UK: Renaissance, 2015.
Corum, James S. "Adenauer, Amt Blank, and the Founding of the Bundeswehr 1950–1956." In *Rearming Germany*, edited by James S. Corum, 29–52. Leiden, The Netherlands: Brill, 2011.
Corum, James S. "American Assistance to the New German Army and Luftwaffe." In *Rearming Germany*, edited by James S. Corum, 93–116. Leiden, The Neth- erlands: Brill, 2011.
Costello, John. *The Pacific War, 1941–1945*. New York: Quill, 1981.
澤岻悦子『オキナワ・海を渡った米兵花嫁たち』高文研 2000 年
第 50 回さっぽろ雪まつり実行委員会「第 50 回さっぽろ雪まつり記念写真集別冊—記録・資料編」さっぽろ雪まつり実行委員会 1999 年
大学共同利用機関法人・人間文化研究機構『佐倉連隊にみる戦争の時代』国立歴史民俗博物館 2006 年
大松博文『おれについてこい！』講談社 1963 年
Davison, Charles. *The Japanese Earthquake of 1923*. London: Thomas Merby, 1931. de Bary, Wm. Theodore, Carol Gluck, and Arthur E. Tiedemann. *Sources of Japanese Tradition*, vol. 2: *1600 to 2000*. Second edition. New York: Columbia University Press, 2005.
Deslandes, Paul R. *Oxbridge Men: British Masculinity and the Undergraduate Experience, 1850–1920*. Bloomington: Indiana University Press, 2005.
Dower, J. W. *Embracing Defeat: Japan in the Wake of World War II*. New York: W. W.Norton, 1999.〔ジョン・ダワー『敗北を抱きしめて：第二次世界大戦後の日本人』岩波書店 2001 年、増補版 2004 年）〕
Dower, J. W. *Empire and Aftermath: Yoshida Shigeru and the Japanese Experience, 1878–1954*. Cambridge, MA: Harvard University Press, 1988.
Drea, Edward J. *In the Service of the Emperor: Essays on the Imperial Japanese Army*. Lincoln: University of Nebraska Press, 1998.
Drea, Edward J. *Japan's Imperial Army: Its Rise and Fall,*

参考文献

Abenheim, Donald. *Reforging the Iron Cross: The Search for Tradition in the West German Forces*. Princeton, NJ: Princeton University Press, 1988.

赤城宗徳『60 年と私』THIS IS 読売 1990 年5月号 176-178

赤城宗徳『今だからいう』文化総合出版 1973 年

Alexander, Jeffrey W. *Brewed in Japan: The Evolution of the Japanese Beer Industry*. Honolulu: University of Hawai'i Press, 2013.

Alpers, Benjamin L. "This Is the Army: Imagining a Democratic Military in World War II." In *The World War Two Reader*, edited by Gordon Martel, 145–79. London: Routledge, 2004.

荒川章二『軍隊と地域』青木書店 2001 年

新崎盛暉『沖縄現代史』岩波書店 2005 年

新崎盛暉『琉球弧視点から：1978 − 1982』沖縄同時代史第 2 巻、凱風社 1992 年

Arasaki Moriteru. "The Struggle against Military Bases in Okinawa—Its History and Current Situation." *Inter-Asia Cultural Studies* 2, no. 1 (2001): 101–8.

新崎盛暉『世替わりの渦の中で：1973 − 1977』凱風社 1992 年

新雅史『「東洋の魔女」論』イースト新書 2013 年

Armed Forces Sports Committee, ed. *Achieving Excellence: The Story of America's Military Athletes in the Olympic Games*. Alexandria, VA: Armed Forces Sports Committee, 1992.

浅田次郎「入営」、『歩兵の本領』収録、講談社 (1999)2004 年

朝雲新聞社編『東京オリンピック作戦』朝雲新聞社 1965 年

朝雲新聞社編集局編『波乱の半世紀：陸上自衛隊の 50 年』朝雲新聞社 2000 年

朝日新聞社編『自衛隊』朝雲新聞社 1968 年

Aspinall, Robert W. *Teachers' Unions and the Politics of Education in Japan*. Albany: State University of New York Press, 2001.

Auer, James, ed. *From Marco Polo Bridge to Pearl Harbor: Who Was Responsible?* Tokyo: Yomiuri shinbun, 2006. 〔読売新聞戦争責任検証委員会『検証戦争責任』中央公論新社 2006 年〕

Auer, James. *The Post-War Rearmament of Japanese Maritime Forces, 1945–71*. New York: Praeger, 1973.

Aukema, Justin. "Cultures of (Dis)remembrance and the Effects of Discourse at the Hiyoshidai Tunnels." *Japan Review* 32 (2019): 127–50.

Austin, Lewis. *Japan: The Paradox of Progress*. New Haven, CT: Yale University Press, 1976.

Azuma, Eiichiro. "Brokering Race, Culture, and Citizenship: Japanese Americans in Occupied Japan and Postwar National Inclusion." *Journal of American–East Asian Relations* 16, no. 3 (Fall 2009): 183–211.

Befu, Harumi. *Cultural Nationalism in East Asia: Representation and Identity*. Berkeley: Institute of East Asian Studies, University of California, 1993.

Ben-Ari, Eyal. "Normalization, Democracy, and the Armed Forces: The Transformation of the Japanese Military." In *Japan's Multilayered Democracy*, edited by Sigal Ben-Rafael Galanti, Nissim Otmazgin, and Alon Levkowitz, 105–21. Lanham, MD: Lexington, 2014.

Benesh, Oleg. *Inventing the Way of the Samurai: Nationalism, Internationalism, and Bushidō in Modern Japan*. Oxford: Oxford University Press, 2014.

Berger, Thomas U. *Cultures of Antimilitarism: National Security in Germany and Japan*. Baltimore: Johns Hopkins University Press.

美唄市百年史編さん委員会編『美唄市百年史：通史編』美唄市 1991 年

Bickers, Robert. *Out of China: How the Chinese Ended the Era of Western Domination*. Cambridge, MA: Harvard University Press, 2017.

Birmingham, Lucy, and David McNeill. *Strong in the Rain: Surviving Japan's Earth quake, Tsunami, and Fukushima Nuclear Disaster*. New York: Palgrave Macmil- lan, 2012. 〔ルーシー・バーミンガム、デイヴィッド・マクニール『雨ニモマケズ：外国人記者が伝えた東日本大震災』えにし書房 2016 年〕

防衛大学校第三期卒業記念写真帖委員会編『防衛大学校第三期卒業記念写真帖』防衛大学校 1959 年

防衛大学校同窓会編『槇の実：槇智雄先生追想集』防衛大学校同窓会槇記念出版委員会 1972 年

防衛庁「自衛隊十年史」編集委員会編『自衛隊十年

9. Midford, "The GSDF's Quest for Public Acceptance and the 'Allergy' Myth," 332–33.
10. Akane Okutsu, "Japan's Self-Defense Forces Start Mass-Vaccination Mission," *Nikkei Asia*, May 24, 2021, 2021年10月22日、アクセス確認；https://asia.nikkei.com/Spotlight/Coronavirus/Japan-Self-Defense-Forces-start-mass-vaccination-mission.
11. Eldridge, "Organization and Structure of the Contemporary Ground Self- Defense Force," 47.
12. Smith, *Japan Rearmed*, 168.
13. Frühstück, *Uneasy Warriors*, 70.〔フリューシュトゥック『不安な兵士たち』〕
14. たとえば、次を参照；産経新聞イラク取材班編『武士道の国からきた自衛隊：イラク人道復興支援の真実』産経新聞ニュースサービス 2004年。

146.「すでに 40 組が結婚」。〈ジャパン・タイムズ〉は 1975 年 4 月時点で 47 人の陸自隊員が地元女性と結婚したと報じている；“SDF Trying to Win Okinawans.”
147.「話題♡♡♡結婚」守礼 1974 年 7 月 20 日、2。
148.「復帰後 410 人が嫁ぐ」琉球新報 1982 年 5 月 15 日、20。
149. 石嶺『架け橋』
150. 國場組社史編纂委員会『國場組社史：創立 50 周年記念』國場組 1984 年。
151. 石嶺：インタビュー、2019 年 7 月 19 日。
152. 石嶺：インタビュー、2019 年 7 月 19 日。
153. 石嶺：インタビュー、2019 年 7 月 19 日；沖縄防衛協会『創立 30 周年記念誌』
154. Egami, “Politics in Okinawa,” 835.
155. 田中、柳原：インタビュー、2010 年 5 月 13 日。
156. 沖縄タイムス編『沖縄年鑑』沖縄タイムス社 1980 年、204–5。
157. Egami, “Politics in Okinawa,” 835–36.
158. Yoshida,*Democracy Betrayed*,167.
159. 大田、宮城、保坂『復帰後における沖縄住民の意識の変容』125。
160. 國吉：インタビュー、2010 年 5 月 25 日。
161.「正しかった戦争目的」沖縄タイムス 1972 年 12 月 8 日、1。
162. 桑江『幾山河』145。
163. 桑江『幾山河』147–50。
164.「慰霊の日」沖縄タイムス、1976 年 6 月 24 日、9。
165.「慰霊の日」9。
166.「市民、顔をしかめる」琉球新報 1976 年 6 月 25 日、11。
167. 桑江『幾山河』150。
168. Hiromichi Yahara, *The Battle of Okinawa*, trans. Roger Pineau and Matatoshi Uehara（New York: John Wiley & Sons, 1995）, 6; Toland, *The Rising Sun*, 683, 721.
169. “Kuwae Ryōho¯ ōraru hisutori¯,” 434.
170. 桑江良逢「烈星の頌」守礼 1976 年 7 月 18 日、3；桑江『幾山河』38-39。
171.「慰霊の日」
172.「桑江混成団長が離任」沖縄タイムス 1976 年 8 月 3 日、2。
173. 1975 年の沖縄海洋博の期間中、混成団は北部の町、本部（もとぶ）で市中パレードを行い、その後、演奏会を開いたが、特に問題は起こらなかったようだ。
174. たとえば、「自衛隊バンドが国際通り行進」沖縄タイムス 1979 年 10 月 7 日、11 を参照。
175. 新崎盛暉『琉球弧の視点から：1978 – 1982』沖縄同時代史第 2 巻、凱風社 1992 年、199。沖縄タイムスもパレードの評価において類似の言葉を使っている。「自衛隊の〝誤算〟証明」沖縄タイムス 1982 年 12 月 12 日、1。新崎盛暉の次の文献も参照；Arasaki Moriteru, “The Struggle against Military Bases in Okinawa—Its History and Current Situation,” *Inter-Asia Cultural Studies* 2, no. 1（2001）: 104.
176.「賛否渦巻く中　パレード」沖縄タイムス 1982 年 12 月 12 日、1。
177. 知花昌一『焼きすてられた日の丸：基地の島沖縄読谷村から』社会評論社 1996 年〔Chibana Shōichi, *Burning the Rising Sun: From Yomitan Village, Okinawa; Islands of U.S. Bases*（Kyoto: South Wind, 1992）〕。知花については、副次的な扱いになるが、以下も参照；Norma Field, *In the Realm of a Dying Emperor: Japan at Century's End*（New York: Vintage, 1993⊠ 33–104.
178. Ruoff, *Japan's Imperial House in the Postwar Era*, 296–97.
179. Sheryl WuDunn “Rage Grows in Okinawa over U.S. Military Bases,” *New York Times*, November 4, 1995, 3.
180. “Okinawa Negotiations,”*Ryu¯kyu¯shinpo¯*,1–2,5,6.〔「沖縄交渉」琉球新報〕
181. Steve Rabson, introduction to *Okinawa:Two Postwar Novellas*, by Ōshiro Tatsuhiro and Higashi Mineo（Berkeley: Institute of East Asian Studies, University of California, 1989）, 29.
182. 琉球新報 1975 年 4 月 21 日。

終章

1. Pyle,*Japan Rising*,270.
2. Smith,*Japan Rearmed*, 44–45.
3. Smith,*Japan Rearmed*,57.
4. Smith,*Japan Rearmed*, 69–70;Samuels,*Securing Japan*,97–98.
5. Smith,*Japan Rearmed*,209–14.
6. RichardJ.Samuels,*3.11*（Ithaca,NY:CornellUniversityPress,2013）,63.
7. 日本のメディアや出版社は、3.11 における自衛隊の役割に大いに注目した。三重の災害への陸上自衛隊の活動を英語でまとめた解説は；Lucy Birmingham and David McNeill, *Strong in the Rain: Surviving Japan's Earthquake, Tsunami, and Fukushima Nuclear Disas- ter*（New York: Palgrave Macmillan, 2012）.
8. Smith,*Japan Rearmed*,165.

首里城の比喩的な盗用は、沖縄戦の前に、旧日本軍が文字通り城を占拠して、城とその地下の洞窟の奥に司令部を置いたことの再現になっている。結果として、米海軍は城とその周辺に激しい砲撃を行い、破壊した。マイケル・モラスキーが考察したように、日本軍は代わりに、その前の時代、薩摩藩による琉球王国の占領を再現した。Michael S. Molasky, *The American Occupation of Japan and Okinawa: Literature and Memory*（London: Routledge, 1990）, 16. 首里城の歴史と記憶についてさらに知りたければ；Tze May Loo, *Heritage Politics: Shuri Castle and Okinawa's Incorporation into Modern Japan, 1879–2000*（Lanham, MD: Lexington, 2014）.

118. Gerald Figal, *Beachheads: War, Peace, and Tourism in Postwar Okinawa*（Lanham, MD: Rowman & Littlefield, 2012）, 58, 89–127.

119.「くん」は少年や職場で部下を呼ぶときに名前につける。目上の者が下の者を呼ぶときにつけたり、同年配、同等の地位同士、大人が男の子を呼ぶときにもつける。

120. たとえば、長谷川勝己「守礼くん」守礼 1975 年 11 月 29 日；「守礼くん」守礼 1976 年 7 月 18 日、2 参照。

121. 桑江良逢「西方総監直接隊員を激励」守礼 1972 年 6 月 1 日、1。

122. 桑江良逢「新生沖縄県の誕生にあたり」守礼 1972 年 6 月 1 日、1。

123. 桑江良逢「発刊の言葉」守礼 1972 年 6 月 1 日、1。

124. 新崎『世替わりの渦の中で 1973 – 1977』39–40。

125. “SDF Girds for Okinawa Reversion,”*Japan Times*,-January 17,1972.

126. 山縣：インタビュー、2019 年 7 月 9 日。

127. 石嶺：インタビュー、2019 年 7 月 5 日。

128. “Dud Shells Pose Issue in Okinawa,”*JapanTimes*,December8,1972.

129. 白谷梢：著者によるインタビュー、2019 年 7 月 5 日、那覇にて；Eldridge, “The GSDF during the Cold War Years,” 153. 山縣「沖縄における自衛隊常駐」36 も参照。

130.「小禄爆発事故」琉球新報 1974 年 3 月 3 日、1；「小禄で不発弾爆発」沖縄タイムス 1974 年 3 月 4 日、1。

131.「よみがえる戦争の悪夢」沖縄タイムス 1974 年 3 月 3 日、12。

132. 山縣：インタビュー、2019 年 7 月 9 日。

133. 防衛庁「災害派遣・部外協力等、昭和 50 年 2/2”（1）,4A, 35 1469, 日本国立公文書館。

134.「那覇駐とん地・沖縄地方連絡部開設記念行事」守礼 1973 年 3 月 20 日、2。この新聞の日付は間違っている。正しくは昭和 48 年で、昭和 27 年ではない。

135. 大田昌秀：著者によるインタビュー、2010 年 5 月 19 日、那覇にて。

136. 田中キサブロウ、柳田ミツハル：著者によるインタビュー、2010 年 5 月 13 日、国分にて。沖縄の航空自衛隊の初代司令、山田隆二もまた、多くの隊員が早く本土に戻りたがっていたこと、隊員がなにかと敵意にさらされたことを振り返った。琉球新報「世替わり裏面史」290；防衛省防衛研究所戦史部編「中村龍平オーラル・ヒストリー」収録「山田隆二オーラル・ヒストリー」防衛省防衛研究所 2008 年、406–7。

137.「女性招きパーティー：隊員、人数少なく不満」琉球新報 1973 年 3 月 11 日；「あの手この手の浸透作戦」沖縄タイムス 1974 年 1 月 26 日、沖縄県公文書館。

138. たとえば、次を参照；「沖縄の花『デイゴ』」守礼 1973 年 5 月 18 日、3；「沖縄の花『ブーゲンビリア』」守礼 1973 年 7 月 6 日、5。

139.「なでしこ」鎮西 1979 年 6 月 1 日、4。

140.〈守礼〉に女性がよく登場するその他の分野は、沖縄での家庭生活の記事だ。男性隊員の妻（か娘）が、沖縄での困難な生活にもかかわらず、一様に沖縄生活の楽しさを語る。

141.「自衛隊に結婚相談所」読売新聞 1973 年 6 月 10 日、22。

142. 1945 年から 1972 年まで（それ以後も）米兵と沖縄の女性とのあいだで多くの国際結婚があったが、米軍はたいていこのような結婚を勧めておらず、1948 年には一時的に禁止したほどだ。占領統治時代、米軍の存在の受容を広めるためにこの国際結婚を利用することはなかったし、それ以後もない。この疑問を明示しているわけではないが、澤岻悦子の著書がこれらの結婚を読み解いている。澤岻悦子『オキナワ・海を渡った米兵花嫁たち』高文研 2000 年〔Etsuko Takushi Crissey, *Okinawa's GI Brides: Their Lives in America*, trans. Steve Rab- son（Honolulu: University of Hawai‘i Press, 2017)〕

143. 勝：インタビュー、2010 年 5 月 13 日。

144.「すでに 40 組が結婚」沖縄タイムス 1974 年 6 月 21 日、沖縄県公文書館。

145. 勝：インタビュー、2010 年 5 月 13 日；石嶺：インタビュー、2019 年 7 月 5 日。

イムス 1972 年 2 月 17 日、9。

84.「参拝中に火炎ビン」沖縄タイムス 1975 年 7 月 17 日、3。

85. 勝：インタビュー、2010 年 5 月 13 日。

86. 沖縄県教職員組合編『沖縄の平和教育：特設授業を中心とした実践例』沖縄県教職員組合 1978 年；宜保幸男編『おきなわと平和教育：特設授業の記録』沖縄県教育文化資料センター 1979 年；沖縄県教育文化資料センター・平和教育委員会編『平和教育の実践集I：沖縄戦と基地の学習を深めるために』沖縄県教育文化資料センター 1983 年。

87. 山縣正明「沖縄における自衛隊常駐をめぐる県民意識の背景と沖縄自衛隊の果たす役割」修士論文、名桜大学院 2007 年、29。

88. 國吉：インタビュー、2010 年 5 月 25 日。

89. "Okinawa Negotiations," *Ryu¯kyu¯ shinpo¯*.〔「沖縄交渉」琉球新報〕

90. 琉球新報編『世替わり裏面史：証言に見る沖縄復帰の記録』琉球新報社 1983 年、289；山縣「沖縄における自衛隊常駐」29。

91. 桑江良逢『幾山河』原書房 1982 年、263–66。桑江は復帰 10 年を記念して 1982 年 5 月 15 日にこの回想録を出版した。

92. Takayoshi Egami, "Politics in Okinawa since the Reversion of Sovereignty," *Asian Survey* 34, no. 9 (September 1994)：834.

93. 國吉永啓『詳解：沖縄軍事事典』374；平良良松『平良良松回顧録』沖縄タイムス 1987 年、242–45。

94.「自衛隊のゴミはお断り」琉球新報 1972 年 8 月 17 日、1；"Naha Mayor Suspends SDF Personnel Status," *Japan Times*, December 7, 1972; "Defense Agency, Naha Argue SDF Resident Registration," *Japan Times*, December 9, 1972.

95. 小山高司『沖縄の施政権返還にともなう沖縄への自衛隊配備をめぐる動き』防衛研究所紀要第 20 巻第 1 号（2017 年 12 月）154。

96. "Naha Mayor to End Curbs on SDF Resident Status," *Japan Times*, February 4, 1973.

97. 田中キサブロー：著者によるインタビュー、2010 年 5 月 13 日、国分にて。

98. 山縣正明：著者によるインタビュー、2019 年 7 月 5 日、那覇にて。山縣は 2000 年代初め、職業人生の終わりが近づいた頃、沖縄で陸上自衛隊の上級幹部を務め、2012 年、東京で陸将補の階級で退職した。彼が書いた修士論文は、本章で参考にさせていただいた。

99.「自衛隊員に招待状」沖縄タイムス 1979 年 1 月 11 日、8；「自衛官参加　またもめる」読売新聞 1979 年 1 月 16 日、23。

100.「機動隊も出動、警備」沖縄タイムス 1983 年 1 月 16 日、15。

101. 新崎『沖縄現代史』86

102.「嫌われた自衛隊」読売新聞 1954 年 10 月 19 日、7。

103. Emmerson, *Arms, Yen and Power*, 117.〔エマソン『日本のジレンマ』〕

104.「『差別』はよくない：自衛官の入学で見解」朝日新聞 1967 年 9 月 19 日、2。

105. "3 Students Begin Hunger Strike," *Japan Times*, May 21, 1975.

106.「自衛官の入学許可を撤回せよ」沖縄タイムス 1975 年 4 月 16 日、沖縄県公文書館、南風原。山縣「沖縄における自衛隊常駐」28-19 も参照。

107. 新崎盛暉『世替わりの渦の中で 1973 – 1977』凱風社 1992 年、22。

108.「自衛隊抗議続く」沖縄タイムス 1973 年 5 月 5 日、3。

109. 勝：インタビュー、2010 年 5 月 13 日。

110. 石嶺邦夫：著者によるインタビュー、2010 年 5 月 26 日、那覇にて。石嶺邦夫「架け橋」1987 年、61–62。

111. Satō, "A　Camouflaged　Military," 8.

112.「自衛隊沖縄地方連絡部創立 20 年記念行事実行委員会編『沖縄地連 20 年史』自衛隊沖縄地方連絡部 1992 年。"SDF Trying to Win Okinawans," *Japan Times*, April 21, 1975, 2, も参照。こちらはそれぞれ年に 10、54、121 と少し低い数値を出している。しかし、これらは陸上自衛隊の新入隊員のみを表している。

113. 山縣「沖縄における自衛隊常駐」62。

114.「自衛官募集業務の開始を告示」沖縄タイムス 1979 年 8 月 1 日、1。

115. 山縣正明：著者によるインタビュー、2019 年 7 月 9 日。1990 年代半ば、沖縄での入隊希望者数は 1991 年から 3 倍に増えたが、主な原因は景気低迷による。Frühstück, *Uneasy Warriors*, 38〔フリューシュトゥック『不安な兵士たち』〕。2019 年以前の数年間は、沖縄では入隊希望者が少なく、防衛大学校に合格する者はさらに少なかった。山縣：インタビュー、2019 年 7 月 9 日。

116. さらに皮肉なことに、琉球列島米国民政府の広報紙のひとつ〈守礼の光〉も、この門の名前を借用している。

117. 当時は誰も深く考えなかったようだが、自衛隊による

学科広報学研究室 1984 年、124。

45. 防衛省防衛研究所戦史部編「中村龍平オーラル・ヒストリー」防衛省防衛研究所 2008 年、285.

46. "Relocation Units to Leave for Okinawa on 1st of Next Month; to Make Soft Landing, with Military Color Weakened: JDA," *Tōkyō shinbun* (evening), February 16, 1972, full USCAR translation of article, Okinawa Prefectural Archives, Haebaru, Japan.

47. 引用；"1,000 GSDF Men Train for Duty on Okinawa," *Japan Times*, May 4, 1972.

48. 石嶺邦夫：著者によるインタビュー、2019 年 7 月 9 日、那覇にて。自衛隊は復帰後、隊員募集活動の補助に女性自衛官を派遣した。佐藤文香 "A Camouflaged Military," 8. 復帰前の他の沖縄県民と同じく、タメヨシは本土で自衛隊に入隊した。沖縄の女性が沖縄で入隊したのはそれから 10 年後だった。「難関を突破した 19 人」沖縄グラフ 1978 年 5 月、49。

49. 國吉永啓『詳解：沖縄軍事事典』著者所蔵の未完の原稿 376.

50. 國吉永啓：著者によるインタビュー、2010 年 5 月 25 日、那覇にて。以下も参照；防衛省防衛研究所戦史部編「桑江良逢オーラル・ヒストリー」、「中村龍平オーラル・ヒストリー」454；山田隆二『一老兵の回想』山田隆二 2005 年、165–66。

51.「自衛隊反対は世論でない」琉球新報 1970 年 10 月 9 日、1。石嶺：インタビュー、2019 年 7 月 9 日。

52. 國吉永啓：著者によるインタビュー、2010 年 5 月 21 日、那覇にて。

53. 航空自衛隊は復帰後すぐに沖縄に配備するため、沖縄出身の士官、トモン・ヒロシ、一名を任命した。海上自衛隊の幹部自衛官には沖縄出身者が一人もいなかった。石嶺：インタビュー、2019 年 7 月 9 日に。

54.「指揮官に桑江一佐」沖縄タイムス 1972 年 1 月 11 日、55。「桑江良逢オーラル・ヒストリー」425、456-57。

56. 山縣正明：著者宛のメール、2020 年 7 月 13 日。

57. 成田「沖縄返還と自衛隊配備」39

58. "Okinawa Negotiations,"*Ryūkyū shinpō*,5.〔「沖縄交渉」琉球新報〕

59. 石嶺邦夫：著者によるインタビュー、2019 年 7 月 5 日、那覇にて。

60. 新熊本市史編集委員会『新熊本市史：通史編　第 9 巻・現代 II』熊本市 2000 年、78；沖縄防衛協会編『創立 30 周年記念誌』沖縄防衛協会 2002 年、9。

61. 小西誠『反戦自衛官：権力を揺るがす青年空曹の造反』社会批評社 2018 年、208–12。

62.「沖縄派兵中止せよ」沖縄タイムス 1972 年 4 月 28 日、11。

63. 大城『沖縄戦の真実と歪曲』122；"5 SDF Men Fired for Okinawa Appeal," *Japan Times*, April 30, 1972. 小西の事件を受けて、防衛庁と自衛隊は上層部は組織内からさらにトラブルが発生することを心配し、訓練や住環境の改善について議論するようになった。「自衛隊、はたちの悩み」読売新聞 1970 年 8 月 15 日、5。

64.「桑江良逢オーラル・ヒストリー」456.

65. 勝秀成：著者によるインタビュー、2010 年 5 月 13 日、国分にて。

66. "Sato Orders Tighter Controls on Agency,"*Japan-Times*, March 13,1972.

67. "Sato Orders Tighter Controls on Agency."

68.「沖縄紹介」鎮西 1972 年 3 月 25 日、7。

69.「総監訓示：精強無比の西部方面隊の錬成に全力を尽くす」鎮西 1972 年 4 月 25 日、3。

70. 新熊本市史編集委員会『新熊本市史』77。

71.「沖縄の歴史風俗についての ensetsu」守礼 1972 年 6 月 1 日、1。

72. 金城和彦、小原正雄『みんなみの巌のはてに』光文社 1959 年；金城和彦『愛と鮮血の記録』全貌社 1966 年；金城和彦『ひめゆり部隊のさいご』偕成社 1966 年。

73. 金城和彦『沖縄戦の学徒隊―愛と鮮血の記録』日本図書センター 1992 年。

74. Kyle Ikeda, *Okinawan War Memory: Transgenerational Trauma and the War Fiction of Medoruma Shun* (London: Routledge, 2014), 18.

75.「沖縄美術展　隊員の作に驚歓」鎮西 1972 年 4 月 25 日、1。占領統治時代のオリオンビールについてさらに知るには；Jeffrey W. Alexander, *Brewed in Japan: The Evolution of the Japanese Beer Industry* (Honolulu: University of Hawai'i Press, 2013), chap. 5.

76. 大嶺信一「隊員の美術品を見て」鎮西 1972 年 4 月 25 日、1。

77. 石嶺邦夫：インタビュー、2019 年 7 月 9 日。

78. 大城『沖縄戦の真実と歪曲』116.

79. 大城『沖縄戦の真実と歪曲』116.

80. Gordon, *A Modern History of Japan*, 281–84.〔ゴードン『日本の 200 年』〕

81. 升味『現代政治』〔Masumi,*Contemporary Politics in Japan*,390–93〕

82. Yoshida,*Democracy Betrayed*,156–57.

83. "Bombs Hurled into Japan Gov't Office," *Japan Times*, February 18, 1972, 3;「火炎ビンを投げ込む」沖縄タ

Mobilization in Japan and Its Colonies (Ithaca, NY: Cornell University Press, 2018) , 102.

16. Haruko Taya Cook and Theodore F. Cook, *Japan at War: An Oral History* (New York: New Press, 1992) , 367.

17. Ōta Masahide, *This Was the Battle of Okinawa* (Haebaru, Japan: Naha, 1981) .

18. 以下に引用されている；Ōta Masahide, "War Memories Die Hard in Okinawa," *Japan Quarterly*, January 1988, 11–13; Yoshida, *Democracy Betrayed*, 25–27; Takamae, *The Allied Occupation of Japan*, 443–44.

19. Yoshida,*Democracy Betrayed*,40.

20. David Tobaru [John] Obermiller, "Dreaming Ryūkyu¯: Shifting and Contesting Identities in Okinawa," in *Japan since 1945: From Postwar to Post-Bubble*, ed. Christopher Gerties and Timothy S. George (London: Bloomsbury, 2013) , 69–88.

21. Laura Hein and Mark Selden, "Culture, Power, and Identity in Contemporary Okinawa," in *Islands of Discontent: Okinawan Responses to Japanese and American Power*, ed. Laura Hein and Mark Selden (Lanham, MD: Rowman & Littlefield, 2003) , 21.

22. 佐藤の言葉は、升味『現代政治—1955年以後』〔Masumi,*Contemporary Politics in Japan*,101〕に引用された。

23. 佐藤の言葉は次の文献に引用されている；Gavan McCormack and Satoko Oka Norimatsu, *Resistant Islands: Okinawa Confronts Japan and the United* States (Lanham, MD: Rowman & Littlefield, 2012) , 86.

24. 福地廣昭「沖縄の日本復帰」週刊金曜日 2006年5月12日、30 33；McCormack and Norimatsu, *Resistant Islands*, 86.

25. 琉球列島米国民政府からアメリカ陸軍省への電信；Subj: Okinawa Negotiations, Okinawa Defense JSDF Deployment〔沖縄交渉、沖縄防衛自衛隊配備〕, June 1970, 2, RG 319, History of USCAR〔米国民政府の歴史〕, box 17, F6, 沖縄県公文書館。

26. Yoshida,*Democracy Betrayed*,158. に引用。

27. 大城将保『沖縄戦の真実と歪曲』高文研 2007年、113に引用。

28. 成田千尋「沖縄返還と自衛隊配備」同時代史研究 10（2017年）44。次も参照；佐道明弘『戦後政治と自衛隊』〔Sado, *The Self-Defense Forces*, 79–90〕

29. "Yara Objects to Plan for SDF in Okinawa,"*Japan-Times*,October9,1970,3.

30.「那覇空港緊迫」琉球新報 1970年10月7日、3；「県民無視　すぐ帰れ」沖縄タイムス 1970年10月8日、11。

31. "Okinawa Negotiations—Okinawa Defense JSDF Deployments," Department of the Army, 3, translation of an excerpt from a May 11, 1970, *Ryu¯kyu¯ shinpo¯* editorial, Okinawa Prefectural Archives, Haebaru, Japan.〔「沖縄交渉：沖縄防衛自衛隊配備」1970年5月11日の琉球新報社説の抄訳、アメリカ陸軍省 3, 沖縄県公文書館〕

32. 沖縄の三自衛隊はすべて那覇基地に本部を置いていた。1974年、陸上自衛隊は南余座、知念、勝連（漆間）、余座に分屯地をもっていた。航空自衛隊は、余座、宮古、久米島、恩納に分屯基地をもっていた。海上自衛隊の活動はほぼすべて那覇で行われていた。

33. 山縣正明：著者によるインタビュー、2010年5月20日、那覇にて。

34. "Okinawa Negotiations,"*Ryu¯kyu¯ shinpo¯*, 5.〔「沖縄交渉」琉球新報〕

35. 沖縄タイムス社編『鉄の暴風：現地人による沖縄戦記』朝日新聞社 1950年。

36. 新崎『沖縄現代史』47.

37. Mikio Higa,*Politics and Parties in Postwar Okinawa* (Vancouver:University of British Columbia Press, 1963) , 40–56.

38. 大田昌秀『醜い日本人：日本の沖縄意識』サイマル出版会 1969年。この本のタイトルは東南アジアにおけるアメリカ外交団の失態を描いたベストセラー小説 *The Ugly American* (1958) ,〔『醜いアメリカ人』1960年〕をもじったもの。

39. David Tobaru [John] Obermiller, "The United States Military Occupation of Okinawa: Politicizing and Contesting Okinawan Identity, 1945–1955" (PhD dissertation, University of Iowa, 2006) , 9.

40. Mikio Higa, "The Okinawan Reversion Movement (I) ," *Ryu¯dai ho¯gaku* 17 (November 1975) : 160.

41. 沖縄県教職員組合編『これが日本軍だ：沖縄戦における残虐行為』第6版沖縄県教職員組合（1972年）1975年 ,i。

42. 大城『沖縄戦の真実と歪曲』112–13。

43.「七八〇人以上を虐殺：旧日本軍」琉球新報 1972年4月15日、11；大城『沖縄戦の真実と歪曲』125–26；John K. Emmerson, "Troubles Ahead for Okinawa," *New York Times*, March 9, 1972, 41.

44. 大田昌秀、宮城悦二郎、保坂広志『復帰後における沖縄住民の意識の変容』琉球大学法文学部社会

Forces,55〕

162. Nathan,*Mishima*,261〔ネイスン『三島由紀夫』〕

163. 猪瀬『ペルソナ』〔Inose and Sato, *Persona*, 669〕

164. Joyce Lebra,"Eyewitness: Mishima,"*NewYork Times*, November 28,1970,26.

165. 三島由紀夫「檄」。英語訳は；クリストファー・スミスのウェブサイトに載っていた訳を一部参考にした（2021 年 10 月 15 日時点でアクセス確認）。
https:// www.japaneseempire.info/post/mishima-yukio-s-manifesto

166. 三島「檄」

167. 三島「檄」

168. 猪瀬『ペルソナ』〔Inose and Sato, *Persona*, 728-29〕

169. 中曾根康弘『政治と人生―中曾根康弘回想録』〔*The Making of the New Japan: Reclaiming the Political Mainstream*, translated and annotated by Lesley Connors（Richmond, UK: Curzon, 1999）, 165〕

170. Takashi Oka, "Japan's Self-Defense Force Wins a Skirmish with the Past," *New York Times*, February 28, 1971, 12–13.

171. 中曾根『政治と人生』〔*The Making of the New Japan, 165*〕。訓示の全文は、猪木正道『私の 20 世紀 猪木正道回顧録』世界思想社 2000 年、338–40 にある。

172. 事件をきっかけに、自衛隊は体験入隊について方針転換した。政府転覆を主張する組織は例外なく、受け入れないことと防衛庁は通達した。さらに体験入隊を制限し、時期を 3 月か 4 月の 1 週間に限り、武器の訓練を一切行わないよう各駐屯地司令に命じた。

173. Eldridge, "The GSDF during the Cold War Years, 1960–1989," 150.

174. NHK 世論調査所編『図説：戦後世論史』NHK ブックス 1975 年、172–75。

175. 日本で人気が高い歴史小説家、司馬遼太郎は事件について典型的な反応を示した。それは事件の翌日、毎日新聞 1 面に記載された。司馬遼太郎「文学論的なその死：大衆には無力だった」毎日新聞 1970 年 11 月 26 日、1。

176. Oka, "Japan's Self-Defense Force Wins a Skirmish with the Past," 12.

177. Katrin Bennhold, "As Neo-Nazis Seed Military Ranks, Germany Confronts 'an Enemy Within,'" *New York Times*, July 3, 2020.

第 5 章　沖縄にまた、「日本軍」がやってくる

1. アグニューの言葉は、"Reversion Ceremonies Held," *Japan Times*, May 16, 1972, 1. に引用された。

2. Tillman Durdin,"Okinawa Islands Returned by U.S. to Japanese Rule,"*New York Times*, May 15, 1972, 1, 3.

3. "Era Ends:Okinawa Given Back,"*Pacific Stars and Stripes*, May16,1972,1,24.

4. "Thousands Protest Retention of U.S. Bases," *Pacific Stars and Stripes*, May 17, 1972, 7.

5. 小熊英二『〈日本人〉の境界：沖縄・アイヌ・台湾・朝鮮植民地支配から復帰運動まで』新曜社 1998 年〔*The Boundaries of "the Japanese"*, vol. 1: *Okinawa 1818–1972— Inclusion and Exclusion*, trans. Leonie R. Stickland（Melbourne, Australia: Trans Pacific, 2014）, 272–81〕

6. Havens,*Fire across the Sea*.〔ヘイブンズ『海の向こうの火事』〕

7. 新崎盛暉『沖縄現代史』（新版）岩波書店 2005 年、85。

8. 琉球新報社編『現代沖縄事典：復帰後全記録』琉球新報社 1992 年、647。

9. たとえば、「宮古島住民連絡会のメンバーが、防衛局を訪れ、自衛隊のミサイル基地配備中止を求めた」琉球新報 2019 年 8 月 27 日

10. George H. Kerr, *Okinawa: The History of an Island People*（Tokyo: Tuttle,［1958］2000）, 10.〔ジョージ・H・カー『沖縄：島人の歴史』勉誠出版 2014 年〕。琉球処分についてさらに詳しく知るには、次を参照；Koji Taira, "Troubled National Identity: The Ryukyuans/Okinawans," in *Japan's Minorities: The Illusion of Homogeneity*, ed. Michael Weiner（London: Routledge, 1997）, 140–77.

11. Kensei Yoshida, *Democracy Betrayed: Okinawa under U.S. Occupation*（Bellingham: Western Washington University Center for East Asian Studies, 2002）, 157–65.

12. Robert K. Sakai, "The Ryukyu（Liu-ch'iu）Islands as a Fief of Satsuma," in *The Chinese World Order: Traditional China's Foreign Policy*, ed. John King Fairbank（Cambridge, MA: Harvard University Press, 1968）, 112–34.

13. Gavan McCormack, *Client State: Japan in the American Embrace*（New York: Verso, 2007）, 155.〔ガバン・マコーマック『属国―米国の抱擁とアジアでの孤立』凱風社 2008 年〕

14. Alan S. Christy, "The Making of Imperial Subjects in Okinawa," *Positions: East Asia Cultures Critique* 1, no. 3（Winter 1993）: 607–39.

15. Sakaya Chatani,*Nation-Empire:Ideology and Rural Youth*

125. Cook, "The Japanese Officer Corps," 400.
126. Trumbull,"Army Helps Train Workers";「自衛隊への体験入隊」読売新聞 1967 年 9 月 11 日、16;「体験入隊」読売新聞 1969 年 4 月 8 日、14。
127.「実力時代のサラリーマン像」読売新聞 1968 年 5 月 30 日、20。
128. 水上徹「モーレツ社員の意味と背景」月刊労働問題 136(1969 年)13。
129.「天声人語」朝日新聞 1963 年 4 月 25 日、1。
130. 大河内一男「『主従の情宜』の亡霊:社員教育と一日入隊」朝日新聞 1963 年 4 月 29 日、3。〈アサヒグラフ〉の記事は、その後のいくつかの記事で参照され、体験入隊の軽い記事が溢れるきっかけとなったようだ。「江田島で社員教育」アサヒグラフ 1963 年 4 月 19 日、19–23。
131. Rohlen, "'Spiritual Education,'" 1543.
132.「社員教育引き受けます」23。
133. Brendle, "Recruitment and Training in the SDF," 72.
134.「右翼団体、自衛隊へ体験入隊」読売新聞 1966 年 7 月 20 日、14。
135.「よくある質問:体験入隊」防衛省。2019 年 5 月 13 日、アクセス確認。http://www.mod.go.jp/j/faq.html# 質問 1:1985 年には推定 41,000 人の社員が自衛隊の体験入隊に参加した。福本博史「変わったぞ! 企業研修」朝日ジャーナル 1986 年 7 月 4 日、109。
136. 三島は 1966 年おそらく一人で、自衛隊の訓練に参加したいと申し入れたが、彼の要望は拒否されたと何人かの作家が書いている。読売新聞が報じた匿名の集団は、彼と無関係と思われる。Robert Jay Lifton, Shūichi Katō, and Michael R. Reich, *Six Lives, Six Deaths: Portraits from Modern Japan* (New Haven, CT: Yale University Press, 1979), 263; John Nathan, *Mishima: A Biography* (New York: Little, Brown, 1974), 220〔ジョン・ネイスン『三島由紀夫:ある評伝』新潮社(新版)2000 年〕
137. 三島由紀夫『憂国』〔Patriotism, trans. Geoffrey W. Sargent (New York: New Directions, 1966)〕。ジョン・ネイスンは、1960 年に社会党党首浅沼稲次郎を暗殺した山口二矢のことが「間違いなく、念頭にあり、大江と同じく三島がこの事件に『触発』された可能性はある」と推測している。Nathan, *Mishima*,183–84〔ネイスン『三島由紀夫』〕.
138. Nathan,*Mishima*,227〔ネイスン『三島由紀夫』〕
139. Nathan,*Mishima*, 220〔ネイスン『三島由紀夫』〕; 三島由紀夫「自衛隊を体験する」サンデー毎日 1967 年 6 月 5 日、『三島由紀夫全集』35 巻(新潮社 1973 – 76 年)33-:16–25。
140. 三島由紀夫「自衛隊を体験する」17。三島はまた、6 週間の入隊を随筆・評論『太陽と鉄』に投影している。英語版は John Bester (Lon- don: Martin Secker & Warburg, 1971), 57–59.
141. 三島由紀夫「自衛隊を体験する」17。
142. 三島由紀夫「自衛隊を体験する」17;「自衛隊員、三島由紀夫:男らしさハダで」毎日 1967 年 5 月 30 日、15。
143. 猪瀬直樹『ペルソナ』文藝春秋〔英語版 Hiroaki Sato 訳;*Persona:A Biography of Yukio Mishima* (Berkeley, CA: Stone, 2012), 261〕
144. Yamanouchi Hisaaki, "Mishima and His Suicide," *Modern Asian Studies* 6, no. 1 (1972): 10.
145. Damian Flanagan,*Yukio Mishima* (London:Reaktion,2014),8.
146. Nathan, *Mishima*, 222–23〔ネイスン『三島由紀夫』〕
147. Nathan, *Mishima*, 223〔ネイスン『三島由紀夫』〕
148. 山本常朝『葉隠』〔*Hagakure: The Book of the Samurai*, trans. William Scott Wilson (Kodansha International, 1979), 17〕
149. 三島由紀夫『葉隠入門』〔*The Way of the Samurai: Yukio Mishima on "Hagakure" in Modern Life*, trans. Kathryn Sparling (New York: Basic Books, [1967] 1977).
150. Nathan,*Mishima*, 223〔ネイスン『三島由紀夫』〕
151. Nathan, *Mishima*, 225.〔ネイスン『三島由紀夫』〕
152. Flanagan,*Yukio Mishima*, 214.
153. 三島由紀夫「円谷二尉の自刃―孤高にして雄々しい自尊心」産経新聞 1968 年 1 月 3 日、『三島由紀夫全集』33 巻:166–68。
154. Nathan,*Mishima*, 226.〔ネイスン『三島由紀夫』〕
155. Welfield,*An Empire in Eclipse*,355;佐道明弘『戦後政治と自衛隊』〔Sado,*TheSelf-Defense Forces*,55–56〕
156. Thomas Havens, *Fire across the Sea: The Vietnam War and Japan 1965–1975* (Princeton, NJ: Princeton University Press, 1987), 169–70.〔トーマス・R・H・ヘイブンズ『海の向こうの火事:ベトナム戦争と日本 1965 – 1975』筑摩書房 1990 年〕
157. 猪瀬『ペルソナ』〔Inose and Sato,*Persona*,589〕
158. Havens,*Fire across the Sea*,189–90.〔ヘイブンズ『海の向こうの火事』〕
159. Kapur,*Japan at the Crossroads*,222–25.
160. Nathan,*Mishima*,260〔ネイスン『三島由紀夫』〕
161. 佐道明弘『戦後政治と自衛隊』〔Sado, *TheSelf-Defense*

刊）1。
83. 内閣総理大臣官房広報室「自衛隊に関する世論調査」1963年；内閣総理大臣官房広報室「自衛隊の広報および防衛問題に関する世論調査」1966年。後者の調査が行われたのは1965年だが、発表されたのは翌年。
84. 昭和34年 長官等訓示集 4A.34.144、国立公文書館。
85. レナード・ハンフリーズ：著者宛ての手紙、2014年9月27日。
86. Murakami, "The GSDF and Disaster Relief Dispatches," 275.
87.「雪と戦う自衛隊員」朝日新聞 1963年2月1日、13。
88. ハンフリーズ：著者によるインタビュー、2001年7月17日。
89. 東京のアメリカ大使館から国務省への航空書簡 A-13, "Public Attitudes towards the Self Defense Forces and Japan's Defense Problems," July 31, 1964, State Department Files, US National Archives, Washington, DC.
90. 朝雲新聞社『東京オリンピック作戦』205。
91. 朝雲新聞社『東京オリンピック作戦』195–96。「世界一の軍隊と賞賛」鎮西 1964年11月30日、4。
92. Franziska Seraphim, *War Memory and Social Politics in Japan, 1945–2005* (Cambridge, MA: Harvard University Asia Center, 2006), 209.
93. 佐道明弘『戦後政治と自衛隊』〔Sado, *The Self-Defense Forces*, 75〕; Robert D. Eldridge, "The GSDF during the Cold War Years, 1960–1989," in *The Japanese Ground Self-Defense Force: Search for Legitimacy*, ed. by Robert D. Eldridge and Paul Midford (New York: Palgrave Macmil- lan, 2017), 141–44.
94. たとえば、テレビのバラエティ番組が河西の婚約を取り上げ、読売新聞の投稿欄「USO放送」に「オリンピック」と「自衛隊」の言葉が並んだ（読売新聞 1965年4月25日、15）。
95.「いずみ」読売新聞 1965年4月23日、15。
96. 新雅史『「東洋の魔女」論』イースト新書 2013年、204。
97.「河西さん晴れの挙式」読売新聞 1965年5月31日（夕刊）9。
98. Brendle, "Recruitment and Training in the SDF," 77–78.
99. Brendle, "Recruitment and Training in the SDF," 78.
100. Brendle, "Recruitment and Training in the SDF," 77–79.
101. Welfield, *An Empire in Eclipse*, 370.
102.「募集方法の改善へ」朝日新聞 1964年2月8日（夕刊）6。
103. US Military Assistance Advisory Group—Japan, *A Decade of Defense in Japan*, 15.
104. US Military Assistance Advisory Group—Japan, *A Decade of Defense in Japan*, 15.
105. Tsukasa Matsueda and George Moore, "Japan's Shifting Attitudes toward the Military," *Asian Survey* 7, no. 9 (1967): 620.
106. Brendle, "Recruitment and Training in the SDF," 81.
107. Brendle, "Recruitment and Training in the SDF," 83.
108. Brendle, "Recruitment and Training in the SDF," 82, 84, 88.
109. Frühstück, *Uneasy Warriors*, 36–79〔フリューシュトゥック『不安な兵士たち』〕
110. 浅田次郎「入隊」、『歩兵の本領』講談社 1990年（2004年）147-82。
111. Satō, "A Camouflaged Military," 5.
112. Satō, "A Camouflaged Military," 7.
113.「自衛隊1日入隊勧誘を追及」読売新聞 1962年7月6日（夕刊）2。
114.「ぼつげんこばなし：女性を狙う自衛隊」読売新聞 1965年7月26日、10。
115. Thomas Rohlen, "'Spiritual Education' in a Japanese Bank," *American Anthropologist* 75, no. 5 (October 1973): 1543.
116. Robert Trumbull, "Army Helps Train Workers in Japan," *New York Times*, March 13, 1966, 6.
117.「話の港」読売新聞 1965年7月12日（夕刊）9。
118.「社員教育引き受けます：射撃訓練から経営学まで」週刊朝日 1963年4月26日、21。
119.「申込みぞくぞく」朝日新聞 1963年4月4日（夕刊）6。
120. 吉次俊秀、波多野元二「体験入隊と人作り」経営者 20, no. 6 (1966年6月) 48.
121.「新入社員教育訓練制度の注目すべき実施例：自衛隊への入隊訓練で成果をあげている三豊製作所」労政時報 2, 11号 (1967年2月) 2–11; Rohlen, "'Spiritual Education,'" 1542–62.
122. Rohlen, "'Spiritual Education,'" 1547–48.
123.「社員教育は自衛隊で」日本 1961年9月、208–9。
124.「社員教育引き受けます」21–23。

43.「勝つことだけ」読売新聞 1963 年 3 月 5 日、1。自衛隊は 1964 年の大会以後、射撃、レスリング、重量挙げなどの競技種目に的を絞るようになった。同組織は冬季大会の日本代表バイアスロン選手のほとんどを輩出している。1990 年代から自衛隊は女子選手の育成も開始した、
44. 渡邉『オリンピックと自衛隊』240。
45. 渡邉『オリンピックと自衛隊』250–52。
46. 内海和雄『戦後スポーツ体制の確立』不昧堂出版 1993 年、267。
47. 内海『戦後スポーツ体制の確立』267。国家アマチュアリズム、あるいはこの記事の執筆者がいう「軍隊のアマチュアリズム」を懸念する一例は次を参照;「軍隊アマ:勝てねば意味ない」朝日新聞 1964 年 8 月 13 日、1。
48. 三宅義信の姪、三宅宏実は 2012 年ロンドン五輪の 48 キロ級で銅メダルを獲得。彼女の父、義行もメキシコ五輪のフェザーライト級の銅メダリストである。父と伯父は自衛官だったが、宏美は違う。
49. たとえば、次を参照;「円谷幸吉」朝日新聞 1964 年 4 月 13 日、14。
50. 橋本克彦『オリンピックに奪われた命　円谷幸吉、三十年目の新証言』小学館 1999 年。
51. Rie Otomo,"Narratives,the Body and the 1964 Tokyo Olympics,"*Asian Studies Review* 31, no. 2 (June 2007) : 126.
52. とはいえ、技術的な問題と国家主義的な報道はしないという内部規則により、NHKは視聴者が望み、期待するほど多くの円谷の映像を流さなかった。しかし視聴者はアナウンサーの説明を聞いて、彼が 4 位から 3 位に順位を上げ、ゴールがあるスタジアムには 2 位で入ったことを知った。橋本一夫『日本スポーツ放送史』281–83。
53. 東宝 1965 年 ;Janus Films 1965 年、VHS。
54. 市川『東京オリンピック』
55.「肌で感じた世界のニッポン」読売新聞 1964 年 10 月 25 日、8–9。
56. たとえば、次を参照;「地方部隊も動員」「勝つことだけ」朝日新聞 1964 年 3 月 22 日、5 ,1。
57. 田畑良一「陸上自衛隊のオリンピック支援構想」修親 6, 9 号 (1963 年 9 月) 43。
58.「時の人」読売新聞 1964 年 9 月 15 日、2。
59. 朝雲新聞社編『東京オリンピック作戦』朝雲新聞社 1965 年、8。
60. 村上兵衛「金メダル級の華麗なる集団」サンデー毎日 1964 年 11 月、100–1。
61. 原秀彰「オリンピックと自衛隊」文化評論 27、1964 年 1 月、149。
62. たとえば、次を参照;「陸海空の一万動員」朝雲新聞 1964 年 9 月 13 日、5。
63.「支援部隊員初の犠牲」読売新聞 1964 年 10 月 19 日、11。
64.「オリンピック舞台採点」朝雲新聞 1964 年 10 月 10 日 (夕刊) 10。
65. たとえば;「根性、不用の時代?」読売新聞 1964 年 8 月 10 日、3。
66. これらの結論は、読売新聞と朝日新聞の全文データベースのキーワード検索にもとづく。
67. Igarashi, *Bodies of Memory*, 156.〔五十嵐『敗戦の記憶』〕
68. 大松博文『おれについてこい!』講談社 1963 年、154。
69. たとえば、以下参照;田島直人『根性の記録』講談社 1964 年;神山誠『日本の根性:松下幸之助の人間と考え方』南北社 1964 年;扇谷正造『サラリーマンのド根性』グラフ社 1964 年。
70. オリンピック東京大会準備促進特別委員会、国会 1963 年 2 月 8 日。
71. 本明寛『根性—日本人のバイタリティー』ダイヤモンド社 1964 年。
72. Harumi Befu, *Cultural Nationalism in East Asia: Representation and Identity* (Berkeley: Institute of East Asian Studies, University of California, 1993) , 113. 戦前戦後の日本人論では、根性は、島国特有の精神を示す島国根性という言葉が使われたが、1960 年代には、根性は島国と合わせてではなく、単独で使われるようになった。
73.「根性、不用の時代?」3。
74. 村上兵衛「金メダル級の華麗なる集団」101。
75.「自衛隊はなぜ強い」朝日新聞 1964 年 9 月 6 日、14。
76.「1964 年 東京五輪の年を迎える」朝雲新聞 1964 年 1 月 2 日、1。
77.「東京五輪に日の丸を」朝雲新聞 1964 年 1 月 2 日、4。
78.「1964 年 東京五輪の年を迎える」1。
79. たとえば;「根性が第一だ」朝雲新聞 1964 年 1 月 2 日 4;「桜間、根性の 4 位」朝雲新聞 1964 年 10 月 22 日、1。
80.「失格した川野選手を五輪村から『追放』」読売新聞 1964 年 10 月 14 日、15。
81. 村上兵衛「金メダル級の華麗なる集団」101.
82.「よみうり寸評」読売新聞 1964 年 10 月 29 日 (夕

Japan, 38–43.
14. 佐道明弘『戦後政治と自衛隊』〔Sado, *The Self-Defense Forces*,53–54〕
15. 藤原彰『日本近代史の虚像と実像』大月書店 1989 年 208–9。
16. 佐道明弘『戦後政治と自衛隊』〔Sado, *The Self-Defense Forces*,54〕
17. 赤城宗徳「60 年と私」THIS IS 読売 1990 年 5 月号、177。
18. 佐道明弘『戦後政治と自衛隊』〔Sado, *TheSelf-Defense-Forces*,54〕
19. 赤城「60 年と私」177。次も参照；赤城宗徳『今だからいう』文化総合出版 1973 年、102–6。安保闘争に関する優れた概説は、升味『現代政治』第 1 章にある。次も参照；George R. Packard, III, *Protest in Tokyo: The Security Treaty Crisis of 1960* (Princeton, NJ: Princeton University Press, 1966) ; Igarashi, *Bodies of Memory*, 132–43.〔五十嵐『敗戦の記憶』〕
20. Berger, *Cultures of Antimilitarism*, 45
21. Nick Kapur,*Japan at the Crossroads:Conflict and Compromise after Anpo* (Cambridge, MA: Harvard University Press, 2018) , 75–107.
22. Martin E. Weinstein, *Japan's Postwar Defense Policy, 1947–1968* (New York: Columbia University Press, 1971) , 120–21.
23. 赤城『今だからいう』103–6。次も参照；杉田一次『忘れられている安全保障』時事通信社 1967 年、96–104。
24. Organizing Committee of the Games of the XVIII Olympiad, ed., *Games of the XVIII Olympiad Tokyo 1964*, 2 vols. (Tokyo: Organizing Committee of the Games of the XVIII Olympiad, 1964) , 1:495.
25.「聖火リレー祝し、祝砲ならびに」鎮西 1964 年 9 月 30 日、3。
26. David Clay Large, *Nazi Games: The Olympics of 1936* (New York: W. W. Nor- ton, 2007)〔デイヴィッド・クレイ・ラージ『ベルリン・オリンピック 1936 ナチの競技』白水社 2008 年〕
27. Organizing Committee of the Games of the XVII Olympiad, *The Games of the XVII Olympiad: Rome 1960* (Rome: Organizing Committee of the Games of the XVII Olympiad, 1960) .
28. Ernst-Heinrich von Zimmer, "Die Bundeswehr bei den XX. Olympischen Sommerspielen 1972," *Wehrkunde* 20, no. 8 (1972) : 402–6.
29. Congressional Quarterly Service, *Global Defense: U.S. Military Commitments Abroad* (Washington, DC: Congressional Quarterly Service, 1969) , 44.
30. 佐藤ノボル：著者によるインタビュー、2008 年 3 月 3 日。「スペイン語を英語で習う」北海道新聞 1964 年 6 月 30 日。たとえば、北部方面隊の協力を報じた機関紙の記事を参照：あかしや 1964 年 10 月 25 日、1–3。
31. Organizing Committee of the Games of the XVIII Olympiad, *Games of the XVIII Olympiad Tokyo*, 1:496.
32. Organizing Committee of the Games of the XVIII Olympiad, *Games of the XVIII Olympiad Tokyo*, 1:496, 499.
33. テレビ報道に関するさらに深い考察は；橋本一夫『日本スポーツ放送史』大修館書店 1992 年、261–87.
34. Paul Droubie,"Playing the Nation:1964 Tokyo Olympics and Japanese Identity" (PhD dissertation, University of Illinois at Urbana-Champaign, 2009) , 56.
35. Roy Tomizawa, *1964—The Greatest Year in the History: How the Tokyo Olympics Symbolized Japan's Miraculous Rise from the Ashes* (Austin, TX: Lioncrest, 2019) , 178.〔ロイ・トミザワ『1964』文芸社 2020 年〕
36. 高嶋航『軍隊とスポーツの近代』青弓社 2015 年、58,68–69。アムステルダム五輪のあと、鶴田は海軍を除隊し、法学を学ぶため明治大学に入学。1932 年までには練習費用と競技会の遠征費用を出してくれる南満州鉄道に勤めていた。
37. 高嶋『軍隊とスポーツの近代』157。
38. 佐藤守男『警察予備隊と再軍備への道』80–83。佐藤ノボル：著者によるインタビュー、2004 年 2 月 16 日。
39. 防衛省・自衛隊「防衛省・自衛隊 東京 2020 オリンピック・パラリンピック競技大会特設ページ」2021 年 10 月 20 日、アクセス確認。
https://www.mod.go.jp/j/publication/olympic/index.html.
40. Tony Mason and Eliza Riedi, *Sport and the Military: The British Armed Forces, 1880–1960* (Cambridge: Cambridge University Press, 2010) ; Wanda Ellen Wakefield, *Playing to Win: Sports and the American Military, 1896–1945* (Albany: State University of New York Press, 1997) .
41. Armed Forces Sports Committee,ed.,*Achieving Excellence:The Story of America's Military Athletes in the Olympic Games* (Alexandria, VA: Armed Forces Sports Committee, 1992) , 41.
42.「オリンピックを牛耳る自衛隊」週刊読売スポーツ 1961 年 1 月 6 日、95。

『不安な兵士たち』〕
154. 入倉正造「WAC（皆沢2尉）に聞く」あかしや 1968年9月25日、4。
155.「将来は真駒内、島松にも」あかしや 1968年9月25日、4。
"Shōrai ha makomanai, shimamatsu ni mo," *Akashiya*, September 25, 1968, 4、「WACの座談会」あかしや 1970年2月1日、2。
156.「ズームアップ」あかしや 1974年8月1日、1。
157.「フォトニュース」あかしや 1974年8月1日、4。
158. Foreign Service Dispatch 790, estimate by MAAG, 5.
159. Takashi Oka,"Hokkaido,Facing Soviet,Vital in Japan's Defense,"*New York Times*, February 25, 1970, 5.
160. 航空書簡 A-38.
161. 久保井正行『東広島から北広島へ』118。
162. 入倉正造：インタビュー、2006年2月8日。
163. Humphreys, "The Japanese Military Tradition," 39.
164. 在札幌アメリカ領事館から国務省への航空書簡 A-04, "Northern Army Commander Publicly Supports Security Treaty; Defines Roles of Self-Defense Forces," January 29, 1969, 2.
165. 豊島：インタビュー、2006年6月5日。
166. 数年間、「さとらんど」と呼ばれる広場が会場となっていたが、その後現在の会場「つどーむ」に移転した。
167. 札幌市観光局長ツジモト・ナオヒロ：著者によるインタビュー、2019年7月12日。

第4章　民生支援と広報

1. 1964年大会への協力はこのように自衛隊内で記念しているが、社会全体ではほとんど忘れられている。たとえば、オリンピック50周年を記念した2014年秋の江戸東京博物館の特別展は、裏方として大会の成功に不可欠だったIBMのスーパーコンピュータ・グループなどには光を当てたのに対し、自衛隊の大きな貢献を取り上げていない。行吉正一と米山純一『東京オリンピックと新幹線』青幻舎 2014年、115。
2. 自衛隊の刊行物、月刊〈セキュリタリアン〉や〈MAMOR〉などに寄稿している、自衛隊の味方の一人、渡邉陽子は、日本開催のすべてのオリンピックの自衛隊協力を取り上げた本を出した。渡邉陽子『オリンピックと自衛隊』並木書房 2016年。
3. 防衛省・自衛隊「防衛省・自衛隊 東京2020オリンピック・パラリンピック競技大会特設ページ」2021年10月20日、アクセス確認。 https://www.mod.go.jp/j/publication/olympic/support.html.
4. 小野はこの場面を描いている。絵では、レースの起点と終点があるオリンピック・スタジアムが背景にそびえているが、写真には映っていない。さらに絵の中の日本人選手——ゼッケン番号が実際の三人の日本人選手のどれとも一致しない——はアフリカの選手の数メートル先を走っているのに対し、写真では円谷は彼と並んでいる。
5. 入倉正造：著者によるインタビュー、2007年6月30日。
6. レナード・ハンフリーズ：著者によるインタビュー、2001年7月17日、カリフォルニア州ローダイにて。
7. Hanson W.Baldwin,"Armies without Friends: Apathy of Public in Germany and Japan Viewed as Handicap to Military Forces," *New York Times*, May 4, 1964, 10. ボールドウィンは、コメンテーターの堀江義隆に引用されている。堀江は硫黄島の戦いで生き残った4人の将校の一人で、自衛隊を「傀儡部隊」と呼んだ。
8. 外国人に、日本、特に自衛隊に良い印象を持ってもらおうという願いは、防衛庁が発行した英語で書かれたカラー版東京地図にも表れている。一面に自衛隊が輸送に協力したイベントの位置が示され、裏面にその支援の内容を示す写真と説明が載っている。この地図は、一般の日本人と自衛隊員——隊員の士気を高めるために——も想定読者に入れていたと私は考えている。入倉正造氏のご厚意により、彼が保管していた地図のコピーを入手できた。著者所蔵の地図；Japan Defense Force, "Tokyo Olympic Games and Self Defense Force," September 1, 1964。
9. 船橋洋一「世界中の青空を集めた」Foresight（フォーサイト）2000年1月号、62。
10. 船橋「世界中の青空を集めた」62。
11. Andrew Gordon, *A Modern History of Japan: From Tokugawa Times to the Present*, third edition（Oxford: Oxford University Press, 2014）, 274〔アンドルー・ゴードン『日本の200年—徳川時代から現代まで』みすず書房 2006年〕
12. Gordon, *A Modern History of Japan*, 274〔ゴードン『日本の200年』〕；升味準之輔『現代政治—1955年以後』東京大学出版 1985年〔Masumi Junnosuke, *Contemporary Politics in Japan*, trans. Lonny E. Carlile（Berkeley: University of California Press, 1995）, 37–38〕
13. Gordon, *A Modern History of Japan*, 274–75〔ゴードン『日本の200年』〕；Masumi, *Contemporary Politics in*

日、6。

123.『史料館：屯田兵から自衛隊まで』北海タイムス 1968年、北海道立図書館。

124. David Fedman, *Seeds of Control: Japan's Empire of Forestry in Colonial Korea*（Seattle: University of Washington Press, 2020）, 3–4, 103. 植民地時代の朝鮮半島では、アカシヤは砂防用に日本の林業当局が特に好む樹木になり、今日、韓国朝鮮人の中にはこの木を植民地時代の抑圧と結びつける人もいる。

125.「この道」の歌詞は詩人の北原白秋が書き、山田耕作が作曲した。紙名の候補には北海道や防衛最前線を連想させる「さきもり」「さいはて」「北国」「すずらん」もあったが、結局「あかしや」に決定した。入倉正造「本紙創刊100号を顧みて」あかしや 1963年2月20日、2。

126. 北部方面総監部第一部広報班・入倉正造編『1963年版 北海道と自衛隊』菅秀男（ページ番号なし）

127. 入倉正造：著者によるインタビュー、2006年2月9日、札幌にて。

128. 北部方面総監部第一部広報班・入倉正造編『1963年版 北海道と自衛隊』ページ番号なし。

129. あかしや 1964年5月25日、1。

130. 佐藤『軍事組織とジェンダー』183–203。

131. Frühstück, *Uneasy Warriors*〔フリューシュトゥック『不安な兵士たち』〕; Eyal Ben-Ari, "Normalization, Democracy, and the Armed Forces: The Transformation of the Japanese Military," in *Japan's Multilayered Democracy*, ed. Sigal Ben-Rafael Galanti et al.（Lanham, MD: Lexington, 2014）, 113.

132.「議会否認政党」あかしや 1966年2月1日、2。入倉正造：インタビュー、2007年6月30日。

133.「市民の声：青年よ独慎の誇りを」あかしや 1961年3月15日、4。

134.「私の見たパレード：市民は発展を期待」あかしや 1966年11月25日、3。

135. Ezra F. Vogel, *Japan's New Middle Class*（Berkeley: University of California Press, 1963）, 9.〔エズラ・F・ボーゲル『日本の新中間階級：サラリーマンとその家族』誠信書房 1968年〕

136. Vogel, *Japan's New Middle Class*,9–10.〔ボーゲル『日本の新中間階級』〕

137. 宮田由文「隊員の態度に学ぶ」あかしや 1964年12月10日、1。

138.「道民の広場：この人に聞く」あかしや 1964年2月25日、2。

139. Frühstück, *Uneasy Warriors*, 53〔フリューシュトゥック『不安な兵士たち』〕。以下も参照；Sabine Frühstück, "After Heroism: Must Real Soldiers Die?," in *Recreating Japanese Men*, ed. Sabine Frühstück and Anne Walthall（Berkeley: University of California Press, 2011）.

140.「米軍の消える北海道」読売新聞 1954年7月10日、7。

141. Foreign Service Dispatch 790, enclosure no.4,estimate by the army attaché,1.

142. "SDF's New Course," *Tokyoshinbun*,September20,1962,State Department press summary, Tokyo Embassy, US National Archives, Washington, DC.

143. 久保井正行：インタビュー、2005年11月7日。久保井は日本が降伏する数か月前に帝国陸軍予科士官学校を卒業し、陸上自衛隊員であることに誇りを感じていた。後者の理由により、1960年代初め、東京で制服を着て電車で通勤することをあきらめた。

144. Foreign Service Dispatch 790, 9. 戦前にもあったが、ダイナミクスは異なり、もっと短期だった。1920年代初め、自己防衛のために私服で通勤する兵士もいた。なぜなら、米騒動の時の軍部の治安出動に対する民間人の怒り、シベリア出兵への失望、国家予算に占める軍事費の増大に対する不満、傲慢な軍人に対する憎しみにより、悶着が起きたからだ。Humphreys, *The Way of the Heavenly Sword*, 43–49.

145.「道民の広場：この人に聞く」あやしや 1965年2月1日、2。

146.「私も一言：外出は制服を着て」あかしや 1967年4月28日、5。

147. 佐藤守男：著者によるインタビュー、2004年2月16日、札幌にて。

148.「隊員は隊員らしく：BGの座談会」あかしや 1966年11月25日、2。ザ・ビートルズはその夏、武道館で五回の公演を行った。右翼の超国家主義者がそこで公演を行うことに抗議した。武道館は毎年、戦没者追悼式が行われる会場であるし、来日当日の記者会見で、ジョン・レノンがヴェトナム戦争反対を訴えていたからだ。彼らの東京訪問の要約については以下を参照；Steve Turner, *Beatles '66: The Revolutionary Year*（New York: Ecco, 2016）, 223–34.

149. 入倉正造：インタビュー、2006年2月8日。

150.「部隊の花」あかしや 1969年7月1日、1。

151. 入倉正造：インタビュー、2006年2月8日。

152. Satō,"A Camouflaged Military,"5.

153. Frühstück,*UneasyWarriors*,90.〔フリューシュトゥック

7月25日、1.
95.「『真駒内会場』写真特集」あかしや 1958年7月25日、2.
96.「道博の子等と睦みの夏涼し」あかしや 1959年7月25日、1.
97. 札幌市経済界編『北海道大博覧会史：北海道グランドフェア』札幌市 1959年、96.
98. 陸上自衛隊函館駐とん地「陸上自衛隊函館駐とん地開設12周年記念行事」函館市立図書館 1963年。
99. 山藤印刷株式会社編『北部方面隊50年のあゆみ・写真集』山藤印刷株式会社 2004年、60.
100.「自衛隊の十年史」編集委員会『自衛隊の十年史』366.
101. 北毎45周年記念誌編集委員会『北毎、われらが時代：半世紀の軌跡』毎日新聞社北海道支社 2004年、101-06。
102.「さっぽろ雪まつり協力の推移」
103. 第50回さっぽろ雪まつり実行委員会『第50回さっぽろ雪まつり記念写真集』6–7.
104. 第50回さっぽろ雪まつり実行委員会『第50回さっぽろ雪まつり記念写真集』45–46.
105. たとえば、次を参照；「中学生が1日入隊」毎日新聞、1956年10月19日、7.
106. 森道夫：著者によるインタビュー、2006年5月26日。森は元北海道放送のプロデューサーで、北部方面隊や自衛隊全体の映像を何本か撮った。残念ながら、どれも現存しない。
107.「道民とともに16年」北海タイムス 1966年10月28日。北海タイムスは1998年に廃刊。
108. Smethurst,*A Social Basis for Prewar Japanese Militarism*, xiv.
109. 能川泰治「軍都金沢における陸軍記念日祝賀行事についての覚書」地方史研究第63巻第4号（2013年8月）49–52。
110. 時実雅信「軍旗祭」歴史群像24第1号（2015年）:18–21。
111. Lone,*Provincial Life and the Military in Imperial Japan*, 18–20. 次も参照；中野良「大正期日本軍の軍事演習：地域社会との関係を中心に」史学雑誌第114編第4号（2005年4月）53–74。1917年から1920年まで日本に滞在したイギリス人武官による、大演習と軍旗の観察記は；M. D. Kennedy, *The Military Side of Japanese Life* (Boston: Houghton Miff lin, 1923）, 43, 76–77.
112. Edward J. Drea, “Trained in the Hardest School,” in *In the Service of the Emperor: Essays on the Imperial Japanese Army* (Lincoln: University of Nebraska Press, 1998）, 87.
113. 大学共同利用機関法人 人間文化研究機構『佐倉連隊にみる戦争の時代』国立歴史民俗博物館 2006年、45.
114. Drea, “Trained in the Hardest School,” 88.
115. 入倉正造：インタビュー、2007年6月30日。
116. その他の陸自の方面隊の機関紙には、東から西へ順に、北東方面隊の〈みちのく〉、東部方面隊の〈あづま〉、中部方面隊の〈飛鳥〉。〈鎮西〉は九州（と1972年の復帰後から沖縄）の西部方面隊が発行している。残念ながら、地域によっては古い版を保存していない。たとえば〈あづま〉の初期の版は現存していないようだ。
117. 入倉正造：インタビュー、2006年2月8日。
118. 1962年に〈あかしや〉が100号を目前に記念して行ったアンケートでは、隊員の39%が毎月読み、45%はたまに読むと答えた。1966年のアンケートでは、60%が毎月読み、40%が時々読むと答えた。「本紙のアンケート結果」あかしや 1962年11月25日、6。「部隊のニュース中心に」あかしや 1966年3月10日、4。入倉によると、幹部自衛官はだいたい朝雲新聞を読む。朝雲にはもっと一般的な記事が載り、安全保障問題が取り上げられる。一般隊員は〈あかしや〉のような地域の機関紙を読む傾向にある。入倉正造：インタビュー、2007年6月30日。
119. 入倉正造：インタビュー、2007年6月30日。
120. 21世紀初め、旭川に本部がある陸上自衛隊第2師団は旧軍と結びつけられることをそれまであまり気にしていなかった。1964年、北部方面隊は北鎮記念館を再び開館した。もとは北海道護国神社の敷地に1934年に開館し、近くには2年前に第2師団の本部が設置された基地があった。開館当時の展示内容は不明だが、2007年に新館に再びオープンした資料館の2013年の展示は、屯田兵と帝国陸軍第7師団の両方に第2師団を結びつけるものだった。現在の北鎮記念館の分析については次を参照；André Hertrich, “War Memory, Local History, Gender: Self-Representation in Exhibitions of the Ground Self-Defense Force,” in *Local History and War Memories in Hokkaido*, ed. Philip A. Seaton (London: Routledge, 2016）, 179–97.
121. Michelle E. Mason, *Dominant Narratives of Colonial Hokkaido and Imperial Japan: Envisioning the Periphery and the Modern Nation-State* (New York: Palgrave Macmillan, 2012）, 31–54.
122.「とん田兵物語その2」あかしや 1962年11月25

持でよいと考えている。インタビューに答えた人々は、主に自衛隊の災害派遣や土木工事により非常に良い印象を持った。調査で繰り返し示された重要な点は、防衛能力より国民の福祉を優先させるべきという意見だ」。US Military Assistance Advisory Group—Japan, *A Decade of Defense in Japan*, 16.

49. Morris Janowitz, *The Professional Soldier: A Social and Political Portrait* (New York: Free Press, 1960), 395, 399–401. 第2次世界大戦後の最初の10年間の米軍の広報宣伝活動については以下を参照；Grandstaff, "Making the Military American."
50. 田中孝昌「防衛庁の広報政策に関する一考察」政治・政策ダイアローグ 2004年1月、81.
51. Leonard A. Humphreys, "The Japanese Military Tradition," in *The Modern Japanese Military System*, ed. James H. Buck, (Beverly Hills, CA: Sage, 1975), 37.
52.「自衛隊法」著者所蔵、27.
53. 次も参照；Murakami, "The GSDF and Disaster Relief Dispatches," 270.
54. Murakami, "The GSDF and Disaster Relief Dispatches," 269–72.
55.「自衛隊十年史」編集委員会『自衛隊十年史』357。
56. 名寄市史編さん委員会『新名寄市史』2:684。「災害派遣」北海道年鑑 1961年、162。
57.「本土の防衛」北海道年鑑 1967年、161.
58. James H. Buck, Notes on the Contributors to *The Modern Japanese Military System*, ed. James H. Buck (Beverly Hills, CA: Sage, 1975), 251; Buck, "The Japanese Self-Defense Forces," 605.
59. Murakami, "The GSDF and Disaster Relief Operations," 273. 大森は1965年に自衛隊を退職し、槇の後任として防衛大学校校長に就任した。
60. Robert Trumbull, "U.S. Forces Assist Typhoon Victims," *New York Times*, October 7, 1959, 18.
61.「隊員の献血お断り」朝日新聞 1964年2月18日、14。
62. 吉田律人「軍隊の『災害出動』制度の確立　大規模災害への対応と衛戍の変化から」
63.「自衛隊十年史」編集委員会『自衛隊十年史』361。
64. Foreign Service Dispatch 790, 4.
65.「地元への協力」北海道年鑑 1960年、155。
66.「地元への協力」北海道年鑑 1959年、146。
67. Sasaki,*Japan's Postwar Military and Civil Society*, 61.
68. Sasaki, *Japan's Postwar Military and Civil Society*, 65.
69.「ブルドーザー運行の朗報」名寄新聞、1953年2月2日、
70. 久保井正行：著者によるインタビュー、2005年11月7日。
71. 桜庭康喜：インタビュー、2005年11月7日。
72. 久保井正行：インタビュー、2005年11月7日。
73. "SDF Members to Be Dispatched to Farm Villages," *Nihon Keizai shinbun*, August 18, 1962, US Embassy Tokyo Summaries of Japanese Press, RG84, P422, 350.78.30.3, Department of State Files, US National Archives, Washington, DC.
74. 入倉正造：インタビュー、2006年2月8日。
75. 秋国為八「俺は歩兵No.3」かしわ台、1969年6月1日、『投降スクラップ』収載（44.4.1–50.4）。〈かしわ台〉に載った秋国の作品を集めたスクラップ・ブックを氏のご厚意により複写させていただいた。秋国為八：著者によるインタビュー、2007年6月29日、帯広にて。
76. とよ平「番外くん」あかしや、1969年6月1日、7。漫画家のフルネームはわからない。
77. 財団法人札幌オリンピック冬季大会組織委員会編『第11オリンピック冬季大会公式報告書』財団法人札幌オリンピック冬季大会組織委員会、1972年、366.
78. 桜庭康喜：インタビュー、2005年12月19日。
79.「見事な盛り上がり」名寄新聞、1970年3月3日。桜庭康喜：インタビュー、2005年12月19日。
80. 桜庭康喜：インタビュー、2005年12月19日。
81.「国土建設隊と警察に：社会党が自衛隊の改編案」朝日新聞、1959年11月23日、1。
82. 吉田茂『世界と日本』大島秀一（番長書房）、1963年、205。
83. 入倉正造：著者によるインタビュー、2007年6月30日、札幌にて。
84. Sasaki,*Japan's Postwar Military and Civil Society*, 60.
85. Foreign Service Dispatch 790, 6.
86.「自衛隊十年史」編集委員会『自衛隊十年史』366.
87.「部外協力業務」北海道年鑑 1961年、162.
88. 吉田茂『回想十年』〔Yoshida, *The Yoshida Memoirs*,190〕
89. 朝雲新聞社編集局『波乱の半世紀』23.
90.「自衛隊記念日行事関係資料」（43年）2/2」1968, 4A.34.155, 5-2303, National Archives of Japan, Tokyo.
91. 入倉正造：インタビュー、2006年2月8日。
92.「都内あきらめ朝霞で」朝日新聞 1973年8月10日（夕刊）2。
93.「昭和34年 長官等訓示集」1959年10月29日、11月1日。4A.34.144, 8-476, 国立公文書館。
94.「一味清風：百聞は一見に如かず」あかしや 1958年

Files, US National Archives, Wash- ington, DC.
12. 只木辰雄「われら雪の芸術部隊『さっぽろ雪まつり』の苦心談」日本経済新聞 1964 年 1 月 18 日、10。
13. 岸本重一「道開発の先駆者たれ」あかしや、1960 年 11 月 25 日、3.
14. Brett L. Walker, *The Conquest of Ainu Lands: Ecology and Culture in Japanese Expansion, 1590–1800* (Berkeley: University of California Press, 2001), 5.〔ブレット・ウォーカー『蝦夷地の征服 1590-1800—日本の領土拡張に見る生態学と文化』北海道大学出版会 2007 年〕
15. Ann Irish, *Hokkaido: A History of Ethnic Transition and Development on Japan's Northern Island* (Jefferson, NC: McFarland, 2009), 119.
16. Irish, *Hokkaido*, 291; Juha Saunavaara, "Postwar Development in Hokkaido: The U.S. Occupation Authorities' Local Government Reform in Japan," *Journal of American-East Asian Relations* 21 (2014): 134–55.
17. 松下孝昭『軍隊を誘致せよ:陸海軍と都市形成』吉川弘文館 2013 年、259。
18. 池田幸太郎『私の回想録』池田光蔚 1990 年、110–11.
19. 桜庭康喜:著者によるインタビュー、2005 年 12 月 19 日、名寄にて;名寄市史編さん委員会『新名寄市史』(全 3 巻)2000 年、2:688–89.
20. 大小田八尋『北の大地を守りて 50 年:戦後日本の北方重視戦略』かや書房 2005 年、143。旭川における第七師団の歴史およびその社会との関係については;山本和重編『北の軍隊と軍都:北海道・東北』収載、平野友彦「第七師団と旭川」;吉川弘文館 2015 年、44–78。
21. 名寄市史編さん委員会『新名寄市史』2000 年、2:817。
22. 朝雲新聞社編集局『波乱の半世紀:陸上自衛隊の 50 年』朝雲新聞社 2000 年、33。
23. 桜庭康喜:インタビュー、2005 年 12 月 19 日。
24. 桜庭康喜:インタビュー、2005 年 12 月 19 日。
25. 美唄市百年史編さん委員会『美唄市百年史:通史編』美唄市長瀧正 1991 年、1426–28。
26. Lone,*Provincial Life and the Militaryin Imperial Japan*, 116–17.
27. Lee K. Pennington, "Wives for the Wounded: Marriage Mediation for Japanese Disabled Veterans during World War II," *Journal of Social History* 53, no. 3 (2020): 667–97.
28. 入倉正造:著者によるインタビュー、2006 年 2 月 8 日、札幌にて。
29. 入倉正造:インタビュー、2006 年 2 月 8 日。
30. Sasaki, *Japan's Postwar Military and Civil Society*, 75.
31. Sasaki, *Japan's Postwar Military and Civil Society*,75–78.
32.『屯田兵問題』北海道年鑑、1957 年、131。
33. 航空書簡 A-38, 6. 次も参照;Sasaki, *Japan's Postwar Military and Civil Society*, 81–82.
34. 入倉正造:インタビュー、2006 年 2 月 8 日。
35. 朝日新聞社『自衛隊』59。Brendle,"Recruitment and Training in the SDF,"79.
36.「初の協力会少年部発足」あかしや、1964 年 11 月 25 日、2。
37. Foreign Service Dispatch 790, enclosure no. 4, estimate by the army attache´, 3.
38. 佐々木正展:入倉正造へのはがき、1985 年 1 月 10 日。
39. 入倉正造:著者によるインタビュー、2019 年 7 月 11 日、札幌にて。
40. Foreign Service Dispatch 790, enclosure no. 4, estimate by the army attache´, 3.
41. 宮沢作太郎、勝木俊知:著者によるインタビュー、2002 年 10 月 30 日、東京にて。旧軍将校たちが死去し数が減少したため、まもなく偕行社と水交社は自衛官の入会も認めるようになった。
42. Morris,*Nationalism and the Right Wing in Japan*, 241.
43. Hitoshi Kawano,"A Comparative Study of Combat Organizations: Japan and the United States during World War II" (PhD dissertation, Northwestern University, 1996), 61; Smethurst, *A Social Basis for Prewar Japanese Militarism*, i.
44. Peter J.Katzenstein,*Cultural Norms and National Security: Police and Military in Postwar Japan* (Ithaca, NY: Cornell University Press, 1996), 108–9.〔ピーター・カッツェンスタイン『文化と国防:戦後日本の警察と軍隊』日本経済評論社 2007 年〕
45. Sasaki, *Japan's Postwar Military and Civil Society*, chap.4.
46. PeterJ.Katzenstein and Nobuo Okawara,*Japan's National Security: Structures, Norms and Policy Reponses in a Changing World* (Ithaca, NY: Cornell East Asia Program, 1993), 58.
47. 朝日新聞社『自衛隊』232.
48. Foreign Service Dispatch 790, 1. 1964年、米軍事顧問は次のように書いている。「(自衛隊の)『容認』とは熱烈に彼らを支持することではない。世論調査によれば、国民の大多数は軍事力増強を望まず、現状維

184. 山崎眞：著者によるインタビュー、2016 年 10 月 17 日。

185. 社会科学の専攻科目の創設についてさらに知るには；Hitoshi Kawano, "The Expanding Role of Sociology at Japan National Defense Academy," *Armed Forces & Society* 35, no. 1（October 2008）: 122–44.

186. 猪木はまず防衛大学校校長として学生に向けた訓示の原稿を 1970 年 12 月 16 日に書き、その原稿がのちに自衛隊に配布された。

187. 西原正：著者によるインタビュー、2015 年 10 月 12 日、東京にて。

188. 五百旗頭真『日本は衰退するのか』筑摩書房 2014 年、73–76. この記事は最初、毎日新聞 2008 年 9 月 7 日に掲載された。

189.「『アジア外交麻痺』防衛大校長・五百旗頭真氏、小泉メルマガで首相批判」朝日新聞、2006 年 9 月 7 日、4.

190. Hiroko Willcock, "The Political Dissent of a Senior General: Tamogami Toshio's Nationalist Thought and a History Controversy," *Asian Politics & Policy* 3, no 1（2011）: 38–39; Oleg Benesh, *Inventing the Way of the Samurai: Nationalism, Internationalism, and Bushido in Modern Japan*（Oxford: Oxford University Press, 2014）, 237.

191. 五百旗頭：著者によるインタビュー、2015 年 6 月 27 日、東京にて。若宮啓文「防衛大学校：校長を悩ます〝田母神〟応援団」朝日新聞、2009 年 3 月 16 日、11。

192.「防衛大学校五百旗頭」（下）「〝田母神問題〟でバッシングも」朝日新聞、2012 年 3 月 24 日、B09。

193. 志方俊之：インタビュー、2016 年 10 月 20 日。猪木は田母神が防大 4 年生になったときに校長に就任した。それまでの 3 年間は元陸上幕僚長、大森寛が校長を務めていた。

194. 五百旗頭『日本は衰退するのか』178。この記事は最初、毎日新聞 2008 年 11 月 9 日に掲載された。

195. 西原正：著者によるインタビュー、2015 年 6 月 24 日、東京にて。

196. 五百旗頭「槇記念室開設にあたって」、『槇記念室図録：建学の精神　自主自律　初代学校長槇智雄の時代』槇記念室設置等検討委員会編、防衛大学校 2008 年、i。

197. 西原正：インタビュー、2015 年 10 月 12 日。

第 3 章　「愛される自衛隊」になるために

1. この雪の城がつくられるようになった経緯を理解するのに協力してくれたオレグ・ベネシュ（Oleg Benesch）に感謝。

2. 第 50 回さっぽろ雪まつり実行委員会編『第 50 さっぽろ雪まつり記念写真集別冊―記録・資料編』1999 年、17；金親堅太郎「雪まつり」旬刊読売 1952 年 3 月 21 日、34-35。

3.「『さっぽろ雪まつり』協力の推移」北部方面隊の日付のない内部文書。第 50 回さっぽろ雪まつり実行委員会編『第 50 回さっぽろ雪まつり記念写真集別冊―記録・資料編』も参照。

4. 在札幌アメリカ領事館から国務省への航空書簡 A-38："The Japanese Military Establishment in Northern Japan," December 29, 1970, 10, Department of State Files, US National Archives, Washington, DC.

5. 豊島誉弘：著者によるインタビュー、2006 年 6 月 5 日、札幌にて。

6. Frühstück, *Uneasy Warriors*〔フリューシュトゥック『不安な兵士たち』〕; Sabine Frühstück and Eyal Ben-Ari, "'Now We Show It All!' Normalization and the Management of Violence in Japan's Armed Forces," *Journal of Japanese Studies* 28, no. 1（Winter 2002）: 1–39；佐藤文香『軍事組織とジェンダー：自衛隊の女性たち』慶応義塾大学出版会 2004 年；須藤遙子『自衛隊協力映画：「今日もわれ大空にあり」から「名探偵コナン」まで』大月書店 2013 年。

7. 朝日新聞編『自衛隊』朝日新聞社 1968 年、233。

8. Robert Trumbull, "Japan Bolsters Hokkaido Islands," *New York Times*, Sep- tember 11, 1956, 6. このように自衛隊の駐屯地が集中しているため、北海道はよく沖縄と比べられる。沖縄は在日米軍基地の 75 パーセントを抱えている。もちろん、土地面積に大きな開きがあり、沖縄の基地負担のほうがはるかに大きい。2010 年、北海道には 51 の駐屯地があり、4 万人の自衛隊員が駐屯している。Ministry of Defense, *Defense of Japan 2010*（Tokyo: Erklaren, 2010）, 421.

9.「冬を迎えた北海道自衛隊」朝日新聞 1954 年 11 月 22 日、3。

10. 千歳市史編さん委員会編『千歳市史』千歳市 1983 年、1216–38.

11. Foreign Service Dispatch 790, US Embassy Tokyo to Department of State, "Public Image of Japan Self Defense Forces," "Submission by Consul at Sapporo," January 10, 1961, unpaginated, State Department

2ほか、以下も参照。「ダンスだけ一人前の防衛大生」毎日新聞 1958 年 3 月 8 日、1。「『新国軍幹部』のダンス論議」朝日新聞 1958 年 3 月 8 日、2。

161. 長門「槇校長とアカシヤ会」358。国会での聴聞のあと、漫画家の加藤芳郎はこの騒動をあざ笑う 4 コマ漫画を毎日新聞に載せた。防大生が辻の批判に対抗するため、ダンスを仮装ダンス・パーティーに変更し、ミサイルやロケット発射台のコスチュームに身を包んだ女性とダンスしているところを描いた。この漫画は 1954 年から 2001 年まで同紙に連載された 13615 回のうち 1497 番である。加藤芳郎「まっぴら君」毎日新聞（夕刊）1958 年 3 月 10 日、3.

162. Morris,*Nationalism and the Right Wing in Japan*, 215.

163.「開校以来の大感激：有馬稲子、防衛大学校を訪問」毎日新聞 1958 年 6 月 15 日、6。

164. 大江健三郎「女優と防衛大生」毎日新聞 1958 年 6 月 26 日（夕刊）、5。

165. 山口進「現実を無視のペンのおごり」毎日新聞 1958 年 7 月 7 日、3。

166.「〝誇り〟と〝恥辱〟若い世代と防衛大生」毎日新聞 1958 年 7 月 18 日、6。

167. 数年後の 1961 年 1 月、大江は中編小説『セヴンティーン』を発表。主人公は自衛隊を、日本の平和のために米軍に依存する「寄生虫」と呼ぶ。物語が進むと、17 歳の主人公は左翼から右翼に転向し、極右集団に入る。翌月発表された続編で、大江は主人公の「暗殺と自殺による最後の救済」を描く。大江が小説のモデルにしたのは、陸上自衛隊員の息子で 17 歳の山口二矢（おとや）。社会党党首浅沼稲二郎を刃物で暗殺した人物だ。浅沼は NHK 主催の討論会で演説中で、その模様はラジオで生中継されていた。山口はその後、鑑別所の独房の壁に「七生報国　天皇陛下万才〔ママ〕」と書いて縊死した。大江は、毎日新聞のコラムで防大生を侮辱したように、この主人公の男らしさを揶揄し、山口をしきりに自慰をする人物として描くことで馬鹿にした。これに加え、作中、主人公が天皇を侮辱する行為が右翼を激怒させた。Masao Miyoshi, introduction to *Two Novels: Seventeen, J*, by Kenzaburō Ōe, trans. Luk Van Haute（New York: Blue Moon, 1996）, vi–vii, 10. この小説を紹介してくれた、ジョナサン・ツヴィッカー（Jonathan Zwicker）に感謝。

168. 防衛大学校同窓会のサイト：「防大逍遥歌の誕生と現状」。別の学生、塩田進が作曲した。

169. 防衛大学校同窓会のサイト：「防大逍遥歌の誕生と現状」。

170. 志摩篤：インタビュー、2016 年 10 月 18 日。

171. 冨澤暉：インタビュー、2016 年 10 月 19 日。

172. 当時、防大内部での唯一の言及は、第 3 期生の卒業アルバムに収められた学校新聞の切り抜きのコラージュだけのようだ。防衛大学校第 3 期卒業記念写真帖委員会編『防衛大学校第 3 期卒業記念写真帖』（防衛大学校 1959 年）ページ番号なし。

173. 志方俊之：著者によるインタビュー、2016 年 10 月 20 日。

174. たとえば、以下参照；「自衛隊の精神教育要綱」読売新聞 1960 年 11 月 15 日。軍人勅諭の英語訳は；Arthur E. Tiedemann, *Modern Japan: A Brief History*（Princeton, NJ: D. Van Nostrand, 1955）, 107–12。教育勅語の英語訳は；Wm. Theodore de Bary, Carol Gluck, and Arthur E. Tiedemann, *Sources of Japanese Tradition*, vol. 2: *1600 to 2000*, second edition（New York: Columbia University Press, 2005）, 780–81. .

175. Japan Defense Agency, "Ethical Principles for Personnel of the Self Defense Force," undated. Manuscript in author's possession.〔防衛庁「自衛官の心がまえ」日付なし。著者所蔵の文書〕

176. 加藤陽三『私録・自衛隊史　警察予備隊から今日まで』170–80.

177. Morris,*Nationalism and the Right Wing in Japan*, 248–50.

178. Welfield,*An Empire in Eclipse*, 371.

179. James H. Buck, "The Japanese Self-Defense Forces," *Asian Survey* 7（1967）: 610. 自衛隊全体での割合もほぼ同じだ。これらのパーセンテージについては以下参照；Emmerson, *Arms, Yen and Power*, 126.

180. 志方俊之：インタビュー、2016 年 10 月 20 日。

181. Buck, "The Japanese Self-Defense Forces," 610. 1970 年代、陸上自衛隊で昇進して新しく将校になった 500 人のうち、およそ 50 人は一般の大卒者で、およそ 250 人は防衛大の卒業生だった。防大卒業生を含め、幹部指揮官を目指す者は全員、幹部候補課程を修了する必要がある。課程の期間は経歴によって異なる。Edward J. Drea, "Officer Education in Japan," *Military Review*, September 1980, 32.

182. 前田哲男『自衛隊は何をしてきたのか?』〔Maeda,*The Hidden Army*, 59〕

183. Robert D. Eldridge, "Organization and Structure of the Contemporary Ground Self-Defense Force," in *The Japanese Ground Self-Defense Force: Search for Legitimacy*, ed. Robert D. Eldridge and Paul Midford（New York: Palgrave Macmillan, 2017）, 21.

137. 宮城音彌「再軍備を超越」8-9。

138. John Toland, *The Rising Sun: The Decline and Fall of the Japanese Empire, 1936–1945* (New York: Random House, 1970) ; John Costello, *The Pacific War, 1941–1945* (New York: Quill, 1981) , 97-98; Michael Norman and Elizabeth M. Norman, *Tears in the Darkness: The Story of the Bataan Death March and its Aftermath* (New York: Farrar, Straus and Giroux, 2009), 371-72. 以下も参照;Ian Ward, *The Killer They Called God* (Singapore: Media Masters, 1992) . 歴史学者の林博史の主張によれば、大量虐殺の計画と執行を主導したのは辻に間違いないが、研究者たちは彼の役割を過大評価している。Hayashi, "Massacre of Chinese in Singapore and Its Coverage in Postwar Japan," in *New Perspectives on the Japanese Occupation in Malaya and Singapore, 1941–1945*, ed. Akashi Yoji and Yoshimura Mako (Singapore: NUS Press, 2008) , 237-38.

139. 辻政信の東南アジアから中国までの主観的な逃避行ついては以下を参照;Tsuji Masanobu, "Underground Escape,"〔辻政信『潜行三千里』毎日新聞社 1950 年〕in *Ukiyo: Stories of "the Floating World" of Postwar Japan*, third edition, ed. Jay Gluck (New York: Vanguard, 1963) , 48-66.

140. Robert Guillain, "The Resurgence of Military Elements in Japan," *Pacific Affairs* 25, no. 3 (September 1952) : 219.

141. Morris,*Nationalism and the Right Wing in Japan*, 223.

142. Morris,*Nationalism and the Right Wing in Japan*, 223.

143. 歴史学者ロバート・ビッカーズは 20 世紀初頭の中国について次のように書いている。「1920 年代半ば、広州にたむろし、革命をもてあそんだタイプの教養ある都会人にとって、フォックストロットとワルツはかつて社会的文化的革命を表す行為だった。国はたしかに、「ダンスに救われ」、あらゆる意味で近代的で西洋的であることで救われたのかもしれない。当時、彼らはそんなことも考えていた。いまではこれらのステップは反逆行為のたぐいと見なされている」。Robert Bickers, *Out of China: How the Chinese Ended the Era of Western Domination* (Cambridge, MA: Harvard University Press, 2017), 175. 今日の過激なイスラム思想の知的な生みの親のひとり、サイド・クトゥブは、1948 年コロラド州グリーリーの教会のダンスに憤慨したと伝えられている。Daniel Brogan, "Al Qaeda's Greeley Roots," 5280. com, August 28, 2010, https://www.5280.com/2010/08/al-qaedas-greeley-roots/, accessed May 4, 2019.

144. John Hunter Boyle, *Modern Japan: The American Nexus* (Orlando, FL: Harcourt Brace Jovanovich, 1993) , 117. 以下も参照;Karlin, "The Gender of Nationalism," 44-47.

145. 谷崎潤一郎『痴人の愛』〔Naomi, trans. Anthony H. Chambers, New York: Vintage International, 2001〕

146. James L. McClain, *Japan: A Modern History* (NewYork : W. W.Norton,2002) , 464-65.

147. 長門徹「槇校長とアカシヤ会」、防衛大学校同窓会『槇の実:槇智雄先生追想集』防衛大学校同窓会槇記念出版委員会 1972 年、357-58。

148. Roden, "Thoughts on the Early Meiji Gentleman," 78-79.

149. Deslandes,*Oxbridge Men*, 174.

150.「ダンス校友会の現状」小原台 1957 年3月 26 日、3。防大 8 期生、長門が後年に書いた回想は、〈小原台〉に載ったアカシヤ会の創設の経緯の記事とは違う。長門によれば、アカシヤが結成されたのはキャンパスがまだ久里浜にあった頃だ。長門「槇校長とアカシヤ会」防衛大学校同窓会『槇の実』収載。〈小原台〉の記事のほうが信憑性が高いようだ。

151. 原口俊郎「思いつくままに」防衛大学校同窓会『槇の実』307-8.。辻の娘がダンスパーティーに参加したかどうかはわからない。彼女を招待した防大生は別の女性と一緒に行ったという話があるが、それは辻が娘に参加を禁じたからかもしれない。

152. ウチダ・シュウヘイ「信念の人」、防衛大学校同窓会『槇の実』473.

153. Patalano,*Post-War Japan as a Sea Power*,182-28.〔パタラーノ『シー・パワーとしての戦後日本』〕

154. 防衛省防衛研究所戦史部「石津節正オーラル・ヒストリー」22。石津は、辻と対決した人物を竹下ではなく槇と間違って記憶しているが、この事件の他の部分の彼の記憶を疑う理由はないし、それらは基本的に、学生たちによって裏付けられている。

155. 内閣委員会会議録、第 11 号、1958 年 3 月 7 日、10.

156. 内閣委員会会議録、第 11 号、1958 年 3 月 7 日、10-11.

157. 槇智雄『防衛の務め』183-84.

158. 内閣委員会会議録、第 11 号、1958 年 3 月 7 日、11.

159. 内閣委員会会議録、第 11 号、1958 年 3 月 7 日、12.

160.「防大生のダンス資格」読売新聞 1958 年 3 月 8 日、

97. 冨澤暉「陸上自衛隊幹部の育ち方」1-5.
98. 志摩篤：インタビュー、2016年10月18日。
99. 防衛省防衛研究所戦史部「吉川圭祐オーラル・ヒストリー：元大湊地方総監」防衛省防衛研究所 2014年、138.
100. 防衛省防衛研究所戦史「佐久間一オーラル・ヒストリー」27.
101. ある元学生は、吉田茂は毎月のように防衛大を訪ねてきたと記憶していると述べたが、これは記憶違いであろう。別の学生は、吉田があまりにもひんぱんに防衛大に来るので、首相であることを忘れて親近感を持てたと当時を振り返った。志摩篤：インタビュー、2016年10月18日。防衛省防衛研究所戦史部「佐久間一オーラル・ヒストリー」22.
102. 防衛省防衛研究所戦史部「石津節正オーラル・ヒストリー」22.
103. 志摩篤；インタビュー、2016年10月18日。
104.「防衛大学校学生隊歌」作詞の前川清より、楽譜のコピーを提供していただいた。作曲は、多くの楽曲を手がけた平井康三郎。
105. 志方俊之：インタビュー、2016年10月20日。
106. 防衛省防衛研究所戦史部「吉川圭祐オーラル・ヒストリー」139.
107. 志方俊之：インタビュー、2016年10月20日。
108. 参照：防衛省防衛研究所戦史部「吉川圭祐オーラル・ヒストリー」138、志摩篤：インタビュー、2016年10月18日。
109. 池田潔『自由と規律　イギリスの学校生活』岩波書店 1949年、154.
110. 防衛省防衛研究所戦史部「西元徹也オーラル・ヒストリー」50；同「吉川圭祐オーラル・ヒストリー」25；Francis E. Kramer, "Memories of the National Defense Academy," June 27, 2002, 2–3. National Defense Academy Archives, Yokosuka, Japan.
111. Guthrie-Shimizu, *Transpacific Field of Dreams*, 201.
112. 防衛省防衛研究所戦史部「西元徹也オーラル・ヒストリー」51；Ken Belson, "The Organized Chaos of Botaoshi, Japan's Wildest Game," *New York Times*, August 22, 2018.
113. Nishihara, "U.S. Military Advisors"〔西原正「防大創設期の米軍人顧問たち」〕; Joel J. Dilworth, letter to Nishihara Masashi, May 16, 2002, National Defense Academy Archives, Yokosuka, Japan.
114. Nishihara, "U.S. Military Advisors," 3.〔西原正「防大創設期の米軍人顧問たち」〕
115. "National Safety Academy: Camp Kurihama," "Controversial Issues" addendum, National Defense Academy Archives, , Yokosuka, Japan.
116. Dilworth, "A Tribute," 1.
117. 槇智雄『米・英・仏　士官学校歴訪の旅』甲陽書房 1969年、18。槇とフィスケンはかなり親しかったようで、その証拠にフィスケンの両親が槇に会うためにわざわざシアトルから車でサンランシスコまで駆けつけている。
118. 槇智雄『米・英・仏：士官学校歴訪の旅』
119. 参照：槇智雄『防衛の務め』182-185.
120. Kramer, "Memories," 1–2.
121. Kramer, "Memories," 3.
122. Fumio Ota,"Japanese Warfare Ethics,"*Routledge Handbook of Military Ethics*, ed. George Lucas（New York: Routledge, 2015）, 167.
123. Kramer, "Memories," 1, 3.
124. William J. Brake, "Historic Milestones" letter to Nishihara Masashi, July 2002, National Defense Academy Archives, Yokosuka, Japan.
125. 志方俊之：インタビュー、2016年10月20日。
126. David C. Evans and Mark R. Peattie, *Kaigun: Strategy, Tactics, and Technology in the Imperial Japanese Navy, 1887–1941*（Annapolis, MD: Naval Institute Press, 1997）, 9。
127. 横須賀市史編集委員会『横須賀市史』（横須賀市庁、1957年）577。
128. 横須賀市史編集委員会『横須賀市史』577。
129. 防衛省防衛研究所戦史部「石津節正オーラル・ヒストリー」140、三島由紀夫「現代青年の矛盾を反映」週刊朝日 1953年7月26日号 6。
130. 冨澤暉：著者によるインタビュー、2016年10月19日、東京にて。
131.「特集：市民は防大生をどう見るか」小原台 1957年7月10日号、2。防大生が直面した誘惑は〈小原台〉の一コマ漫画に描かれている。制服姿の学生が「お酒」「BAR」「未成年者お断り」の看板が並ぶ暗い路地に入っていくところだ。小原台 1958年5月8日、1。
132. 前川清：インタビュー、2016年10月20日。
133. 三島「現代青年の矛盾を反映」5-7。
134. 大宅壮一、宮城音彌「保安大学に入学した動機」週間サンケイ 1954年1月17日、4-7。
135. 大宅壮一「殆ど天皇制には傍観的」週間サンケイ 1954年1月17日、7–8。
136. 宮城音彌「再軍備を超越」週間サンケイ 1954年1月17日、8–9。

65. Paul R. Deslandes, *Oxbridge Men: British Masculinity and the Undergraduate Experience, 1850–1920* (Bloomington: Indiana University Press, 2005), 156.
66. "Visit of Doctor Tomo-O Maki, Superintendent, Japan Defense Academy to the U. S. Naval Academy on Thursday, 16 February and Friday, February 17, 1956," RG 405 Entry 56 A, Records of the Superintendent, Directives, Notices 1956–1963, box 2, folder 1, Records of the United States Naval Academy, Annapolis, MD.
67. 槇智雄『防衛の務め』190。最初に発表されたのは〈修親〉1963年1月。轟孝夫「初代防衛大学校長」3.
68. 1920年代初期、陸軍士官学校は当時、一般の中等学校で流行っていた野球、テニス、サッカーなどのスポーツを一時期行っていたが、「排外主義」が台頭し、まもなく取りやめになった。Theodore F. Cook, "The Japanese Officer Corps: The Making of a Military Elite, 1872–1945," PhD dissertation, Princeton University, 1987, 101; Stewart Lone, *Provincial Life and the Military in Imperial Japan: The Phantom Samurai* (London: Routledge, 2009), 153n6.
69. 高橋和宏：著者によるインタビュー、2019年7月1日。
70. Eckert,*Park Chung Hee and Modern Korea*,109–10.
71. 田中宏巳「防衛大学校」、『新横須賀市史：別編 軍事』横須賀市 2012年　795.
72. 槇智雄『防衛の務め』144.
73. 上田愛彦：著者によるインタビュー、2016年10月18日、東京にて。
74. 前田哲男『自衛隊は何をしてきたのか?』〔Maeda, *The Hidden Army*, 59–60〕
75. 防衛省防衛研究所戦史部編「佐久間一オーラル・ヒストリー、元統合幕僚会議議長」上巻、防衛省防衛研究所 2007年、26.
76. 松谷誠「保安大学校創立の思い出」、大嶽編『戦後日本防衛問題資料集』2:481-86。
77. たとえば、防大9期生の山崎眞は、彼に大きな影響を与えた教官の一人は、防大1期生だったと語った。山崎：著者によるインタビュー、2016年10月17日、東京にて。
78. 陸軍士官候補生の社会経済的背景の研究については；広田照幸『陸軍将校の教育社会史』137-68.
79. 「カメラ 保安大学校に入る」アサヒグラフ 1953年6月3日、4.
80. 上田愛彦：著者によるインタビュー、2016年10月18日、東京にて。
81. 防衛省防衛研究所戦史部編「鈴木昭雄オーラル・ヒストリー、元幕僚長」防衛省防衛研究所 2011年、30.；「石津節正オーラル・ヒストリー」防衛省防衛研究所 2014年 23.
82. 1950年に警察予備隊に入隊した佐藤守男は防衛大を受験したが合格しなっかた。佐藤守男『警察予備隊と再軍備への道』111.
83. 志摩篤：インタビュー、2016年10月18日。
84. Thomas M. Brendle, "Recruitment and Training in the SDF," in *The Modern Japanese Military System*, ed. James H. Buck (Beverly Hills, CA: Sage, 1975), 85. 九州出身者の防衛大合格者の割合は何十年間も高かった。1959年から1978年まで、九州出身の防大生の割合の平均は31%をわずかに上回っていた。Welfield, *An Empire in Eclipse*, 376.
85. Sasaki, *Japan's Postwar Military*, 29; Welfield, *An Empire in Eclipse*, 375. 防衛大の合格率については；Brendle, "Recruitment and Training in the SDF," 85.
86. 総理府統計局『日本の人口：昭和30年国勢調査の解説』日本統計協会 1960年、216 – 19.
87. Sasaki, *Japan's Postwar Military*,33.
88. 防衛省防衛研究所戦史部編「西元徹也オーラル・ヒストリー、元統合幕僚会議議長」上巻、防衛省防衛研究所 2010年、45.
89. 志方俊之：著者によるインタビュー、2016年10月20日、東京にて。防衛省防衛研究所戦史部「石津節正オーラル・ヒストリー」21も参照。
90. 上田愛彦：インタビュー、2016年10月18日、東京にて。
91. 志摩篤：インタビュー、2016年10月18日。
92. Robert W. Aspinall, *Teachers' Unions and the Politics of Education in Japan* (Albany: State University of New York Press, 2001), 37.
93. 防衛省防衛研究所戦史部「鈴木昭雄オーラル・ヒストリー」27.
94. 防衛省防衛研究所戦史部「西元徹也オーラル・ヒストリー」47.
95. 上田愛彦；防衛大学校総合図書館にてインタビュー。「防衛大学校オーラル・ヒストリー：1期生」防衛省防衛大学校 2019年、27. 上田は著者によるインタビューの1か月後、2016年11月10日、防衛大の教授陣によるインタビューを受けた。
96. 冨澤暉「陸上自衛隊幹部の育ち方（その1）」偕行 2002年8月、1 – 5。冨澤暉「陸上自衛隊幹部の育ち方（その2）」偕行 2002年9月、1-5.

だ。槇有恒に関しては、以下参照；David Fedman, "Mounting Modernization: Itakura Katsunobu, the Hokkaido University Alpine Club and Mountaineering in Pre-War Hokkaido," *Asia-Pacific Journal*, October 19, 2009, 1–18. 兄の智雄はオックスフォード大学卒業後、日本に帰国する前にアルプスで登山を楽しんだ。

39. Justin Aukema, "Cultures of (Dis) remembrance and the Effects of Discourse at the Hiyoshidai Tunnels," *Japan Review* 32 (2019) : 130.
40. Roden, "Thoughts on the Early Meiji Gentleman," 80.
41. J. M. Winter, "Oxford and the First World War," in *The History of the University of Oxford*, vol. 8: *The Twentieth Century*, ed. Brian Harrison (Oxford: Clarendon, 1994) , 8–10, 18–24.
42. Julia Stapleton, *Englishness and the Study of Politics: The Social and Political Thought of Ernest Barker* (Cambridge: Cambridge University Press, 1994) , 172, 180.
43. バーカーの評価については；Stapleton,*Englishness and the Study of Politics*; Andrzej Olechnowicz, "Liberal Anti-Fascism in the 1930s: The Case of Sir Ernest Barker," *Albion* 36、no. 4 (2005) : 636–60. オックスフォードのような大学の学術的文化的環境や、指導教授と学生との関係については；Reba N. Soffer, *Discipline and Power: The University, History, and the Making of an English Elite, 1870–1930* (Stanford, CA: Stanford University Press, 1994) , 24–25. 他の知識人と同様に、バーカーは戦争に協力した。オックスフォードの「異なる政治的感覚」をもつ歴史学者の集団ととも に、*Why We Are at War: Great Britain's Case*, which "reconstructed a century of Germanic aggres- sion." を出版した。Anne Rasmussen, "Mobilizing Minds," in *The Cambridge History of the First World War: Civil Society*, ed. Jay Winter, vol. 3 (Cambridge: Cambridge University Press, 2014) , 403.
44. 慶應義塾史事典編集委員会『慶應義塾史事典』慶応義塾 2008 年、586。
45. 慶應義塾史事典編集委員会『慶應義塾史事典』749。
46. 参照；Aukema, "Cultures of (Dis) remembrance," 131–33.
47. 槇は慶応で教授と理事を務めていた時代に「三田新聞」には 7 回しか寄稿していない。すべて学生のスポーツ参加に関する記事で、満州事変の後に掲載された記事は 1 点のみ。「陸上には二つの方法がある」三田新聞 1932 年 10 月 21 日、3。これは、1937 年の盧溝橋事件の前のことだ。この事件をきっかけに日本は全面的に中国侵攻を開始し、国家総力戦に突入する。小泉信三は 1937 年から 1944 年まで三田新聞や全国紙を通じて、学生に入隊を奨励していた。Aukema, "Cultures of (Dis) remembrance," 131–32.
48. 防衛大学校五十年史編纂事業委員会『防衛大学校五十年史』15。
49. 田中宏巳「解説」；槇智雄『防衛の務め：自衛隊の精神的拠点』
50. 五百旗頭真「序」；槇智雄『防衛の務め』
51. Dower,*Empire and Aftermath*, 442.
52.「紳士をつくる保安大学」毎日新聞 1953 年 2 月 25 日、7。
53. 轟孝夫「槇智雄 初代防衛大学校長の教育理念とその淵源：アーネスト・バーカーとの関係を中心に」防衛大学校紀要 97、2008 年、6-8。
54. 槇智雄『防衛の務め』
55. 戦後の保守的な学者の分析ついては；Kim, "The Moral Realism of the Postwar Japanese Intellectuals."
56. Eckert, *Park Chung Hee and Modern Korea*, 282; Danny Orbach, *Curse on this Country: The Rebellious Army of Imperial Japan* (Ithaca, NY: Cornell University Press, 2017) , 226.
57. 前田哲男『自衛隊は何をしてきたのか?』〔Maeda,*The Hidden Army*,58–59〕
58. 槇智雄『防衛の務め』268。槇は、これらの日本語に相当する英語を括弧に入れて書いている。
59. Yumiko Mikanagi,*Masculinity and Japan's Foreign Relations* (Boulder,CO:First Forum, 2011) , 60.
60. Roden, "Thoughts on the Early Meiji Gentleman," 74.
61. 前川清「槇先生と井上成美海軍大将」防大同窓会誌 1969 年、185.
62. Orbach,*Curse on this Country*,161–256.
63. Jason G. Karlin, "The Gender of Nationalism: Competing Masculinities in Meiji Japan," *Journal of Japanese Studies* 28, no. 1 (Winter 2002) : 68–70; Mikanagi, *Masculinity and Japan's Foreign Relations*, 26–29. 明治時代の男性性について相対する考え方をさらに深く考察した文献は；Jackson G. Karlin, *Gender and Nation in Meiji Japan* (Honolulu: University of Hawai'i Press, 2014) , chap. 1.
64. Donald T. Roden, *Schooldays in Imperial Japan: A Study in the Culture of a Student Elite* (Berkeley: University of California Press, 1980) , 113–24.〔ドナルド・T・ローデン『友の憂いに吾は泣く：旧制高等学校物語』(上下) 講談社 1983 年〕

Forces 1964–2016（London: Hurts, 2021）, 240.

4. 志摩篤：インタビュー、2016 年 10 月 18 日。
5. 防衛大学校五十年史編纂事業委員会編『防衛大学校五十年史』防衛大学校 2004 年、4。
6. 西原正「防大創設期の米軍人顧問たち：創立五十周年を迎えた防大を振り返る」『小原台』第 83 号、2003 年、84-95〔Nishihara Masashi,"U.S. Military Advisors and the Establishment of the Japanese National Defense Academy," translated and annotated by Robert D. Eldridge, unpublished manuscript〕
7. 髙橋和宏：著者によるインタビュー、2019 年 7 月 1 日、東京にて。
8. 西原正「防大創設期の米軍人顧問たち』〔Nishihara, "U.S. Military Advisors."〕
9. 髙橋和宏「防衛大学校における米軍事顧問団の役割に関する実証研究」防衛大学校紀要 118、2019 年、33。
10. 西原正「防大創設期の米軍人顧問たち』〔Nishihara, "U.S. Military Advisors," 4〕
11. Dower,*Empire and Aftermath*, 398–99.
12. Dower,*Empire and Aftermath*, 267–69.
13. 吉田茂『回想十年』〔Yoshida,*The Yoshida Memoirs*,190.〕
14. "A Plan for the Training of the Cadre of the Defence Corps of Japan," 4, Okinawa Prefectural Archives, Okinawa, Japan; "Memorandum of Conversation: Proposed Establishment of a Japanese Military Academy," US Foreign Service, February 14, 1952, 2, Okinawa Prefectural Archives, Okinawa, Japan.
15. 防衛大学校五十年史編纂事業委員会『防衛大学校五十年史』3、髙橋和宏「防衛大学校における米軍事顧問団の役割に関する実証研究」32。
16. 防衛省防衛研究所戦史部編「内海倫オーラル・ヒストリー　警察予備隊・保安隊時代」防衛省防衛研究所 2008 年、61。
17. 旧陸軍のカリキュラムの研究については；広田照幸『陸軍将校の教育社会史：立身出世と天皇制』世織書房 1997 年、173-201。
18. 広田『陸軍将校の教育社会史：立身出世と天皇制』62。
19. "A Plan for the Training of the Cadre of the Defence Corps of Japan."
20. 西原正「防大創設期の米軍人顧問たち』〔Nishihara, "U.S. Military Advisors," 5〕
21. 西原正「防大創設期の米軍人顧問たち』〔Nishihara, "U.S. Military Advisors," 5〕
22. George B.Pickett,Jr.,"My Years in Japan,"May 20, 2002,1, National Defense Academy Archives, Yokosuka, Japan.
23. "Memorandum of Conversation," February 14, 1952, 2.
24. 西原正「防大創設期の米軍人顧問たち』〔Nishihara, "U.S. Military Advisors," 6〕；防衛省防衛研究所戦史部編「内海倫オーラル・ヒストリー」62。
25. JohnW.Maslandand LaurenceI.Radway, *Soldiers and Scholars: MilitaryEducation and National Policy*（Princeton, NJ: Princeton University Press, 1957）, 106.
26. 西原正「防大創設期の米軍人顧問たち』〔Nishihara, "U.S. Military Advisors," 6–7〕
27. たとえば、以下参照；小林朴（こばやしすなお）「米国陸軍士官学校」警察予備隊資料集 3、1952 年3月、1-7。Joel J. Dilworth, "A Tribute to the Japanese National Defense Academy," June 16, 2002, National Defense Academy Archives, Yokosuka, Japan.
28. US Military Assistance Advisory Group—Japan, *A Decade of Defense in Japan*, 11.
29. Masland and Radway,*Soldiers and Scholars*,107.
30. 小泉信三の政治思想については以下参照；Taeju Kim, "The Moral Realism of the Postwar Intellectuals"（PhD dissertation, University of Chicago, 2018）、137–38. 小泉の宮内庁での役割と、槇同様、いかに福沢諭吉に傾倒していたかついては以下参照；Ruoff, *Japan's Imperial House in the Postwar Era*, 76–78. 小泉信三は、1964 年から 65 年まで防衛庁長官を務めた純也、2001 年から 2006 年まで首相を務めた純一郎など政治家の小泉一族の親戚ではない。
31. 中森鎮雄『防衛大学校の真実』経済界 2004 年、27。
32. Pickett , "My Years in Japan," 2.
33. 吉田茂『回想十年』〔Yoshida,*The Yoshida Memoirs*,191〕
34. Carter Eckert, *Park Chung Hee and Modern Korea: The Roots of Militarism, 1866–1945*（Cambridge, MA: Belknap Press of Harvard University Press, 2016）, 109.
35. 前川清：著者によるインタビュー、2016 年 10 月 20 日、東京にて。
36. Pickett, "My Years in Japan," 3.
37. 吉田茂『回想十年』〔Yoshida,*TheYoshida Memoirs*,191〕
38. 槇の弟、有恒（ありつね、ゆうこう）も慶応義塾大学に入学し、のちに有名な登山家となった。槇が英国で学び、弟がコロンビア大学で学べたのは、植民地台湾で製糖業で財を成した伯父の支援があったから

2004 年 3 月、13。
127. 波多野、佐藤「アジアモデルとしての『吉田ドクトリン』」13。
128. マッカーサーが吉田に宛てたメモ。
129. Welfeld,*An Empire in Eclipse*,73.
130. Welfeld,*An Empire in Eclipse*,73.
131. French,*National Police Reserve*,128.
132. Welfield,*An Empire in Eclipse*,77.
133. 陸上幕僚長総務課編『警察予備隊総隊史』ii.
134. 井戸徳男作詞、堀内敬三作曲。
135. Welfield, *An Empire in Eclipse*,77.
136. Kusunoki, "The Early Years," 77.
137. Humphreys, *The Way of the Heavenly Sword*, 43; Edward J. Drea, *Japan's Imperial Army: Its Rise and Fall, 1853–1945*（Lawrence: University of Press of Kansas, 2009）, 143.
138. Dower,*Embracing Defeat*, 554–55.〔ダワー『敗北を抱きしめて』〕
139. Kusunoki, "The Early Years," 75.
140. Kusunoki,"The Early Years," 75–76; 読売新聞戦後史班編『「再軍備」の軌跡』読売新聞社、8-16.
141. 吉田茂『回想十年』中央公論社 1998 年〔Yoshida Shigeru, *The Yoshida Memoirs: The Story of Japan in Crisis*, trans. Kenichi Yoshida（Boston: Houghton Miff lin, 1962）, 190〕
142. 吉田律人「軍隊の『災害出動』制度の確立：大規模災害への対応と衛戍の変化から」史学雑誌 117 巻 10 号、2008 年 10 月、73、93–94。荒川章二『軍隊と地域』青木書店、2001 年、195–96 も参照。
143. Charles Davison, *The Japanese Earthquake of 1923*（London: Thomas Merby, 1931）, 16–23; J. Charles Schencking, "1923 Tokyo as a Devastated War and Occupa tion Zone: The Catastrophe One Confronted in Post Earthquake Japan," *Japanese Studies* 29, no. 1（2009）: 111–29.
144. Humphreys, *The Way of the Heavenly Sword*, 52.
145. Richard Smethurst,*A Social Basis for Prewar Japanese Militarism:The Army and the Rural Community*（Berkeley: University of California Press, 1974）, 150–52.
146. Tomoaki Murakami, "The GSDF and Disaster Relief Dispatches," in Eldridge and Midford, *The Japanese Ground Self-Defense Force*, 268–70; Kusunoki, "The Early Years," 95.
147. 1952 年 8 月 9 日、前橋近郊の基地における「ディルワース中尉のスピーチ」は、防衛大学校資料館に保管されている。
148. 増田弘『自衛隊の誕生：日本の再軍備とアメリカ』33 ; Miller,*Cold War Democracy*,102.
149. "A Short History of the Military Assistance Effort in Japan,"5,9; US Military Assistance Advisory Group—Japan, *A Decade of Defense in Japan*, 2; Pyle, *Japan Rising*, 234–35.
150. "A Short History of the Military Assistance Effort in Japan," 6. 1955 年 6 月から 1957 年 7 月まで軍事援助顧問団（MAAG）の団長を務めたウィリアム・S・ブリドルはその年、多くの公式行事に出席し、陸上自衛隊の幹部や、日本の政府高官、日米の実業家と交流した。これらの行事に含まれるのは、宮内庁の鴨場での鴨猟、立川近郊での鳥猟、自衛隊創立記念式典、第 5 回全日本（陸自）ソフトボール大会、在日米軍の日、柔道トーナメント、ゴルフのグリーングラス杯、極東軍司令部軍部間フットボール大会三試合——海兵隊対空軍のスキヤキ・ボウル、陸軍対海軍のトリイ・ボウル、後楽園スタジアムでの日本対韓国のライス・ボウル。William S. Biddle Collection, boxes 25 and 39, Military History Institute, US Army War College Archives, Carlisle, Pennsylvania.
151. 防衛庁「自衛隊十年史」編集委員会『自衛隊十年史』374。
152. "A Short History of the Military Assistance Effort in Japan," 6. 以下も参照；Congressional Quarterly Service, *Global Defense: U. S. Military Commitments Abroad*（Washington, DC: Congressional Quarterly Service, 1969）, 44; "Status of MAAG Japan," briefing paper, 1966, no. 1326, Kaihara Osamu Papers, National Diet Library, Tokyo.
153. Staff of the *Asahi Shinbun*, *The Pacific Rivals: A Japanese View of Japanese- American Relations*（NewYork:Weatherhill,1972）,328.
154. 対照的に、海上自衛隊は「最初から基本方針として米海軍と協力していたため、創設直後から米海軍と共同訓練を行っていた」。佐道明弘『戦後政治と自衛隊』〔Sado, *The Self-Defense Forces*, 57〕
155. Smith, *Japan Rearmed*, 44.

第 2 章　防衛大学校創設と過去との訣別

1. 志摩篤：著者によるインタビュー、2016 年 10 月 18 日。
2. 田中宏巳「解説」、槇智雄『防衛の務め：自衛隊の精神的拠点』中央公論新社 2004 年、316-322。
3. 2014 年、任官を辞退する卒業生は、賠償金として学費の一部を返還することが義務づけられた。Garren Mulloy, *Defenders of Japan: The Post-Imperial Armed*

90. 大嶽秀夫編『戦後日本防衛問題資料集』第 1 巻、494、「湯元勇三インタビュー記録」1980 年 9 月 18 日；永野節雄『自衛隊はどのようにして生まれたか』学研プラス、2003 年、21。コワルスキーは、警察予備隊が「ブーツの新しい所有者の足に合わせて小さくした」と記している。Kowalski, *An Inoffensive Rearmament*, 81.
91. GHQ の記録によると、Sサイズ、あるいはサイズ 5 から 7 のブーツ、7 万 5000 足の要請に対して海兵隊の備蓄を送った。1 年半後、補給係のメモには、海兵隊のブーツ 7 万 2915 足が不要になり、回収するよりも廃棄処分にしたほうが安上がりだと記されていた。Message to Department of Army, Washing- ton DC, from CINCFE Tokyo Japan, "CG Eighth Army Yokohama Japan," July 14, 1950, RG9 "War CXDA," US National Archives, College Park, Maryland; "Dropping Accountability of Shoes, Marine, Loaned to PRFJ," March 17, 1952, RG 331 B.397 F.20, US National Archives, College Park, Maryland.
92. 佐藤幸男「高田キャンプ」6.
93. Hailey, "US Army Manual Poor Fit in Japan," 29.
94.「湯元勇三インタビュー記録」492。
95. Takemae, *The Allied Occupation of Japan*, 488.
96. Kusunoki, "The Early Years," 115.
97. 藤井：インタビュー、2008 年 3 月 4 日。
98. 佐藤守男：インタビュー、2005 年 9 月 17 日。
99. 入倉：インタビュー、2006 年 2 月 9 日。
100. 入倉：インタビュー、2006 年 2 月 9 日。
101. 谷田勇「サージャントK――北富士での日米偶発紛争」月刊朝雲第 22 巻、1985 年 10 月号、35-36.
102. Eiichiro Azuma,"Brokering Race,Culture,and Citizenship:Japanese Americans in Occupied Japan and Postwar National Inclusion," *Journal of American–East Asian Relations* 16, no. 3 (Fall 2009) : 185, 199, 201–4, 209.
103. 谷田勇「サージャントK」36。
104. 大嶽秀夫編『戦後日本防衛問題資料集』第 1 巻、495、坂本力「自衛隊ゼロ歳滑稽譚」文藝春秋 1968 年 6 月号。
105. Dower,*Embracing Defeat*,436–38.〔ダワー『敗北を抱きしめて』〕
106. Public Safety Division,Police Branch,"Newsreel Coverage of N.P.R.,"Octo- ber 13, 1950, 1–2, US National Archives, College Park, Maryland.
107. Masuda, "Fear of World War III," 554.
108. Office of Military History, *History of the National Police Reserve*, 143–46.
109. 例として次を参照；士長会著／西田博編『警察予備隊の回顧：自衛隊の夜明け』(新風舎 2003 年 47) 収録、香川芳明「警察予備隊事始め」；久保井正行『東広島から北広島へ：八十年の回想』弘文社 2004 年 79。
110. Tessa Morris-Suzuki,"A Fire on the Other Shore? Japan and the Korean War Order," in *The Korean War in Asia: A Hidden History*, ed. Tessa Morris-Suzuki (Lan- ham, MD: Rowman & Littlefield, 2018) , 11, 15–18.
111. 入倉正造：著者によるインタビュー、2006 年 2 月 9 日。
112.「湯元勇三インタビュー記録」492
113.「湯元勇三インタビュー記録」493
114. Welfield,*An Empire in Eclipse*,76. ウェルフィールドは「1950 年 6 月に 300 人ほどの旧軍の少尉が警察予備隊に入隊を認められた」と書いているが、これは誤記。彼らが入隊したのは予備隊がまだ存在していない 1950 年6月ではなく、1951 年 6 月である。
115. Morris,*Nationalism and the Right Wing in Japan*, 214; Hanji Kinoshita,"Echoes of Militarism in Japan," *Pacific Affairs* 26, no. 3 (September 1953) : 246.
116. 久保井正行：インタビュー、2005 年 11 月 30 日。
117. Pulliam G-2, GHQ Inter-Office Memorandum to Willoughby, "Appointment of Mr. Hayashi, Keizo CofS of NPR," September 26, 1950, record information unknown, US National Archives, College Park, Maryland.
118. Kusunoki, "The Early Years," 67; David Hunter-Chester, *Creating Japan's Ground Self-Defense Force: A Sword Well Made* (Lanham, MD: Lexington, 2016) , 91–92.
119. 防衛庁陸上幕僚監部編『警察予備隊総隊史』防衛庁陸上幕僚監部 1958 年、13。
120.「幹部講習会における林総隊総監の訓示」警察予備隊週報、1950 年 12 月 25 日、2；Papers of Frank Kowalski, box 3, folder 12, Manuscript Division, Library of Congress, Washington, DC.
121.「幹部講習会における林総隊総監の訓示」、1-8。
122. 防衛庁陸上幕僚監部編『警察予備隊総隊史』13。
123.「幹部講習会における林総隊総監の訓示」1-8。
124. Sasaki, *Japan's Postwar Military and Civil Society*, 55.
125. 入倉正造：著者によるインタビュー、2019 年 7 月 11 日、札幌にて。
126. 波多野澄雄、佐藤晋「アジアモデルとしての『吉田ドクトリン』」軍事史学、第 39 巻第 4 号、通号 156、

めて』〕

59. キタムラ・モリミツがフランク・コワルスキーに宛てた1954年7月2日付けの手紙；Papers of Frank Kowalski, box 1, folder 3, Manuscript Division, Library of Congress, Washington, DC. 米軍事顧問は警察予備隊の男親 Father と性別が示されていたが、基地の指導者に任命された数百名の顧問のうち、少なくとも3名は女性だったようだ。民事局の記録には「女性将校2名」「女性下士官1名」が久里浜キャンプに配属されたとある。彼女らがどのような役を務めたかはわからない。"Information Concerning Quarters for Advisory Groups to the NPR," undated, 4, US National Archives, College Park, Maryland.
60. たとえば、著者によるインタビューの2004年2月16日の佐藤、2006年2月9日の入倉の発言を参照。
61. William Sebald, *With MacArthur in Japan: A Personal History of the Occupation* (New York: W. W. Norton, 1965), 198. 〔W.J. シーボルト『日本占領外交の回想』朝日新聞社 1996年〕
62. Papers of Frank Kowalski, box 4, folder 3, 4, and 5, Manuscript Division, Library of Congress, Washington, DC.
63. 佐藤守男：著者によるインタビュー、2005年9月17日。
64. Office of Military History, *History of the National Police Reserve*, 194.
65. Foster Hailey, "US Army Manual Poor Fitin Japan, " *NewYork Times*, December 9, 1956, 29.
66. Kusunoki, "The Early Years," 67.
67. Miller, *Cold War Democracy*,106.
68. Lockenour, *Soldiers as Citizens*,183.
69. Kowalski, *An Inoffensive Rearmament*,106.
70. Kowalski, *An Inoffensive Rearmament*,109.
71. Kyushu Civil Affairs Section Annex,"Operational Policy for Direction of PRF by Chief, 4th Region with KCASA Assistance," January 8, 1951, 2, record information unknown, US National Archives, College Park, Maryland.
72. Memo, to: Camp Commanders, Chiefs, All Divisions and Sections, R. Hq, Subject: "Concerning Operational Procedures and Supervision," translation, 4th Region Headquarters, National Police Reserve, June 6, 1951, 1–2, US National Archives, College Park, Maryland.
73. Memo, Subject: "Advisory Policy," General Headquarters, Supreme Com- mander for the Allied Powers, Civil Affair Section, October 11, 1951, 1, US National Archives, College Park, Maryland.
74. 古川久三男：著者によるインタビュー、2006年5月15日、札幌にて。
75. General Headquarters（GHQ）,SCAP,Government-Section,"NationalPolice Reserve," January 15, 1952, 1, RG 331.2271.5, US National Archives, College Park, Maryland.
76. 前田哲男『自衛隊は何をしてきたのか?』〔Maeda,*Hidden Army*, 8〕
77. 防衛庁「自衛隊の十年史」編集委員会『自衛隊の十年史』25。
78. 久保井正行：著者によるインタビュー、2005年11月30日、北広島にて。佐藤守男；インタビュー、2005年9月17日。
79. 佐藤幸男「高田キャンプ」(年月日の記載はない)；Papers of Frank Kowalski, box 7, folder 11, Manuscript Division, Library of Congress, Washington, DC.
80. 藤井茂：著者によるインタビュー、2008年3月4日、札幌にて。
81. Takashi Yoneyama, "The Establishment of the ROK Armed Forces and the Japan Self-Defense Forces and the Activities of the US Military Advisory Groups to the ROK and Japan," *NIDS Security Studies*, no. 15 (December 2014) : 82.
82. 佐藤守男：著者によるインタビュー、2005年9月17日。佐藤守男『警察予備隊と再軍備への道』52.
83. Sayuri Guthrie-Shimizu, *Transpacific Field of Dreams: How Baseball Linked the United States and Japan in Peace and War* (Chapel Hill: University of North Carolina Press, 2012) ,199.
84. 入倉正造：著者への手紙、2020年2月10日。
85. 入倉正造：著者によるインタビュー、2006年2月9日。藤井：インタビュー、2008年3月4日。永野『自衛隊はどのようにして生まれたか』28-29；佐藤守男『警察予備隊と再軍備への道』52。
86. 藤井：インタビュー、2008年3月4日。
87. 例として、以下を参照；警察予備隊員の兄弟クニトミ・シゲルから、クニトミ・マサオへの手紙。Kunitomi Shigeru letter to Kunitomi Masao, Papers of Frank Kowalski, box 3, folder 23, Manuscript Division, Library of Con- gress, Washington, DC; Nagano, *Jieitai*, 28.
88. 吉田裕『日本の軍隊』岩波新書、2002年、34-35。
89. 入倉正造：著者によるインタビュー、2006年2月8日、札幌にて。

和と治安はわれらの手で！」「警察予備隊募集」の文言が添えられている。のちに警察予備隊員の募集に使用された別のポスターは、国会議事堂前に立つ隊員の写真を使い、「民主日本の秩序を守る」の言葉を添えて、民主主義と社会の調和を強調している。最初のデザインの見本と二番目の実際に使われたポスターは、ワシントン DC のアメリカ議会図書館、Papers of Frank Kowalski, oversized materials box, Manuscript Division に保管されている。
34. Sasaki Tomoyuki, *Japan's Postwar Military and Civil Society: Contesting a Better Life* (New York: Bloomsbury, 2017）, 20.
35.「軍隊的強い組織」
36.「階級を 12 に：警察予備隊制服も決まる」朝日新聞、1950 年 8 月 14 日、2。
37.「階級を 12 に」2。平沢の死刑は執行されず、彼は刑務所で死亡した。
38. Office of Military History, *History of the National Police Reserve*, 133–36.
39. 大嶽秀夫編『戦後日本防衛問題資料集』第 1 巻（全 3 巻）三一書房 1991 年、477；「初日で 3 万名雇用」毎日新聞、1950 年 8 月 14 日。
40.「警察予備隊創設に伴う募集業務」第 1 巻 480-84。
41.「警察予備隊創設に伴う募集業務」第 1 巻 480-84。
42. 佐藤守男：著者によるインタビュー、2003 年 9 月 17 日。佐藤守男『警察予備隊と再軍備への道』芙蓉書房、2015 年、39-41。
43. Welfield, *An Empire in Eclipse*, 371–75.
44. Steven Pinker, *The Better Angels of Our Nature: Why Violence Has Declined* (New York: Viking, 2011）, 100.〔スティーヴン・ピンカー『暴力の人類史』（上下）青土社、2015 年〕
45. Sasaki, *Japan's Postwar Military*, 33. 1980 年代前半、当時の日本の人口の 11 パーセントにすぎない九州の 7 県は自衛隊にほぼ 3 分の 1 の上級、中級、一般隊員を供給し続けていた。Welfield, *An Empire in Eclipse*, 371.
46. 防衛省防衛研究所戦史センター編「オーラル・ヒストリー：冷戦期の防衛力整備と同盟政策②」防衛省防衛研究所 2013 年、33.
47. 葛原和三「朝鮮戦争と警察予備隊——米極東軍が日本の防衛力形成に及ぼした影響について」防衛研究所紀要第 8 巻第 3 号 2006 年 3 月〔Kuzuhara Kazumi, "The Korean War and the National Police Reserve of Japan: Impact of the US Army's Far East Command on Japan's Defense Capability," *NIDS Security Reports*, no. 7 (December 2006）: 99〕。1951 年 9 月までには、警察予備隊の基地・訓練所が 40 か所設けられていた . それらは北東から南西まで地域によって四つに分けられた（日本の管区隊とは呼称、分け方が異なる)。地域 1：遠軽、美幌、帯広、札幌、恵庭、函館、青森、秋田。地域 2：船岡、高田、金沢、松本、宇都宮、新町、勝田、練馬、習志野、東京のマクナイト全国本部、立川、久里浜、豊川。地域 3：舞鶴、福知山、伊丹、姫路、水島、米子、善通寺、福山、海田市、三津浜。地域 4：小月、中津、曾根、福岡、都城、熊本、針尾、鹿屋。General Headquarters, Supreme Commander for the Allied Powers, Civil Affairs Section, Control and Advisory Group, "A Report on the Japanese National Police Reserve, October 1951," RG 333, GS-1 (4）, US National Archives, College Park, Maryland.
48. Office of Military History, *History of the National Police Reserve*, 180.
49. 前田哲男『自衛隊は何をしてきたのか?』筑摩書房 1990 年〔Tetsuo Maeda, *The Hidden Army: The Untold Story of Japan's Military Forces*,ed. David J. Kenney, trans. Steven Karpa (Chicago: Edition Q, 1995), 17〕
50. Miller, *Cold War Democracy*,72.
51. レイモンド・Y・アカ（Raymond Y. Aka）：著者によるインタビュー、2002 年 7 月 19 日、カリフォルニア州ウォルナット・クリークにて。"A Short History of the Military Assistance Effort in Japan," 2. Document, composed around 1980, shared with author by Raymond Y. Aka, longtime Military Assistance Advisory Group—Japan official. The author is unknown.
52. Kowalski, *An Inoffensive Rearmament*, 23.〔
53. 防衛庁「自衛隊十年史」編集委員会『自衛隊十年史』大蔵省 1961 年、375.
54. Dower, *Embracing Defeat*,547.〔ダワー『敗北を抱きしめて』〕
55. Kowalski, *An Inoffensive Rearmament*, 127–28. 歴史学者トマス・フレンチは、コワルスキーの回想録の精度を疑っている。コワルスキーは警察予備隊での自身の功績を誇張したかもしれないが、他のエビデンスや彼の詳細な説明を考慮すると、警察予備隊を憲兵隊に似た初期の軍隊とした彼の表現や、林など警察予備隊幹部との交流の性質を疑う理由はほとんどない。French, *National Police Reserve*, 13–14.
56. Kowalski, *An Inoffensive Rearmament*, 79.
57. Kowalski, *An Inoffensive Rearmament*, 99.
58. Dower, *Embracing Defeat*,550.〔ダワー『敗北を抱きし

The Origin of Japan's Self Defense Forces (Leiden, The Netherlands: Brill, 2014), 242.

7. 佐道明弘『戦後政治と自衛隊』吉川弘文館 2006 年〔Sado Akihiro, *The Self-Defense Forces and Postwar Politics in Japan* (Tokyo: Japan Publishing Industry Foundation for Culture, 2017), 131–47〕
8. 加藤陽三『私録・自衛隊史：警察予備隊から今日まで』「月刊政策」政治月報社 1979 年；読売新聞戦後史班（編）『「再軍備」の軌跡』読売新聞社 1981 年。J. W. Dower, *Empire and Aftermath: Yoshida Shigeru and the Japanese Experience, 1878–1954* (Cambridge, MA: Harvard University Press, 1988)；永野節雄『自衛隊はどのようにして生まれたか』学研プラス 2003 年；増田弘『自衛隊の誕生：日本の再軍備とアメリカ』中央公論新社 2004 年；French, *National Police Reserve*; Kusunoki, "The Early Years"；Miller, *Cold War Democracy*.
9. Kusunoki, "The Early Years," 63.
10. Memo from MacArthur to Yoshida, vol. 8, 1950, R6-10: VIP Correspondence, "Yoshida," June–December 1950, MacArthur Memorial Archives and Library, Norfolk, Virginia.
11. Welfield, *An Empire in Eclipse*,74.
12. Kusunoki, "The Early Years," 64. 楠は会談の日付を，マッカーサー書簡が吉田に届けられた日と同じ 7 月 8 日としているが、これは誤記。会談は 7 月 13 日に行われた。Finn, *Winners in Peace*, 264.〔フィン『マッカーサーと吉田茂』〕
13. Takemae Eiji, *The Allied Occupation of Japan*, trans. Robert Ricketts and Sebastian Swann (London: Continuum, 2002), 487.
14. 吉田の言葉を引用；Finn, *Winners in Peace*, 264.〔フィン『マッカーサーと吉田茂』〕
15. Miller, *Cold War Democracy*,87.
16. ウィロビーと服部については以下参照；John L. Weste, "Staging a Comeback: Rearmament Planning and *kyu¯gunjin* in Occupied Japan, 1945–52," *Japan Forum* 11, no. 2 (1999): 165–78.
17. Kenneth B. Pyle, *Japan Rising: The Resurgence of Japanese Power and Purpose* (New York: Public Affairs, 2007), 227.
18. 吉田の言葉を引用；Finn, *Winners in Peace*, 263.〔フィン『マッカーサーと吉田茂』〕
19. Sigal Ben-Rafael Galanti, "Japan's Remilitarization Debate and the Projection of Democracy," in *Japan's Multilayered Democracy*, ed. Sigal Ben-Rafael Galanti, Nissim Otmazgin, and Alon Levkowitz (Landham, MD: Lexington, 2015), 95.
20. ダワーが引用した吉田の言葉；Dower, *Empire and Aftermath*,416. これ以後の「戦力」の解釈変更については；Richard J. Samuels, *Securing Japan: Tokyo's Grand Strategy and the Future of East Asia* (Ithaca, NY: Cornell University Press, 2007) 146–47.
21. Miller, *Cold War Democracy*,74.
22. Kusunoki, "The Early Years," 78.
23. 防衛省防衛研究所戦史部編「内海倫オーラル・ヒストリー：警察予備隊・保安庁時代」防衛所防衛研究所 2008 年 46、101。Kusunoki, "The Early Years," 65–66.
24. Ishibashi, "Different Forces in One," 162–63
25. Pyle, *Japan Rising*,229–30.
26. Hajimu Masuda, "Fear of World War III: Social Politics of Japan's Rearmament and Peace Movements, 1950–3," *Journal of Contemporary History* 47, no. 3 (2012): 551–71.
27. Miller, *Cold War Democracy*,85.
28. 防衛省防衛研究所戦史研究センター編「オーラル・ヒストリー：冷戦期の防衛力整備と同盟政策①」防衛省防衛研究所 2012 年、252.
29. 大嶽秀夫編『戦後日本防衛問題資料集』第 1 巻（全 3 巻）三一書房 1991 年、『募集十年（上）』収録「警察予備隊創設に伴う募集業務」482。
30. "Public Safety Highlights," 10–11, file PRF, RG 331.2271.3, US National Archives, College Park, Maryland; Office of Military History, Officer Headquarters, United States Army Forces East Asia and Eighth United States Army, ed., *History of the National Police Reserve of Japan ⊠July 1950–April 1952⊠*, 2 vols. (Washington, DC: Office of Military History, 1955), 1:126
31. 高田清編『新聞集成：昭和史の証言』（全 26 巻）SBB 出版会 1991 年、第 25 巻 338；「警察予備隊と呼称」毎日新聞 1950 年 7 月 27 日。
32. 高田清編『新聞集成：昭和史の証言』（全 26 巻）SBB 出版会 1991 年，第 25 巻 349；「軍隊的強い組織：警察予備隊の性格」読売新聞 1950 年 8 月 2 日。
33. Office of Military History, *History of the National Police Reserve*, 127–28. この同一人物か、別の画家が別の図案を製作している。それが隊員募集活動に使われたかどうかはわからない。制服姿の隊員が 1 人、前で敬礼し、4 人が後ろにいる。2 人は国旗と金色の鳩を描いた旗をもち、両脇の 2 人はライフル銃を担い、「平

quarters, Military Assistance Advisory Group, 1964), 5, 8.

45. 自衛隊はこれらの地域組織について、英語の"corps"や"army"に相当する用語を当て、2個から4個師団を含む軍を編成した（たとえば、北海道の北部方面隊）。日本語では地域の軍隊を意味する「方面軍」ではなく、もっと曖昧で穏やかな表現の「方面隊」の名称が採用されている。すでに1960年代から、陸上自衛隊の刊行物の英語版は、これらの方面隊をすべて"army"と表記していたが、日本語の用語は変えていない。したがって、日本ではarmyよりcorpsのほうが、方面隊を表す英語として最も正確だ。
46. Alessio Patalano, *Post-War Japan as a Sea Power : Imperial Legacy, Wartime Expe- rience and the Making of a Navy* (London: Bloomsbury, 2015), 37.〔アレッシオ・パタラーノ『シー・パワーとしての戦後日本：帝国の遺産と戦争の経験と海軍の建設』国際日本文化研究センター 2017年〕
47. Beatrice Trefalt, *Japanese Army Stragglers and Memories of the War in Japan, 1950–1975* (London: Routledge-Curzon, 2003)；Igarashi, *Homecomings*〔五十嵐『敗戦と戦後のあいだで』〕
48. これらの記事はジェームズ・アワーが編集して英語で出版された。*From Marco Polo Bridge to Pearl Harbor: Who Was Responsible?* (Tokyo: Yomiuri shinbun, 2006).〔読売新聞戦争責任検証委員会『検証戦争責任』中央公論新社 2006年〕
49. Patalano, *Post-War Japan as a Sea Power*,9.〔パタラーノ『シー・パワーとしての戦後日本』〕
50. Patalano, *Post-War Japan as a Sea Power*,85.〔パタラーノ『シー・パワーとしての戦後日本』〕
51. 1954年、保安隊が自衛隊に改組される前、海上保安隊員のおよそ80%は帝国海軍出身者だった。対照的に、保安隊員のうち帝国陸軍出身はわずか24.4%だった。Morris, *Nationalism and the Right Wing in Japan*, 236–37.
52. Patalano, *Post-War Japanasa Sea Power*,37–59.〔パタラーノ『シー・パワーとしての戦後日本』〕
53. Eldridge and Midford, introduction, 4.
54. Smith, *Japan Rearmed*,173–74.
55. Smith, *Japan Rearmed*,173–74.
56. Eldridge and Midford, introduction, 5.
57. Leonard A. Humphreys, *The Way of the Heavenly Sword: The Japanese Army in the 1920's* (Stanford, CA: Stanford University Press, 1995), vii; D. Colin Jaundrill, *Samurai to Soldier: Remaking Military Service in Nineteenth-Century Japan* (Ithaca, NY: Cornell University Press, 2016), 157.
58. Martin, *Warriors to Managers*.
59. Ayako Kusunoki, "The Early Years of the Ground Self-Defense Forces, 1945–1960," in Eldridge and Midford, *The Japanese Ground Self-Defense Force*, 59–131.
60. Lewis Austin, *Japan: The Paradox of Progress* (New Haven, CT: Yale University Press, 1976), 255.
61. Jennifer M. Miller, *Cold War Democracy: The United States and Japan* (Cambridge, MA: Harvard University Press, 2019), 98–107.
62. Donald T. Roden, "Thoughts on the Early Meiji Gentleman," in *Gendering Modern Japanese History*, ed. Barbara Molony and Kathleen Uno (Cambridge, MA: Harvard University Asia Center, 2005), 64.
63. Fumika Satō, "A Camouflaged Military: Japan's Self-Defense Forces and Globalized Gender Mainstreaming," *Asia-Pacific Journal* 10, no. 3 (2012): 4–5.
64. Satō, "A CamouflagedMilitary,"5.
65. Frühstück, *Uneasy Warriors*, 89.〔フリューシュトゥック『不安な兵士たち』〕
66. Satō, "A Camouflaged Military,"7.
67. Satō, "A Camouflaged Military,"11.

第1章　警察予備隊と米軍

1. 入倉正造：著者によるインタビュー、2006年2月9日、札幌にて。
2. 入倉正造：インタビュー、2006年2月9日。入倉正造「警察予備隊裏面史」朝雲新聞2003年6月15日、3。
3. 入倉正造：インタビュー、2006年2月9日。
4. Douglas MacArthur letter to Yoshida Shigeru, July 8,1950, RG-10:VIP Correspondence, Yoshida Collection, June–December 1950, US National Archives, College Park, Maryland.
5. Richard B. Finn, *Winners in Peace: MacArthur, Yoshida and Postwar Japan* (Berkeley: University of California Press, 1992), 266.〔リチャード・B・フィン『マッカーサーと吉田茂』角川書店 1995年〕
6. Natsuyo Ishibashi, "Different Forces in One: The Origin and Development of Organizational Cultures in the Japanese Ground and Maritime Self-Defense Forces, 1950–Present," *Japan Forum* 28, no. 2 (2016): 162; Thomas French, *National Police Reserve:*

兵士たち：ニッポン自衛隊研究』原書房 2008 年〕

27. Alex Martin, "Military Flexes Relief Might, Gains Newfound Esteem," *Japan Times*, April 15, 2011.

28. 三島正『ニッポンの「兵士」たち』時事画報社 2007 年、1.

29. James S. Corum, "Adenauer, Amt Blank, and the Founding of the Bundeswehr 1950–1956," in *Rearming Germany*, ed. James S. Corum（Leiden, The Netherlands: Brill, 2011）, 35. 次も参照；James S. Corum, "American Assistance to the New German Army and Luftwaffe," in Corum, *Rearming Germany*, 93–116.

30. Thomas U. Berger, *Cultures of Antimilitarism: National Security in Germany and Japan*（Baltimore: Johns Hopkins University Press, 1998）, 36–37. 次も参照；Alexandra Sakaki et al., *Reluctant Warriors: Germany, Japan, and Their U.S. Alliance Dilemma*（Washington, DC: Brookings Institution Press, 2020）.

31. David Clay Large, *Germans to the Front: West German Rearmament in the Ade- nauer Era*（Chapel Hill: University of North Carolina Press, 1996）, 7.

32. Large, *Germans to the Front*, のほか、以下も参照；Donald Abenheim, *Reforging the Iron Cross: The Search for Tradition in the West German Forces*（Princeton, NJ: Princeton University Press, 1988）；Jay Lockenour, *Soldiers as Citizens: Former Wehrmacht Officers in the Federal Republic of Germany, 1945–1955*（Lincoln: University of Nebraska Press, 2001）; Robert G. Moeller, *War Stories: The Search for a Usable Past in the Federal Republic of Germany*（Berkeley: University of California Press, 2001）；Alaric Searle, *Wehrmacht Generals, West German Society, and the Debate on Rearmament, 1949–1959*（Westport, CT: Praeger, 2003）.

33. たとえば、次を参照；Uta G. Poiger, "A New, 'Western' Hero? Reconstructing German Masculinity in the 1950s," *Signs: Journal of Women in Culture and Society* 24, no. 1（1998）: 147–62.

34. 参照；William L. Hauser, *America's Army in Crisis: A Study in Civil-Military Relations*（Baltimore: Johns Hopkins University Press, 1973）, 22–35；Michel L. Martin, *Warriors to Managers: The French Military Establishment since 1945*（Chapel Hill: University of North Carolina Press, 1981）.

35. Catherine Lutz, *Home front: A Military City and the American Twentieth Century*（Boston: Beacon, 2001）, 168.

36. Susan Jeffords, *The Remasculinization of America: Gender and the Vietnam War*（Bloomington: Indiana University Press, 1989）.

37. Paula Reed Ward, "DoD Paid $53 Million of Taxpayers' Money to Pro Sports for Military Tributes, Report Says," *Pittsburgh Post-Gazette*, November 5, 2015,
https://www.post-gazette.com/news/nation/2015/11/06/Department-of-Defense-paid-53-million-to-pro-sports-for-military-tributes-report-says/stories/2015 11060140。

38。 研究者たちは一般に、軍隊の民生支援活動についてほとんど注目してこなかった。たいてい、まったく言及されないか、言及があったとしても偶然に触れただけだった。参照；Suchit Bunbongkarn, "The Thai Military and Its Role in Society in the 1990s," in *The Military, the State, and Development in Asia and the Pacific*, ed. Viberto Selochan（Boulder, CO: Westview, 1991）, 72; Thak Chaloem- tiarana, *Thailand: The Politics of Despotic Paternalism*（Ithaca, NY: Cornell University Southeast Asia Program Publications, 2007）, 171. これらの例を教えてくれたシェーン・ストレイト（Shane Strate）に感謝したい。戦後復興期も含め、自衛隊が一貫して積極的に担ってきた土木工事や農業支援、災害派遣は、タイなどの発展途上国では珍しいが、先進国ではそれほど異例ではない。

39. Mark R. Grandstaff, "Making the Military American: Advertising, Reform, and the Demise of an Antistanding Military Tradition, 1945–1955," *Journal of Military History* 60（April 1996）: 299.

40. Benjamin L. Alpers, "This is the Army: Imagining a Democratic Military in World War II," in *The World War Two Reader*, ed. Gordon Martel（London: Routledge, 2004）, 147.

41. Grandstaff, "Making the Military American," 303, 305, 323.

42. Charles C. Moskos, "Toward a Postmodern Military: The United States as a Paradigm," *The Postmodern Military: Armed Forces after the Cold War*, ed. Charles C. Moskos, John Allen Williams, and David R. Segal（New York: Oxford University Press, 2000）, 15.

43. Robert D. Eldridge and Paul Midford, introduction to *The Japanese Ground Self-Defense Force*, ed. Robert D. Eldridge and Paul Midford（New York: Palgrave Macmillan, 2017）, 3.

44. US Military Assistance Advisory Group—Japan, *A Decade of Defense in Japan*（Washington, DC: Head-

する」とした1950年の吉田宛の書簡で使用し、さらにGHQが使用したこの組織の呼称であるNational Police Reserveを採用してきた。Frank Kowalski *An Inoffensive Rearmament: The Making of the Postwar Japanese Army*, ed. Robert D. Eldridge (Annapolis, MD: Naval Institute Press, 2013), 23。多くの学者が使用しないPolice Reserve Forceを私が採用した理由は、この呼称が予備隊に対する米軍の強い影響力を反映する一方、背広組と制服組の日本の当局者がいかにしてこの隊を米軍と日本のモデルのハイブリッドに変え、民主的組織と旧陸軍の両方の性格をもたせたかを示しているからだ。加えて、Force(隊)という語を入れることで、警察予備隊(1950 〜 52年)、その後継である保安隊(1952 〜 54年)と陸上自衛隊(1954年〜現在)との連続性を強調し、それら戦後の軍隊と、1945年以前の旧軍との結びつきも示せるからだ。ほぼすべての一次資料、二次資料は自衛隊を英語でSelf-Defense Forceと呼んでいるが、当時の人々や以降の学者はほぼ決まって、保安隊を"National Safety Force"と呼び、National Security Forceと呼んだのはジョン・ウェルフィールド等ごく少数である。この例では、National Safety Forceがより正確であろう。なぜなら、英語の"security"よりも"safety"を使うことで保安隊のイメージを緩和しようとした当局者の思惑をより強く投影しているからだ。John Welfield, *An Empire in Eclipse: Japan in the Postwar American Alliance System* (London: Atlantic Highlands, 1988). マッカーサー書簡により、海上保安庁の一部は海上警察部隊(Maritime Reserve Force)になり、その後、1952年に海上警備隊(Maritime Safety Force)になり、1954年に海上自衛隊(Maritime Self-Defense Force)が発足した。

14. Paul Midford, *Rethinking Japanese Public Opinion and Security : From Pacifism to Realism?* (Stanford, CA: Stanford University Press, 2011), 1; Paul Midford, "The Logic of Reassurance and Japan's Grand Strategy," *Security Studies* 11,no.3 (Spring2002) :1.
15. Cynthia Enloe, *Maneuvers: The International Politics of Militarizing Women's Lives* (Berkeley: University of California Press, 2000), 3.〔シンシア・エンロー『策略:女性を軍事化する国際政治』岩波書店2006年。日本語版は抄訳につき、この引用部分の訳出は省略されている〕
16. Michael Geyer, "The Militarization of Europe, 1914–1945," in *The Militarization of the Western World*, ed. John Gillis (New Brunswick, NJ: Rutgers University Press, 1989), 79; Michael S. Sherry, *In the Shadow of War: The United States since the 1930s* (New Haven, CT: Yale University Press, 1995), xi.
17. Phillip Babcock Gove, ed., *Webster's Third New International Dictionary of the English Language*, unabridged (New York: Merriam-Webster, 2002), 1174.
18. J. W. Dower, *Embracing Defeat: Japan in the Wake of World War II* (New York: W. W. Norton, 1999), 58–61.〔ジョン・ダワー『敗北を抱きしめて:第二次世界大戦後の日本人』岩波書店2001年、増補版2004年)〕
19. 日本国憲法
20. Kenneth J. Ruoff, *Japan's Imperial House in the Postwar Era, 1945-2019* (Cambridge, MA: Harvard University Press, 2020), 314.
21. 国内外で、日本を女性化し去勢されたものとして表現することについては、以下を参照;*Embracing Defeat*, 135–37〔ダワー『敗北を抱きしめて』〕; Yoshikuni Igarashi, *Bodies of Memory: Narratives of War in Postwar Japanese Culture, 1945–1970* (Princeton, NJ: Princeton University Press, 2000)〔五十嵐惠邦『敗戦の記憶:身体・文化・物語 1945-1970』中央公論新社2007年〕; Naoko Shibusawa, *America's Geisha Ally: Reimagining the Japanese Enemy* (Cambridge, MA: Harvard University Press, 2010); Yoshikuni Igarashi, *Homecomings: The Belated Return of Japan's Lost Soldiers* (New York: Columbia University Press, 2016)〔五十嵐惠邦『敗戦と戦後のあいだで:遅れて帰りし者たち』筑摩書房2012年〕
22. 江藤淳「〝母〟の崩壊が子供をダメにした」現代1979年8月。
23. 中村江里「日本陸軍における男性性の構築:男性の「恐怖心」をめぐる解釈を軸に」、木本喜美子・貴堂嘉之編集代表『ジェンダーと社会:男性史・陸軍・セクシュアリティー』旬報社2010年、第7章179。
24. 在札幌アメリカ領事から国務省への航空書簡A-38, "The Japanese Military Establishment in Northern Japan," December 29, 1970, 11;中曾根は毎日新聞社とのインタビューで述べた。
25. Ralph Ellison, *Invisible Man* (NewYork:Random House,1952),3.〔ラルフ・エリソン『見えない人間』(上下)白水社2020年〕
26. たとえば、次を参照;Sabine Frühstück, *Uneasy Warriors: Gender, Memory, and Popular Culture in the Japanese Army* (Berkeley: University of California Press, 2007), 3, 5〔サビーネ・フリューシュトゥック『不安な

原 注

序章

1. 佐藤守男：著者によるインタビュー、2003年9月17日、2004年2月16日、札幌にて。
2. たとえば、報道記者サム・ジョーンズ（Sam Jones）によると「数年前まで、多くの日本人がこの軍隊を外国の占領軍から生まれた〝私生児〟と呼んでいた」。"Japan's Military Forces Winning Public Approval," *New York Times*, November 15, 1970, 3。ジャーナリストのジョン・K・エマソン（John K. Emmerson）も同様に述べている。「当初、自衛隊は実際に〝アメリカの子供〟だった。その歴史的起源のみならず、形成期を通してアメリカから技術、組織、財政面で援助を受けていたからだ」*Arms, Yen and Power: The Japanese Dilemma*（New York: Dunellen, 1971）, 138〔ジョン・K・エマソン『日本のジレンマ』時事通信社 1972年〕。在京イギリス臨時代理大使D.R. アッシュ（D. R. Ashe）は、1970年に「この軍隊の隊員であることに、いまだ大きな魅力がなく、社会的栄誉も得られないせいで兵員充足に非常に苦労している状況は、彼らが今も日本社会の周縁に置かれていることを証明している。彼らは今では排除された者ではまったくないが、旧軍の敗北から25年を経て、正式な承認あるいは容認を得た軍隊の存在を世間はある程度歓迎しているはずだと政治家たちは勝手に思い込んでいる」。アッシュの言葉は次に引用されている；Hugh Cortazzi, ed., *The Growing Power of Japan, 1967–1972: Analysis and Assessments from John Pilcher and the British Embassy, Tokyo*（Folkestone, UK: Renaissance, 2015）, 154.
3. Ivan Morris, *Nationalism and the Right Wing in Japan: A Study of Post-War Trends*（Oxford: Oxford University Press, 1960）, 207.
4. James Auer, *The Post-War Rearmament of Japanese Maritime Forces,1945–71*（New York: Praeger, 1973）, 183.〔ジェイムズ・E・アワー『よみがえる日本海軍：海上自衛隊の創設・現状・問題点』（上下）時事通信社 1972年〕
5. 日本国憲法：英訳版を以下のサイトで、2012年1月19日アクセス確認；https://japan.kantei.go.jp/constitution_and_government_of_japan/constitution_e.html
6. 三島由紀夫『檄』全文（朝日新聞 1970年11月26日、4面）
7. Frank Gibney, "The View from Japan," *Foreign Affairs* 50, no. 10（October 1971）: 108.
8. 半村良『戦国自衛隊』（ハヤカワ文庫 1975年、角川文庫 1978年など）は、1979年に映画化され、2005年にリメイクした続編『戦国自衛隊1549』が製作され、2006年にテレビドラマ『戦国自衛隊・関ヶ原の戦い』が製作された。
9. Bruce Fleming, *Bridging the Military-Civilian Divide: What Each Side Must Know about the Other, and about Itself*（Washington, DC: Potomac, 2010）. アメリカでの当該問題に関する歴史的概観については以下を参照；Arthur A. Ekirch, Jr., *The Civilian and the Military: A History of the American Antimilitarist Tradition*（Oakland, CA: Independent Institute, [1956] 2010）.
10. 自衛隊の支持の低さを誇張しないように、あるいは不支持を海外での武力行使の可能性に対する抗議と混同しないように注意が必要だ。しかし自衛隊の人気のなさは神話に過ぎないという主張は、この組織とその隊員が継続して「正当性を求めて」きたことを否定し、より正確に言えば、1960年代後半にほとんどの国民の支持を獲得した前も後も、さらにそれを求めてきたことを否定するものである。
11. 日本国憲法
12. ストックホルム国際平和研究所によると、2010年、日本の軍事費は世界で6番目に多く、GDPのおよそ1%に相当する410億ドルを防衛に支出している。Sheila Smith, *Japan Rearmed: The Politics of Military Power*（Cambridge, MA: Harvard University Press, 2019）, 11.
13. 私は日本語の「警察予備隊」に最も近い訳語 Police Reserve Forceを採用した。多くの学者は、ダグラス・マッカーサーが日本政府に "national police reserve" をつくること（そして海上保安庁の増強）を「許可

【著者】アーロン・スキャブランド（Aaron Skabelund）

ブリガム・ヤング大学歴史学部准教授。帝国主義、動物、軍隊の社会的および文化的歴史に重点を置いて、現代日本の歴史を専門に研究。2004 年にコロンビア大学、その後北海道大学で日本学術振興会による博士研究員。邦訳書に『犬の帝国』（岩波書店）がある。

【訳者】花田知恵（はなだ・ちえ）

愛知県生まれ。英米翻訳家。主な訳書にフリューシュトゥック『不安な兵士たち』、ハーディング『ドイツ・アメリカ連合作戦』、ホフマン『最高機密エージェント』、ゴールデン『盗まれる大学』、パーカー『地図でたどる世界交易史』など。

Inglorious, Illegal Bastards
Japan's Self-Defense Force during the Cold War
by Aaron Herald Skabelund

Originally published by Cornell University Press

日本人《にほんじん》と自衛隊《じえいたい》

「戦《たたか》わない軍隊《ぐんたい》」の歴史《れきし》と戦後《せんご》日本《にほん》のかたち

●

2022 年 10 月 28 日　第 1 刷

著者…………アーロン・スキャブランド

訳者…………花田知恵《はなだちえ》

装幀…………一瀬錠二（Art of NOISE）

発行者…………成瀬雅人
発行所…………株式会社原書房

〒 160-0022 東京都新宿区新宿 1-25-13
電話・代表 03（3354）0685
http://www.harashobo.co.jp
振替・00150-6-151594

印刷…………新灯印刷株式会社
製本…………東京美術紙工協業組合

ISBN978-4-562-07222-4, Printed in Japan